現代数理統計学の基礎

久保川達也 著

新井仁之・小林俊行・斎藤 毅・吉田朋広 編

■共立講座
数学の
魅力■

共立出版

刊行にあたって

　数学の歴史は人類の知性の歴史とともにはじまり，その蓄積には膨大なものがあります．その一方で，数学は現在もとどまることなく発展し続け，その適用範囲を広げながら，内容を深化させています．「数学探検」，「数学の魅力」，「数学の輝き」の3部からなる本講座で，興味や準備に応じて，数学の現時点での諸相をぜひじっくりと味わってください．

　数学には果てしない広がりがあり，一つ一つのテーマも奥深いものです．本講座では，多彩な話題をカバーし，それでいて体系的にもしっかりとしたものを，豪華な執筆陣に書いていただきます．十分な時間をかけてそれをゆったりと満喫し，現在の数学の姿，世界をお楽しみください．

「数学の魅力」

　大学の数学科で学ぶ本格的な数学はどのようなものなのでしょうか？　数学科の学部3年生から4年生，修士1年で学ぶ水準の数学を独習できる本を揃えました．代数，幾何，解析，確率・統計といった数学科での講義の各定番科目について，必修の内容をしっかりと学んでください．ここで身につけたものは，ほんものの数学の力としてあなたを支えてくれることでしょう．さらに大学院レベルの数学をめざしたいという人にも，その先へと進む確かな準備ができるはずです．

編集委員

はしがき

　データから有益な情報を引き出して意思決定や判断など今後の行動に利用することは様々な分野において重要である．ビッグデータという言葉が最近注目を集めているが，データのもつ価値についての認識は益々高まっており，医薬生物学，農学，工学などの自然科学分野から，経済，金融，教育などの社会科学の分野，年金・医療の社会保障や震災対策を含め政府関係の様々な施策に至るまで，データに基づいた意思決定の大切さが認識されている．その際，データからどのようにして情報を抽出するかが重要な問題となる．データはランダムネスを伴った確率現象として現れると捉え，データの背後に確率モデルを想定して推測を行うという考え方が推測統計であり，そのための土台となる数学的基礎を提供するのが数理統計学もしくは統計的推測理論である．数理統計学については多くの優れた教科書がすでに出版されているが，マルコフ連鎖モンテカルロ法，ブートストラップ法，EM アルゴリズムなどの計算統計学や線形回帰モデルの変数選択法やロジスティック回帰モデルなどは近年広く利用されており，本書はこうした現代的な内容を盛り込んだ推測統計の教科書を目指して書かれている．

　本書は 3 部から構成される．第 1 部は，第 1 章「確率」，第 2 章「確率分布と期待値」，第 3 章「代表的な確率分布」，第 4 章「多次元確率変数の分布」であり，統計的推測を行う上で必要な確率・確率分布の基本的な事項を説明する．第 2 部は，第 5 章「標本分布とその近似」，第 6 章「統計的推定」，第 7 章「統計的仮説検定」，第 8 章「統計的区間推定」であり，第 1 部で準備した道具立てに基づいて確率分布に関する推測方法を説明する．第 3 部は，第 9 章「線形回帰モデル」，第 10 章「リスク最適性の理論」，第 11 章「計算統計学の方法」，第 12 章「発展的トピック：確率過程」であり，発展的な内容を扱う．

　第 1 部と第 2 部の内容は，経済学部の 3・4 年生対象に行った「数理統計

学」の講義に基づいており，必要な知識をシンプルに解説し 4 単位の講義でカバーすることができる内容である．発展的な内容や補足的事項については各章末にまとめ，興味をもつ読者が学べるようにした．また第 1 部と第 2 部については，章末に演習問題を多数用意し，問題演習を通して内容の理解を深めることができるようにしている．その中でもレベルの高い問題には (∗) 印がつけてあるので，学部生はそれ以外の問題が解けるようにしておくとよい．なお演習問題の略解については https://sites.google.com/site/ktatsuya77/ においてあるファイルを参考にしてほしい．

第 3 部の内容は，統計学や計量経済学に関心のある大学院生対象に行った講義に基づいており，計量分析に関心のある学生が知っていてほしい内容や発展的なトピックについて，その導入部分を紹介している．第 3 部は発展的なトピックの紹介と解説を行うのが目的なので演習問題は特に設けていない．

第 9 章の線形回帰モデルは，最も役に立つ統計モデルの 1 つであり，第 1 部と第 2 部の知識に基づいて理解できる内容でもあるので，学部生にも是非読んでもらいたい．説明変数の選択規準として自由度調整済み決定係数，AIC，BIC など様々な方法を紹介している．また 2 値データを解析するためのロジスティック回帰モデルや分散分析および変量効果モデルについても紹介する．

第 10 章のリスク最適性の理論は，統計的決定理論の内容で，点推定を中心に推定の不偏性，不変性，ミニマックス性と許容性について解説する．この章は理論的な内容なので興味の無い方はスキップしてもらいたい．ただし，リスクに基づいた最適性の考え方は知っておいて悪くない内容であると思われる．

第 11 章の計算統計学の方法では，マルコフ連鎖モンテカルロ法，ブートストラップ法，EM アルゴリズムなどについて解説する．こうした計算機を利用した推測方法は，その正当性が理論的に保証されているだけでなく，実際のデータ解析の場面でも非常に役立っている．

第 12 章では発展的トピックとして代表的な確率過程を紹介する．確率過程は計量経済学，数理ファイナンス，オペレーションズ・リサーチなど様々な分野で登場し，時間軸上を変化する確率現象を論ずるときに使われる．数理統計学を学ぶ学生の中にはそのような分野に興味をもつ方も多く，数理統計学の教科書に確率過程のわかりやすい内容を含めることが望ましいと筆者は考えてきた．本書では，第 11 章までの統計的推測の内容とは異なるが，第 1 部と第 2 部の知識で理解できる確率過程の内容を紹介し，ポアソン過程，ランダム・

ウォーク，マルチンゲール，ブラウン運動，マルコフ連鎖の導入部分を説明する．それぞれどのような確率過程かを知る上で役立つと思う．

　本書は，統計学の中でも推測統計の内容を数学的に扱うことを中心に書かれている．数理的に理解することは，統計的方法をより深く理解することを助けるとともに，将来統計手法を発展させ応用させる際に柔軟に対応する能力を培うことができる．一方で，'生きた統計学'を身につけるためには，具体的なデータ解析のイメージを想像しながら学ぶことが大切である．そうした意味では，具体的な応用例が豊富な統計学の入門書を通してデータ解析の醍醐味，有用性，動機付けを学んでから本書を読み進めていくことを勧める．

　本書は統計検定®の1級（統計数理）の内容にある程度対応している．演習問題のレベルはそれよりやや高いので，本書の演習問題を解くトレーニングを通して実力を培ってほしい．

　最後に，丁寧に原稿を読んでいただき，多くの助言をいただいたことに対して査読者の方へ深く感謝したい．本書が数理統計学の専門的勉強を始める読者の役に立つことを願っている．

2017年1月　久保川達也

＊統計検定®は一般財団法人統計質保証推進協会の登録商標です．

目　次

第 1 章　確率 1
1.1　事象と確率　*1*
1.2　条件付き確率と事象の独立性　*4*
1.3　発展的事項　*7*
　　　演習問題　*8*

第 2 章　確率分布と期待値 11
2.1　確率変数　*11*
2.2　確率関数と確率密度関数　*14*
2.3　期待値　*17*
2.4　確率母関数，積率母関数，特性関数　*19*
2.5　変数変換　*23*
　　　演習問題　*26*

第 3 章　代表的な確率分布 29
3.1　離散確率分布　*29*
3.2　連続分布　*39*
3.3　発展的事項　*48*
　　　演習問題　*50*

第 4 章　多次元確率変数の分布 55
4.1　同時確率分布と周辺分布　*55*
4.2　条件付き確率分布と独立性　*58*
4.3　変数変換　*68*

4.4　多次元確率分布　*73*
　　　演習問題　*80*

第5章　標本分布とその近似 ———————— *84*
5.1　統計量と標本分布　*84*
5.2　正規母集団からの代表的な標本分布　*86*
5.3　確率変数と確率分布の収束　*94*
5.4　順序統計量　*101*
5.5　発展的事項　*105*
　　　演習問題　*111*

第6章　統計的推定 ———————————— *115*
6.1　統計的推測　*115*
6.2　点推定量の導出方法　*120*
6.3　推定量の評価　*126*
6.4　発展的事項　*137*
　　　演習問題　*140*

第7章　統計的仮説検定 ———————————— *144*
7.1　仮説検定の考え方　*144*
7.2　正規母集団に関する検定　*147*
7.3　検定統計量の導出方法　*150*
7.4　適合度検定　*155*
7.5　検定方式の評価　*159*
　　　演習問題　*166*

第8章　統計的区間推定 ———————————— *168*
8.1　信頼区間の考え方　*168*
8.2　信頼区間の構成方法　*169*
8.3　発展的事項　*174*
　　　演習問題　*176*

第9章　線形回帰モデル ———————————— *178*
9.1　単回帰モデル　*178*

- 9.2 重回帰モデル　*187*
- 9.3 変数選択の規準　*193*
- 9.4 ロジスティック回帰モデルと一般化線形モデル　*201*
- 9.5 分散分析と変量効果モデル　*205*

第10章　リスク最適性の理論　*211*
- 10.1 リスク最適性の枠組み　*211*
- 10.2 最良不偏推定　*217*
- 10.3 最良共変（不変）推定　*224*
- 10.4 ベイズ推定　*231*
- 10.5 ミニマックス性と許容性の理論　*234*

第11章　計算統計学の方法　*245*
- 11.1 マルコフ連鎖モンテカルロ法　*245*
- 11.2 ブートストラップ　*255*
- 11.3 最尤推定値の計算法　*262*

第12章　発展的トピック：確率過程　*266*
- 12.1 ベルヌーイ過程とポアソン過程　*266*
- 12.2 ランダム・ウォーク　*270*
- 12.3 マルチンゲール　*274*
- 12.4 ブラウン運動　*278*
- 12.5 マルコフ連鎖　*281*

付録　*288*
- A.1 微積分と行列演算　*288*
- A.2 主な確率分布と特性値　*300*

参考文献　*306*

索引　*309*

第 1 章

確率

　世の中に起こる自然現象や社会現象は不確実性を伴っている場合が少なくない．巨大地震の発生の可能性，台風の今後の進路，100 m 走の新記録の可能性，受験の合否，選挙の当選可能性，新商品開発の成功の有無，株価の変動など様々な現象が不確実性もしくはランダムネスを伴っている．しかし，そのランダムネスは全く'でたらめ'に起こるのではなく，何らかの傾向性をもって起こるのであれば，その傾向性を考慮してリスクが最小になるように決定したり，最善の予測を行うことができる．ランダムネスの傾向性を数学的に記述するものが確率であり，確率を観測データから推測し知的な確率モデルを構築するのが統計的推測である．このような不確実性を科学するために基本となる数学的な道具を提供するのが数理統計学である．

　本章では，統計的推測の土台として位置づけられる確率について説明する．確率は確率論として大成した理論体系があり詳しくはそちらを学ぶ必要があるが，ここでは数理統計に必要な基本的な事項について説明することにする．

1.1　事象と確率

　サイコロを投げて出た目の数をいい当てたり，明日の天気を予想したりと，不確からしさを伴う実験，観測，調査などが身の周りには沢山ある．このような行為を総称して**試行**という．試行によって起こりうるすべての結果を**全事象**もしくは**標本空間**といい Ω で表す．また起こりうる結果の集まりを**事象**という．例えば，1 回サイコロを投げたとき，標本空間は $\Omega = \{1,2,3,4,5,6\}$ であり，事象は $\{2\}$, $\{1,3,5\}$ など Ω の部分集合となる．このように，事象を集合として捉えると理解しやすい．試行による個々の結果は集合の要素もしくは元に対応する．2 つの事象 A と B がともに起こる事象を**積事象** (intersection) といい，A か B の少なくともどちらかが起こる事象を**和事象** (union) という．これらはそれぞれ積集合（共通集合），和集合に対応していて，

$$A \cap B = \{x \mid x \in A \text{ かつ } x \in B\}, \quad A \cup B = \{x \mid x \in A \text{ または } x \in B\}$$

と書ける．A に属さない元の集合を A の**補集合** (complement) といい A^c で表す．また A に属するが B に属さない元の集合を A と B の**差集合** (relative complement) といい，$A \backslash B = A \cap B^c$ と書く．差集合の記号を用いると $A^c = \Omega \backslash A$ と書ける．$A \Delta B = (A \backslash B) \cup (B \backslash A)$ を**対称差** (symmetric difference) という．空集合 (empty set) を $\emptyset$ もしくは $\{\}$ で表す．$A \cap B = \emptyset$ のとき，A と B は互いに**排反** (disjoint) であるという．積集合，和集合，補集合の間には次のような性質が成り立つ．

- $A \cup B \cup C = (A \cup B) \cup C = A \cup (B \cup C)$
  $A \cap B \cap C = (A \cap B) \cap C = A \cap (B \cap C)$
- $A \cap (B \cup C) = (A \cap B) \cup (A \cap C)$
  $A \cup (B \cap C) = (A \cup B) \cap (A \cup C)$
- $(A \cup B)^c = A^c \cap B^c$
  $(A \cap B)^c = A^c \cup B^c$

【例 1.1】 1回サイコロを投げたときの事象について，A を奇数の目が出る事象，B を偶数の目が出る事象，$C = \{1, 6\}$ とすると，$A \cap B = \emptyset$, $A \cap C = \{1\}$, $B \cap C = \{6\}$, $A \cap (B \cup C) = \{1\}$, $(A \cup C)^c = \{2, 4\}$, $A \Delta C = \{3, 5, 6\}$ である．□

試行は不確からしさを伴う実験であり，確からしさを数学的に記述したものが確率である．例えば1回サイコロを投げたとき，1の目が出る確率は $1/6$ であり，奇数の目が出る確率は $1/2$ となる．このように事象 A に対して確率 $P(A)$ は区間 $[0, 1]$ の間の実数を対応させる関数である．何も起こらない確率は $P(\emptyset) = 0$, すべての事象のどれかが起こる確率は $P(\Omega) = 1$ となる．

確率は事象の関数であると述べたが，数学的に矛盾無く定義しようとすると，確率を定義する事象の集合から準備する必要がある．事象の集合，すなわち Ω の部分集合からなる集合を集合族という．確率は次の3つの性質を満たす**可測集合族** $\mathcal{B}$ の上で定義される．

(M1) $\emptyset \in \mathcal{B}$, $\Omega \in \mathcal{B}$

(M2) $A \in \mathcal{B}$ ならば $A^c \in \mathcal{B}$
(M3) $A_k \in \mathcal{B}$, $k = 1, 2, \ldots$, ならば $\bigcup_{k=1}^{\infty} A_k \in \mathcal{B}$

可測集合族 $\mathcal{B}$ の元を**可測集合**といい，可測集合 A に対して実数を対応させる関数 $P(\cdot)$ で，次の 3 つの性質を満たすものを**確率** (probability) という．

(P1) すべての $A \in \mathcal{B}$ に対して $P(A) \geq 0$
(P2) $P(\Omega) = 1$
(P3) $A_k \in \mathcal{B}$, $k = 1, 2, \ldots$, が互いに排反であるとき，すなわち $A_i \cap A_j = \emptyset$, $i \neq j$, の場合，$P(\bigcup_{k=1}^{\infty} A_k) = \sum_{n=1}^{\infty} P(A_k)$ が成り立つ．

このように，確率は Ω, $\mathcal{B}$, P の 3 つの要素により決まり，$(\Omega, \mathcal{B}, P)$ を**確率空間**という．(P2) を除いて (P1) と (P3) を満たす関数を**測度** (measure) といい，ルベーグ積分と呼ばれる積分は測度に基づいて構成される．確率は測度の 1 つであり，その性質は測度の理論の上に構築されるので，極限操作などの性質を論じようとすると測度論 (measure theory) の知識が必要になる．詳しくは測度論の教科書を参照してほしい．ここでは確率演算についての基本的な性質を紹介する．すべての $x \in A$ に対して $x \in B$ となるとき，$A \subset B$ と書く．ここで記号 $A \subset B$ は $A = B$ の場合も含めた表記であるとする．

▶**命題 1.2** (P1), (P2), (P3) から次の性質が導かれる．$A \in \mathcal{B}$, $B \in \mathcal{B}$ とする．
(1) $P(A^c) = 1 - P(A)$
(2) $A \subset B$ ならば $P(A) \leq P(B)$
(3) $P(A \cap B) \leq \min\{P(A), P(B)\}$
(4) $P(A \cup B) = P(A) + P(B) - P(A \cap B)$

[**証明**] (P3) を用いると $\Omega = A \cup A^c$, $A \cap A^c = \emptyset$ より $P(\Omega) = P(A) + P(A^c)$ となる．これと (P2) より $P(A^c) = 1 - P(A)$ が成り立つ．

(2) については $B = A \cup (B \cap A^c)$, $A \cap (B \cap A^c) = \emptyset$ と (P3) より $P(B) = P(A) + P(B \cap A^c)$ となる．(P1) より (2) が成り立つ．

(3) については $A \cap B \subset A$, $A \cap B \subset B$ より (2) を用いると $P(A \cap B) \leq$

$P(A)$, $P(A \cap B) \leq P(B)$ となるので (3) の性質が成り立つ.

(4) については $A = (A \cap B) \cup (A \cap B^c)$, $B = (B \cap A) \cup (B \cap A^c)$ と分解すると (P3) より

$$P(A) + P(B) = P(A \cap B) + \{P(A \cap B^c) + P(A \cap B) + P(B \cap A^c)\}$$
$$= P(A \cap B) + P(A \cup B)$$

となる. □

1.2 条件付き確率と事象の独立性

▷**定義 1.3** 2つの事象 A と B があって $P(B) > 0$ のとき,

$$P(A \mid B) = \frac{P(A \cap B)}{P(B)} \tag{1.1}$$

を, B を与えたときの A の**条件付き確率** (conditional probability) という.

(1.1) の分母を払うと $P(A \cap B) = P(A \mid B)P(B)$ となる. 同様にして $P(A) > 0$ のとき $P(A \cap B) = P(B \mid A)P(A)$ とも書ける. これを繰り返すと, 事象 $A_1, \ldots, A_n$ に対して, $P(A_1 \cap \cdots \cap A_{n-1}) > 0$ のとき

$$P(A_1 \cap \cdots \cap A_n) = P(A_n \mid A_1 \cap \cdots \cap A_{n-1})P(A_1 \cap \cdots \cap A_{n-1})$$
$$= P(A_n \mid A_1 \cap \cdots \cap A_{n-1}) \times \cdots \times P(A_3 \mid A_1 \cap A_2)$$
$$\times P(A_2 \mid A_1)P(A_1) \tag{1.2}$$

と書けることがわかる.

【**例 1.4**】 現内閣の支持率と男女の違いを調べたところ, 表1.1のように, 男性で内閣を支持する確率は $P(男 \cap 支持) = 1/12$, 女性で内閣を支持する確率は $P(女 \cap 支持) = 1/6$ となり, 全体では内閣支持率は $P(支持) = 1/4$ であったという. $P(男) = P(女) = 1/2$ として, (1) 女性のうち内閣を支持する条件付き確率, (2) 内閣を支持しない人の中でそれが男性である確率を求めたい.

(1) は条件付き確率 $P(支持 \mid 女)$ を求めることになるので

$$P(支持 \mid 女) = \frac{P(女 \cap 支持)}{P(女)} = \frac{1}{6} \div \frac{1}{2} = \frac{1}{3}$$

表 1.1 支持率と男女の違い

	男	女	計
支持	1/12	1/6	1/4
不支持	5/12	1/3	3/4
計	1/2	1/2	1

となる．同様にして，(2) の確率は

$$P(\text{男} \mid \text{不支持}) = \frac{P(\text{男} \cap \text{不支持})}{P(\text{不支持})} = \frac{5}{12} \div \frac{3}{4} = \frac{5}{9}$$

となる． □

▶**命題 1.5（全確率の公式 (Law of total probability)）** $B_1, B_2, \ldots$ を互いに排反な事象の列とし，$P(B_k) > 0$, $\bigcup_{k=1}^{\infty} B_k = \Omega$ を満たすとき，事象 A の確率は次のように分解できる．

$$P(A) = \sum_{k=1}^{\infty} P(A \mid B_k) P(B_k)$$

[証明] $A = A \cap (\bigcup_{k=1}^{\infty} B_k) = \bigcup_{k=1}^{\infty} (A \cap B_k)$ であり $A \cap B_k, k = 1, 2, \ldots,$ は互いに排反であることから，(P3) を用いると

$$P(A) = P(\bigcup_{k=1}^{\infty} (A \cap B_k)) = \sum_{k=1}^{\infty} P(A \cap B_k) = \sum_{k=1}^{\infty} P(A \mid B_k) P(B_k)$$

となるので，全確率の公式が示される． □

▶**命題 1.6（Bayes の定理）** $B_1, B_2, \ldots$ を互いに排反な事象の列とし，$P(B_k) > 0$, $\bigcup_{k=1}^{\infty} B_k = \Omega$ を満たすとする．このとき任意の事象 A に対して，A を与えたときの B_j の条件付き確率 $P(B_j \mid A)$ は次のように表される．

$$P(B_j \mid A) = \frac{P(A \mid B_j) P(B_j)}{\sum_{k=1}^{\infty} P(A \mid B_k) P(B_k)}$$

[証明] $P(B_j \mid A) = P(A \cap B_j)/P(A) = P(A \mid B_j) P(B_j)/P(A)$ であり，分母の $P(A)$ に全確率の公式を適用すればよい． □

【例 1.7】 B_1, B_2, B_3, B_4 という名前の付いた 4 つの壺から 1 つをランダムに選び，選ばれた壺の中から玉を 1 つランダムに選ぶと仮定する．k 番目の壺 B_k には k 個の赤玉と $10-k$ 個の白玉が入っているものとする．このとき，(1) 赤玉が選ばれる確率，(2) 赤玉が選ばれたときにそれが 4 番目の壺からとられる確率，を求めたい．「赤玉を選ぶ」という事象を A,「壺 B_k を選ぶ」という事象を B_k とすると，(1) の確率は $P(A)$，(2) の確率は $P(B_4 \mid A)$ を求めればよい．$P(B_k) = 1/4, P(A \mid B_k) = k/10$ であることに注意する．$B_k, k = 1,2,3,4,$ は互いに排反であり $\Omega = \bigcup_{k=1}^{4} B_k$ であるので，全確率の公式から

$$P(A) = \sum_{k=1}^{4} P(A \cap B_k) = \sum_{k=1}^{4} P(A \mid B_k) P(B_k) = \frac{1+2+3+4}{10} \frac{1}{4} = \frac{1}{4}$$

となり，これが (1) の確率となる．(2) については Bayes の定理より

$$P(B_4 \mid A) = \frac{P(A \mid B_4) P(B_4)}{\sum_{k=1}^{4} P(A \mid B_k) P(B_k)} = \frac{4}{10} \frac{1}{4} \div \frac{1}{4} = \frac{2}{5}$$

となる． □

条件付き確率の定義から，2 つの事象 A と B が同時に起こる確率は $P(A \cap B) = P(A \mid B) P(B)$ と書ける．ここで A と B が全く独立に起こる場合を考えよう．この場合，A が起こる確率は B が起こったという条件があってもなくても変わらない．すなわち，$P(A \mid B) = P(A)$ であり，したがって $P(A \cap B) = P(A) P(B)$ となる．これを事象 A と B の**独立性** (independence) の定義とする．

▷**定義 1.8** 2 つの事象 A と B が

$$P(A \cap B) = P(A) P(B)$$

を満たすとき，A と B は独立であるという．

【例 1.9】 高齢者について，飲酒と男女の違いを調べたところ，男性で飲酒する確率は $P(\text{男} \cap \text{飲酒}) = 1/6$，男女全体で飲酒する確率は $P(\text{飲酒}) = 1/4$ となったという．男女比は $P(\text{男}) = 2/3, P(\text{女}) = 1/3$ で与えられているとして，男女の違いと飲酒とは関係があるか否かを調べよう．これを表にまとめると表

表 1.2 飲酒と男女の違い

	男	女	計
飲酒	1/6	a	1/4
非飲酒	b	c	3/4
計	2/3	1/3	1

1.2 のようになる.

この表において a, b, c を求めると, $a = 1/12$, $b = 1/2$, $c = 1/4$ となり, $P(男 \cap 飲酒) = P(男)P(飲酒)$, $P(女 \cap 飲酒) = a = 1/12 = P(女)P(飲酒)$, $P(男 \cap 非飲酒) = b = 1/2 = P(男)P(非飲酒)$, $P(女 \cap 非飲酒) = c = 1/4 = P(女)P(非飲酒)$ が成り立っていることがわかる. したがって, この表からは, 高齢者が飲酒するか否かは男女の違いと独立であることになる. □

1.3 発展的事項

事象の列 $A_k \in \mathcal{B}$, $k = 1, 2, \ldots$, について, A_k が $A_k \subset A_{k+1}$ を満たすとき**単調増大列**といい, $A_k \supset A_{k+1}$ を満たすとき**単調減少列**という.

▶**命題 1.10** 確率について次の性質が導かれる.
(1) 事象の列 $A_k \in \mathcal{B}$, $k = 1, 2, \ldots$, が単調増大列のとき $P(\bigcup_{k=1}^{\infty} A_k) = \lim_{k \to \infty} P(A_k)$ が成り立つ. これを**確率の連続性**という.
(2) 事象の列 $A_k \in \mathcal{B}$, $k = 1, 2, \ldots$, に対して, $P(\bigcup_{k=1}^{\infty} A_k) \leq \sum_{k=1}^{\infty} P(A_k)$ が成り立つ.

[証明] (1) については, $B_1 = A_1$, $B_k = A_k \cap A_{k-1}^c$, $k = 2, 3, \ldots$, とおくと B_k, $k = 1, 2, \ldots$, は互いに排反になるので, (P3) より $P(\bigcup_{k=1}^{\infty} B_k) = \sum_{k=1}^{\infty} P(B_k)$ となる. 明らかに $\bigcup_{k=1}^{\infty} B_k = \bigcup_{k=1}^{\infty} A_k$ である. 一方, A_k は単調増大列であるから

$$\sum_{k=1}^{n} P(B_k) = P(A_1) + \sum_{k=2}^{n} \{P(A_k) - P(A_{k-1})\} = P(A_n)$$

と書けるので, $\sum_{k=1}^{\infty} P(B_k) = \lim_{k \to \infty} P(A_k)$ となり (1) が成り立つ.

(2) については，命題 1.2(4) より $P(A\cup B) \leq P(A)+P(B)$ が成り立つ．これを一般化すると $P(\bigcup_{k=1}^{n} A_k) \leq \sum_{k=1}^{n} P(A_k)$ となることは帰納法から容易に確かめられる．$B_n = \bigcup_{k=1}^{n} A_k$ とおくと $B_n \subset B_{n+1}$ となっているので (1) を用いると

$$P(\bigcup_{n=1}^{\infty} B_n) = \lim_{n\to\infty} P(B_n) = \lim_{n\to\infty} P(\bigcup_{k=1}^{n} A_k) \leq \sum_{k=1}^{\infty} P(A_k)$$

と書けることがわかる．$\bigcup_{n=1}^{\infty} B_n = \bigcup_{n=1}^{\infty} \bigcup_{k=1}^{n} A_k = \bigcup_{k=1}^{\infty} A_k$ となるので (2) が成り立つ． □

演習問題

問 1 事象 A と B の対称差 $A\Delta B$ は，$A\Delta B = A^c \Delta B^c = (A\cup B)\backslash(A\cap B)$ と表されることを示して次を示せ．
$$P(A\Delta B) = P(A\cup B) - P(A\cap B) = P(A) + P(B) - 2P(A\cap B)$$

問 2 事象 A_1, A_2, A_3 に対して次の等式を示せ．
$$\begin{aligned}P(A_1 \cup A_2 \cup A_3) &= P(A_1) + P(A_2) + P(A_3)\\&\quad - P(A_1\cap A_2) - P(A_2\cap A_3) - P(A_3\cap A_1)\\&\quad + P(A_1\cap A_2\cap A_3)\end{aligned}$$

問 3 (1.2) を示せ．

問 4 次の等式が成り立たない例を挙げよ．
 (1) $P(A\,|\,B^c) = 1 - P(A\,|\,B)$
 (2) $P(C\,|\,A\cup B) = P(C\,|\,A) + P(C\,|\,B)$，ただし $A\cap B = \emptyset$

問 5 情報を 0 と 1 に符号化して送る際に，受信者は 1 割の確率で間違って受信してしまう場合を想定してみる．送信者は，0 を 1/3 の確率，1 を 2/3 の確率で送信していることがわかっている．
 (1) 0 を受信する確率を求めよ．
 (2) 0 を受信したとするとき，それが間違って受信した確率を求めよ．1 を受信したときには，間違って受信する確率はどうなるか．

問 6 ある病気について疾患の有無を調べる簡易的な検査方法がある．この方法に

よると，疾患がないのに陽性反応が出てしまう確率は 20% であり，一方疾患があるのに陰性となる確率は 10% である．その病気にかかっているのは全体の 10% であるとする．陽性反応が出たとき，病気にかかっている確率を，Bayes の定理を用いて求めよ．

問 7 ある薬の服用と特定の病気の治癒の間に関係があるか否かに関心があるとする．事象 A_1, A_2 をそれぞれ薬の服用，非服用とし，B_1, B_2 をそれぞれ病気が治癒する事象，治癒しない事象とする．それぞれの事象と積事象の確率が表 1.3 で与えられているとき，次の問に答えよ．

表 1.3　薬と治癒との関係

	B_1	B_2	計
A_1	a	1/9	c
A_2	4/9	d	$1-c$
計	b	$1-b$	1

(1) 薬の服用と病気の治癒の間に因果関係がないとするとき，a, b, c, d はどのような値をとるか．

(2) 薬の服用と病気の治癒の間には独立性が成り立っていないとする．このとき a, b, c の値を d を用いて表せ．

問 8 事象 A_k, $k = 1, 2, \ldots$, について次の**ボンフェロニ (Bonferroni) の不等式**が成り立つことを示せ．

$$P\left(\bigcap_{k=1}^{\infty} A_k\right) \geq 1 - \sum_{k=1}^{\infty} P(A_k^c)$$

問 9(*)　集合の列 $A_k \in \mathcal{B}$, $k = 1, 2, \ldots$, に対して，**上極限集合**と**下極限集合**をそれぞれ

$$\limsup_{n \to \infty} A_n = \bigcap_{n=1}^{\infty} \bigcup_{k=n}^{\infty} A_k, \quad \liminf_{n \to \infty} A_n = \bigcup_{n=1}^{\infty} \bigcap_{k=n}^{\infty} A_k$$

で定義する．$\limsup_{n \to \infty} A_n = \liminf_{n \to \infty} A_n$ が成り立つとき，この集合を $\lim_{n \to \infty} A_n$ と書く．A_k が**単調増大列**のとき，$\lim_{n \to \infty} A_n = \bigcup_{n=1}^{\infty} A_n$ となることを示せ．また A_k が**単調減少列**のとき，$\lim_{n \to \infty} A_n = \bigcap_{n=1}^{\infty} A_n$ となることを示せ．

問 10(*)　命題 1.10(1) では，単調増大列に対して $P(\lim_{n \to \infty} A_n) = \lim_{n \to \infty} P(A_n)$ という確率の連続性を示した．この性質は，単調減少列についても成り立つことを示せ．

問 11(∗) **ボレル・カンテリの補題** (Borel-Cantelli lemma) と呼ばれる次の結果を示せ.

(1) 事象の列 $A_n \in \mathcal{B}$, $n = 1, 2, \ldots$, に対して, $\sum_{n=1}^\infty P(A_n) < \infty$ ならば, $P(\limsup_{n\to\infty} A_n) = 0$ となる.
(ヒント: $B_n = \bigcup_{k=n}^\infty A_k$ とおくと, B_n は単調減少列になることに注意せよ.)

(2) 事象 $A_1, A_2, \ldots, A_n, \ldots \in \mathcal{B}$ が独立であるとする. すなわち, 任意の n に対して $P(\bigcap_{i=1}^n A_i) = \prod_{i=1}^n P(A_i)$ が成り立つとする. このとき, $\sum_{n=1}^\infty P(A_n) = \infty$ ならば, $P(\limsup_{n\to\infty} A_n) = 1$ が成り立つ.
(ヒント: $(\limsup A_n)^c = \liminf A_n^c$ に注意して $P(\liminf A_n^c) = 0$ を示せばよい. $P(\bigcap_{k=n}^m A_k^c) = \prod_{k=n}^m (1 - P(A_k))$, $1 - P(A_k) \leq \exp\{-P(A_k)\}$ を順に示していけばよい.)

演習問題の解答については,
https://sites.google.com/site/ktatsuya77/
を参照して下さい.

第 2 章
確率分布と期待値

　観測されたデータからその背後にある確率や確率モデルを推測するのが推測統計である．データと確率との間を橋渡しするのが確率変数という概念であり，確率変数の従う分布が確率分布である．本章では，確率分布の基本事項について説明する．具体的には，離散型ならびに連続型確率変数と確率分布，確率変数の期待値，分散，積率母関数，特性関数，確率変数の変数変換による確率分布の変換について 1 次元の場合を説明する．多次元の場合は後で述べる．

2.1　確率変数

　確率は事象に対して定義されることを述べたが，事象を直接扱うよりもそれを要約したものを扱った方が便利な場合が多い．例えば，内閣の支持率を調査するために 1000 人の有権者をランダムに選んで「支持する」と答えた人を 1，「支持しない」と答えた人を 0 と割り振ると全事象 Ω は 2^{1000} 個の元からなる．しかし，興味あるのは，個々の有権者の回答ではなく，「支持する」と回答した人数である．この数を X とおくと X のとり得る値の集合は $\{0, 1, \ldots, 1000\}$ となるので，上述の全事象を扱うよりもはるかに扱い易い．X は全事象から実数への関数と見ることができ，これを確率変数という．

　一般に，Ω を全事象，$\mathcal{B}$ を Ω の可測集合族，P を $(\Omega, \mathcal{B})$ 上の確率とするとき，$\omega \in \Omega$ に対して実数値 $X(\omega) \in \mathbb{R}$ を対応させる関数 X を **確率変数** (random variable) という．任意の実数 x に対して $X \leq x$ である確率は

$$P(X \leq x) = P(\{\omega \in \Omega \mid X(\omega) \leq x\})$$

として，$(\Omega, \mathcal{B})$ 上で定義された確率 P を用いて与えることができる．$\{\omega \in \Omega \mid X(\omega) \leq x\}$ は Ω の部分集合であり，この事象の確率を測ることができるためには $\{\omega \in \Omega \mid X(\omega) \leq x\}$ が可測集合になっている必要がある．したがっ

て，確率変数を厳密に定義するには，任意の実数 x に対して $\{\omega \in \Omega \mid X(\omega) \leq x\} \in \mathcal{B}$ という条件を課さなければならないが，本書ではこうした条件は常に成り立っているものとして扱う．以上少し厳密に説明してきたが，もう少しわかりやすく説明するならば，確率変数とは実数直線上を確率的に変動する変数のことで，X が x 以下の値をとる確率が $P(X \leq x) = P(\{\omega \in \Omega \mid X(\omega) \leq x\})$ で与えられることを意味している．

1つの $\omega \in \Omega$ に対して $X(\omega) = x$ なる X の値が定まる．この x を**実現値**といい，確率変数を大文字で表すのに対して実現値は小文字で表す．実現値の全体を $\mathcal{X} = \{X(\omega) \mid \omega \in \Omega\}$ で表し，X の**標本空間** (sample space) という．

【**例 2.1**】 コイン投げを行って表が出る事象を H，裏が出る事象を T とし，3回コインを投げて表が出る個数を X とする．このとき標本空間は $\mathcal{X} = \{0, 1, 2, 3\}$ である．表も裏も等確率で出るものとして $X = x$ となる確率を求めてみよう．事象 ω と X の実現値 $X(\omega) = x$ をまとめたものが次の表である．

ω	HHH	HHT	HTH	THH	TTH	THT	HTT	TTT
$X(\omega) = x$	3	2	2	2	1	1	1	0

この表から，確率は $P(X = 3) = 1/8$, $P(X = 2) = 3/8$, $P(X = 1) = 3/8$, $P(X = 0) = 1/8$ となることがわかる（図 2.1）． □

一般に集合 $A \subset \mathcal{X}$ に対して $P(X \in A)$ なる確率は

$$P(X \in A) = P(\{\omega \in \Omega \mid X(\omega) \in A\})$$

で定義される．特に X が区間 $(a, b]$ に入る確率は $P(a < X \leq b) = P(\{\omega \in \Omega \mid a < X(\omega) \leq b\})$ で与えられる．

▷**定義 2.2** 確率変数 X の**累積分布関数**（cumulative distribution function, cdf と略す）を $F_X(x)$ で表し，

$$F_X(x) = P(X \leq x)$$

で定義する．ただし x はすべての実数である．累積分布関数を単に分布関数

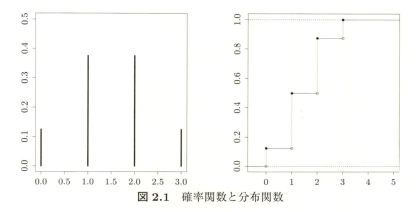

図 2.1 確率関数と分布関数

と呼ぶことが多い.

分布関数を用いると，$P(a < X \leq b) = P(\{X \leq b\} \backslash \{X \leq a\}) = P(X \leq b) - P(X \leq a) = F_X(b) - F_X(a)$, $P(X > a) = P(\Omega \backslash \{X \leq a\}) = 1 - F_X(a)$ と表される．例 2.1 の分布関数を求めてみると

$$F_X(x) = \begin{cases} 0 & (-\infty < x < 0 \text{ のとき}) \\ 1/8 & (0 \leq x < 1 \text{ のとき}) \\ 1/2 & (1 \leq x < 2 \text{ のとき}) \\ 7/8 & (2 \leq x < 3 \text{ のとき}) \\ 1 & (3 \leq x < \infty \text{ のとき}) \end{cases} \tag{2.1}$$

となる．この場合，確率変数は $0, 1, 2, 3$ という離散値をとり，分布関数 $F_X(x)$ は図 2.1（右）のような形状をする．この形状の関数を**階段関数** (step function) という．

(2.1) の分布関数を眺めると，次のような性質が成り立つことがわかる．まず $\lim_{x \to -\infty} F_X(x) = 0$, $\lim_{x \to \infty} F_X(x) = 1$ である．次に $x_1 < x_2$ に対して $F_X(x_1) \leq F_X(x_2)$ となる．このとき $F_X(x)$ は**非減少関数**であるという．また x を右から a へ近づけると $F_X(x)$ は $F_X(a)$ に収束することがわかる．このとき $F_X(x)$ は $x = a$ で右連続であるといい，すべての点 a で右連続であるとき $F_X(x)$ は**右連続関数**であるという．実は，この 3 つの性質が分布関数になるための必要十分条件であることが知られている．

▶**定理 2.3** 関数 $F(x)$ がある確率変数の分布関数になるための必要十分条件は次の3つの条件が成り立つことである.
(a) $\lim_{x\to-\infty} F(x) = 0$, $\lim_{x\to\infty} F(x) = 1$
(b) $F(x)$ は x の非減少関数である.
(c) $F(x)$ は右連続関数である.

任意の実数 a に対して x を左から a へ近づけると $F_X(x)$ が $F_X(a)$ に収束するとき, $F_X(x)$ は左連続であるという. $F_X(x)$ が右連続でかつ左連続であるとき, $F_X(x)$ は連続となる. 上で述べた階段関数は右連続であるが左連続ではない. X の分布関数 $F_X(x)$ が階段関数のとき, X は**離散型確率変数** (discrete random variable) といい, $F_X(x)$ が連続関数のとき, X は**連続型確率変数** (continuous random variable) という.

2.2 確率関数と確率密度関数

累積分布関数 $F_X(x)$ は x までの累積の確率, すなわち $X \leq x$ となる確率を表していた. ここでは $X = x$ となる点の確率を求めてみよう.

▷**定義 2.4** 離散型確率変数 X に対して,

$$f_X(x) = P(X = x)$$

を**確率関数** (probability function, probability mass function, pmf と略す) という.

本章では, 離散型確率変数 X の標本空間を $\mathcal{X} = \{x_1, x_2, \ldots\}$, $x_1 < x_2 < \cdots$, とし $p(x_i) = P(X = x_i)$, $i = 1, 2, \ldots$, とする. このとき確率関数は

$$f_X(x) = \begin{cases} p(x_i) & (x = x_i \text{ のとき}) \\ 0 & (x \notin \mathcal{X} \text{ のとき}) \end{cases} \tag{2.2}$$

と書ける. ただし $f_X(x_i) \geq 0$, $\sum_{i=1}^{\infty} f_X(x_i) = 1$ を満たす. 分布関数は $F_X(x) = \sum_{i:x_i \leq x} f_X(x_i)$ となり階段関数となる. 逆に, 確率関数 $f_X(x)$ は分布関数 $F_X(x)$ から $f_X(x) = F_X(x) - F_X(x-)$ として導かれる. ここで $F_X(x-)$ は x

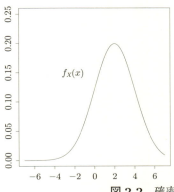
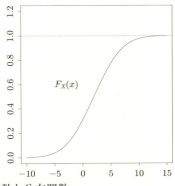

図 2.2 確率密度関数と分布関数

に左から近づけたときの $F_X(\cdot)$ の極限値を表す．確かに，$x = x_i$ のときには $f_X(x_i) = F_X(x_i) - F_X(x_i-) = p(x_i)$ であり，$x_i < x < x_{i+1}$ のときには $f_X(x) = F_X(x) - F_X(x-) = 0$ となる．

【例 2.5】 例 2.1 で与えられた確率変数 X については，$\mathcal{X} = \{0, 1, 2, 3\}$ であり，確率関数は $p(0) = 1/8$, $p(1) = 3/8$, $p(2) = 3/8$, $p(3) = 1/8$ となる． □

次に連続型確率変数の場合に1点の確率を考えてみよう．離散型確率変数の場合と同様に考えて，1点の確率は $P(X = a) = P(\{X \leq a\} \setminus \{X < a\}) = F_X(a) - F_X(a-)$ と書けるので，$F_X(x)$ が連続関数の場合 $P(X = a) = 0$ となってしまう．したがって連続型確率変数の場合，1点の確率は0となることがわかる．そこで1点の確率を扱う代わりに確率密度関数を導入しよう．

▷ **定義 2.6** 連続型確率変数 X に対して，

$$F_X(x) = \int_{-\infty}^{x} f_X(t)\, dt, \quad -\infty < x < \infty$$

となる関数 $f_X(x)$ が存在するとき，$f_X(x)$ を**確率密度関数** (probability density function, pdf と略す) という (図 2.2)．

確率密度関数 $f_X(x)$ は $f_X(x) \geq 0$, $\int_{-\infty}^{\infty} f_X(x)\, dx = 1$ を満たす．定義 2.6 から，$f_X(x)$ は $F_X(x)$ を微分することで得られる．すなわち，$f_X(x)$ が連続であるような点 x に対して

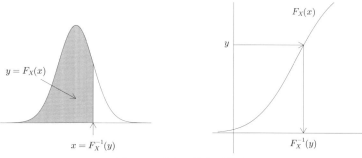

図 2.3 分布関数と分位点

$$f_X(x) = \frac{d}{dx} F_X(x)$$

となる．また $0 < y < 1$ に対して $F_X(x_y) = y$ を満たす x_y を**分位点** (quantile) といい，図 2.3 のように

$$x_y = F_X^{-1}(y)$$

として与えられる．

【例 2.7】 連続型確率変数 X の確率密度関数 $f_X(x)$ が

$$f_X(x) = \begin{cases} Cx^m & (0 \leq x \leq 1 \text{ のとき}) \\ 0 & (\text{その他の場合}) \end{cases}$$

の形で与えられているとき，定数 C を求めよう．確率密度関数になるためには $\int_{-\infty}^{\infty} f_X(x)\,dx = 1$, すなわち

$$\int_{-\infty}^{\infty} f_X(x)\,dx = C \int_0^1 x^m\,dx = \frac{C}{m+1} = 1$$

とならなければならないので，$C = m+1$ となる．このように全確率が 1 になるように調整される定数 C を**正規化定数** (normalizing constant) という．また分布関数は

$$F_X(x) = \int_{-\infty}^x (m+1)t^m\,dt = \begin{cases} 0 & (x < 0 \text{ のとき}) \\ x^{m+1} & (0 \leq x < 1 \text{ のとき}) \\ 1 & (x > 1 \text{ のとき}) \end{cases}$$

で与えられる．$0 < x < 1$ に対して $(d/dx)F_X(x) = (m+1)x^m$ となる．また $0 < y < 1$ に対し分位点 x_y は $x_y = F_X^{-1}(y) = y^{1/(m+1)}$ で与えられる． □

2.3 期待値

確率分布の特性値として平均と分散がある．これらは確率変数の関数の期待値であるので，まず確率変数 X の関数 $g(X)$ の期待値を定義することから始めよう．

▷ **定義 2.8** $g(X)$ の**期待値** (expected value) を $E[g(X)]$ で表し，

$$E[g(X)] = \begin{cases} \int_{-\infty}^{\infty} g(x)f_X(x)\,dx & (X \text{ が連続型確率変数のとき}) \\ \sum_{x_i \in \mathcal{X}} g(x_i)f_X(x_i) & (X \text{ が離散型確率変数のとき}) \end{cases}$$

で定義する．ただし，$g(X)$ の期待値は $E[|g(X)|] < \infty$ のときに定義される．また $\sum_{x_i \in \mathcal{X}}$ は $\mathcal{X}$ に含まれるすべての x_i に関して和をとることを意味する．$E[|g(X)|] = \infty$ のときには期待値は存在しない．

$g(X) = X$ とおき $E[|X|] < \infty$ のとき，$E[X]$ を X の期待値もしくは**平均** (mean) といい，$\mu = E[X]$ で表す．$g(X) = (X - E[X])^2$ とおき $E[(X-\mu)^2] < \infty$ のとき，$E[(X-\mu)^2]$ を X の**分散** (variance) といい，$\mathrm{Var}(X)$ もしくは σ^2 で表す．$\sigma = \sqrt{\mathrm{Var}(X)}$ を X **標準偏差** (standard deviation) といい，$\mathrm{SD}(X)$ で表す．

定義 2.8 では，$E[g(X)]$ を連続型と離散型の確率変数の場合に分けて定義しているが，いつもこのように分けて書くことことは煩雑である．そこで，

$$E[g(X)] = \int g(x)f_X(x)\,d\mu_X(x) \tag{2.3}$$

なる形で統一的に表記することにする．連続型のときには $\mu_X(\cdot)$ はルベーグ測度をとり $d\mu_X(x) = dx$ を意味する．離散型のときには $\mu_X(\cdot)$ は計数測度をとることになり，すべての $x_i \in \mathcal{X}$ に対して $d\mu_X(x_i) = 1$，$x \notin \mathcal{X}$ のとき $d\mu_X(x) = 0$ を意味しており，$\int_{\mathcal{X}} g(x)f_X(x)\,d\mu_X(x) = \sum_{x_i \in \mathcal{X}} g(x_i)f_X(x_i)$ となる．今後便宜上 (2.3) の記号を使うこともある．

▶**命題 2.9** a, b, c を定数とし，関数 $g(X), g_1(X), g_2(X)$ の期待値が存在すると仮定する．このとき次が成り立つ．

(1) $E[c] = c$，特に $E[1] = 1$
(2) $E[ag_1(X) + bg_2(X)] = aE[g_1(X)] + bE[g_2(X)]$（線形性）
(3) すべての x に対して $g(x) \geq 0$ ならば $E[g(X)] \geq 0$
(4) すべての x に対して $g_1(x) \geq g_2(x)$ であるならば $E[g_1(X)] \geq E[g_2(X)]$
(5) $|E[g(X)]| \leq E[|g(X)|]$

証明は積分や和の加法性などから容易に確かめられる．(1) の性質を使うと $\mathrm{Var}(X) = E[X^2 - 2\mu X + \mu^2] = E[X^2] - \{E[X]\}^2$ より，分散は

$$\mathrm{Var}(X) = E[X^2] - \{E[X]\}^2$$
$$= E[X(X-1)] + E[X] - \{E[X]\}^2 \qquad (2.4)$$

と表される．また $aX + b$ の平均と分散は $E[aX+b] = aE[X]+b$, $\mathrm{Var}(aX+b) = E[\{aX+b-E[aX+b]\}^2] = a^2 E[(X-E[X])^2]$ となる．すなわち，

$$\mathrm{Var}(aX+b) = a^2 \mathrm{Var}(X)$$

となり，分散は平行移動には不変であるが，尺度を変えると尺度の2乗倍だけ影響を受けることがわかる．

$\mu = E[X]$, $\sigma^2 = \mathrm{Var}(X)$ なる確率変数 X に対して，確率変数 Z を

$$Z = (X - \mu)/\sigma$$

とおくと，Z の平均と分散は $E[Z] = 0$, $\mathrm{Var}(Z) = 1$ となることがわかる．このように定義された Z を X の**規準化** (normalization) または**標準化** (standardization) という．

【**例 2.10**】 確率変数 X の確率関数が例 2.5 で与えられるとき，平均は $\mu = E[X] = \sum_{k=0}^{3} k p(k) = 0 \times (1/8) + 1 \times (3/8) + 2 \times (3/8) + 3 \times (1/8) = 12/8 = 3/2$ となる．同様にして $E[X^2] = \sum_{k=0}^{3} k^2 p(k) = 0^2 \times (1/8) + 1^2 \times (3/8) + 2^2 \times (3/8) + 3^2 \times (1/8) = 24/8 = 3$ となるので，分散は $\mathrm{Var}(X) = E[(X-\mu)^2] = 3 - (3/2)^2 = 3/4$ となる． □

【例 2.11】 確率変数 X の確率密度関数が例 2.7 で与えられるとき,平均は $\mu = \int_0^1 x(m+1)x^m\,dx = (m+1)/(m+2)$ となる.$E[X^2] = \int_0^1 x^2(m+1)x^m\,dx = (m+1)/(m+3)$ より,分散は $\mathrm{Var}(X) = (m+1)/(m+3) - (m+1)^2/(m+2)^2 = (m+1)/\{(m+2)^2(m+3)\}$ となる. □

【例 2.12】 コインを投げ続けていき,k 回目に初めて表がでたら 2^k 円もらえる賭けを行う.このとき期待値はどうなるであろうか.もらえる金額を X とすると,$p(k) = P(X = 2^k) = 1/2^k$ となる.実際 $\sum_{k=1}^{\infty} p(k) = 0.5/(1-0.5) = 1$ となり確率分布になっている.このとき,期待値は $E[X] = \sum_{k=1}^{\infty} 2^k p(k) = 1 + 1 + \cdots$ となり発散してしまう.したがって期待値は存在しない.このように必ずしも期待値は存在するとは限らないので注意する必要がある. □

平均は分布の中心を表す特性値,分散は分布の散らばりを示す特性値であった.その他,分布の歪みや尖りを示す特性値として**歪度** (skewness),**尖度** (kurtosis) という特性値が知られており,それぞれ

$$\beta_1 = \frac{E[(X-\mu)^3]}{\{\mathrm{Var}(X)\}^{3/2}}, \quad \beta_2 = \frac{E[(X-\mu)^4]}{\{\mathrm{Var}(X)\}^2}$$

で与えられる.これらは,X を $aX+b$ に変えても変わらない.すなわち平行移動と尺度の変換に関して不変になっている.

一般に,$k = 1, 2, \ldots$ に対して,$\mu'_k = E[X^k]$ を原点まわりの k 次**モーメント**(**積率**) (moment) といい,$\mu_k = E[(X-\mu)^k]$ を平均まわりの k 次モーメント(積率) という.平均 $\mu = \mu'_1 = E[X]$ は原点まわりの 1 次のモーメント,分散 $\sigma^2 = \mu_2 = \mathrm{Var}(X)$ は平均まわりの 2 次のモーメントであり,歪度と尖度は 3 次,4 次の平均まわりのモーメントを用いて $\beta_1 = \mu_3/\sigma^3$, $\beta_2 = \mu_4/\sigma^4$ なる形で表される.また,$E[X(X-1)\cdots(X-k+1)]$ を k 次**階乗モーメント** (factorial moment) という.このようなモーメントを生成する関数が次の節で紹介する母関数である.

2.4 確率母関数,積率母関数,特性関数

本節では,確率母関数,積率母関数,特性関数を紹介する.これらは,確率

分布を特徴付ける関数で1つの確率分布に対して1つ対応する．また確率関数や積率を自動的に生成することができるもので，数理統計学では大変重要な道具である．まず確率母関数の定義から始める．

▷**定義 2.13** 確率変数 X の標本空間を非負の整数全体 $\mathcal{X} = \{0, 1, 2, \ldots\}$ とし，$p(k) = P(X = k)$ とする．$|s| \leq 1$ となる s に対して

$$G_X(s) = E[s^X] = \sum_{k=0}^{\infty} s^k p(k)$$

を**確率母関数** (probability generating function) という．

確率母関数は $G_X(s) = p(0) + sp(1) + s^2 p(2) + \cdots + s^k p(k) + \cdots$ と書けているので，$p(0) = G_X(0)$, $p(1) = G'_X(0)$, $p(2) = (1/2)G''_X(0)$ となり，一般に

$$p(k) = \frac{1}{k!} \frac{d^k}{ds^k} G_X(s)\Big|_{s=0} = \frac{1}{k!} G_X^{(k)}(0)$$

となることがわかる．このことから，確率母関数 $G_X(s)$ は確率関数 $p(k)$, $k = 0, 1, 2, \ldots$, を生成する関数であることがわかる．また確率母関数 $G_X(s)$ と確率分布 $\{p(k) \,|\, k = 0, 1, 2, \ldots\}$ が1対1に対応することもわかる．$G'_X(s) = E[Xs^{X-1}]$, $G''_X(s) = E[X(X-1)s^{X-2}]$ であり，一般に $G_X^{(k)}(s) = E[X(X-1)\cdots(X-k+1)s^{X-k}]$ となるので，k 次階乗モーメントは $G_X^{(k)}(1)$ で与えられることがわかる．

$$E[X(X-1)\cdots(X-k+1)] = G_X^{(k)}(1) \tag{2.5}$$

次に積率母関数，特性関数の定義を与える．

▷**定義 2.14** ある $h > 0$ がとれて，$|t| < h$ なるすべての t に対して

$$M_X(t) = E[e^{tX}]$$

が存在するとき，$M_X(t)$ を X の**積率母関数** (moment generating function) という．また，$i^2 = -1$ を満たす虚数単位 i に対して

$$\varphi_X(t) = E[e^{itX}] = E[\cos(tX) + i\sin(tX)]$$

を**特性関数** (characteristic function) という．ここで実数 a に対して $\exp\{ia\}$ は $\exp\{ia\} = \cos(a) + i\sin(a)$ を意味するものとする．

積率母関数と確率母関数の関係は $M_X(t) = G_X(e^t)$，特性関数と積率母関数との関係は $\varphi_X(t) = M_X(it)$ で与えられる．$|\exp\{ia\}| = |\cos(a) + i\sin(a)| = \{\cos^2(a) + \sin^2(a)\}^{1/2} = 1$ より，$E[|\exp\{itX\}|] = 1$ となるので，特性関数は常に存在することがわかる．これに対して $E[e^{tX}]$ は分布によっては存在しないので，積率母関数より特性関数の方が好ましい．以下では特性関数を中心に説明するが，複素数の苦手な読者は積率母関数が存在する限り積率母関数に置き換えて理解するとよい．特性関数に対して積率母関数は $M_X(t) = \varphi_X(-it)$ として表される．

積率母関数，特性関数を t に関して微分することにより

$$E[X^k] = \frac{d^k}{dt^k} M_X(t) \Big|_{t=0} = M_X^{(k)}(0)$$

$$E[X^k] = \frac{1}{i^k} \frac{d^k}{dt^k} \varphi_X(t) \Big|_{t=0} = \frac{1}{i^k} \varphi_X^{(k)}(0)$$

となり，モーメントを生成することがわかる．また，$aX + b$ の特性関数は

$$\varphi_{aX+b}(t) = E[e^{it(aX+b)}] = e^{bit} \varphi_X(at)$$

と書ける．特性関数の対数 $\psi_X(t) = \log \varphi_X(t)$ を**キュムラント母関数** (cumulant generating function) という．

$$\psi_X'(t) = \frac{\varphi_X'(t)}{\varphi_X(t)}, \quad \psi_X''(t) = \frac{\varphi_X''(t)\varphi_X(t) - \{\varphi_X'(t)\}^2}{\{\varphi_X(t)\}^2}$$

より，$\psi_X'(0) = \varphi_X'(0) = iE[X]$, $\psi_X''(0) = \varphi_X''(0) - \{\varphi_X'(0)\}^2 = i^2 \mathrm{Var}(X)$ となる．キュムラント母関数を展開すると

$$\psi_X(t) = \sum_{k=1}^{r} \frac{(it)^k}{k!} \gamma_k + o(t^r)$$

と書ける．この係数 γ_k を k 次キュムラントといい，$\gamma_1 = \mu_1'$, $\gamma_2 = \mu_2$, $\gamma_3 = \mu_3$, $\gamma_4 = \mu_4 - 3\mu_2^2$ などの関係が成り立つ．

【例 2.15】 例 2.7 で扱った分布で特に $m = 0$ の場合を考えよう．すなわち $0 \leq x \leq 1$ に対して $f_X(x) = 1$ である．これを区間 $[0,1]$ 上の一様分布という．このとき，積率母関数は

$$M_X(t) = E[e^{tX}] = \int_0^1 e^{tx}\, dx = \frac{e^t - 1}{t}$$

となる．これを微分していくと $M'_X(t) = (te^t - e^t + 1)/t^2$, $M''_X(t) = (t^2 e^t - 2te^t + 2e^t - 2)/t^3$ となることが示せるので，巻末の付録 (B1) のロピタルの定理を用いると，$\lim_{t \to 0} M'_X(t) = 1/2$, $\lim_{t \to 0} M''_X(t) = 1/3$ となることがわかる．このことから $E[X] = M'_X(0) = 1/2$, $E[X^2] = M''_X(0) = 1/3$ となるので，$\mathrm{Var}(X) = E[X^2] - (E[X])^2 = 1/3 - 1/4 = 1/12$ となる．特性関数は $\varphi_X(t) = M_X(it)$ として与えられ同様にして平均と分散を求めることができる． □

$\varphi_X(t)$ は $f_X(x)$ のフーリエ変換に対応しており，すべての確率分布に対して存在する．また次の**反転公式** (inversion formula) による逆変換を用いると $\varphi_X(t)$ から $F_X(x)$ が一意に定まることがわかる．

▶**定理 2.16** $F_X(x)$ の連続点 a, b $(a < b)$ に対して

$$P(a < X < b) = \lim_{T \to \infty} \frac{1}{2\pi} \int_{-T}^{T} \frac{e^{-ita} - e^{-itb}}{it} \varphi_X(t)\, dt$$

が成り立つ．2つの確率変数 X と Y の特性関数 $\varphi_X(t)$ と $\varphi_Y(t)$ に対して $\varphi_X(t) = \varphi_Y(t)$ がすべての t で成り立つとき，すべての u に対して $F_X(u) = F_Y(u)$ が成り立つ．

特に，X が連続型確率変数で $\int_{-\infty}^{\infty} |\varphi_X(t)|\, dt < \infty$ のときには

$$f_X(x) = \frac{1}{2\pi} \int_{-\infty}^{\infty} e^{-itx} \varphi_X(t)\, dt$$

が成り立つ．これはフーリエの逆変換として知られている．

定理 2.16 は特性関数と確率分布が 1 対 1 に対応することを示している．このことが極限についても成り立つことを示したのが次の定理で，**連続性定理** (continuity theorem) と呼ばれるものである．これは，後の章で中心極限定理を示すのに使われる．詳しい証明については Feller (1971) を参照してほしい．

▶ **定理 2.17** 確率変数の列 X_k, $k = 1, 2, \ldots$, について，X_k の特性関数 $\varphi_{X_k}(t)$ が

$$\lim_{k \to \infty} \varphi_{X_k}(t) = \varphi_X(t)$$

となる特性関数 $\varphi_X(t)$ に収束すると仮定する．このとき $\varphi_X(t)$ に対応する分布関数を $F_X(x)$ とすると，$F_X(x)$ のすべての連続点 x で，

$$\lim_{k \to \infty} F_{X_k}(x) = F_X(x)$$

が成り立つ．すなわち，$k \to \infty$ とするとき，X_k の分布は X_k の特性関数の極限に対応する分布に収束することがわかる．

2.5 変数変換

関数 $g(\cdot)$ を通して確率変数 X を $Y = g(X)$ に変換したとき，Y の分布を X の分布から導くことを考えよう．Y の分布関数 $F_Y(y)$ は $F_Y(y) = P(Y \le y)$ であり，$Y = g(X)$ より

$$F_Y(y) = P(g(X) \le y) = P(X \in \{x \mid g(x) \le y\}) \tag{2.6}$$

と表される．この分布関数から確率関数や確率密度関数が得られる．

X が連続型確率変数のときには，Y の確率密度関数は一般に

$$f_Y(y) = \frac{d}{dy} F_Y(y) = \frac{d}{dy} P(X \in \{x \mid g(x) \le y\}) \tag{2.7}$$

から導かれる．特に $g(\cdot)$ が単調増加関数のときには，$g(\cdot)$ の逆関数 $g^{-1}(\cdot)$ が存在することから，$\{x \mid g(x) \le y\} = \{x \mid x \le g^{-1}(y)\}$ と書ける．したがって (2.6) より

$$F_Y(y) = \int_{-\infty}^{g^{-1}(y)} f_X(x) \, dx$$

と書けるので，これを y に関して微分することにより，

$$f_Y(y) = f_X(g^{-1}(y)) \frac{d}{dy} g^{-1}(y)$$

となる．ここで $g(g^{-1}(y)) = y$ の両辺を y に関して微分すると，

$$g'(g^{-1}(y))\frac{d}{dy}g^{-1}(y) = 1$$

と書けるので，これを代入すると

$$f_Y(y) = f_X(g^{-1}(y))\frac{1}{g'(g^{-1}(y))}$$

と表される．$g(\cdot)$ が単調減少関数の場合にも同様にして，結局次の定理が成り立つ．

▶**定理 2.18** 確率変数 X の確率密度関数を $f_X(x)$ とし，$Y = g(X)$ とする．$g(x)$ が単調増加もしくは単調減少な関数とし，$g^{-1}(y)$ は微分可能であるとする．このとき，Y の確率密度関数は次で与えられる．

$$f_Y(y) = f_X(g^{-1}(y))\left|\frac{d}{dy}g^{-1}(y)\right| = f_X(g^{-1}(y))\frac{1}{|g'(g^{-1}(y))|}$$

次の**確率積分変換** (probability integral transformation) は定理 2.18 の簡単な例である．

▶**命題 2.19** 連続型確率変数 X の分布関数を $F_X(x)$ とし，新たに確率変数 Y を $Y = F_X(X)$ で定義する．このとき，Y の確率密度関数は $f_Y(y) = 1$, $0 < y < 1$, となる．これは，区間 $(0,1)$ 上の一様分布と呼ばれ，(3.11) で定義される．

［証明］ $0 < y < 1$ なる y に対して，$g(x) = F_X(x)$ は単調増加関数だから定理 2.18 を用いると，

$$f_Y(y) = f_X(F_X^{-1}(y))\frac{1}{f_X(F_X^{-1}(y))} = 1$$

となるので，$Y = F_X(X)$ は一様分布することがわかる． □

▶**命題 2.20** 連続型確率変数 Z の確率密度関数が $f(z)$ で与えられるとする．μ を実数，σ を正の実数とし

$$X = \sigma Z + \mu$$

なる変数変換を考えると，X の確率密度関数は

$$f_X(x) = \frac{1}{\sigma} f\left(\frac{x-\mu}{\sigma}\right) \tag{2.8}$$

と与えられる．これは，位置母数 μ，尺度母数 σ をもつ**位置尺度分布族** (location-scale family) と呼ばれる．

[証明] $x = g(z) = \sigma z + \mu$ より，$z = g^{-1}(x) = (x-\mu)/\sigma$ と書ける．$(d/dx)g^{-1}(x) = 1/\sigma$ に注意すると，命題 2.20 が成り立つことがわかる． □

定理 2.18 で与えられる変数変換の公式は関数 $g(x)$ が単調な関数に対して適用され，その例が命題 2.19，2.20 で扱われた．$g(x)$ に単調性がない場合は，(2.7) を直接扱う必要がある．

▶**命題 2.21（平方変換）** 確率変数 X の確率密度関数を $f_X(x)$ とする．X の平方変換 $Y = X^2$ に対しては，Y の確率密度関数は

$$f_Y(y) = \{f_X(\sqrt{y}) + f_X(-\sqrt{y})\}\frac{1}{2\sqrt{y}}$$

で与えられる．特に，$f_X(x)$ が y 軸に関して対称ならば $f_X(-x) = f_X(x)$ より $f_Y(y) = f_X(\sqrt{y})/\sqrt{y}$ と書ける．

[証明] $y > 0$ に対して $\{x \mid x^2 \leq y\} = \{x \mid -\sqrt{y} \leq x \leq \sqrt{y}\}$ であるから，(2.7) より

$$\begin{aligned} f_Y(y) &= \frac{d}{dy} P(X \in \{x \mid x^2 \leq y\}) = \frac{d}{dy} \int_{-\sqrt{y}}^{\sqrt{y}} f_X(x)\,dx \\ &= \{f_X(\sqrt{y}) + f_X(-\sqrt{y})\}\frac{1}{2\sqrt{y}} \end{aligned}$$

となる． □

【例 2.22】 X を連続型確率変数で，その確率密度関数が

$$f_X(x) = \begin{cases} |x| & (-1 \leq x \leq 1 \text{ のとき}) \\ 0 & (\text{その他の場合}) \end{cases}$$

で与えられているとする．このとき $Y = X^2$ の確率密度関数は命題 2.21 より

$f_Y(y) = 1, 0 \leq y \leq 1$, となり，区間 $[0,1]$ 上の一様分布となる． $\square$

X が離散型確率変数のときには，$Y = g(X)$ の確率関数は

$$F_Y(y) = P(X \in \{x \mid g(x) \leq y\}) = \sum_{x_i \in \{x \mid g(x) \leq y\}} f_X(x_i)$$

となることがわかる．特に，$Y = y$ となる確率は

$$f_Y(y) = \sum_{x_i \in \{x \mid g(x) = y\}} f_X(x_i)$$

となる．

演習問題

問 1 次の関数が密度関数になるように正規化定数 C を与えよ．また分布関数を求めよ．
 (1) $f(x) = Cx^3, \ 0 < x < 2$
 (2) $f(x) = Ce^{-|x|}, \ -\infty < x < \infty$
 (3) $f(x) = Ce^{-2x}, \ x > 0$
 (4) $f(x) = Ce^{-x}e^{-e^{-x}}, \ x > 0$

問 2 次の関数が分布関数になることを示し，その確率密度関数を求めよ．
 (1) $F(x) = (1 + e^{-x})^{-1}, \ -\infty < x < \infty$
 (2) $F(x) = 1 - 1/x^2, \ x > 1$
 (3) $F(x) = \log(x)/(1 + \log(x)), \ x > 1$
 (4) $F(x) = 1 - e^{-x^2/2}, \ x > 0$

問 3 確率密度関数 $f(x)$ と分布関数 $F(x)$ について，適当に実数 a をとって関数 $g(x)$ を，$x \geq a$ のとき $g(x) = f(x)/\{1 - F(a)\}$，$x < a$ のとき $g(x) = 0$ と定義する．このとき，$g(x)$ が確率密度関数になることを示せ．これを**打ち切り分布** (truncated distribution) という．$f(x) = e^{-x}, x > 0$，とし $a = 1$ のとき，$g(x)$ を与えよ．

問 4 連続型確率変数 X について，$E[(X-t)^2]$，$E[|X-t|]$ をそれぞれ最小にする t を求めよ．

問 5 $k (> 0)$ 次のモーメントが存在すれば，$0 < h < k$ となる h について h 次のモーメントは存在することを示せ．

問 6 X を非負の整数上で確率をもつ離散型確率変数とし，非負の整数 k に対して $F(k) = P(X \leq k)$ とする．X の期待値が存在するとき次の等式が成り立つことを示せ．

$$E[X] = \sum_{k=0}^{\infty}\{1 - F(k)\}$$

問 7 X を実数直線上の連続な確率変数とし，その分布関数を $F(x)$ とする．このとき X の期待値が次のように表されることを示せ．
(1) $E[X] = \int_0^\infty \{1 - F(x)\}\,dx - \int_{-\infty}^0 F(x)\,dx$
(2) $E[X] = \int_0^1 F^{-1}(t)\,dt$

問 8 連続型確率変数 X の確率密度関数が $f(x-\mu)$ で与えられており，すべての実数 y に対して $f(y) = f(-y)$ が成り立つとする．このとき $E[X] = \mu$ となることを示せ．

問 9 連続型確率変数 X の確率密度関数 $f_X(x)$，分布関数 $F_X(x)$ について，
$$1 - \alpha = \int_{-\infty}^{x_\alpha} f_X(x)\,dx = P(X \leq x_\alpha), \quad x_\alpha = F_X^{-1}(1-\alpha)$$
なる点 x_α を，**上側 $100\alpha\%$ 分位点** (quantile) という．$Y = \sigma X + \mu$, $\sigma > 0$，とするとき，Y の上側 $100\alpha\%$ 分位点を x_α を用いて表せ．

問 10 確率変数 X の確率密度関数が $f(x) = e^{-x}$, $x > 0$, で与えられるとする．
(1) 積率母関数を求めよ．
(2) 正の整数 k に対して $E[X^k]$ を求めよ．
(3) $\sigma > 0$ に対して $Y = \sigma X + \mu$ と変数変換するとき，Y の確率密度関数と分布関数を与えよ．

問 11 $f(k) = 1/2^{k+1}$, $k = 0, 1, \ldots$, が確率関数になることを示せ．この分布の確率母関数と積率母関数を求め，正の整数 k に対して $E[X(X-1)\cdots(X-k+1)]$ を求めよ．

問 12 X の確率密度関数が $f(x) = 1$, $0 < x < 1$, で与えられている．
(1) X の積率母関数を求め，平均と分散を与えよ．
(2) $Y = X^2$ なる変数変換したときの Y の確率密度関数を求め，その平均と分散を計算せよ．
(3) $Y = -\log(X)$ なる変数変換したときの Y の確率密度関数を求め，その平均と分散を計算せよ．
(4) $\sigma > 0$ に対して $Y = \sigma X + \mu$ なる変数変換をするとき，Y の確率密度関数，積率母関数，平均と分散を計算せよ．

問 13 X の確率密度関数が $f(x) = 1/2$, $-1 < x < 1$, で与えられている．
(1) X の積率母関数を求め，平均と分散を与えよ．
(2) $Y = X^2$ なる変数変換したときの Y の確率密度関数を求め，その平

均と分散を計算せよ．
(3) $Y = -\log(|X|)$ なる変数変換したときの Y の確率密度関数を求め，その平均と分散を計算せよ．
(4) $\sigma > 0$ に対して $Y = \sigma X + \mu$ を変数変換するとき，Y の確率密度関数と積率母関数を与え，その平均と分散を計算せよ．

問 14 X の確率密度関数が $f(x) = (1+x)/2$, $-1 < x < 1$, で与えられるとき，$Y = X^2$ の確率密度関数とその平均，分散を求めよ．

問 15 確率変数 X の密度関数が $f_X(x) = (2/9)(x+1)$, $-1 \leq x \leq 2$, で与えられるとき，$Y = X^2$ の密度関数を求めよ．

問 16 2つの確率変数 X と Y の間に，すべての t に対して $P(X > t) \geq P(Y > t)$ が成り立つとき，X は Y より **確率的により大きい** (stochastically greater) という．X と Y が連続な確率変数のとき，次の不等式が成り立つことを示せ．
(1) $E[X] \geq E[Y]$
(2) X, Y の分布関数を $F_X(t)$, $F_Y(t)$ とすると，すべての t に対して $F_X^{-1}(t) \geq F_Y^{-1}(t)$ が成り立つ．

問 17 正の確率変数 X, $|t| \leq 1$ に対して $A(t) = (E[X^t])^{1/t}$ と定義する．
(1) $A(t)$ は t の増加関数であることを示せ．
(2) $H = (E[X^{-1}])^{-1}$, $G = \exp\{E[\log X]\}$, $M = E[X]$ とおくと，不等式 $H \leq G \leq M$ が成り立つことを示せ．

問 18 確率密度関数が $f_X(x) = (m+1)x^m$, $0 \leq x \leq 1$, で与えられる確率変数 X の積率母関数が，$e^{tx} = \sum_{k=0}^{\infty}(tx)^k/k!$ を用いると，
$$M_X(t) = \sum_{k=0}^{\infty} \frac{m+1}{(m+k+1)k!} t^k$$
と書けることを示せ．これを用いて，$E[X] = (m+1)/(m+2)$, $\mathrm{Var}(X) = (m+1)/\{(m+2)^2(m+3)\}$ を示せ．

問 19(*) キュムラント母関数の 3 階微分，4 階微分を行い，$\psi_X^{(3)}(0)$, $\psi_X^{(4)}(0)$ を求めよ．

問 20(*) $f(x) = \{\pi(1+x^2)\}^{-1}$, $-\infty < x < \infty$, が確率密度関数になることを示せ．この平均，分散，積率母関数が存在しないことを示せ．この分布の特性関数を求めよ．

第3章
代表的な確率分布

　　データの背後にある確率モデルを構築するときには，問題に適した確率分布を想定して推測を行うことが望ましい．例えば，現内閣の支持に関するデータがとられるときには，支持するのであれば1，支持しないのであれば0とすることができるので，確率分布はベルヌーイ分布を想定することになる．1,000名のうちで支持する人数の確率分布は2項分布になる．しかし同じ2値のデータでも，感染病による死亡数のデータの場合は，希に起こる現象の分布なのでポアソン分布を用いる．支持する人数や死亡数のように計数データの分布を**離散確率分布**という．これに対して株式のリターンなど連続変量を扱う分布を**連続確率分布**という．株式のリターンの分布は0を中心にしているので正規分布が適しているように思われるが，詳しく調べてみるともっと裾の厚い分布の方が当てはまりがよいことが知られている．また所得分布のように正の値をとり右に長い裾をもつ分布について正規分布を当てはめることは好ましくない．このように，それぞれの分布の特徴を理解し場面場面に応じて適した確率分布を用いる必要がある．

　　本章では，しばしば登場する代表的な確率分布に関して，確率分布の形状，平均，分散や確率分布のもっている性質について述べる．

3.1　離散確率分布

まず，離散型確率変数の代表的な確率分布を紹介する．

3.1.1　離散一様分布

　　N を正の整数とする．離散型確率変数 X が

$$P(X=x\,|\,N) = \frac{1}{N}, \quad x=1,2,\ldots,N,$$

なる確率関数をもつとき，X は $\{1,2,\ldots,N\}$ 上の**離散一様分布** (discrete uniform distribution) に従うという．

$$E[X] = \frac{1}{N}\sum_{x=1}^{N} x = \frac{N+1}{2}, \quad E[X^2] = \frac{1}{N}\sum_{x=1}^{N} x^2 = \frac{(N+1)(2N+1)}{6}$$

より $\mathrm{Var}(X) = (N+1)(N-1)/12$ となる.

3.1.2 2項分布

2項分布はベルヌーイ試行に基づいた分布である. **ベルヌーイ試行** (Bernoulli trial) とは, p の確率で'成功', $1-p$ の確率で'失敗'する実験を行うことをいい, 確率変数 X は'成功'のとき 1, '失敗'のとき 0 をとるものとする. このとき, 確率関数は,

$$P(X = x \mid p) = \begin{cases} p & (x = 1 \text{ のとき}) \\ 1 - p & (x = 0 \text{ のとき}) \end{cases}$$

と書ける. これを**ベルヌーイ分布** (Bernoulli distribution) といい, $Ber(p)$ で表す. ベルヌーイ分布の平均と分散は

$$E[X] = 1 \times p + 0 \times (1-p) = p$$
$$\mathrm{Var}(X) = (1-p)^2 \times p + (0-p)^2 \times (1-p) = p(1-p)$$

となる.

ベルヌーイ試行を独立に n 回行ったときの'成功'の回数の分布が2項分布となる. $i = 1, \ldots, n$ に対して, 確率変数 X_i を

$$X_i = \begin{cases} 1 & (\text{'成功'のとき}) \\ 0 & (\text{'失敗'のとき}) \end{cases}$$

とすると, n 回の試行のうち'成功'の回数は $Y = \sum_{i=1}^{n} X_i$ と表され, Y のとり得る値の集合(標本空間)は $\{0, 1, \ldots, n\}$ となる.

$k = 0, 1, \ldots, n$ に対して, k 回'成功', $n-k$ 回'失敗'となる確率 $P(Y = k)$ を求めてみよう. まず, 簡単のために $k = 2$ の場合を考えよう. '成功'を◯, '失敗'を × で表示すると, 例えば最初の2回が'成功', 後の $n-2$ 回がすべて'失敗'である場合には

$$\text{○○××} \cdots \text{××} \quad \text{合計 } n \text{ 回の試行} \begin{cases} \text{○} : 2 \text{ 回} \\ \text{×} : n-2 \text{ 回} \end{cases}$$

のように書ける. i 回目の試行において '成功' の事象を A_i, '失敗' の事象を A_i^c とすると, 最初の 2 回が '成功' となる確率は $P(A_1 \cap A_2 \cap A_3^c \cap \cdots \cap A_n^c)$ であり, n 回の試行は独立に行われるので, 事象の独立性と $P(A_i) = p$, $P(A_i^c) = 1 - p$ とから

$$P(A_1 \cap A_2 \cap A_3^c \cap \cdots \cap A_n^c)$$
$$= P(A_1)P(A_2)P(A_3^c) \times \cdots \times P(A_n^c) = p^2(1-p)^{n-2}$$

と書けることがわかる. 2 回 '成功', $n-2$ 回 '失敗' となる場合は他にも ○×○×$\cdots$××, ○××○×$\cdots$××, ○××$\cdots$×○ など考えられるので, その場合の数は, n 回の中から 2 つの○を選ぶ組合せになるので ${}_nC_2$ となる. したがって, $Y = 2$ となる確率は

$$P(Y = 2) = {}_nC_2 p^2 (1-p)^{n-2}$$

となる.

これを一般化すると, k 回 '成功', $n-k$ 回 '失敗' となる確率 $P(Y = k)$ は, n 回の中から k 個の○を選ぶ組合せ ${}_nC_k$ を用いて

$$P(Y = k) = {}_nC_k p^k (1-p)^{n-k}$$

で与えられる. ここで, ${}_nC_k$ は

$$ {}_nC_k = \frac{n!}{k!(n-k)!} = \begin{pmatrix} n \\ k \end{pmatrix}$$

と表され, **2 項係数**と呼ばれる. 右辺の記号は, 実数 a に対して

$$\begin{pmatrix} a \\ k \end{pmatrix} = \frac{a(a-1)\cdots(a-k+1)}{k!} \tag{3.1}$$

で定義され, この記号を用いることも多い. したがって $Y = k$ となる確率は

$$P(Y = k \,|\, n, p) = \begin{pmatrix} n \\ k \end{pmatrix} p^k (1-p)^{n-k}, \quad k = 0, 1, 2, \ldots, n, \tag{3.2}$$

と表される. これを **2 項分布** (binomial distribution) といい, $Bin(n, p)$ で表す (図 3.1).

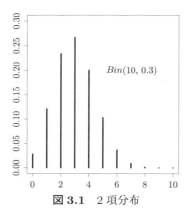

図 3.1 2 項分布

実際 (3.2) の和が 1 になることは，次の **2 項定理** (binomial theorem) において $a = p, b = 1 - p$ とおくことにより確かめられる．

$$(a+b)^n = \sum_{k=0}^{n} \binom{n}{k} a^k b^{n-k} \tag{3.3}$$

▶**命題 3.1** 2 項分布 $Bin(n, p)$ に従う確率変数 X の平均と分散は $E[X] = np$, $\mathrm{Var}(X) = np(1 - p)$ である．また確率母関数は $G_X(s) = (ps + 1 - p)^n$，積率母関数は $M_X(t) = (pe^t + 1 - p)^n$，特性関数は $\varphi_X(t) = (pe^{it} + 1 - p)^n$ となる．

[証明] 2 項定理を用いると，確率母関数は

$$G_X(s) = E[s^X] = \sum_{k=0}^{n} s^k \binom{n}{k} p^k (1-p)^{n-k}$$

$$= \sum_{k=0}^{n} \binom{n}{k} (ps)^k (1-p)^{n-k} = (ps + 1 - p)^n$$

と書ける．$M_X(t) = G_X(e^t)$ より $M_X(t) = (pe^t + 1 - p)^n$ であり，$\varphi_X(t) = M_X(it)$ である．平均と分散を計算するときには $G_X(s)$ を微分する方が易しいので (2.5) を用いることにする．$G_X'(s) = np(ps + 1 - p)^{n-1}$, $G_X''(s) = n(n-1)p^2(ps + 1 - p)^{n-2}$ より，$E[X] = G_X'(1) = np$, $E[X(X-1)] = G_X''(1) = n(n-1)p^2$ となる．したがって $\mathrm{Var}(X) = E[X(X-1)] + E[X] - (E[X])^2 = n(n-1)p^2 + np - (np)^2 = np(1-p)$ と書ける． □

2項係数について次の関係式が成り立つことが確かめられる．

$$\sum_{k=0}^{n}\binom{n}{k}=2^n$$

$$\binom{n}{k}=\binom{n}{n-k},\quad \binom{n+1}{k}=\binom{n}{k-1}+\binom{n}{k} \tag{3.4}$$

最後の等式からパスカルの三角形が得られる．またこれらを用いると2項定理 (3.3) を示すことができる（演習問題を参照）．

3.1.3 ポアソン分布

'希な現象の大量観測' によって発生する現象の個数の分布を表すときポアソン分布が用いられる．例えば，ある都市の1日に起こる交通事故の件数の分布や，ある都市で1年間に肺がんで亡くなる人数（死亡数）の分布をポアソン分布で表すことが多い．

このような希な現象が起こる個数を X で表し，X の確率関数が，

$$P(X=k\,|\,\lambda)=\frac{\lambda^k}{k!}e^{-\lambda},\quad k=0,1,2,\ldots, \tag{3.5}$$

で与えられる確率分布を**ポアソン分布** (Poisson distribution) といい，$Po(\lambda)$ で表す（図 3.2）．ここで，$\lambda > 0$ は**強度** (intensity) と呼ばれるパラメータであり，希な現象が起こる回数の平均を表している．

実際，(3.5) で与えられる確率の和が 1 になることは，e^λ のマクローリン展開 $e^\lambda = \sum_{k=0}^{\infty}\lambda^k/k!$ から確かめられる．マクローリン展開については巻末の

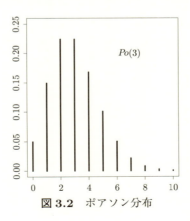

図 3.2 ポアソン分布

付録 (B4) を参照するとよい.

▶**命題 3.2** ポアソン分布 $Po(\lambda)$ に従う確率変数 X の平均と分散は等しく $E[X] = \text{Var}(X) = \lambda$ となる. 確率母関数は $G_X(s) = e^{(s-1)\lambda}$, 積率母関数は $M_X(t) = \exp\{(e^t - 1)\lambda\}$, 特性関数は $\varphi_X(t) = \exp\{(e^{it} - 1)\lambda\}$ で与えられる.

[証明] $\sum_{k=0}^{\infty} a^k e^{-a}/k! = 1$ に注意すると確率母関数は

$$G_X(s) = E[s^X] = \sum_{k=0}^{\infty} s^k \frac{\lambda^k}{k!} e^{-\lambda} = e^{\lambda s - \lambda} \sum_{k=0}^{\infty} \frac{(\lambda s)^k}{k!} e^{-\lambda s} = e^{\lambda s - \lambda}$$

と書ける. $M_X(t) = G_X(e^t)$ より $M_X(t) = \exp\{(e^t - 1)\lambda\}$ となり, $\varphi_X(t) = M_X(it)$ より特性関数が求まる. 平均と分散を計算するときには $G_X(s)$ を微分する方が易しいので (2.5) を用いることにすると, $G_X'(s) = \lambda e^{(s-1)\lambda}$, $G_X''(s) = \lambda^2 e^{(s-1)\lambda}$ より, $E[X] = G_X'(1) = \lambda$, $E[X(X-1)] = G_X''(1) = \lambda^2$ となる. したがって $\text{Var}(X) = E[X(X-1)] + E[X] - (E[X])^2 = \lambda^2 + \lambda - \lambda^2 = \lambda$ と書ける. □

例えば, ある都市の男性 n 人のうち, 1 年間に肺がんで死亡する人数を X, また一人の人が肺がんで死亡する確率を p とすると, X は 2 項分布 $Bin(n,p)$ に従うと考えることができる. ここでポアソン分布の前提である '大量観測' とは n が極めて大きいことを意味し, '希な現象' とは p が極めて小さいことを意味する. そこで, $np = \lambda$ を一定とする条件のもとで $n \to \infty, p \to 0$ とすると, 2 項分布はポアソン分布に近づいていくことが予想される. このことを示してみよう. まず, 解析の基本的結果である次の性質に注意する.

▶**補題 3.3** a に収束する点列 $a_1, a_2, \ldots$ に対して

$$\lim_{n \to \infty} \left(1 + \frac{a_n}{n}\right)^n = e^a \tag{3.6}$$

が成り立つ.

▶**命題 3.4** 2項分布 $Bin(n,p)$ に従う確率変数を X_n とし,ポアソン分布 $Po(\lambda)$ に従う確率変数を X とする.$np = \lambda$ のもとで $n \to \infty$, $p \to 0$ とすると,2項分布 $Bin(n,p)$ はポアソン分布 $Po(\lambda)$ に収束する.

[証明] 2項分布 $Bin(n,p)$ の特性関数 $\varphi_{X_n}(t) = (pe^{it} + 1 - p)^n$ は,$p = \lambda/n$ と補題 3.3 より

$$\lim_{n \to \infty} \left(1 + \frac{(e^{it}-1)\lambda}{n}\right)^n = e^{(e^{it}-1)\lambda}$$

に収束することがわかる.この極限値は $Po(\lambda)$ の特性関数であるから,定理 2.17 の連続性定理より,2項分布がポアソン分布に収束することがわかる.□

3.1.4 幾何分布

'成功' 確率 p のベルヌーイ試行を独立に行っていき,初めて '成功' するまでに要した '失敗' の回数を X とするとき,X の分布が幾何分布となる.'成功' を ○,'失敗' を × で表わすと

$$××××× \cdots ××××○ \quad \text{合計} \quad k+1 \text{ 回の試行} \begin{cases} ○ : 1 \text{ 回} \\ × : k \text{ 回} \end{cases}$$

となるので,$X = k$ となる確率は

$$P(X = k \mid p) = p(1-p)^k, \quad k = 0, 1, 2, \ldots, \tag{3.7}$$

と書ける.これを**幾何分布** (geometric distribution) といい,$Geo(p)$ で表す(図 3.3).この確率関数の総和は等比数列の和になり,$|a| < 1$ なる a に対して $\sum_{k=0}^{\infty} a^k = 1/(1-a)$ であることから,$\sum_{k=0}^{\infty} p(1-p)^k = 1$ となる.

▶**命題 3.5** $q = 1 - p$ とおく.幾何分布 $Geo(p)$ に従う確率変数 X の平均と分散は $E[X] = q/p$, $\mathrm{Var}(X) = q/p^2$ であり,確率母関数は $G_X(s) = p/(1-qs)$ $(s < 1/q)$ となる.

[証明] 確率母関数は,$G_X(s) = E[s^X] = \sum_{k=0}^{\infty} s^k p q^k = \sum_{k=0}^{\infty} p(qs)^k = p/(1-qs)$ となる.$G'_X(s) = pq/(1-qs)^2$, $G''_X(s) = 2pq^2/(1-qs)^3$ となるので,$E[X] = G'_X(1) = q/p$, $E[X(X-1)] = G''_X(1) = 2q^2/p^2$ より,$\mathrm{Var}(X) = 2q^2/p^2 + q/p - (q/p)^2 = q^2/p^2 + q/p = q/p^2$ となる.□

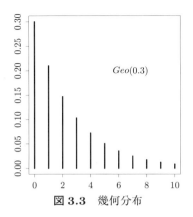

図 3.3 幾何分布

幾何分布の特徴として，**無記憶性** (memoryless property) と呼ばれる性質が知られている．これは，s 回までの試行において'成功'していないという条件のもとで次の t 回までの試行で'成功'しないという確率は，s 回まで'成功'していないという条件には依存しないというもので，初めて'成功'するという現象はランダムに起こることを意味している．

▶**命題 3.6** s と t を非負の整数とし，X は幾何分布 $Geo(p)$ に従うとする．このとき，$P(X \geq s+t \mid X \geq s) = P(X \geq t)$ が成り立つ．

[証明] $P(X \geq s) = \sum_{k=s}^{\infty} pq^k = pq^s/(1-q) = q^s$ より，条件付き確率は

$$P(X \geq s+t \mid X \geq s) = \frac{P(X \geq s+t, X \geq s)}{P(X \geq s)} = \frac{P(X \geq s+t)}{P(X \geq s)}$$
$$= \frac{q^{s+t}}{q^s} = q^t = P(X \geq t)$$

が成り立つ． □

3.1.5 負の2項分布

'成功'確率が p のベルヌーイ試行について，r 回'成功'するまでに要した'失敗'の回数を X とするとき，X の分布が負の2項分布となる．'成功'を○，'失敗'を × で表示すると，最後は必ず○で終わるので，××○×○××…×○×××○となり，合計 $r+k$ 回の試行のうち○が r 回，× が k 回となる．したがって確率分布は

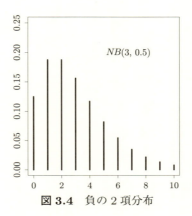

図 3.4 負の 2 項分布

$$P(X=k\,|\,r,p) = \binom{r+k-1}{k} p^r q^k, \quad k=0,1,2,\ldots, \tag{3.8}$$

で与えられる．この分布を**負の 2 項分布** (negative binomial) といい，$NB(r,p)$ と書くことにする（図 3.4）．

▶**命題 3.7** 確率変数 X が負の 2 項分布 $NB(r,p)$ に従うとき，$\sum_{k=0}^{\infty} P(X=k\,|\,r,p) = 1$ であり，$E[X] = rq/p$, $\mathrm{Var}(X) = rq/p^2$ となり，確率母関数は $G_X(s) = p^r/(1-sq)^r$ $(s < 1/q)$ となる．

[証明] $1/(1-q)$ のマクローリン展開より，

$$\frac{1}{1-q} = 1 + q + q^2 + q^3 + \cdots = \sum_{k=0}^{\infty} q^k$$

と書けるので，両辺を q に関して微分すると

$$\frac{1}{(1-q)^2} = \sum_{k=0}^{\infty} kq^{k-1} = \sum_{k=1}^{\infty} kq^{k-1} = \sum_{k=0}^{\infty} (k+1)q^k$$

となる．もう 1 回微分すると

$$\frac{2}{(1-q)^3} = \sum_{k=0}^{\infty} (k+1)kq^{k-1} = \sum_{k=1}^{\infty} (k+1)kq^{k-1} = \sum_{k=0}^{\infty} (k+2)(k+1)q^k$$

となる．これを繰り返していくと，$1/(1-q)$ を $r-1$ 回微分した式は

$$\frac{(r-1)!}{(1-q)^r} = \sum_{k=0}^{\infty} (k+r-1)\cdots(k+1)q^k$$

と表される．したがって

$$1 = \sum_{k=0}^{\infty} \frac{(k+r-1)\cdots(k+1)}{(r-1)!} p^r q^k = \sum_{k=0}^{\infty} \frac{(k+r-1)!}{k!(r-1)!} p^r q^k$$

となるので，(3.8) は確率分布になる．

確率母関数 $G_X(s)$ は

$$G_X(s) = E[s^X] = \sum_{k=0}^{\infty} s^k \binom{r+k-1}{k} p^r q^k$$

$$= \frac{p^r}{(1-sq)^r} \sum_{k=0}^{\infty} \binom{r+k-1}{k} (1-sq)^r (sq)^k = \frac{p^r}{(1-sq)^r}$$

となる．また，$G'_X(s) = rqp^r/(1-sq)^{r+1}$, $G''_X(s) = r(r+1)q^2 p^r/(1-sq)^{r+2}$ となるので，$E[X] = G'_X(1) = rq/p$, $E[X(X-1)] = r(r+1)q^2/p^2$, $\mathrm{Var}(X) = E[X(X-1)] + E[X] - (E[X])^2 = r(r+1)q^2/p^2 + rq/p - r^2 q^2/p^2 = rq/p^2$ となる． □

3.1.6 超幾何分布

M 個の赤いボールと $N-M$ 個の白いボールが入っている壺の中から K 個のボールを無作為に**非復元抽出** (sampling without replacement) で抽出したところ，X 個が赤いボールであったとしよう．このとき，X の確率分布は

$$P(X=x \mid N, M, K) = \frac{\binom{M}{x}\binom{N-M}{K-x}}{\binom{N}{K}}, \quad x = 0, 1, \ldots, K \tag{3.9}$$

となる．これを**超幾何分布** (hypergeometric distribution) という．

▶**命題 3.8** 超幾何分布については，$\sum_{x=0}^{K} P(X=x \mid N, M, K) = 1$ を満たし，$p = M/N$ に対して平均と分散は次のようになる．

$$E[X] = Kp, \quad \text{Var}(X) = \frac{N-K}{N-1} Kp(1-p) \tag{3.10}$$

この命題の証明は演習問題とする．ただし，$\sum_{x=0}^{K} P(X = x \mid N, M, K) = 1$ は簡単ではない．この式は

$$\binom{N}{K} = \sum_{x=0}^{K} \binom{M}{x} \binom{N-M}{K-x}$$

と書き直すことができるが，これは，$(a+b)^N = (a+b)^M (a+b)^{N-M}$ のそれぞれを 2 項展開すると，

$$\sum_{K=0}^{N} \binom{N}{K} a^K b^{N-K} = \sum_{x=0}^{M} \binom{M}{x} a^x b^{M-x} \sum_{y=0}^{N-M} \binom{N-M}{y} a^y b^{N-M-y}$$

と書けるが，この両辺において $a^K b^{N-K}$ 項の係数を比較することにより確かめられる．また，$\text{Var}(X)$ は $E[X(X-1)]$ を直接計算することによって求めることができる．

3.2 連続分布

次に，連続型確率変数の代表的な確率分布を紹介する．

3.2.1 一様分布

確率変数 X が閉区間 $[a, b]$ 上の**一様分布** (uniform distribution) に従うとは，X の確率密度関数が

$$f_X(x \mid a, b) = \begin{cases} 1/(b-a) & (a \leq x \leq b \text{ の場合}) \\ 0 & (\text{その他の場合}) \end{cases} \tag{3.11}$$

で与えられることをいう．このとき，$E[X] = \int_a^b x\, dx/(b-a) = [x^2/2]_a^b/(b-a) = (a+b)/2$, $E[X^2] = \int_a^b x^2\, dx/(b-a) = [x^3/3]_a^b/(b-a) = (a^2 + ab + b^2)/3$ となるので，$\text{Var}(X) = (b-a)^2/12$ となる．

3.2.2 正規分布

正規分布は,理論的に扱い易い分布であること,平均を中心として対称な釣鐘型をしていること,後の章で示されるように中心極限定理により標本平均の極限分布になっていることなどから,数理統計学において最も重要な分布である.

確率変数 X が平均 μ,分散 σ^2 の**正規分布** (normal distribution) に従うとは,X の確率密度関数が

$$f_X(x\,|\,\mu,\sigma^2) = \frac{1}{\sqrt{2\pi}\sigma} \exp\Bigl\{-\frac{(x-\mu)^2}{2\sigma^2}\Bigr\}, \quad -\infty < x < \infty \qquad (3.12)$$

で与えられることをいい,この分布を $\mathcal{N}(\mu,\sigma^2)$ で表す(図 3.5).ここで $\exp\{x\} = e^x$ である.

標準化変換

$$Z = (X-\mu)/\sigma$$

を行うと,命題 2.20 の中の (2.8) と (3.12) とを見比べると,Z の分布は $f_Z(z) = \sigma f_X(\sigma z + \mu \,|\, \mu, \sigma^2)$ となり,これを通常 $\phi(z)$ で表す.すなわち,

$$\phi(z) = \frac{1}{\sqrt{2\pi}} \exp\Bigl\{-\frac{z^2}{2}\Bigr\} \qquad (3.13)$$

と書ける.これは (3.12) において $\mu = 0$,$\sigma = 1$ を置いたものに対応する.これを**標準正規分布** (standard normal distribution) といい,$\mathcal{N}(0,1)$ で表す.標準正規分布の分布関数は

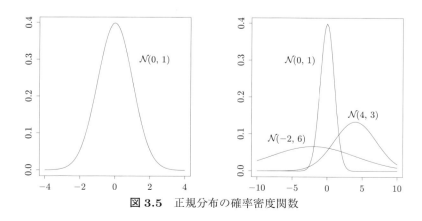

図 **3.5** 正規分布の確率密度関数

$$\Phi(z) = \int_{-\infty}^{z} \phi(t)\, dt \tag{3.14}$$

で表され，この値が本の巻末で数表として与えられることが多い．$0 < \alpha < 1$ に対して $\Phi(z_\alpha) = 1 - \alpha$ となる z_α を上側 $100\alpha\%$ 点といい仮説検定や信頼区間を作るときに使われる．特に，$z_{0.025} = 1.96$, $z_{0.05} = 1.64$ の値は頻繁に使われるので，覚えておくとよい．$\int_{-\infty}^{\infty} \phi(z)\, dz = 1$, すなわち

$$\int_{-\infty}^{\infty} \exp\{-z^2/2\}\, dz = \sqrt{2\pi} \tag{3.15}$$

が成り立つ．これはガウス積分と呼ばれ，重積分を用いて (4.16) において証明するのでここでは詳しく説明しない．また重積分を用いない方法が久保川・国友 (2016) で紹介されているので参照されたい．$\phi(z)$ の対称性から，$\Phi(0) = 1/2$, $\Phi(-z) = 1 - \Phi(z)$ である．

▶ **命題 3.9** 標準正規分布 $\mathcal{N}(0,1)$ に従う確率変数 Z の平均と分散は $E[Z] = 0$, $\mathrm{Var}(Z) = 1$ であり，積率母関数は $M_Z(t) = \exp\{t^2/2\}$, 特性関数は $\varphi_Z(t) = \exp\{-t^2/2\}$ である．

[**証明**] まず，積率母関数から計算すると

$$\begin{aligned} M_Z(t) &= E[e^{tZ}] = \frac{1}{\sqrt{2\pi}} \int_{-\infty}^{\infty} e^{tz - z^2/2}\, dz \\ &= e^{t^2/2} \frac{1}{\sqrt{2\pi}} \int_{-\infty}^{\infty} e^{-(z-t)^2/2}\, dz = e^{t^2/2} \end{aligned}$$

となる．ただし，$(2\pi)^{-1/2} \exp\{-(z-t)^2/2\}$ は $\mathcal{N}(t,1)$ の確率密度関数であることを用いた．$M_Z'(t) = t \exp\{t^2/2\}$, $M_Z''(t) = (1+t^2) \exp\{t^2/2\}$ となるので，$E[Z] = M_Z'(0) = 0$, $\mathrm{Var}(Z) = E[Z^2] = M_Z''(0) = 1$ となる．特性関数は $\varphi_Z(t) = M_Z(it)$ より求まる． □

$X = \sigma Z + \mu$ であるから，命題 3.9 を用いると，

$$E[X] = \sigma E[Z] + \mu = \mu,$$
$$\mathrm{Var}(X) = E[\{(\sigma Z + \mu) - \mu\}^2] = \sigma^2 E[Z^2] = \sigma^2,$$
$$\varphi_X(t) = E[e^{it(\sigma Z + \mu)}] = e^{it\mu} E[e^{(it\sigma)Z}] = e^{it\mu - (t\sigma)^2/2}$$

となる.

▶**命題 3.10** 正規分布 $\mathcal{N}(\mu, \sigma^2)$ に従う確率変数 X の平均,分散,積率母関数,特性関数は $E[X] = \mu$, $\mathrm{Var}(X) = \sigma^2$, $M_X(t) = \exp\{\mu t + \sigma^2 t^2/2\}$, $\varphi_X(t) = \exp\{\mu it - \sigma^2 t^2/2\}$ で与えられる.

X の分布関数は

$$F_X(x) = P(X \leq x) = P((X-\mu)/\sigma \leq (x-\mu)/\sigma)$$
$$= P(Z \leq (x-\mu)/\sigma) = \Phi((x-\mu)/\sigma)$$

と表される.したがって, $P(a < X \leq b)$ なる確率は $P(a < X \leq b) = \Phi((b-\mu)/\sigma) - \Phi((a-\mu)/\sigma)$ と書けるので,標準正規分布表から求めることができる.

▶**命題 3.11** X が $\mathcal{N}(\mu, \sigma^2)$ に従う確率変数とする.定数 a, b に対して $aX + b$ は $\mathcal{N}(a\mu + b, a^2\sigma^2)$ に従う.

[**証明**] $aX + b$ の特性関数は, $\varphi_X(t) = \exp\{\mu it - \sigma^2 t^2/2\}$ より

$$\varphi_{aX+b}(t) = E[e^{(aX+b)it}] = e^{bit} E[e^{(ait)X}]$$
$$= e^{bit} e^{\mu a it - \sigma^2 a^2 t^2/2} = e^{(a\mu+b)it - a^2 \sigma^2 t^2/2}$$

となる.したがって,定理 2.16 と命題 3.10 より $aX + b \sim \mathcal{N}(a\mu + b, a^2\sigma^2)$ となる. □

3.2.3 ガンマ分布とカイ 2 乗分布

非負の実数直線上の確率分布の中で代表的な分布がガンマ分布である.これは特別な場合として指数分布やカイ 2 乗分布というよく知られた分布を含んでおり,後で示すようにカイ 2 乗分布は正規分布と関連する分布である.

確率変数 X の確率密度関数が

$$f_X(x \mid \alpha, \beta) = \frac{1}{\Gamma(\alpha)} \frac{1}{\beta} \left(\frac{x}{\beta}\right)^{\alpha-1} e^{-x/\beta}, \quad x > 0 \tag{3.16}$$

で与えられるとき,X は**ガンマ分布** (gamma distribution) に従うといい,こ

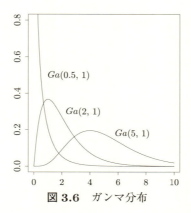

図 3.6 ガンマ分布

の分布を $Ga(\alpha, \beta)$ で表す（図 3.6）．ここで，α は**形状母数** (shape parameter)，β は**尺度母数** (scale parameter) と呼ばれ，ともに $\alpha > 0$, $\beta > 0$ である．$\Gamma(\alpha)$ は**ガンマ関数** (gamma function) で

$$\Gamma(\alpha) = \int_0^\infty y^{\alpha-1} e^{-y}\, dy$$

で与えられる．

尺度変換 $Y = X/\beta$ を行うと，命題 2.20 の中の (μ, σ) は $(0, 1/\beta)$ に対応するので，(2.8) と (3.16) とを見比べると，Y の分布は $\beta f_X(\beta y \,|\, \alpha, \beta)$，すなわち，

$$f_Y(y \,|\, \alpha) = \frac{1}{\Gamma(\alpha)} y^{\alpha-1} e^{-y}, \quad y > 0 \tag{3.17}$$

となり，ガンマ関数の定義から $f_Y(y \,|\, \alpha)$ の積分が 1 になることがわかる．

▶**命題 3.12**　(3.17) に従う確率変数 Y の平均と分散は $E[Y] = \alpha$, $\mathrm{Var}(Y) = \alpha$ となり，積率母関数は $M_Y(t) = (1-t)^{-\alpha}$, ($|t| < 1$)，特性関数は $\varphi_Y(t) = (1-it)^{-\alpha}$ となる．

[証明]　まず積率母関数は

$$M_Y(t) = E[e^{tY}] = \frac{1}{\Gamma(\alpha)} \int_0^\infty y^{\alpha-1} e^{-(1-t)y}\, dy$$

$$= \frac{1}{(1-t)^\alpha} \frac{1}{\Gamma(\alpha)} \int_0^\infty (1-t)\,((1-t)y)^{\alpha-1} e^{-(1-t)y}\, dy = \frac{1}{(1-t)^\alpha}$$

と書けることがわかる．$M_Y'(t) = \alpha(1-t)^{-\alpha-1}$, $M_Y''(t) = \alpha(\alpha+1)(1-t)^{-\alpha-2}$

より，$E[Y] = M_Y'(0) = \alpha$, $E[Y^2] = M_Y''(0) = \alpha(\alpha+1)$ となり，$\text{Var}(Y) = \alpha$ となる．特性関数は $\varphi_Y(t) = M_Y(it)$ より求まる． □

$X = \beta Y$ なる関係式より，(3.16) に従う確率変数 X の平均と分散は $E[X] = \alpha\beta$, $\text{Var}(X) = \beta^2 \text{Var}(Y) = \alpha\beta^2$ となり，特性関数は

$$\varphi_X(t) = E[e^{it\beta Y}] = (1-\beta it)^{-\alpha} \tag{3.18}$$

となる．

▶**命題 3.13**
(1) $\Gamma(1/2) = \sqrt{\pi}$, $\Gamma(1) = 1$
(2) $\Gamma(\alpha+1) = \alpha\Gamma(\alpha)$, $(\alpha > 0)$．特に n が自然数のときには $\Gamma(n) = (n-1)!$

[**証明**] (1) については，標準正規分布 $\mathcal{N}(0,1)$ の確率密度関数 $\phi(z)$ に命題 2.21 の平方変換 $Y = Z^2$ を行うと

$$1 = \frac{1}{\sqrt{2\pi}} \int_{-\infty}^{\infty} e^{-z^2/2} \, dz = \frac{1}{\sqrt{2\pi}} \int_0^{\infty} \frac{1}{\sqrt{y}} e^{-y/2} \, dy \tag{3.19}$$
$$= \frac{\Gamma(1/2)}{\sqrt{\pi}} \int_0^{\infty} \frac{1}{\Gamma(1/2)} \frac{1}{2} \left(\frac{y}{2}\right)^{1/2-1} e^{-y/2} \, dy = \frac{\Gamma(1/2)}{\sqrt{\pi}}.$$

となることからわかる．また $\Gamma(1) = \int_0^{\infty} e^{-x} \, dx = 1$ となる．

(2) については部分積分を用いる．部分積分は，一般に $\{f(x)g(x)\}' = f'(x)g(x) + f(x)g'(x)$ より，

$$\int_c^d \{f(x)g(x)\}' \, dx = \int_c^d f'(x)g(x) \, dx + \int_c^d f(x)g'(x) \, dx$$

であり，一方，$\int_c^d \{f(x)g(x)\}' \, dx = [f(x)g(x)]_c^d$ となるので，

$$\int_c^d f'(x)g(x) \, dx = [f(x)g(x)]_c^d - \int_c^d f(x)g'(x) \, dx \tag{3.20}$$

と書ける．これを用いると，

$$\Gamma(\alpha+1) = \int_0^{\infty} x^\alpha e^{-x} \, dx = \int_0^{\infty} x^\alpha (-e^{-x})' \, dx$$
$$= [-x^\alpha e^{-x}]_0^{\infty} - \int_0^{\infty} (x^\alpha)'(-e^{-x}) \, dx = \alpha\Gamma(\alpha)$$

となる． □

ガンマ分布の特殊な場合として，指数分布や'自由度 n のカイ 2 乗分布'が含まれ，それぞれ $Ga(1, 1/\lambda)$, $Ga(n/2, 2)$ に対応する．指数分布は次の項で扱うので，ここでは，カイ 2 乗分布について説明する．

▷ **定義 3.14** n を自然数とする．確率変数 X の確率密度関数が

$$f_X(x) = \frac{1}{\Gamma(n/2)}\left(\frac{1}{2}\right)^{n/2} x^{n/2-1} \exp\{-x/2\}, \quad x > 0 \qquad (3.21)$$

で与えられるとき，**自由度 n のカイ 2 乗分布** (chi-square distribution with n degrees of freedom) といい，χ_n^2 で表す．

χ_n^2 の特性関数は $Ga(n/2, 2)$ と (3.18) より，

$$\varphi_{\chi_n^2}(t) = (1 - 2it)^{-n/2} \qquad (3.22)$$

で与えられる．また $E[\chi_n^2] = n$, $\text{Var}(\chi_n^2) = 2n$, $E[(\chi_n^2)^2] = \text{Var}(\chi_n^2) + (E[\chi_n^2])^2 = n(n+2)$ となる．

▶ **命題 3.15** 確率変数 Z が $\mathcal{N}(0, 1)$ に従うとき，Z^2 が χ_1^2 に従う．

[証明] この命題は (3.19) の式変形の中で示したように $y = z^2$ なる平方変換を用いることによって示される．また特性関数を用いた方法によっても示すことができる． □

カイ 2 乗分布のさらなる性質は命題 4.20 と命題 4.21 で与えられる．また，標本分散に関係した性質が 5.2.1 項で解説される．

3.2.4 指数分布とハザード関数

指数分布 (exponential distribution) の確率密度関数は

$$f_X(x \mid \lambda) = \lambda e^{-\lambda x}, \quad x > 0 \qquad (3.23)$$

で与えられ，$Ex(\lambda)$ で表される（図 3.7）．分布関数は $F_X(x) = P(X < x) = $

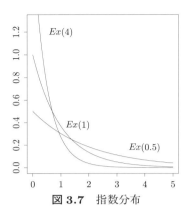

図 3.7 指数分布

$1 - e^{-\lambda x}$ で与えられる.これはガンマ分布の特別な場合で $Ga(1, 1/\lambda)$ と表されるので,(3.18) より $M_X(t) = \lambda/(\lambda - t)$ $(t < \lambda)$, $\varphi_X(t) = \lambda/(\lambda - it)$ となる.$E[X] = 1/\lambda$, $\mathrm{Var}(X) = 1/\lambda^2$ となる.

指数分布は生存時間の分布として用いられることがある.$P(X > s)$ は時間 s を超えて生存する確率を表しており,$P(X > s) = 1 - F_X(s) = e^{-\lambda s}$ となる.s 時間生存したという条件のもとで,さらに t 時間を超えて生存する確率は

$$P(X \geq s+t \,|\, X \geq s) = \frac{P(X \geq s+t, X \geq s)}{P(X \geq s)} = \frac{P(X \geq s+t)}{P(X \geq s)}$$
$$= e^{-\lambda(s+t)}/e^{-\lambda s} = e^{-\lambda t} = P(X \geq t)$$

となり,これまで s 時間生存してきたという条件には依存しないことがわかる.幾何分布のときと同様に無記憶性が指数分布についても成り立っていることがわかる.このことは,指数分布において故障(死亡)がランダムに起こることを意味する.これに関連した考え方がハザード関数である.

指数分布を離れて,X が非負の連続型確率変数とし,その密度関数を $f(x)$,分布関数を $F(x)$ とする.X を故障する時間とみなそう.x 時間まで動作していて次の時間 $x + \Delta$ までに故障する条件付き確率は

$$P(x < X \leq x+\Delta \,|\, X > x) = \frac{P(x < X \leq x+\Delta, X > x)}{P(X > x)}$$
$$= \frac{P(x < X \leq x+\Delta)}{P(X > x)} = \frac{F(x+\Delta) - F(x)}{1 - F(x)}$$

となる.このとき,両辺を Δ で割って Δ を小さくすると,

$$\lim_{\Delta \downarrow 0} \frac{1}{\Delta} P(x < X \leq x + \Delta \,|\, X > x) = \frac{f(x)}{1 - F(x)}$$

となる．これは，x まで動作している条件のもとで次の瞬間に故障する確率密度を表している．これを

$$\lambda(x) = \frac{f(x)}{1 - F(x)} \tag{3.24}$$

と書いて，**ハザード関数**もしくは**故障率関数** (hazard function) という．指数分布 (3.23) については，常に $\lambda(x) = \lambda$ で時間 x には無関係になる．すなわち，x 時間動作していて次の瞬間故障する確率密度は一定で λ となる．これは，指数分布において故障がランダムに起こることからも理解できる．

(3.24) の両辺を積分すると $\int_0^x \lambda(t)\,dt = \int_0^x f(t)/\{1 - F(t)\}\,dt = [-\log(1 - F(t))]_0^x$ となるので，

$$\begin{aligned} F(x) &= 1 - \exp\Big\{-\int_0^x \lambda(t)\,dt\Big\}, \\ f(x) &= \lambda(x) \exp\Big\{-\int_0^x \lambda(t)\,dt\Big\} \end{aligned} \tag{3.25}$$

が得られる．非負の連続型確率変数の分布はハザード関数によって特徴づけられることがわかる．例えば $\lambda(x)$ を定数として $\lambda(x) = \lambda$ とおくと指数分布が生ずることがわかる．しかし，ハザード関数が時間の経過に関して一定というのは自然でないように思える．例えば時間の経過とともに故障し易くなる場合や故障しなくなる場合には $\lambda(x) = abx^{b-1}, a > 0, b > 0$, なるハザード関数が考えられる．これを (3.25) に代入すると，$\int_0^x abt^{b-1}\,dt = ax^b$ より，得られる確率密度関数は

$$f(x \,|\, a, b) = abx^{b-1} \exp\{-ax^b\}, \quad x > 0, \tag{3.26}$$

となる．これは，**ワイブル分布** (Weibull distribution) といい，生存解析の分野で基本となる分布である．

3.2.5 ベータ分布

ベータ分布は区間 $(0,1)$ 上の確率分布であり，後で示すようにガンマ分布と関連する分布である．確率変数 X が区間 $(0,1)$ 上に値をとり，その確率密度関数が，$0 < x < 1$ に対して

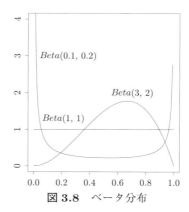

図 3.8 ベータ分布

$$f_X(x \mid a, b) = \frac{1}{B(a,b)} x^{a-1}(1-x)^{b-1} \qquad (3.27)$$

で与えられるとき，これを**ベータ分布** (beta distribution) といい，$Beta(a, b)$ で表す（図 3.8）．ここで，$a > 0, b > 0$ であり，$B(a, b)$ は**ベータ関数**

$$B(a, b) = \int_0^1 x^{a-1}(1-x)^{b-1}\,dx \qquad (3.28)$$

である．ベータ関数については後述の (4.17) で示すように

$$B(a, b) = \Gamma(a)\Gamma(b)/\Gamma(a+b) \qquad (3.29)$$

なる関係式が成り立つ．これを用いると，平均と分散は次で与えられる．

$$E[X] = \frac{a}{a+b}, \quad \mathrm{Var}(X) = \frac{ab}{(a+b)^2(a+b+1)} \qquad (3.30)$$

ベータ分布は後述の例 4.14 で扱うベータ・2 項分布やベイズ推測における事前分布として用いられることが多い．

3.3　発展的事項

3.3.1　スタインの等式

次で与える**スタインの等式** (Stein identity) は，モーメントの計算などに役立つ (Stein (1981))．

▶**命題 3.16** X が $\mathcal{N}(\mu, \sigma^2)$ に従い，$g(\cdot)$ が微分可能で $E[|g'(X)|] < \infty$ のとき，次の等式が成り立つ．

$$E[(X-\mu)g(X)] = \sigma^2 E[g'(X)] \qquad (3.31)$$

[証明] 部分積分の公式 (3.20) を用いる．

$$E[(X-\mu)g(X)] = \frac{1}{\sqrt{2\pi}\sigma} \int_{-\infty}^{\infty} g(x)(x-\mu)e^{-(x-\mu)^2/(2\sigma^2)} dx$$

と表されるので，$f'(x) = (x-\mu)e^{-(x-\mu)^2/(2\sigma^2)}$ として部分積分を用いる．$f(x) = -\sigma^2 e^{-(x-\mu)^2/(2\sigma^2)}$ より

$$\begin{aligned} E[(X-\mu)g(X)] &= \frac{1}{\sqrt{2\pi}\sigma} \left[-\sigma^2 e^{-(x-\mu)^2/(2\sigma^2)} g(x) \right]_{-\infty}^{\infty} \\ &\quad + \frac{\sigma^2}{\sqrt{2\pi}\sigma} \int_{-\infty}^{\infty} g'(x) e^{-(x-\mu)^2/(2\sigma^2)} dx \end{aligned}$$

となり，等式 (3.31) が得られる． □

スタインの等式 (3.31) は後に 10.5.3 項で述べる縮小推定の性質を議論するときに重要な道具となる．また次のようなモーメントを求める際にも役立つ．実数 m に対して $E[X^m]$ を求めたいとする．$E[X^m] = E[(X-\mu)X^{m-1}] + \mu E[X^{m-1}]$ と変形して最初の項にスタインの等式を用いると $E[(X-\mu)X^{m-1}] = (m-1)\sigma^2 E[X^{m-2}]$ と書けるので

$$E[X^m] = (m-1)\sigma^2 E[X^{m-2}] + \mu E[X^{m-1}]$$

となり，モーメントの次数を落とすことができる．同様にして $E[X^{m-1}] = (m-2)\sigma^2 E[X^{m-3}] + \mu E[X^{m-2}]$ となるので

$$E[X^m] = \{(m-1)\sigma^2 + \mu^2\} E[X^{m-2}] + (m-2)\mu\sigma^2 E[X^{m-3}]$$

となり，これを繰り返していけばよい．例えば $m=3, m=4$ のときには，

$$E[X^3] = 3\mu\sigma^2 + \mu^3,$$
$$E[X^4] = 3\sigma^4 + 6\mu^2\sigma^2 + \mu^4$$

と書けることがわかる．

3.3.2 スターリングの公式

スターリングの公式は，ガンマ関数を近似するときに役立つ．k が大きいとき，$\Gamma(k+a) \approx \sqrt{2\pi} k^{k+a-1/2} e^{-k}$ で近似できる．$a=1$ を代入すると，

$$k! \approx \sqrt{2\pi} k^{k+1/2} e^{-k}$$

と近似できることになる．

この証明には，竹村 (2008) で紹介された方法がわかりやすい．$\Gamma(k+a) = \int_0^\infty x^{k+a-1} e^{-x} dx$ において $x = k + \sqrt{k} z$ と変数変換すると $dx = \sqrt{k} dz$ より

$$\Gamma(k+a) = k^{k+a-1/2} e^{-k} \int_{-\sqrt{k}}^\infty \left(1 + \frac{z}{\sqrt{k}}\right)^{k+a-1} e^{-\sqrt{k} z} dz$$

と書ける．ここで積分の中身は $\exp\{(k+a-1)\log(1+z/\sqrt{k}) - \sqrt{k} z\}$ と表され，対数のテーラー展開を用いると，

$$(k+a-1)\log\left(1 + \frac{z}{\sqrt{k}}\right) - \sqrt{k} z = -\frac{z^2}{2} + o(1)$$

と近似できるので，

$$\left(1 + \frac{z}{\sqrt{k}}\right)^{k+a-1} e^{-\sqrt{k} z} = e^{-z^2/2} \{1 + o(1)\}$$

となる．これを積分すると，

$$\int_{-\sqrt{k}}^\infty \left(1 + \frac{z}{\sqrt{k}}\right)^{k+a-1} e^{-\sqrt{k} z} dz = \int_{-\sqrt{k}}^\infty e^{-z^2/2} dz + o(1) = \sqrt{2\pi} + o(1)$$

となる．以上より，

$$\Gamma(k+a) = k^{k+a-1/2} e^{-k} \{\sqrt{2\pi} + o(1)\}$$

と近似できるのでスターリングの公式が得られる．

演習問題

問 1 離散一様分布の確率母関数を求め，平均と分散を確率母関数から求めよ．

問 2 2 項係数について (3.4) で与えられた関係式が成り立つことを示せ．また数学的帰納法を用いて 2 項定理を証明せよ．

問 3 超幾何分布について，命題 3.8 を証明せよ．

問 4 超幾何分布 (3.9) において，$N \to \infty$, $M/N \to p$ とすると，次のように 2 項分布 $Bin(K,p)$ に収束することを示せ．これは，非復元抽出が $M/N \to p$ という仮定のもとで M, N が大きいとき復元抽出で近似できることを意味する．

$$\lim_{N \to \infty} P(X = x \mid N, M, K) = \binom{K}{x} p^x (1-p)^{K-x}$$

問 5 ハザード関数に関して (3.25) を示せ．

問 6 実数 x に対して，$[x]$ は x を越えない最大の整数を表すものとする．平均 $1/\lambda$ の指数分布 $Ex(\lambda)$ に従う確率変数 X に対して，$Y = [X]$ の分布を求めよ．また t, s を自然数とするとき，$P[Y \geq t+s \mid Y \geq t] = P[Y \geq s]$ が成り立つことを示せ．

問 7 負の 2 項分布 $NB(r,p)$ に従う確率変数 X に対して，新たに $Y = 2pX$ なる確率変数を定義する．$p \to 0$ とするとき，Y の分布が自由度 $2r$ のカイ 2 乗分布 χ^2_{2r} に収束することを積率母関数の連続性定理を用いて示せ．

問 8 2 項分布 $Bin(n,p)$ に従う確率変数 X について，

$$Y = (X - np)/\sqrt{np(1-p)}$$

は $n \to \infty$ のとき標準正規分布 $\mathcal{N}(0,1)$ に収束することを示せ．

問 9 ポアソン分布 $Po(\lambda)$ に従う確率変数 X について，$Y = (X - \lambda)/\sqrt{\lambda}$ は $\lambda \to \infty$ のとき標準正規分布 $\mathcal{N}(0,1)$ に収束することを示せ．

問 10 正の連続型確率変数 X の確率密度関数が

$$f(x) = \frac{1}{\sqrt{2\pi}\, x} e^{-(\log x)^2/2}, \quad x > 0$$

で与えられるとき，**対数正規分布** (lognormal distribution) という (図 3.9)．この分布の平均と分散を求めよ．$Y = \log X$ を変換すると，Y はどのような分布になるか．

問 11 連続型確率変数 X の確率密度関数が

$$f(x \mid \alpha, \beta) = \frac{\beta \alpha^\beta}{x^{\beta+1}}, \quad \alpha < x,\ \alpha > 0,\ \beta > 0 \tag{3.32}$$

で与えられるとき，**パレート分布** (pareto distribution) という．この分布の平均と分散を求めよ．$Y = \log X$, $\mu = \log \alpha$, $\beta = 1/\sigma$ とおくと，Y はどのような分布になるか．

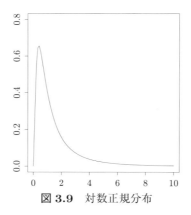

図 3.9 対数正規分布

問 12 連続型確率変数 X の確率密度関数が
$$f(x\mid \mu, \sigma) = \frac{1}{2\sigma}e^{-|x-\mu|/\sigma}, \quad -\infty < x < \infty$$
で与えられるとき，**両側指数分布** (double exponential distribution) もしくは**ラプラス分布** (Laplace distribution) という．この分布の平均と分散を求めよ．

問 13 連続型確率変数 X の確率密度関数が
$$f(x) = \frac{e^{-x}}{(1+e^{-x})^2}, \quad -\infty < x < \infty$$
で与えられるとき，**ロジスティック分布** (logistic distribution) という（図 3.10）．
(1) これが確率密度関数になることを確かめよ．
(2) この分布関数 $F(x)$ を与えよ．また $f(x)$ は y 軸に関して対称であることを示せ．
(3) $U = e^{-X}/(1+e^{-X})$ とおくと，U はどのような分布に従うか．
(4) $Y = |X|$ の確率密度関数を与えよ．またハザード関数を計算せよ．
(5) $Y = \sigma X + \mu$ の確率密度関数を与えよ．

問 14 $\mathcal{N}(0,1)$ に従う確率変数 X について次の問いに答えよ．
(1) $E[X^2]$ を正規分布の確率密度関数から直接求めよ．
(2) $Y = X^2$ の確率密度関数を求め，それを用いて $E[Y]$ の値を求めよ．
(3) $Y = |X|$ の確率密度関数を求め，平均と分散を計算せよ．

問 15 $X \sim \mathcal{N}(0,1)$ とし，k を 0 以上の整数とする．k が奇数のとき $E[X^k] = 0$，k が偶数のとき $E[X^k] = 2^{k/2}\Gamma((k+1)/2)/\Gamma(1/2)$ を示せ．

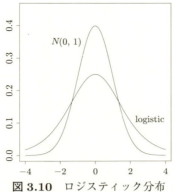

図 3.10　ロジスティック分布

問 16　確率変数 X が標準正規分布に従っている．
(1) k を正の実数とし，$Z = |X|^k$ とおくとき，Z の確率密度関数を与えよ．
(2) 0 以上の整数 m に対して，$E[X^{2m}]$，$E[|X|^{2m+1}]$ をできるだけ簡単な式で与えよ．

問 17　連続型確率変数 X の確率密度関数が
$$f(x) = C(\alpha)e^{-|x|^\alpha}, \quad -\infty < x < \infty$$
で与えられるとき，正規化定数は $C(\alpha) = \alpha/\{2\Gamma(1/\alpha)\}$ となることを示せ．また $E[|X|^\nu] = \Gamma((\nu+1)/\alpha)/\Gamma(1/\alpha), \nu \geq 0$，を示せ．

問 18　$X \sim \chi_n^2$ のとき，次を示せ．
(1) 非負の実数 ν に対して，$E[X^\nu] = 2^\nu \Gamma(\nu + n/2)/\Gamma(n/2)$ が成り立つ．
(2) 関数 $h(\cdot)$ に対して $E[h(\chi_n^2)] = nE[h(\chi_{n+2}^2)/\chi_{n+2}^2]$, $E[h(\chi_n^2)] = (n-2)^{-1}E[\chi_{n-2}^2 h(\chi_{n-2}^2)]$ が成り立つ．ただし，$E[\cdot]$ の中の χ_n^2, χ_{n+2}^2, χ_{n-2}^2 はそれぞれの分布に従う確率変数を意味する．

問 19　$X \sim Bin(n, p)$, x を $0 \leq x \leq n-1$ なる整数とし，$Y \sim Beta(n-x, x+1)$ とする．このとき，$P(X \leq x) = P(Y \leq 1-p)$ が成り立つことを示せ．

問 20　$X \sim Po(\lambda)$, x を $x \geq 1$ なる整数とし，$Y \sim Ga(x, 1)$ とする．このとき，$P(X \leq x-1) = P(Y \geq \lambda)$ が成り立つことを示せ．

問 21　非負の連続な確率変数 X に対して平均余寿命関数 $r(t)$ を
$$r(t) = E[X - t \mid X \geq t]$$

で定義する. X の分布関数を $F(x)$ とする.
(1) $r(t) = [1 - F(t)]^{-1} \int_t^\infty (1 - F(x))\, dx$ と表されることを示せ. X の分布が指数分布 $Ex(\lambda)$ のとき $r(t)$ の値を求めよ.
(2) $E[X^2] = 2\int_0^\infty r(t)(1 - F(t))\, dt$ となることを示し, $\mathrm{Var}(X)$ を F を用いて表せ.

問 22 非負の連続な確率変数 X の分布関数を $F(x)$ とし, 平均を μ とする. $0 < t < 1$ に対して

$$q_F(t) = \int_0^t F^{-1}(s)\, ds \Big/ \int_0^1 F^{-1}(s)\, ds$$

を**ローレンツ曲線** (Lorenz curve) といい, 収入などの不平等度を調べるのに用いられる. 完全平等線 ($q(t) = t$) と $q_F(t)$ で囲まれる面積の 2 倍を**ジニ係数** (Gini index) といい, 不平等度の指数として使われる.
(1) ジニ係数 $\gamma(F)$ は次のように表されることを示せ.

$$\gamma(F) = 2\int_0^1 (t - q_F(t))\, dt$$
$$= 1 - 2\int_0^1 \int_0^t F^{-1}(s)\, ds dt \Big/ \int_0^1 F^{-1}(s)\, ds$$

(2) また $\gamma(F) = 1 - 2\int_0^1 (1 - s) F^{-1}(s)\, ds / \mu$ とも書けることを示せ.
(3) さらに $\gamma(F) = 1 - 2\int_0^\infty x(1 - F(x))f(x)\, dx / \mu = 1 - \int_0^\infty (1 - F(x))^2\, dx / \mu$ と表されることを示せ. X の分布が指数分布 $Ex(\lambda)$ と一様分布 $U(0,1)$ の場合に $\gamma(F)$ の値を求め不平等度を比較せよ.

第4章
多次元確率変数の分布

これまでは確率変数が1個の場合の確率分布について扱ってきた．これを1変量確率分布ということがある．しかし観測データが1個だけという設定は非現実的であり，実際には複数のデータが観測される．この複数のデータ，正確には複数の確率変数が従う確率分布を扱う必要がある．このような分布を多次元もしくは多変量確率分布という．本章での前半では2つの確率変数が2次元平面上に値をとる場合について扱い，同時確率分布，周辺確率分布，期待値，条件付き期待値，共分散，相関係数について説明する．後半では多変数の確率分布を扱い，代表的な多変量分布である多項分布と多変量正規分布を紹介する．

4.1 同時確率分布と周辺分布

まず，2次元の確率分布について，離散分布と連続分布の場合に分けて説明する．

4.1.1 離散分布の場合

2つの確率変数 X と Y の組 (X,Y) を考えると，(X,Y) は2次元平面 $\mathbb{R} \times \mathbb{R} = \mathbb{R}^2$ の上に値をもつ2次元確率変数となり，その確率分布は2次元平面 $\mathbb{R}^2$ 上に分布する．

まず，X が $\mathcal{X} = \{0,1,2,\ldots\}$ 上に，Y が $\mathcal{Y} = \{0,1,2,\ldots\}$ 上に値をとる離散型確率変数とする．$X=x$ かつ $Y=y$ である確率 $P(\{X=x\} \cap \{Y=y\})$ を $P(X=x, Y=y)$ で表し，

$$P(X=x, Y=y) = f_{X,Y}(x,y), \quad (x,y) \in \mathcal{X} \times \mathcal{Y} \tag{4.1}$$

と書くことにする．このとき，$\mathbb{R}^2$ 上の集合 C に対して (X,Y) が C に入る確率は

表 4.1 X と Y の同時確率

	y_1	y_2	y_3	計
x_1	$f_{X,Y}(x_1,y_1)$	$f_{X,Y}(x_1,y_2)$	$f_{X,Y}(x_1,y_3)$	$f_X(x_1)$
x_2	$f_{X,Y}(x_2,y_1)$	$f_{X,Y}(x_2,y_2)$	$f_{X,Y}(x_2,y_3)$	$f_X(x_2)$
計	$f_Y(y_1)$	$f_Y(y_2)$	$f_Y(y_3)$	1

$$P((X,Y)\in C) = \sum_{(x,y)\in C} f_{X,Y}(x,y)$$

となる．$\sum_{(x,y)\in C}$ は C に含まれるすべての (x,y) について和をとることを意味する．これを**同時分布** (joint distribution) といい，特に離散型確率変数の場合 $f_{X,Y}(x,y)$ を**同時確率関数** (joint probability function) という．$f_{X,Y}(x,y) \geq 0$ であり，

$$\sum_{(x,y)\in \mathcal{X}\times\mathcal{Y}} f_{X,Y}(x,y) = \sum_{x=0}^{\infty}\sum_{y=0}^{\infty} f_{X,Y}(x,y) = 1$$

を満たす．

$\mathcal{X}$ 上の集合 A に対して $\{X \in A\}$ という事象は $\{X \in A\} \cap \{Y \in \mathcal{Y}\}$ もしくは $\{(X,Y) \in A \times \mathcal{Y}\}$ と同等なので，$P(X \in A)$ は

$$P(X \in A) = P((X,Y) \in A \times \mathcal{Y})$$
$$= \sum_{(x,y)\in A\times\mathcal{Y}} f_{X,Y}(x,y) = \sum_{x\in A}\sum_{y=0}^{\infty} f_{X,Y}(x,y)$$

と書ける．$P(X \in A)$ を X の**周辺分布** (marginal distribution) といい，

$$f_X(x) = \sum_{y=0}^{\infty} f_{X,Y}(x,y)$$

を X の**周辺確率関数**という．同様にして Y の周辺確率関数は

$$f_Y(y) = \sum_{x=0}^{\infty} f_{X,Y}(x,y)$$

となる．

例えば $\mathcal{X}$ と $\mathcal{Y}$ が $\mathcal{X} = \{x_1, x_2\}$, $\mathcal{Y} = \{y_1, y_2, y_3\}$ で与えられる場合には同時確率関数と周辺確率関数は表 4.1 のようになる．

関数 $g(X,Y)$ の同時確率関数 $f_{X,Y}(x,y)$ に関する期待値は

$$E[g(X,Y)] = \sum_{x=0}^{\infty}\sum_{y=0}^{\infty} g(x,y) f_{X,Y}(x,y)$$

表 4.2　X と Y の同時確率

	−1	0	1	計
1	0.1	0.3	0.1	0.5
2	0.2	0.1	0.2	0.5
計	0.3	0.4	0.3	1

で定義される．ここで (X,Y) の同時確率に関する期待値であることを明記するために $E^{X,Y}[\cdot]$ と表記する場合もある．同様にして $E^X[\cdot]$, $E^Y[\cdot]$ はそれぞれ X, Y だけの確率に関する期待値であることを表している．X のみの関数 $g(X)$ の場合には，この定義に従うと，

$$E^{X,Y}[g(X)] = \sum_{x=0}^{\infty}\sum_{y=0}^{\infty} g(x) f_{X,Y}(x,y)$$
$$= \sum_{x=0}^{\infty} g(x) \sum_{y=0}^{\infty} f_{X,Y}(x,y) = \sum_{x=0}^{\infty} g(x) f_X(x) = E^X[g(X)]$$

となり，X の周辺確率関数 $f_X(x)$ に関する期待値として表現できることになり，整合的であることがわかる．

【例 4.1】 2 次元の確率変数 (X,Y) の確率分布が表 4.2 で与えられるとする．ただし，$\mathcal{X}=\{1,2\}$, $\mathcal{Y}=\{-1,0,1\}$ とする．

このとき次の問に答えよう．
(1) X および Y の平均と分散を求めよ．
(2) $X \geq Y+2$ となる確率を求めよ．
(3) XY の期待値を求めよ．

（解）(1) $E[X]=1.5$, $\mathrm{Var}(X)=0.25$, $E[Y]=0$, $\mathrm{Var}(Y)=0.6$, (2) $P(X \geq Y+2)=0.4$, (3) $E[XY]=0$. □

4.1.2　連続分布の場合

X と Y がともに $\mathbb{R}$ 上の連続型確率変数とし，$\mathbb{R}^2$ 上の集合 C に対して確率 $P((X,Y) \in C)$ が

$$P((X,Y) \in C) = \iint_{(x,y) \in C} f_{X,Y}(x,y)\, dxdy \tag{4.2}$$

と表されるとき，$f_{X,Y}(x,y)$ を**同時確率密度関数** (joint probability density function) という. $f_{X,Y}(x,y) \geq 0$ であり, $\int_{-\infty}^{\infty}\int_{-\infty}^{\infty} f_{X,Y}(x,y)\,dxdy = 1$ を満たす. 離散分布の場合と同様に考えて, X, Y の**周辺確率密度関数** (marginal probability density function) はそれぞれ

$$f_X(x) = \int_{-\infty}^{\infty} f_{X,Y}(x,y)\,dy, \quad f_Y(y) = \int_{-\infty}^{\infty} f_{X,Y}(x,y)\,dx$$

で与えられる. 2次元の分布関数は

$$F_{X,Y}(x,y) = P(X \leq x, Y \leq y) = \int_{-\infty}^{x}\int_{-\infty}^{y} f_{X,Y}(s,t)\,dtds$$

であり,

$$f_{X,Y}(x,y) = \frac{\partial^2}{\partial x \partial y} F_{X,Y}(x,y)$$

となる. また $g(X,Y)$ の期待値は

$$E[g(X,Y)] = \int_{-\infty}^{\infty}\int_{-\infty}^{\infty} g(x,y) f_{X,Y}(x,y)\,dxdy$$

で定義される.

【例 4.2】 連続型確率変数 (X,Y) の確率密度関数が

$$f_{X,Y}(x,y) = \frac{1}{2} + 2xy, \quad 0 < x < 1,\ 0 < y < 1$$

で与えられているとする. このとき, 次の問に答えよう.
(1) X と Y の周辺確率密度関数を求めよ.
(2) $E[Y]$, $E[XY]$ を計算せよ.
(解) (1) $f_X(x) = 0.5 + x$, $f_Y(y) = 0.5 + y$, (2) $E[Y] = 7/12$, $E[XY] = 1/8 + 2/9 = 25/72$. □

4.2 条件付き確率分布と独立性

2つの確率変数について条件付き確率分布と条件付き期待値ならびに確率変数の独立性について説明する. また2つの確率変数の関係性を測る尺度として共分散と相関係数について述べる. 最後に条件付き分散の公式を紹介し混合分布の分散を計算するのに役立つことを示す.

4.2.1 条件付き確率分布と条件付き期待値

まず，(X,Y) が離散型確率変数で同時確率関数が (4.1) で与えられているとする．

▷**定義 4.3** $f_X(x) \neq 0$ なる x に対して，$X = x$ を与えたときの $Y = y$ の**条件付き確率関数** (conditional probability function) を

$$f_{Y|X}(y\,|\,x) = P(Y=y\,|\,X=x) = \frac{f_{X,Y}(x,y)}{f_X(x)}$$

で定義する．

この定義は，事象 A, B を $A = \{X = x\}$, $B = \{Y = y\}$ とすると事象に関する条件付き確率の定義 1.3 と同等であることがわかる．

$$\sum_{y=0}^{\infty} f_{Y|X}(y\,|\,x) = \frac{\sum_{y=0}^{\infty} f_{X,Y}(x,y)}{f_X(x)} = \frac{f_X(x)}{f_X(x)} = 1$$

となるので，確率分布になることがわかる．また，$f_Y(y) \neq 0$ なる y に対して，$Y = y$ を与えたときの $X = x$ の条件付き確率関数も同様に定義されて，$f_{X|Y}(x\,|\,y) = f_{X,Y}(x,y)/f_Y(y)$ で与えられる．

$X = x$ を与えたときの Y の**条件付き平均**（**期待値**）(conditional mean, conditional expectation) $E[Y\,|\,X = x]$ は

$$E[Y\,|\,X=x] = \sum_{y=0}^{\infty} y f_{Y|X}(y\,|\,x) = \frac{\sum_{y=0}^{\infty} y f_{X,Y}(x,y)}{f_X(x)}$$

で定義される．条件付き期待値であることを明記するために $E^{Y|X}[\,\cdot\,|\,X=x]$ と表記する場合もある．また**条件付き分散** (conditional variance) は

$$\begin{aligned}\operatorname{Var}(Y\,|\,X=x) &= E^{Y|X}\left[\left(Y - E^{Y|X}[Y\,|\,X=x]\right)^2\,\middle|\,X=x\right] \\ &= E^{Y|X}[Y^2\,|\,X=x] - \left(E^{Y|X}[Y\,|\,X=x]\right)^2\end{aligned} \quad (4.3)$$

で与えられる．

条件付き期待値の条件に関してさらに期待値をとると同時確率に関する期待値になることを示そう．$X = x$ を与えたときの $g(x, Y)$ の条件付き期待値は $E^{Y|X}[g(x, Y)\,|\,X = x]$ と表される．x を確率変数 $X = X(\omega)$ で置き換えたも

の $E^{Y|X}[g(X(\omega),Y)\,|\,X(\omega)]$ を考えると，これは $X(\omega)$ の関数であり $X(\omega)$ の周辺確率に関して期待値をとると

$$\begin{aligned}
E^X[E^{Y|X}[g(X(\omega),Y)\,|\,X(\omega)]] &= \sum_{x=0}^{\infty} E^{Y|X}[g(x,Y)\,|\,X=x]f_X(x) \\
&= \sum_{x=0}^{\infty}\sum_{y=0}^{\infty} g(x,y)\frac{f_{X,Y}(x,y)}{f_X(x)}f_X(x) \\
&= E^{X,Y}[g(X,Y)]
\end{aligned}$$

となり，同時確率関数 $f_{X,Y}(x,y)$ に関する $g(X,Y)$ の期待値になる．したがって次の関係式が成り立つ．

$$E^{X,Y}[g(X,Y)] = E^X\bigl[E^{Y|X}[g(X,Y)\,|\,X]\bigr] = E^Y\bigl[E^{X|Y}[g(X,Y)\,|\,Y]\bigr] \quad (4.4)$$

【例 4.4】 例 4.1 において，
(1) 条件付き確率 $P[Y=1\,|\,X=2]$ を求めよ．また $P[X \geq Y+2\,|\,Y=0]$ を計算せよ．
(2) $E[Y\,|\,X=2], \mathrm{Var}(Y\,|\,X=2)$ を求めよ．
（解）(1) $P[Y=1\,|\,X=2]=0.4,\ P[X \geq Y+2\,|\,Y=0]=0.25,$ (2) $E[Y\,|\,X=2]=0,\ \mathrm{Var}(Y\,|\,X=2)=0.8$． □

次に，(X,Y) が連続型確率変数で同時確率密度関数が (4.2) で与えられているとする．

▷ **定義 4.5** $f_X(x)>0$ なる x に対して，$X=x$ を与えたときの $Y=y$ の**条件付き確率密度関数** (conditional probability density function) を

$$f_{Y|X}(y\,|\,x) = \frac{f_{X,Y}(x,y)}{f_X(x)} \quad (4.5)$$

で定義する．

$\int_{-\infty}^{\infty} f_{Y|X}(y\,|\,x)\,dy = \int_{-\infty}^{\infty} f_{X,Y}(x,y)\,dy/f_X(x) = 1$ であるから，確率密度関数になることがわかる．離散分布の場合と同様に，$X=x$ を与えたときの

$g(x, Y)$ の条件付き期待値は

$$E[g(x,Y) \mid X=x] = \int_{-\infty}^{\infty} g(x,y) f_{Y|X}(y \mid x) \, dy = \frac{\int_{-\infty}^{\infty} g(x,y) f_{X,Y}(x,y) \, dy}{f_X(x)}$$

で定義される．これに基づいて Y の条件付き平均が与えられる．また条件付き分散も (4.3) と同様に定義される．条件付き期待値に関する公式 (4.4) も同様に成り立つことが確かめられる．

【例 4.6】 例 4.2 の問題設定において，
(1) $X = x$ を与えたときの $Y = y$ の条件付き確率密度関数を求めよ．
(2) $E[Y \mid X = x]$, $\mathrm{Var}(Y \mid X = x)$ を計算せよ．
(3) $E[E[Y \mid X]] = E[Y]$ が成り立つことを確かめよ．
(解) (1) $f_{Y|X}(y \mid x) = (1 + 4xy)/(1 + 2x)$, (2) $E[Y \mid X = x] = (1/2 + 4x/3)/(1 + 2x)$, $\mathrm{Var}(Y \mid X = x) = (1/4 + x + 2x^2/3)/\{3(1 + 2x)^2\}$, (3) $E[E[Y \mid X]] = E[(1/2 + 4X/3)/(1 + 2X)] = 7/12 = E[Y]$. □

4.2.2 確率変数の独立性

これまでは，確率変数 (X, Y) が連続型の場合と離散型の場合に分けて説明してきたが，これからは (2.3) で用いた記号を使って両方の場合を区別せず記述することにする．すなわち，

$$P(X \in A, Y \in B) = \int_B \int_A f_{X,Y}(x,y) \, d\mu_X(x) d\mu_Y(y) \tag{4.6}$$

と表す．X, Y の周辺確率（密度）関数は $f_X(x) = \int f_{X,Y}(x,y) \, d\mu_Y(y)$, $f_Y(y) = \int f_{X,Y}(x,y) \, d\mu_X(x)$ と書け，$g(X, Y)$ の期待値は $E[g(X,Y)] = \iint g(x,y) f_{X,Y}(x,y) \, d\mu_X(x) d\mu_Y(y)$ と書ける．X と Y が独立であることは，次のように定義される．

▷**定義 4.7** 連続型もしくは離散型の確率変数 (X, Y) の同時確率（密度）関数を $f_{X,Y}(x,y)$, X と Y の周辺確率（密度）関数をそれぞれ $f_X(x)$ と $f_Y(y)$ とする．すべての $x \in \mathcal{X}$ と $y \in \mathcal{Y}$ に対して

$$f_{X,Y}(x,y) = f_X(x) f_Y(y) \tag{4.7}$$

であるとき，X と Y が**独立** (independent) であるという．

すべての同時確率（密度）関数が周辺確率（密度）関数の積で表されることが独立性の定義になる．このことから，X と Y が独立であれば

$$E[g(X)h(Y)] = E[g(X)] \cdot E[h(Y)] \tag{4.8}$$

が成り立つ．実際，

$$\begin{aligned}
E^{X,Y}[g(X)h(Y)] &= \iint g(x)h(y)f_{X,Y}(x,y)\,d\mu_X(x)d\mu_Y(y) \\
&= \iint g(x)h(y)f_X(x)f_Y(y)\,d\mu_X(x)d\mu_Y(y) \\
&= \int g(x)f_X(x)\,d\mu_X(x) \int h(y)f_Y(y)\,d\mu_Y(y) = E^X[g(X)] \cdot E^Y[h(Y)]
\end{aligned}$$

となるので，(4.8) が成り立つことがわかる．

4.2.3　共分散と相関係数

2 つの確率変数 X と Y が独立でないとき，それらの関係を捉えるのに共分散と相関係数が役立つ．$E[X] = \mu_X$, $E[Y] = \mu_Y$, $\mathrm{Var}(X) = \sigma_X^2$, $\mathrm{Var}(Y) = \sigma_Y^2$ とする．

(X, Y) の確率分布の等高線が図 4.1 のように描けているときには，X が大きければ Y も大きくなるように分布している．$(X - \mu_X)(Y - \mu_Y)$ を考えてみると，(X, Y) が (μ_X, μ_Y) を中心に右上 A と左下 C にあるときには正の値，左上 B と右下 D にあるときには負の値をとる．そこでその期待値 $E[(X - \mu_X)(Y - \mu_Y)]$ を考えてみると，(X, Y) の確率分布が図 4.1 のような場合に

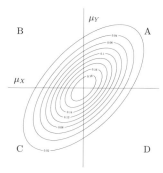

図 4.1　平面上の分布

は $E[(X-\mu_X)(Y-\mu_Y)]$ は正の値をとることになるので，これを2つの確率変数 X と Y の関係を捉える指標として用いることができる．これを，X と Y の**共分散** (covariance) といい，

$$\sigma_{XY} = \mathrm{Cov}(X,Y) = E[(X-\mu_X)(Y-\mu_Y)]$$

と書く．これに関連して X と Y の**相関係数** (correlation coefficient) を

$$\rho_{XY} = \mathrm{Corr}(X,Y) = \frac{\mathrm{Cov}(X,Y)}{\sqrt{\mathrm{Var}(X)\mathrm{Var}(Y)}} = \frac{\sigma_{XY}}{\sigma_X \sigma_Y}$$

で定義する．

実数 a, b, c, d に対して，$\mathrm{Cov}(aX+b, cY+d) = ac\,\mathrm{Cov}(X,Y)$ となるので，共分散は平行移動に関して不変であるが尺度のとり方に依存してしまう．これに対して，相関係数は $\mathrm{Corr}(aX+b, cY+d) = (ac/|ac|)\,\mathrm{Corr}(X,Y)$ となるので，$|\mathrm{Corr}(X,Y)|$ は尺度のとり方に依存しないことがわかる．分散のときと同様にして，共分散を展開すると

$$\mathrm{Cov}(X,Y) = E[XY] - E[X]E[Y] \tag{4.9}$$

と書ける．相関係数については，

$$|\mathrm{Corr}(X,Y)| \leq 1$$

となる．この不等式は

$$\{\mathrm{Cov}(X,Y)\}^2 \leq \mathrm{Var}(X)\mathrm{Var}(Y), \tag{4.10}$$

すなわち，**コーシー・シュバルツの不等式** (Cauchy-Schwarz inequality)

$$\{E[(X-\mu_X)(Y-\mu_Y)]\}^2 \leq E[(X-\mu_X)^2]E[(Y-\mu_Y)^2]$$

から導かれる．さらに $|\mathrm{Corr}(X,Y)| = 1$ となる必要十分条件は，$a\,(\neq 0)$ と b が存在して $P(Y = aX + b) = 1$ となることである（演習問題を参照）．

$\mathrm{Corr}(X,Y) > 0$ のとき X と Y は**正の相関**，$\mathrm{Corr}(X,Y) < 0$ のとき**負の相関**をもつといい，$\mathrm{Corr}(X,Y) = 0$ のとき，X と Y は**無相関**であるという．ここで無相関と独立性とは同値でないことに注意する．すなわち，X と Y が独立であれば，(4.8) と (4.9) とから

$$\mathrm{Cov}(X,Y) = E[XY] - E[X]E[Y] = E[X]E[Y] - E[X]E[Y] = 0$$

となり，無相関になる．しかし，この逆は必ずしも成り立たない．

【例 4.8】 $X \sim \mathcal{N}(0,1)$ とし，$Y = X^2$ とする．明らかに X と Y は独立ではない．しかし，$E[Y] = E[X^2] = 1$ より

$$\mathrm{Cov}(X,Y) = E[X(Y-1)] = E[X(X^2-1)] = E[X^3] - E[X] = 0 - 0 = 0$$

となり，X と Y は無相関になる． □

X と Y の線形結合の分散は X と Y の分散と共分散を用いて表すことができる．a と b を定数とすると，$aX + bY$ の平均と分散は，$E[aX + bY] = aE[X] + bE[Y]$,

$$\mathrm{Var}(aX + bY) = a^2 \mathrm{Var}(X) + b^2 \mathrm{Var}(Y) + 2ab\,\mathrm{Cov}(X,Y)$$

と書ける．X と Y が無相関であれば，$\mathrm{Var}(aX+bY) = a^2 \mathrm{Var}(X) + b^2 \mathrm{Var}(Y)$ となる．

4.2.4 階層モデルと混合分布

条件付き確率（密度）関数の定義 (4.5) は，

$$f_{X,Y}(x,y) = f_{X|Y}(x\,|\,y) f_Y(y)$$

と書き直すことができる．これは，確率変数 (X, Y) の同時確率（密度）関数が，$Y = y$ を与えたときの X の条件付き確率（密度）関数 $f_{X|Y}(x\,|\,y)$ と Y の周辺確率（密度）関数の積で表されることを意味する．これを

$$X\,|\,Y = y \sim f_{X|Y}(x\,|\,y)$$
$$Y \sim f_Y(y)$$

なる形で階層的に表すことができる．このような構造をもつモデルを**階層モデル** (hierarchical model) という．X の周辺確率（密度）関数は，

$$f_X(x) = \int f_{X,Y}(x,y)\,d\mu_Y(y) = \int f_{X|Y}(x\,|\,y) f_Y(y)\,d\mu_Y(y)$$

と表される.これは $f_{X|Y}(x|y)$ に $f_Y(y)\,d\mu_Y(y)$ という重みを付けて平均をとったもので,**混合分布** (mixture distribution) と呼ばれる.ここで $d\mu_Y(y)$ の定義については (2.3) を参照.

【例 4.9】 Y を離散型確率変数とし $f_Y(i) = P(Y=i) = p_i$, $i = 1,\ldots,k$, $p_1 + \cdots + p_k = 1$ を満たすものとする.$Y=i$ を与えたときの X の条件付き分布を $f_i(x)$ と書くと,X の周辺確率(密度)関数は

$$f_X(x) = p_1 f_1(x) + \cdots + p_k f_k(x) \tag{4.11}$$

なる形の混合分布になる.例えば,大学入試の半年前に実施した模擬試験において,全受験者の成績分布を $f_X(x)$ とし,そのうち現役生の割合を p_1,成績分布を $f_1(x)$ とし,浪人生の割合を p_2,成績分布を $f_2(x)$ とする.この場合は $k=2$ であり,$f_X(x)$ は2つの峰をもつ混合分布になることが予想される. □

【例 4.10】 Y を正の連続型確率変数とし

$$X\,|\,Y=y \sim \mathcal{N}(\mu,y)$$
$$Y \sim g(y),\ y > 0$$

なる階層モデルを考えると,X の周辺確率密度関数は

$$f_X(x) = \int_0^\infty \frac{1}{\sqrt{2\pi y}} e^{-(x-\mu)^2/(2y)} g(y)\,dy \tag{4.12}$$

と表され,**正規尺度混合分布** (normal scale mixture distribution) と呼ばれる.これは,5.2.2 項で与える t-分布やコーシー分布など正規分布より裾の厚い分布を含む. □

周辺分布の平均と分散を求める際,周辺分布から直接計算するより条件付き平均や条件付き分散を計算してから求める方が易しくなる場合がある.例えば平均については,$E[X] = E[E[X|Y]]$ より,まず $E[X|Y=y]$ を先に求めてから Y に関して期待値をとる.分散についても同様な方法として**条件付き分散公式**が知られている.

66　第 4 章　多次元確率変数の分布

▶**命題 4.11**　$\mathrm{Var}(X)$ は条件付き平均と条件付き分散を用いて次のように分解できる．

$$\mathrm{Var}(X) = E[\mathrm{Var}(X \mid Y)] + \mathrm{Var}(E[X \mid Y]) \tag{4.13}$$

[証明]　$\mathrm{Var}(X) = E[\{(X - E[X \mid Y]) + (E[X \mid Y] - E[X])\}^2]$ を展開すると

$$\begin{aligned}\mathrm{Var}(X) = {} & E[(X - E[X \mid Y])^2] + E[(E[X \mid Y] - E[X])^2] \\ & + 2E[(X - E[X \mid Y])(E[X \mid Y] - E[X])]\end{aligned}$$

と書ける．$E[(X - E[X \mid Y])^2 \mid Y] = \mathrm{Var}(X \mid Y)$ であるから，

$$\begin{aligned}E[(X - E[X \mid Y])^2] &= E^Y[E^{X \mid Y}[(X - E^{X \mid Y}[X \mid Y])^2 \mid Y]] \\ &= E^Y[\mathrm{Var}(X \mid Y)]\end{aligned}$$

と表される．また $E[X] = E[E[X \mid Y]]$ であるから

$$E^Y[(E[X \mid Y] - E[X])^2] = \mathrm{Var}(E[X \mid Y])$$

と表される．ただし，$\mathrm{Var}(E[X \mid Y]) = \mathrm{Var}(E[X \mid Y(\omega)])$ は $Y(\omega)$ に関する $E[X \mid Y(\omega)]$ の分散を意味している．最後の項については，$Y = y$ を条件付けした期待値を考えると

$$\begin{aligned}& E^{X \mid Y}[(X - E[X \mid Y = y])(E[X \mid Y = y] - E[X]) \mid Y = y] \\ &= (E[X \mid Y = y] - E[X])E^{X \mid Y}[X - E[X \mid Y = y] \mid Y = y] \\ &= (E[X \mid Y = y] - E[X])(E^{X \mid Y}[X \mid Y = y] - E[X \mid Y = y]) = 0\end{aligned}$$

となるので，(4.13) が成り立つ．　□

　$\mathrm{Var}(X \mid Y = y)$ は $Y = y$ を与えたときの X の条件付き分布の分散のことであり，それを Y に関して期待値をとったものが $E[\mathrm{Var}(X \mid Y)]$ である．$\mathrm{Var}(E[X \mid Y])$ は，Y を与えたときの X の条件付き分布の平均 $E[X \mid Y]$ について，これを Y の確率変数と見て $E[X \mid Y]$ の分散を計算すればよい．

【例 4.12】 混合分布 (4.11) において

$$X \mid Y = i \sim \mathcal{N}(\mu_i, \sigma_i^2)$$
$$Y \sim k^{-1}, \ i = 1, \ldots, k$$

なる階層モデルを考える．混合分布 $f_X(x) = k^{-1}\sum_{i=1}^{k}\mathcal{N}(\mu_i, \sigma_i^2)$ の平均は $E[X] = k^{-1}\sum_{i=1}^{k}E[X \mid Y = i] = k^{-1}\sum_{i=1}^{k}\mu_i \equiv \overline{\mu}$ となる．また分散については (4.13) を用いて求めることができる．$\mathrm{Var}(X \mid Y = i) = \sigma_i^2$ より $E[\mathrm{Var}(X \mid Y)] = k^{-1}\sum_{i=1}^{k}\sigma_i^2$ であり，$E[X \mid Y = i] = \mu_i$ より $\mathrm{Var}(E[X \mid Y]) = k^{-1}\sum_{i=1}^{k}(\mu_i - \overline{\mu})^2$ となる．したがって $\mathrm{Var}(X) = k^{-1}\sum_{i=1}^{k}\{\sigma_i^2 + (\mu_i - \overline{\mu})^2\}$ となる． □

【例 4.13】 (4.12) で与えられる正規混合分布については，$E[X \mid Y] = \mu$ より $E[X] = \mu$ となる．また $X \mid Y \sim \mathcal{N}(\mu, Y)$ より $E[\mathrm{Var}(X \mid Y)] = E[Y] = \int_0^\infty y g(y)\,dy$ となる．$\mathrm{Var}(E[X \mid Y]) = \mathrm{Var}(\mu) = 0$ であるので，$\mathrm{Var}(X) = \int_0^\infty y g(y)\,dy$ となる． □

【例 4.14】(ベータ・2 項分布) $X \mid Y \sim Bin(n, Y), Y \sim Beta(\alpha, \beta)$ なる階層モデルを考えるとき，X の周辺分布は**ベータ・2 項分布** (beta-binomial distribution) と呼ばれ，X の周辺確率関数は

$$f_X(x) = \binom{n}{x} \frac{B(x + \alpha, n - x + \beta)}{B(\alpha, \beta)}, \quad x = 0, \ldots, n$$

と書ける．この分布の平均と分散を直接求めることは簡単ではない．しかし条件付き期待値や条件付き分散公式を用いると比較的容易に求めることができる (演習問題を参照)． □

【例 4.15】(ガンマ・ポアソン分布) $X \mid Y \sim Po(Y), Y \sim Ga(\alpha, \beta)$ なる階層モデルを考えるとき，X の周辺分布は**ガンマ・ポアソン分布** (gamma-Poisson distribution) と呼ばれ，X の周辺確率関数は

$$f_X(x) = \frac{\Gamma(x + \alpha)}{\Gamma(\alpha) x!} \frac{\beta^x}{(1 + \beta)^{x + \alpha}}$$

で表される．α を正の整数とすると，この分布は負の 2 項分布 $NB(\alpha, 1/(1 + \beta))$ になるので平均と分散を容易に求めることができる．一般の α の場合も平

均と分散を直接計算することができるが，条件付き期待値や条件付き分散公式を用いると比較的容易に求めることができる（演習問題を参照）. □

4.3 変数変換

ここでは，2次元確率変数の変数変換に伴う確率分布の変換公式について説明し，その応用として和の分布を求めるための畳み込み法について紹介する.これに関連して積率母関数を用いた分布の再生性についても述べる.

4.3.1 変数変換の公式

(X,Y) を確率変数とし，$S = g_1(X,Y), T = g_2(X,Y)$ なる変数変換を考える.(X,Y) の同時確率（密度）関数を $f_{X,Y}(x,y)$ とするとき，(S,T) の同時確率（密度）関数を求めたい.$\mathbb{R}^2$ 上の集合 D に対して，$C = \{(x,y) \mid (g_1(x,y), g_2(x,y)) \in D\}$ とおくとき，

$$P((S,T) \in D) = P((X,Y) \in C) \tag{4.14}$$

として，(S,T) の同時確率を表現することができる.離散型確率変数の場合には，$C_{u,v} = \{(x,y) \mid g_1(x,y) = u, g_2(x,y) = v\}$ とおくと，(S,T) の同時確率関数は

$$f_{S,T}(u,v) = P((X,Y) \in C_{u,v}) = \sum_{(x,y) \in C_{u,v}} f_{X,Y}(x,y)$$

となる.

(X,Y) が連続型確率変数の場合にも，原理的には (4.14) に基づいて (S,T) の同時確率密度関数を求めることになる.特に，$(X,Y) \leftrightarrow (S,T)$ の対応が1対1であるときには，(S,T) の確率密度を陽に表現することができる.この場合，ある関数があって $X = h_1(S,T), Y = h_2(S,T)$ と表されるとする.関数 $h_1(s,t), h_2(s,t)$ の s, t に関する偏微分に基づいて

$$J(s,t) = J((s,t) \to (x,y)) = \det \begin{pmatrix} (\partial/\partial s)h_1(s,t) & (\partial/\partial t)h_1(s,t) \\ (\partial/\partial s)h_2(s,t) & (\partial/\partial t)h_2(s,t) \end{pmatrix}$$

を**ヤコビアン** (Jacobian) という.ただし，行列 $\boldsymbol{A}$ に対して $\det(\boldsymbol{A})$ は行列式を表し，

$$\det\begin{pmatrix} a & b \\ c & d \end{pmatrix} = ad - bc$$

である．このとき，重積分の変数変換公式より

$$\iint_{(x,y)\in C} f_{X,Y}(x,y)\,dxdy = \iint_{(s,t)\in D} f_{X,Y}(h_1(s,t), h_2(s,t))|J(s,t)|\,dsdt$$

と書ける．このことから，(S,T) の同時確率密度関数は

$$f_{S,T}(s,t) = f_{X,Y}(h_1(s,t), h_2(s,t))|J(s,t)| \tag{4.15}$$

となる．$|J(s,t)|$ は $J(s,t)$ の絶対値を表す．変数変換 $s = g_1(x,y), t = g_2(x,y)$ により (x,y) の単位正方形が (s,t) において平行四辺形に移り，その平行四辺形の面積がヤコビアンを意味する．また，

$$J((s,t) \to (x,y)) = \frac{1}{J((x,y) \to (s,t))}$$

なる関係が成り立つので，どちらでもやりやすい方向で計算すればよい．これが2変数の変数変換公式であり，この例をいくつか紹介する．

【例 4.16】 X と Y が独立に標準正規分布に従うとする．$X = r\cos\theta, Y = r\sin\theta$ なる極座標変換を考えると，これは $\mathbb{R}^2 \leftrightarrow (0,\infty) \times (0,2\pi)$ の間で1対1対応する（図4.2）．

ヤコビアンは

$$J((r,\theta) \to (x,y)) = \det\begin{pmatrix} \cos\theta & -r\sin\theta \\ \sin\theta & r\cos\theta \end{pmatrix} = r(\cos^2\theta + \sin^2\theta) = r$$

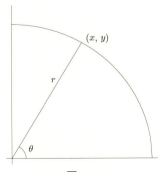

図 4.2

となるので，(4.15) を用いると，(r,θ) の同時確率密度関数は

$$f_{r,\theta}(r,\theta) = f_X(r\cos\theta)f_Y(r\sin\theta)r$$
$$= r\exp\{-r^2/2\}(2\pi)^{-1}, \quad r>0,\ 0<\theta<2\pi$$

と書ける．$\int_0^\infty r\exp\{-r^2/2\}\,dr = [-\exp\{-r^2/2\}]_0^\infty = 1$ であることに注意すると，r と θ は独立に分布し，$r \sim r\exp\{-r^2/2\}$，$\theta \sim U(0,2\pi)$，$(0,2\pi)$ 上の一様分布，に従うことがわかる．ちなみに，$V = r^2$ と変数変換すると，$dv = 2r\,dr$ より V の確率密度関数は $f_V(v) = 2^{-1}\exp\{-v/2\}$ となり，$V = r^2$ は指数分布 $Ex(1/2)$，もしくはガンマ分布 $Ga(1,2)$ に従う．したがって，$f_{V,\theta}(v,\theta) = 2^{-1}\exp\{-v/2\} \times (2\pi)^{-1}I(0<\theta<2\pi)$ と書けて，指数分布と一様分布の積で表される．

この議論を用いると正規分布の基準化定数が $1/\sqrt{2\pi}$ で与えられることを示すことができる．

$$I = \frac{1}{\sqrt{2\pi}}\int_{-\infty}^\infty \exp\{-z^2/2\}\,dz$$

とおくと，上で与えられた議論から

$$I^2 = \frac{1}{2\pi}\int_{-\infty}^\infty \int_{-\infty}^\infty \exp\{-(x^2+y^2)/2\}\,dxdy$$
$$= \int_0^\infty r\exp\{-r^2/2\}\,dr \int_0^{2\pi} \frac{1}{2\pi}\,d\theta = 1$$

となることがわかるので，$I=1$ となる．このことは

$$\int_{-\infty}^\infty \exp\{-z^2/2\}\,dz = \sqrt{2\pi} \tag{4.16}$$

を示しており，標準正規分布の正規化定数が $\sqrt{2\pi}$ で与えられることが示される． □

【例 4.17】 確率変数 X と Y が独立に分布し $X \sim Ga(a,1)$，$Y \sim Ga(b,1)$，$a>0, b>0$，とする．$Z = X+Y$，$W = X/(X+Y)$ なる変数変換を考えると，Z と W は独立に分布し，$Z \sim Ga(a+b,1)$，$W \sim Beta(a,b)$ に従うことを示そう．変数変換 $z = x+y$，$w = x/(x+y)$ により，$x = zw$，$y = z(1-w)$ となるので，ヤコビアンは

$$J((z,w) \to (x,y)) = \det\begin{pmatrix} w & z \\ 1-w & -z \end{pmatrix} = -zw - (1-w)z = -z$$

となる．したがって，(4.15) を用いると，(Z,W) の同時確率密度関数は

$$\begin{aligned}
f_{Z,W}(z,w) &= f_X(zw)f_Y(z(1-w))z \\
&= \frac{1}{\Gamma(a)\Gamma(b)}\{zw\}^{a-1}\{z(1-w)\}^{b-1}e^{-z}z \\
&= \frac{1}{\Gamma(a+b)}z^{a+b-1}\exp\{-z\} \times \frac{\Gamma(a+b)}{\Gamma(a)\Gamma(b)}w^{a-1}(1-w)^{b-1}
\end{aligned}$$

と書ける．ただし $z > 0, 0 < w < 1$ である．これは，Z と W が独立であることと，$Z \sim Ga(a+b,1)$ を示している．したがって，

$$1 = \int_0^\infty \int_0^1 f_{Z,W}(z,w)\,dw\,dz = \frac{\Gamma(a+b)}{\Gamma(a)\Gamma(b)}\int_0^1 w^{a-1}(1-w)^{b-1}\,dw$$

となり，ベータ関数の定義 $\int_0^1 w^{a-1}(1-w)^{b-1}\,dw = B(a,b)$ より，

$$B(a,b) = \Gamma(a)\Gamma(b)/\Gamma(a+b) \tag{4.17}$$

が成り立つことがわかる．結局，

$$f_{Z,W}(z,w) = \frac{1}{\Gamma(a+b)}z^{a+b-1}\exp\{-z\} \times \frac{1}{B(a,b)}w^{a-1}(1-w)^{b-1}$$

と書けて，ガンマ分布とベータ分布の積に表される． □

【例 4.18】(ボックス-ミュラー (Box-Muller) **変換**)　U_1 と U_2 を $(0,1)$ 上の一様分布からの独立な確率変数とし，$r = \sqrt{-2\log U_1}$, $\theta = 2\pi U_2$ とおく．このとき，$X = r\cos\theta$, $Y = r\sin\theta$ は独立に分布し，それぞれ標準正規分布に従う（演習問題を参照）． □

4.3.2　確率変数の和の分布

2つの確率変数 X と Y が独立に分布し，$X \sim f_X(x)$, $Y \sim f_Y(y)$ に従っているとする．このとき，X と Y の和 $Z = X+Y$ の分布を求めたい．これには，2つの方法が知られている．1つは変数変換を用いる方法で，もう1つは積率母関数，特性関数を用いる方法である．

まず，変数変換を用いる方法を説明する．連続型確率変数の場合，$Z = X$

$+Y, T = Y$ なる変数変換を考えると，$X = Z - T, Y = T$ より，ヤコビアンは $J((z,t) \to (x,y)) = 1$ となる．したがって，(Z,T) の同時確率密度関数は

$$f_{Z,T}(z,t) = f_X(z-t)f_Y(t)$$

となり，$Z = X + Y$ の分布はこの周辺分布で与えられるので，

$$f_Z(z) = \int f_X(z-t)f_Y(t)\,dt \tag{4.18}$$

と書ける．これを，f_X と f_Y の**畳み込み** (convolution) といい，$f_Z(z) = f_X * f_Y(z)$ と書く．

【例 4.19】 X, Y がともに $\mathcal{N}(0,1)$ に従うとき，$Z = X + Y$ の確率密度関数は

$$f_Z(z) = \frac{1}{2\pi}\int_{-\infty}^{\infty}\exp\{-(z-t)^2/2 - t^2/2\}\,dt$$

より求めることができる．$(z-t)^2 + t^2 = 2t^2 - 2zt + z^2 = 2(t-z/2)^2 + z^2/2$ と書けるので

$$f_Z(z) = \frac{1}{\sqrt{2\pi}\sqrt{2}}\exp\{-z^2/4\} \times \int_{-\infty}^{\infty}\frac{\sqrt{2}}{\sqrt{2\pi}}\exp\{-(t-z/2)^2\}\,dt$$

となり，積分の中身は $\mathcal{N}(z/2, 1/2)$ の密度関数の形をしているので積分の値は 1 となる．したがって $Z \sim \mathcal{N}(0,2)$ に従うことがわかる． □

次に，積率母関数や特性関数による方法を説明しよう．X と Y が独立に分布し，それぞれの特性関数を $\varphi_X(t), \varphi_Y(t)$ とする．このとき，$Z = X + Y$ の特性関数は

$$\varphi_Z(t) = E[e^{itZ}] = E[e^{itX+itY}] = E[e^{itX}]E[e^{itY}] = \varphi_X(t)\varphi_Y(t) \tag{4.19}$$

と表される．したがって特性関数が $\varphi_X(t)\varphi_Y(t)$ になるような分布を見つけることができれば，定理 2.16 より，分布を特定することができる．正規分布 $\mathcal{N}(\mu, \sigma^2)$ については $\varphi_X(t) = \exp\{\mu it - \sigma^2 t^2/2\}$，2 項分布 $Bin(n,p)$ については $\varphi_X(t) = (pe^{it} + 1 - p)^n$，ポアソン分布については $\varphi_X(t) = \exp\{(e^{it} - 1)\lambda\}$，ガンマ分布 $Ga(\alpha, \beta)$ については $\varphi_X(t) = 1/(1 - \beta it)^\alpha$，カイ 2 乗分布 χ_n^2 については $\varphi_X(t) = 1/(1 - 2it)^{n/2}$ となることに注意する．(4.19) を用い

ると次の命題が成り立つことがわかる．これを**分布の再生性**という．

▶**命題 4.20** 確率変数の和に関して，次の関係が成り立つ．ただし，左辺はそれぞれの分布に従う独立な 2 つの確率変数の和を意味し，右辺はその和の分布を意味するものとする．

$$\mathcal{N}(\mu_X, \sigma_X^2) + \mathcal{N}(\mu_Y, \sigma_Y^2) = \mathcal{N}(\mu_X + \mu_Y, \sigma_X^2 + \sigma_Y^2),$$
$$Bin(m,p) + Bin(n,p) = Bin(m+n,p),$$
$$Po(\lambda_1) + Po(\lambda_2) = Po(\lambda_1 + \lambda_2),$$
$$Ga(\alpha_1,\beta) + Ga(\alpha_2,\beta) = Ga(\alpha_1 + \alpha_2,\beta),$$
$$\chi_m^2 + \chi_n^2 = \chi_{m+n}^2$$

確率変数 $Z \sim \mathcal{N}(0,1)$ について命題 3.15 より $Z^2 \sim \chi_1^2$ となることに注意する．この事実と命題 4.20 とから次の命題が成り立つ．

▶**命題 4.21** $Z_1, \ldots, Z_k$ が互いに独立な確率変数とし，それぞれ $Z_i \sim \mathcal{N}(0,1)$ に従うとする．このとき，$Z_1, \ldots, Z_k$ の 2 乗和は自由度 k のカイ 2 乗分布に従う．すなわち

$$Z_1^2 + \cdots + Z_k^2 \sim \chi_k^2$$

畳み込み法は，原理的には一般の分布について和の分布を表現することができるが，積分を計算するのが面倒である．一方，特性関数による方法は，特性関数の形がわかっている分布については有効であるが，それ以外の分布について使うことは困難である．

4.4 多次元確率分布

これまでは 2 次元の確率変数の場合を扱ってきたが，同様な考え方は多次元の確率変数の場合へそのまま拡張される．ここでは多次元確率分布に関する基本事項をまとめ，その代表的な分布である多項分布と多変量正規分布につい

て説明する．

4.4.1 多次元確率変数の分布

k 個の確率変数の組を $(X_1,\ldots,X_k)$ とし，その実現値を $(x_1,\ldots,x_k)$ とする．$i=1,\ldots,k$ に対して，X_i の標本空間を $\mathcal{X}_i$ とすると，$(X_1,\ldots,X_k)$ の標本空間は $\mathcal{X}_1 \times \cdots \times \mathcal{X}_k$ となる．実現値はその中の1つの点である．

まず，離散型確率変数のとき，同時確率関数は

$$f_{1,\ldots,k}(x_1,\ldots,x_k) = P(X_1=x_1,\ldots,X_k=x_k)$$

であり，$\sum_{x_1\in\mathcal{X}_1}\cdots\sum_{x_k\in\mathcal{X}_k} f_{1,\ldots,k}(x_1,\ldots,x_k)=1$ を満たす．分布関数は

$$\begin{aligned}F_{1,\ldots,k}(x_1,\ldots,x_k) &= P(X_1\leq x_1,\ldots,X_k\leq x_k)\\&= \sum_{t_1\leq x_1}\cdots\sum_{t_k\leq x_k} f_{1,\ldots,k}(t_1,\ldots,t_k)\end{aligned}$$

で与えられる．ただし $\sum_{t_1\leq x_1}$ は $t_1\leq x_1$ なるすべての $t_1\in\mathcal{X}_1$ について和をとるものとする．周辺確率は他の変数に関して総和をとったものになるので，例えば X_1, (X_1,X_2,X_3) の周辺確率関数はそれぞれ

$$f_1(x_1) = \sum_{x_2\in\mathcal{X}_2}\cdots\sum_{x_k\in\mathcal{X}_k} f_{1,\ldots,k}(x_1,\ldots,x_k),$$

$$f_{1,2,3}(x_1,x_2,x_3) = \sum_{x_4\in\mathcal{X}_4}\cdots\sum_{x_k\in\mathcal{X}_k} f_{1,\ldots,k}(x_1,\ldots,x_k)$$

で与えられる．条件付き確率関数は定義1.3，定義4.3と同じ考え方で定義することができる．例えば，$X_1=x_1$ を与えたとき $(X_2,X_3)=(x_2,x_3)$ となる条件付き確率は $f_{2,3|1}(x_2,x_3\,|\,x_1) = f_{1,2,3}(x_1,x_2,x_3)/f_1(x_1)$ で与えられる．$g(X_1,\ldots,X_k)$ の期待値は

$$E[g(X_1,\ldots,X_k)] = \sum_{x_1\in\mathcal{X}_1}\cdots\sum_{x_k\in\mathcal{X}_k} g(x_1,\ldots,x_k)f_{1,\ldots,k}(x_1,\ldots,x_k)$$

で定義される．

▷**定義 4.22** k 次元離散型確率変数 $(X_1,\ldots,X_k)$ の各周辺確率関数を $f_1(x_1),\ldots,f_k(x_k)$ とする．すべての $x_1,\ldots,x_k$ に対して，

$$f_{1,\ldots,k}(x_1,\ldots,x_k) = f_1(x_1) \times \cdots \times f_k(x_k)$$

と書けるとき，$X_1,\ldots,X_k$ は**互いに独立** (mutually independent) であるという．

$X_1,\ldots,X_k$ が互いに独立であれば，

$$E[g_1(X_1) \times \cdots \times g_k(X_k)] = E[g_1(X_1)] \times \cdots \times E[g_k(X_k)] \qquad (4.20)$$

が成り立つ．

k 次元確率変数 $(X_1,\ldots,X_k)$ が連続型の場合，その分布関数が

$$\begin{aligned}F_{1,\ldots,k}(x_1,\ldots,x_k) &= P(X_1 \leq x_1,\ldots,X_k \leq x_k) \\ &= \int_{-\infty}^{x_1} \cdots \int_{-\infty}^{x_k} f_{1,\ldots,k}(t_1,\ldots,t_k)\,dt_1\cdots dt_k\end{aligned}$$

と書けるとする．このとき，$f_{1,\ldots,k}(x_1,\ldots,x_k)$ が同時確率密度関数となり，

$$f_{1,\ldots,k}(x_1,\ldots,x_k) = \frac{\partial^k}{\partial x_1 \cdots \partial x_k} F_{1,\ldots,k}(x_1,\ldots,x_k)$$

となる．$g(X_1,\ldots,X_k)$ の期待値は

$$E[g(X_1,\ldots,X_k)] = \int_{-\infty}^{\infty} \cdots \int_{-\infty}^{\infty} g(x_1,\ldots,x_k) f_{1,\ldots,k}(x_1,\ldots,x_k)\,dx_1\cdots dx_k$$

で定義される．X_1 の周辺確率密度関数は

$$f_1(x_1) = \int_{-\infty}^{\infty} \cdots \int_{-\infty}^{\infty} f_{1,\ldots,k}(x_1,x_2,\ldots,x_k)\,dx_2\cdots dx_k$$

で与えられ，$X_2,\ldots,X_k$ の周辺確率密度関数 $f_2(x_2),\ldots,f_k(x_k)$ も同様に定義される．$X_1,\ldots,X_k$ が互いに独立であることは，定義 4.22 と同様で，すべての $x_1,\ldots,x_k$ に対して

$$f_{1,\ldots,k}(x_1,\ldots,x_k) = f_1(x_1) \times \cdots \times f_k(x_k)$$

となることである．このとき (4.20) が同様に成り立つ．

確率変数 $(X_1,\ldots,X_k)$ が離散型，連続型に関わらず，期待値記号 $E[\cdot]$ を共通に使うことができる．X_i の平均を $\mu_i = E[X_i]$ で表し，X_i と X_j の共分散と X_i の分散を

$$\sigma_{ij} = \text{Cov}(X_i, X_j) = E[(X_i - E[X_i])(X_j - E[X_j])],$$
$$\sigma_{ii} = \sigma_i^2 = \text{Var}(X_i) = E[(X_i - E[X_i])^2]$$

で表すことにする．$a_1, \ldots, a_k$ を定数として線形結合 $\sum_{i=1}^{k} a_i X_i$ を考えると，平均は $E[\sum_{i=1}^{k} a_i X_i] = \sum_{i=1}^{k} a_i \mu_i$ となり，分散は $\text{Var}(\sum_{i=1}^{k} a_i X_i) = E[\{\sum_{i=1}^{k} a_i (X_i - \mu_i)\}^2]$ より，

$$\begin{aligned}
\text{Var}\Big(\sum_{i=1}^{k} a_i X_i\Big) &= \sum_{i=1}^{k} a_i^2 \sigma_{ii} + \sum_{i=1}^{k} \sum_{j=1, j \neq i}^{k} a_i a_j \sigma_{ij} \\
&= \sum_{i=1}^{k} a_i^2 \sigma_{ii} + 2 \sum_{i=1}^{k} \sum_{j=i+1}^{k} a_i a_j \sigma_{ij}
\end{aligned} \tag{4.21}$$

と書ける．$X_1, \ldots, X_k$ が互いに独立であれば，$\text{Var}(\sum_{i=1}^{k} a_i X_i) = \sum_{i=1}^{k} a_i^2 \sigma_{ii}$ となる．

k 次元の連続型確率変数に関する変数変換は (4.15) と同様に定義することができる．簡単のために，$\boldsymbol{x} = (x_1, \ldots, x_k)$ とおき，$\boldsymbol{y} = (y_1, \ldots, y_k) = (g_1(\boldsymbol{x}), \ldots, g_k(\boldsymbol{x}))$ とする．$\mathbb{R}^k$ から $\mathbb{R}^k$ への関数が1対1であるとき，逆関数がとれて $\boldsymbol{x} = (h_1(\boldsymbol{y}), \ldots, h_k(\boldsymbol{y}))$ と表される．このときこの変換のヤコビアンを行列式 $\det(\cdot)$ を用いて

$$J(\boldsymbol{y} \to \boldsymbol{x}) = \det \begin{pmatrix} (\partial/\partial y_1) h_1(\boldsymbol{y}) & \cdots & (\partial/\partial y_k) h_1(\boldsymbol{y}) \\ \vdots & \ddots & \vdots \\ (\partial/\partial y_1) h_k(\boldsymbol{y}) & \cdots & (\partial/\partial y_k) h_k(\boldsymbol{y}) \end{pmatrix}$$

で定義する．$\boldsymbol{X} = (X_1, \ldots, X_k)$ の同時確率密度関数を $f_{\boldsymbol{X}}(\boldsymbol{x})$ で表すと，$\boldsymbol{Y} = (Y_1, \ldots, Y_k) = (g_1(\boldsymbol{X}), \ldots, g_k(\boldsymbol{X}))$ の同時確率密度関数は

$$f_{\boldsymbol{Y}}(\boldsymbol{y}) = f_{\boldsymbol{X}}(h_1(\boldsymbol{y}), \ldots, h_k(\boldsymbol{y})) |J(\boldsymbol{y} \to \boldsymbol{x})| \tag{4.22}$$

となる．

4.4.2 多項分布

最後に，k 次元確率変数の分布の代表例として，多項分布と多変量正規分布を紹介しよう．まず，k 次元の離散型確率変数の代表例が多項分布である．これは2項分布を一般化した分布であり，例えば k 個の面からなるサイコロを

n 回投げて 1 から k の面が出る回数をそれぞれ $X_1,\ldots,X_k$ とするとき，$(X_1,\ldots,X_k)$ の従う分布が多項分布となる．それぞれの面の出る確率を $p_1,\ldots,p_k$ とすると，$p_1+\cdots+p_k=1$ であり，$X_1+\cdots+X_k=n$ である．

▷ **定義 4.23** $(X_1,\ldots,X_k)$ の $(x_1,\ldots,x_k)$ における同時確率関数が

$$f_{1,\ldots,k}(x_1,\ldots,x_k\,|\,n,p_1,\ldots,p_{k-1}) = \frac{n!}{x_1!\cdots x_k!}p_1^{x_1}\cdots p_k^{x_k}$$

となる形で与えられるとき，これを**多項分布** (multinomial distribution) といい，$Multin_k(n,p_1,\ldots,p_k)$ で表す．

確率分布になることは，**多項定理** (multinomial theorem)

$$(p_1+\cdots+p_k)^n = \sum_{(x_1,\ldots,x_k)\in\mathcal{X}} \frac{n!}{x_1!\cdots x_k!}p_1^{x_1}\cdots p_k^{x_k}$$

より確かめられる．ここで，$\mathcal{X}=\{(x_1,\ldots,x_k)\,|\,x_1+\cdots+x_k=n,\ 0\le x_i\le n,\ x_i$ は整数 $\}$ である．

i 番目が出たら'成功'，残りを'失敗'と考えると，X_i の周辺分布は 2 項分布 $Bin(n,p_i)$ となる．同様に考えて $X_i+X_j\sim Bin(n,p_i+p_j)$ となる．したがって，$E[X_i]=np_i$, $\mathrm{Var}(X_i)=np_i(1-p_i)$ となる．また $\mathrm{Cov}(X_i,X_j)=-np_ip_j\ (i\ne j)$ となることが示される（演習問題を参照）．

4.4.3　多変量正規分布

多次元分布として最もよく使われるのが多変量正規分布である．これは変数間の関係を共分散行列の中に埋め込むことができるので多変量のモデルを作るときに便利であり，また 1 次元のときと同様解析的にも扱い易い．

縦ベクトル $\boldsymbol{a}$ に対して $\boldsymbol{a}^\top$ は $\boldsymbol{a}$ の転置 (transpose) を表し横ベクトルとなる．すなわち，$\boldsymbol{X}^\top=(X_1,\ldots,X_k)$ である．$i,j\in\{1,\ldots,k\}$ に対して，$\mu_i=E[X_i]$, $\sigma_{ij}=\mathrm{Cov}(X_i,X_j)\ (i\ne j)$, $\sigma_{ii}=\mathrm{Var}(X_i)$ とし，

$$\boldsymbol{\mu}=\begin{pmatrix}\mu_1\\ \vdots\\ \mu_k\end{pmatrix},\quad \boldsymbol{\Sigma}=\begin{pmatrix}\sigma_{11}&\cdots&\sigma_{1k}\\ \vdots&\ddots&\vdots\\ \sigma_{k1}&\cdots&\sigma_{kk}\end{pmatrix}$$

とおく．$\boldsymbol{\Sigma}$ は対称行列である．$\boldsymbol{\Sigma}$ を正定値とし，$\boldsymbol{\Sigma}^{-1}$ を $\boldsymbol{\Sigma}$ の逆行列，$|\boldsymbol{\Sigma}|=$

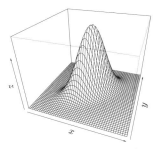

図 4.3 2 変量正規分布

$\det(\boldsymbol{\Sigma})$ を $\boldsymbol{\Sigma}$ の行列式とする．$\boldsymbol{\Sigma}$ を X の**分散共分散行列**もしくは単に**共分散行列** (covariance matrix) という．

▷**定義 4.24** 連続型確率変数 $\boldsymbol{X}$ の $\boldsymbol{x} = (x_1,\ldots,x_k)^\top$ における同時確率密度関数が

$$f_{\boldsymbol{X}}(\boldsymbol{x} \mid \boldsymbol{\mu}, \boldsymbol{\Sigma}) = \frac{1}{(2\pi)^{k/2}} \frac{1}{|\boldsymbol{\Sigma}|^{1/2}} \exp\left\{-\frac{1}{2}(\boldsymbol{x}-\boldsymbol{\mu})^\top \boldsymbol{\Sigma}^{-1}(\boldsymbol{x}-\boldsymbol{\mu})\right\} \quad (4.23)$$

で与えられるとき，$\boldsymbol{X}$ は平均 $\boldsymbol{\mu}$，共分散行列 $\boldsymbol{\Sigma}$ の**多変量正規分布** (multivariate normal distribution) に従うといい，$\mathcal{N}_k(\boldsymbol{\mu}, \boldsymbol{\Sigma})$ で表す（図 4.3）．

ここでは便宜上 $\boldsymbol{X} = (X_1,\ldots,X_k)^\top$ を縦ベクトルとして扱う．

$k=2$ の場合に具体的な形を見てみよう．$\sigma_{11} = \sigma_1^2$, $\sigma_{22} = \sigma_2^2$ とおくと，共分散 σ_{12}, σ_{21} は相関係数 ρ を用いて $\sigma_{12} = \sigma_{21} = \rho\sigma_1\sigma_2$ と表されるので，

$$|\boldsymbol{\Sigma}| = \sigma_1^2 \sigma_2^2 (1-\rho^2), \quad \boldsymbol{\Sigma}^{-1} = \frac{1}{\sigma_1^2 \sigma_2^2 (1-\rho^2)} \begin{pmatrix} \sigma_2^2 & -\rho\sigma_1\sigma_2 \\ -\rho\sigma_1\sigma_2 & \sigma_1^2 \end{pmatrix}$$

と書ける．2 次形式 $(\boldsymbol{x}-\boldsymbol{\mu})^\top \boldsymbol{\Sigma}^{-1}(\boldsymbol{x}-\boldsymbol{\mu})$ を計算すると，確率密度関数は

$$\begin{aligned} f_{\boldsymbol{X}}(\boldsymbol{x} \mid \boldsymbol{\mu}, \boldsymbol{\Sigma}) = & \frac{1}{2\pi} \frac{1}{\sqrt{1-\rho^2}\sigma_1\sigma_2} \exp\Big\{-\frac{1}{2(1-\rho^2)}\Big[\Big(\frac{x_1-\mu_1}{\sigma_1}\Big)^2 \\ & - 2\rho\frac{x_1-\mu_1}{\sigma_1}\frac{x_2-\mu_2}{\sigma_2} + \Big(\frac{x_2-\mu_2}{\sigma_2}\Big)^2\Big]\Big\} \end{aligned} \quad (4.24)$$

と表される．X_1 と X_2 が無相関であるときには，$\rho = 0$ であり，その結果，同時確率密度関数は X_1 の確率密度と X_2 の確率密度に分解できる．このことは，X_1 と X_2 が独立であることを示している．一般には無相関であっても独

立とは限らないが，多変量正規分布の場合は無相関であることが独立であることの必要十分条件になる．

さて，$k=2$ の場合に，確率密度 (4.24) を導出してみよう．Z_1 と Z_2 を独立な確率変数で $Z_1 \sim \mathcal{N}(0,1)$, $Z_2 \sim \mathcal{N}(0,1)$ とする．$\bm{Z}=(Z_1,Z_2)^\top$, $\bm{z}=(z_1,z_2)^\top$ とし，$z_1^2+z_2^2=\bm{z}^\top\bm{z}$ であることに注意すると，$\bm{Z}$ の同時確率密度関数は

$$f_{\bm{Z}}(\bm{z}) = (2\pi)^{-1}\exp\{-2^{-1}\bm{z}^\top\bm{z}\}$$

と表される．ここで

$$\bm{X}=\begin{pmatrix} X_1 \\ X_2 \end{pmatrix},\quad \bm{A}=\begin{pmatrix} a_{11} & a_{12} \\ a_{21} & a_{22} \end{pmatrix},\quad \bm{\mu}=\begin{pmatrix} \mu_1 \\ \mu_2 \end{pmatrix}$$

とおいて，$\bm{X}=\bm{AZ}+\bm{\mu}$ なる変数変換を行うと

$$X_1 = a_{11}Z_1 + a_{12}Z_2 + \mu_1,$$
$$X_2 = a_{21}Z_1 + a_{22}Z_2 + \mu_2$$

となるので，変換 $\bm{z}\to\bm{x}$ のヤコビアンは

$$J(\bm{z}\to\bm{x}) = \det\begin{pmatrix} a_{11} & a_{12} \\ a_{21} & a_{22} \end{pmatrix} = |\bm{A}| \tag{4.25}$$

となる．したがって，変換 $\bm{x}\to\bm{z}$ のヤコビアンは $J(\bm{x}\to\bm{z})=1/J(\bm{z}\to\bm{x})=1/|\bm{A}|$ となる．また $\bm{X}$ の平均は $E[\bm{X}]=\bm{A}E[\bm{Z}]+\bm{\mu}=\bm{\mu}$, $\bm{X}$ の共分散行列は $\mathrm{Cov}(\bm{X})=E[(\bm{X}-\bm{\mu})(\bm{X}-\bm{\mu})^\top]=E[\bm{AZZ}^\top\bm{A}^\top]=\bm{AA}^\top$ となり，これを $\bm{\Sigma}$ とおく．このとき，$\bm{\Sigma}$ の行列式は，$|\bm{\Sigma}|=|\bm{AA}^\top|=|\bm{A}|^2$ より $|\bm{A}|=|\bm{\Sigma}|^{1/2}$ と書ける．$\bm{z}=\bm{A}^{-1}(\bm{x}-\bm{\mu})$ とおくと $\bm{z}^\top\bm{z}=(\bm{x}-\bm{\mu})^\top(\bm{A}^{-1})^\top\bm{A}^{-1}(\bm{x}-\bm{\mu})$ と書ける．ここで $(\bm{A}^{-1})^\top\bm{A}^{-1}=(\bm{AA}^\top)^{-1}=\bm{\Sigma}^{-1}$ となるので，これらを代入すると，$\bm{X}$ の同時確率密度関数は

$$f_{\bm{X}}(\bm{x}) = f_{\bm{Z}}(\bm{A}^{-1}(\bm{x}-\bm{\mu}))J(\bm{x}\to\bm{z})$$
$$= \frac{1}{2\pi|\bm{\Sigma}|^{1/2}}\exp\{-2^{-1}(\bm{x}-\bm{\mu})^\top\bm{\Sigma}^{-1}(\bm{x}-\bm{\mu})\}$$

と表されることがわかる．一般の k 次元の場合も同様にして確率密度関数 (4.23) が導かれる．

k 次元の確率変数 $\boldsymbol{X}$ が多変量正規分布 $\mathcal{N}_k(\boldsymbol{\mu}, \boldsymbol{\Sigma})$ に従うとき，$\boldsymbol{X}$ の積率母関数，特性関数は $\boldsymbol{t} = (t_1, \ldots, t_k)^\top$ に対して $M_{\boldsymbol{X}}(\boldsymbol{t}) = E[\exp\{\boldsymbol{t}^\top \boldsymbol{X}\}] = \exp\{\boldsymbol{\mu}^\top \boldsymbol{t} + \boldsymbol{t}^\top \boldsymbol{\Sigma} \boldsymbol{t}/2\}$, $\varphi_{\boldsymbol{X}}(\boldsymbol{t}) = E[\exp\{i\boldsymbol{t}^\top \boldsymbol{X}\}] = \exp\{i\boldsymbol{\mu}^\top \boldsymbol{t} - \boldsymbol{t}^\top \boldsymbol{\Sigma} \boldsymbol{t}/2\}$ で与えられる．これを用いると次の命題を示すことができる．

▶**命題 4.25** $r \leq k$ なる r に対して $r \times k$ 行列 $\boldsymbol{A}$ と r 次元ベクトル $\boldsymbol{b}$ のとき，$\boldsymbol{Y} = \boldsymbol{A}\boldsymbol{X} + \boldsymbol{b}$ の分布は $\boldsymbol{Y} \sim \mathcal{N}_r(\boldsymbol{A}\boldsymbol{\mu} + \boldsymbol{b}, \boldsymbol{A}\boldsymbol{\Sigma}\boldsymbol{A}^\top)$ となる．

演習問題

問 1 $h(t) = E[\{(X - \mu_X) - t(Y - \mu_Y)\}^2]$ を考えることにより，コーシー・シュバルツの不等式 (4.10) を示せ．また等号が成り立つための必要十分条件を求めよ．

問 2 2 つの確率変数 X, Y はそれぞれ密度関数 $f(x), g(y)$ を持つ分布に従い，平均 $E[X] = E[Y] = \mu$，分散 $\mathrm{Var}[X] = \mathrm{Var}[Y] = \sigma^2$，相関係数 $\mathrm{Corr}(X, Y) = \rho$ をもつとする．
  (1) W は平均 p のベルヌーイ分布に従う確率変数とし，X, Y と独立に分布すると仮定する．確率変数 Z を $Z = WX + (1 - W)Y$ と定義するとき，Z の確率密度関数を求めよ．また平均と分散を求めよ．
  (2) w を $0 \leq w \leq 1$ なる定数とし $U = wX + (1-w)Y$ を考える．U の分散を最小にする w を与えよ．

問 3 2 つの確率変数 X, Y に対して次の事柄を示せ．
  (1) X と $Y - E[Y \mid X]$ が無相関になる．
  (2) $\mathrm{Var}(Y - E[Y \mid X]) = E[\mathrm{Var}(Y \mid X)]$

問 4 2 次元の確率変数 $(X_1, X_2)^\top$ が式 (4.24) で与えられる 2 変量正規分布に従っているとする．このとき $X_2 = x_2$ を与えたときの X_1 の条件付き分布は
$$X_1 \mid X_2 = x_2 \sim \mathcal{N}\left(\mu_1 + \frac{\rho \sigma_1}{\sigma_2}(x_2 - \mu_2), (1 - \rho^2)\sigma_1^2\right)$$
で与えられることを示せ．また X_1 と X_2 が無相関であることと独立であることとが同値になることを示せ．

問 5 X と Y が独立な確率変数で $X \sim \mathcal{N}(\mu_1, \sigma_1^2)$, $Y \sim \mathcal{N}(\mu_2, \sigma_2^2)$ に従うとする．畳み込みと積率母関数の 2 つの方法で $X + Y$ の分布を導け．

問 6 $X, Y, i.i.d. \sim U(0, 1)$ とする．$Z = X + Y, W = XY$ の確率密度関数をそれ

ぞれ求めよ．

問 7 $X_1, \ldots, X_n$ を互いに独立な確率変数とし，$i = 1, \ldots, n$ に対して $X_i \sim Po(\lambda_i)$（ポアソン分布）に従っているとする．このとき $\sum_{i=1}^{n} X_i$ の従う分布を積率母関数を用いて求めよ．

問 8 U_1 と U_2 を $(0,1)$ 上の一様分布からの独立な確率変数とし，$r = \sqrt{-2\log U_1}$，$\theta = 2\pi U_2$ とおく．このとき，$X = r\cos\theta, Y = r\sin\theta$ は独立に分布し，それぞれ標準正規分布に従うことを示せ．

問 9 r^2 と θ を独立な確率変数とし $r^2 \sim \chi_2^2, \theta \sim U(0, 2\pi)$（区間 $(0, 2\pi)$ 上の一様分布）に従うとする．$X = r\cos\theta, Y = r\sin\theta$ とおくとき，(X, Y) の同時分布を求めよ．

問 10 X と Y を独立な確率変数で $X \sim \mathcal{N}(\mu, \sigma^2), Y \sim \mathcal{N}(\xi, \sigma^2)$ に従うとする．$U = X + Y, V = X - Y$ とおくとき，(U, V) の同時分布を求めよ．

問 11 X と Y を独立な確率変数でいずれも $\mathcal{N}(0, \sigma^2)$ に従うとする．$W = X^2 + Y^2, Z = X/\sqrt{W}$ とおくとき，(Z, W) の同時分布を求めよ．

問 12 X と Y を独立な確率変数でそれぞれ標準正規分布に従うとする．このとき $X/(X+Y)$ および $X/|Y|$ の確率密度関数をそれぞれ求めよ．

問 13 X と Y を独立な確率変数でそれぞれ指数分布 $X \sim Ex(\lambda), Y \sim Ex(\mu)$ に従うとする．$Z = \min\{X, Y\}$ とし，$Z = X$ のとき $W = 1, Z = Y$ のとき $W = 0$ とする．このとき (Z, W) の同時分布を求めよ．

問 14 確率変数 X と Y は互いに独立にそれぞれ $X \sim \chi_{m_1}^2, Y \sim \chi_{m_2}^2$ に従うとする．
  (1) $Z = X + Y, W = X/(X + Y)$ とおくとき，Z と W は独立になることを示せ．
  (2) Z と W の分布を求めよ．

問 15 確率変数 X_1, X_2, X_3 が互いに独立に，指数分布 $Ex(\lambda)$ に従うとする．ここで λ は正の母数であり，$Ex(\lambda)$ の密度関数は $\lambda e^{-\lambda x}, x > 0$，で与えられる．いま Z_1, Z_2, Z_3 を
$$Z_1 = \frac{X_1}{X_1 + X_2}, \quad Z_2 = \frac{X_1 + X_2}{X_1 + X_2 + X_3}, \quad Z_3 = X_1 + X_2 + X_3$$
と定義するとき，次の問に答えよ．
  (1) Z_1, Z_2, Z_3 は互いに独立であることを示せ．

(2) Z_1, Z_2 の分布を求めよ．
(3) Z_3 の分布を求めよ．

問 16 確率変数 X, Y, Z について，$\mathrm{Cov}(X, Y \mid Z)$ を，Z を与えたときの (X, Y) の条件付き同時確率に関する共分散とする．
(1) 次の等式が成り立つことを示せ．
$$\mathrm{Cov}(X, Y) = E[\mathrm{Cov}(X, Y \mid Z)] + \mathrm{Cov}(E[X \mid Z], E[Y \mid Z])$$
(2) $Z \sim \mathcal{N}(0, 1)$ とし，Z を与えたとき X と Y は独立に分布して $X \mid Z \sim \mathcal{N}(Z, 1)$, $Y \mid Z \sim \mathcal{N}(Z, 1)$ に従うとする．このとき $\mathrm{Cov}(X, Y)$ を計算せよ．

問 17 X と Y を確率変数とし，X を与えたときの Y の条件付き分布が $\mathcal{N}(\alpha + \beta X, 1)$ に従っているとする．ただし，α, β は定数である．また μ を定数とし $X \sim \mathcal{N}(\mu, 1)$ に従っているとする．
(1) Y の分散 $V(Y)$ を求めよ．
(2) X と Y の相関係数を求めよ．
(3) 逆に，Y を与えたときの X の条件付き分布を求めよ．

問 18 $x > 0$ で定義された関数 $g(x)$ が，$g(x) \geq 0$ と $\int_0^\infty g(x)\,dx = 1$ を満たすとする．
(1) $A = \{(x, y) \mid x > 0, y > 0\}$ 上で定義された関数
$$f(x, y) = C \times \frac{g(\sqrt{x^2 + y^2})}{\sqrt{x^2 + y^2}}$$
が，2次元確率変数 (X, Y) の $(X, Y) = (x, y)$ における確率密度関数となるように，正規化定数 C を求めよ．
(2) $W = X^2/(X^2 + Y^2)$, $Z = X^2 + Y^2$ とおく．このとき，Z と W の独立性について調べよ．また Z と W の周辺分布を求めよ．

問 19 例 4.14 で扱われたベータ・2 項分布について，平均と分散を求めよ．

問 20 例 4.15 で扱われたガンマ・ポアソン分布について，平均と分散を求めよ．

問 21 (X, Y) が2変量正規分布に従っており，その同時確率密度関数が
$$f(x, y) = \frac{1}{2\pi\sqrt{1 - \rho^2}} \exp\left\{ -\frac{1}{2(1 - \rho^2)}(x^2 - 2\rho xy + y^2) \right\}$$
で与えられているとする．
(1) $U = X$, $V = Y - \rho X$ とおくとき，(U, V) の同時確率分布を求めよ．
(2) (1) の結果を用いて $\mathrm{Corr}(X, Y) = \rho$, $\mathrm{Corr}(X^2, Y^2) = \rho^2$ となること

を示せ．
(3) $(X^2 - 2\rho XY + Y^2)/(1-\rho^2)$ の分布を求めよ．

問 22 確率変数 (X, Y, Z) の同時確率密度関数が

$$f(x, y, z) = \frac{\Gamma(a+b+c)}{\Gamma(a)\Gamma(b)\Gamma(c)} x^{a-1} y^{b-1} z^{c-1},$$
$$0 < x, y, z < 1,\ x+y+z=1$$

で与えられる分布を**ディリクレ分布** (Dirichlet distribution) という．ここで $a > 0$, $b > 0$, $c > 0$ であり，Z は $Z = 1 - X - Y$ によって定まることに注意する．この分布はベータ分布を拡張した分布である．次の問いに答えよ．
(1) $f(x, y, z)$ が確率密度関数になることを確かめよ．
(2) X, Y の周辺分布を求めよ．
(3) $X = x$ を与えたときの Y の条件付き分布を求めよ．
(4) X と Y の共分散と相関係数を求めよ．

問 23 確率変数の組 $(X_1, \ldots, X_k)$ が定義 4.23 で与えられた多項分布 $Multin_k(n, p_1, \ldots, p_k)$ に従うとする．
(1) $X_k = x_k$ を与えたときの $(X_1, \ldots, X_{k-1})$ の条件付き確率関数を求めよ．
(2) $\mathrm{Cov}(X_i, X_j) = -n p_i p_j$ $(i \neq j)$ となることを示せ．

問 24 k 次元の確率変数 $\boldsymbol{X}$ が多変量正規分布 $\mathcal{N}_k(\boldsymbol{\mu}, \boldsymbol{\Sigma})$ に従うとき，$\boldsymbol{X}$ の積率母関数は $\boldsymbol{t} = (t_1, \ldots, t_k)^\top$ に対して $M_{\boldsymbol{X}}(\boldsymbol{t}) = E[\exp\{\boldsymbol{t}^\top \boldsymbol{X}\}] = \exp\{\boldsymbol{\mu}^\top \boldsymbol{t} + \boldsymbol{t}^\top \boldsymbol{\Sigma} \boldsymbol{t}/2\}$ で与えられることを示せ．

問 25(∗) 確率変数 V の確率密度関数が

$$f_V(v) = \sum_{j=0}^{\infty} \frac{\lambda^j}{j!} e^{-\lambda} f_{n+2j}(v)$$

で与えられるとき，これを**自由度 n，非心度 λ の非心カイ 2 乗分布** (noncentral chi squares distribution) といい，$\chi_n^2(\lambda)$ と書く．ただし，$f_{n+2j}(v)$ は χ_{n+2j}^2 の確率密度関数である．これは，

$$V \mid J \sim \chi_{n+2J}^2$$
$$J \sim Po(\lambda)$$

なる階層モデルとして表される．$X \sim \mathcal{N}(\mu, 1)$ のとき，$X^2 \sim \chi_1^2(\mu^2/2)$ が成り立つことを示せ．

第 5 章
標本分布とその近似

　　得られたデータから平均や分散など母集団の特性値に関して推定・検定・信頼区間・予測など具体的な推測手法を与え，その推測手法の信頼性を見積もることが統計的推測の目的である．しかしデータ自体は決まった数値であるので，これをどのようにして確率分布に関係づけたらよいであろうか．そこで母集団と標本を導入し，母集団は適当な確率分布や確率モデルに従い，標本はその確率分布に従う確率変数の組であると捉え，我々が観測できるデータはその確率変数の実現値であると捉えるのが，統計的推測の考え方である．標本平均など標本に基づいた関数を統計量といい，その分布を標本分布という．

　　本章では，母集団が正規分布に従うときの代表的な標本分布である t-分布，F-分布について説明する．また標本分布を近似する方法についても述べる．最後に順序統計量の性質と，最大統計量の漸近分布である極値分布について簡単に紹介する．

5.1　統計量と標本分布

　統計調査は，**母集団**の特性を調べるためにデータを抽出し，そのデータを加工して母集団に関する有益な情報を導いて判断や決定の材料にするために行われる．例えば，内閣支持率の値に興味がある場合，母集団は全国の有権者全体になる．母集団の全員に調査することを**全数調査**といい，国勢調査（センサス）がこれに当たる．しかし，コストと時間がかかるという欠点があり，また製品の不良率調査のように全数調査そのものが不可能な場合もある．そこで，母集団から**標本** (sample) を抽出して母集団についての推測を行う．信頼性の高い推測を行うためにもっとも大事なのが，この**標本抽出** (sampling) の部分であり，層別抽出，多段抽出などできるだけバイアスが生じないような抽出方法がとられる．中でも，基本となるのが**無作為抽出** (random sampling) で乱数表などを用いてランダムに標本を抽出する．このとき抽出された標本は**ランダム・サンプル**，**無作為標本**，**任意標本** (random sample) などと呼ばれる．

n 個のデータ $x_1, \ldots, x_n$ が標本として抽出されるとしよう．n を**標本の大きさ** (sample size) という．**記述統計** (descriptive statistics) では，データからヒストグラムを描いたり，平均，分散などを計算して母集団の特性を調べる．これに対して，**推測統計** (inferential statistics) では，母集団に確率モデルを想定し，その確率分布に従う確率変数の実現値としてデータを捉える．したがって，確率変数 X_1 の実現値が x_1 であり，X_2 の実現値が x_2，以下同様にして X_n の実現値が x_n になる．

$X_1, \ldots, X_n$ がランダム・サンプルとは，$X_1, \ldots, X_n$ が互いに独立に分布していて，各 X_i が同一の確率分布 F に従うことを意味する．これを，$X_1, \ldots, X_n$ は**互いに独立に同一分布に従う** (independently and identically distributed) といい，

$$X_1, \ldots, X_n, \ i.i.d. \sim F$$

と記述する．推測統計では，このように，データ $x_1, \ldots, x_n$ を確率変数 $X_1, \ldots, X_n$ の1つの実現値と捉えることによって，推定，検定，予測などの推測に関して信頼性を見積もることを可能にしている．

母集団の平均 μ や分散 σ^2 を**母平均** (population mean)，**母分散** (population variance) といい，一般に母集団の特性値を**母数** (population parameter) という．母数は標本 $X_1, \ldots, X_n$ に基づいて推定されることになるが，特に μ, σ^2 は

$$\overline{X} = \frac{1}{n}\sum_{i=1}^{n} X_i, \quad S^2 = \frac{1}{n}\sum_{i=1}^{n}(X_i - \overline{X})^2 \tag{5.1}$$

で推定される．これらは，それぞれ**標本平均** (sample mean)，**標本分散** (sample variance) と呼ばれる．実際には μ は $\overline{X}$ の実現値 $\overline{x} = n^{-1}\sum_{i=1}^{n} x_i$ で推定されることになるが，信頼区間や推定誤差などその推定値の信頼性を与えるためには，確率変数 $\overline{X}$ の確率分布を求める必要がある．一般に，$\overline{X}, S^2$ のように，標本 $X_1, \ldots, X_n$ に基づいた関数で母数を含んでいないもの $t(X_1, \ldots, X_n)$ を**統計量** (statistic) といい，その確率分布を**標本分布** (sampling distribution) という．

平均が μ，分散が σ^2 の確率分布を母集団とするランダム・サンプルを

$$X_1, \ldots, X_n, \ i.i.d. \sim (\mu, \sigma^2) \tag{5.2}$$

と書くことにする．$E[X_i] = \mu$, $\mathrm{Var}(X_i) = \sigma^2$ を用いて，標本平均 $\overline{X}$ の平均と分散を求めてみよう．$\overline{X}$ の平均は，

$$E[\overline{X}] = \frac{1}{n}\sum_{i=1}^{n} E[X_i] = \frac{1}{n}\sum_{i=1}^{n} \mu = \mu \tag{5.3}$$

となる．$\overline{X}$ の分散は，(4.21) より，

$$\mathrm{Var}(\overline{X}) = \frac{1}{n^2}\sum_{i=1}^{n} \mathrm{Var}(X_i) = \frac{\sigma^2}{n} \tag{5.4}$$

となる．$E[\overline{X}] = \mu$ だから，$\mathrm{Var}(\overline{X}) = E[(\overline{X} - \mu)^2]$ と書ける．これは，$\overline{X}$ が μ から平均的にどの程度離れているのかを評価しており，μ に対する $\overline{X}$ の推定誤差を表している．したがって，$\mathrm{Var}(\overline{X}) = \sigma^2/n$ となることは，標本平均の推定誤差は n とともに小さくなることを示している．

$\overline{X}$ の平均と分散は計算できるが，その確率分布を求めることは一般に困難である．正規分布など特定の確率分布については求めることができるが，一般には n が大きい場合の近似分布を求めることになる．まず，次の節で正規分布の場合の正確な分布について説明し，後の節で近似分布について説明する．

$\overline{X}$ の期待値は μ となるが，S^2 については期待値はどうなるであろうか．実際，$\sum_{i=1}^{n}(X_i - \overline{X})^2 = \sum_{i=1}^{n}(X_i - \mu)^2 - n(\overline{X} - \mu)^2$ より

$$\begin{aligned} E\left[\sum_{i=1}^{n}(X_i - \overline{X})^2\right] &= \sum_{i=1}^{n} E[(X_i - \mu)^2] - nE[(\overline{X} - \mu)^2] \\ &= n\sigma^2 - n(\sigma^2/n) = (n-1)\sigma^2 \end{aligned} \tag{5.5}$$

より，$E[S^2] = \{(n-1)/n\}\sigma^2$ となり，S^2 の期待値は σ^2 にならない．期待値が σ^2 になるためには $\sum_{i=1}^{n}(X_i - \overline{X})^2$ を n で割るのではなく $n-1$ で割る必要がある．すなわち，

$$V^2 = \frac{1}{n-1}\sum_{i=1}^{n}(X_i - \overline{X})^2$$

の期待値が σ^2 になる．これを**不偏分散**という．

5.2 正規母集団からの代表的な標本分布

母集団が正規分布に従うときには，標本平均，標本分散，t-統計量および

F-統計量の分布を正確に求めることができる．本節ではそれらの導出を行う．

5.2.1 標本平均と標本分散の独立性

平均 μ, 分散 σ^2 の正規分布に従う母集団（正規母集団）から，ランダム・サンプルがとられているとする．

$$X_1, \ldots, X_n, \ i.i.d. \sim \mathcal{N}(\mu, \sigma^2) \tag{5.6}$$

標本平均 $\overline{X} = n^{-1}\sum_{i=1}^{n} X_i$, 不偏分散 $V^2 = (n-1)^{-1}\sum_{i=1}^{n}(X_i - \overline{X})^2$ について次の定理が成り立つ．

▶**定理 5.1**　$X_1, \ldots, X_n$ を (5.6) のランダム・サンプルとする．
(1) $\overline{X}$ と V^2 は独立に分布する．
(2) $\overline{X} \sim \mathcal{N}(\mu, \sigma^2/n)$
(3) $(n-1)V^2/\sigma^2 \sim \chi^2_{n-1}$

[証明]　$Z_i = (X_i - \mu)/\sigma, \ i = 1, \ldots, n$, とし，$\overline{Z} = n^{-1}\sum_{i=1}^{n} Z_i$ とおくと，定理の (1), (2), (3) は，
(1') $\overline{Z}$ と $\sum_{i=1}^{n}(Z_i - \overline{Z})^2$ が独立
(2') $\sqrt{n}\overline{Z} \sim \mathcal{N}(0, 1)$
(3') $\sum_{i=1}^{n}(Z_i - \overline{Z})^2 \sim \chi^2_{n-1}$
と書き直すことができる．ただし，(2') については命題 3.11 を用いている．次の**ヘルマート** (Helmert) **行列**を用いて証明するのが簡単である．

$$\boldsymbol{H} = \begin{bmatrix} 1/\sqrt{n} & 1/\sqrt{n} & 1/\sqrt{n} & \cdots & 1/\sqrt{n} \\ -1/\sqrt{2} & 1/\sqrt{2} & 0 & \cdots & 0 \\ -1/\sqrt{2\cdot 3} & -1/\sqrt{2\cdot 3} & 2/\sqrt{2\cdot 3} & \cdots & 0 \\ \vdots & \vdots & \vdots & \ddots & \vdots \\ -1/\sqrt{(n-1)n} & -1/\sqrt{(n-1)n} & -1/\sqrt{(n-1)n} & \cdots & (n-1)/\sqrt{(n-1)n} \end{bmatrix}$$

これは直交行列で，$\boldsymbol{H}^\top \boldsymbol{H} = \boldsymbol{H}\boldsymbol{H}^\top = \boldsymbol{I}$（$\boldsymbol{I}$ は単位行列）を満たす．まず，$Z_1, \ldots, Z_n, i.i.d. \sim \mathcal{N}(0,1)$ であることから，$\boldsymbol{Z} = (Z_1, \ldots, Z_n)^\top$ の $\boldsymbol{z} = (z_1, \ldots, z_n)^\top$ における同時確率密度関数は

$$f_{\boldsymbol{Z}}(\boldsymbol{z}) = \prod_{i=1}^{n}\left\{\frac{1}{\sqrt{2\pi}}e^{-z_i^2/2}\right\} = \frac{1}{(2\pi)^{n/2}}e^{-\sum_{i=1}^{n}z_i^2/2} = \frac{1}{(2\pi)^{n/2}}e^{-\boldsymbol{z}^\top\boldsymbol{z}/2}$$

と書ける．以下，4.4.3 項と同様の方法で示していく．$\boldsymbol{Y} = (Y_1, \ldots, Y_n)^\top = \boldsymbol{HZ}$ なる変数変換を考えると，ヤコビアンは (4.25) より $J(\boldsymbol{z} \to \boldsymbol{y}) = |\boldsymbol{H}|$ となる．$\boldsymbol{H}$ は直交行列だから $\boldsymbol{H}^\top \boldsymbol{H} = \boldsymbol{I}$ であり，両辺に行列式をとると $|\boldsymbol{H}^\top \boldsymbol{H}| = |\boldsymbol{H}|^2 = 1$ となる．したがって $|\boldsymbol{H}| = 1$ となり $J(\boldsymbol{z} \to \boldsymbol{y}) = 1$ となる．また 2 次形式は $\boldsymbol{z}^\top\boldsymbol{z} = (\boldsymbol{H}^{-1}\boldsymbol{y})^\top \boldsymbol{H}^{-1}\boldsymbol{y} = \boldsymbol{y}^\top(\boldsymbol{HH}^\top)^{-1}\boldsymbol{y} = \boldsymbol{y}^\top\boldsymbol{y}$ となるので，$\boldsymbol{Y}$ の同時確率密度関数は

$$f_{\boldsymbol{Y}}(\boldsymbol{y}) = \frac{1}{(2\pi)^{n/2}} e^{-(\boldsymbol{H}^{-1}\boldsymbol{y})^\top \boldsymbol{H}^{-1}\boldsymbol{y}/2}$$
$$= \frac{1}{(2\pi)^{n/2}} e^{-\boldsymbol{y}^\top\boldsymbol{y}/2} = \prod_{i=1}^{n}\left\{\frac{1}{\sqrt{2\pi}}e^{-y_i^2/2}\right\}$$

と書ける．したがって，$Y_1, \ldots, Y_n, i.i.d. \sim \mathcal{N}(0, 1)$ となることがわかる．$\boldsymbol{H}$ の作り方と $\boldsymbol{Y} = \boldsymbol{HZ}$ なる変換とから，

$$Y_1 = n^{-1/2}\sum_{i=1}^{n} Z_i = \sqrt{n}\,\overline{Z},$$

$$\sum_{i=1}^{n}(Z_i - \overline{Z})^2 = \sum_{i=1}^{n} Z_i^2 - n\overline{Z}^2 = \boldsymbol{Z}^\top \boldsymbol{Z} - n\overline{Z}^2$$
$$= \boldsymbol{Y}^\top \boldsymbol{Y} - Y_1^2 = Y_2^2 + \cdots + Y_n^2$$

となる．このことと命題 4.21 とから，$\overline{Z}$ と $\sum_{i=1}^{n}(Z_i - \overline{Z})^2$ が独立であることと，$\sqrt{n}\,\overline{Z} \sim \mathcal{N}(0, 1)$, $\sum_{i=1}^{n}(Z_i - \overline{Z})^2 \sim \chi_{n-1}^2$, に従うことがわかる． □

定理 5.1 の証明には特性関数によるものなど他の方法も知られている．(2) については，X_i の特性関数が $\varphi_{X_i}(t) = \exp\{\mu it - \sigma^2 t^2/2\}$ で与えられることから，$\overline{X}$ の特性関数を直接評価すると

$$\varphi_{\overline{X}}(t) = E[e^{\sum_{i=1}^{n} X_i(it/n)}] = \prod_{i=1}^{n} E[e^{X_i(it/n)}]$$
$$= \{\varphi_{X_1}(t/n)\}^n = e^{n\{\mu it/n + \sigma^2(it)^2/(2n^2)\}} = e^{\mu it - (\sigma^2/n)t^2}$$

となることからも確かめられる．定理 5.1(3) より，$E[(n-1)V^2/\sigma^2] = E[\chi_{n-1}^2] = n - 1$ となるので，$E[V^2] = \sigma^2$ となることも確かめられる．

5.2.2 t-分布

正規母集団から作られる統計量の分布として代表的なものがカイ2乗分布，t-分布，F-分布である．カイ2乗分布についてはこれまで説明してきたので，ここではまず t-分布について紹介しよう．

(5.6) の設定を考えると，確率変数 $Z = \sqrt{n}(\overline{X} - \mu)/\sigma$ は標準正規分布 $\mathcal{N}(0, 1)$ に従うことは定理 5.1 よりわかる．ここで σ^2 の代わりに V^2 を代入した確率変数 $T = \sqrt{n}(\overline{X} - \mu)/V$ の確率分布を求めてみよう．μ に既知の値が入るとき，この確率変数を t-統計量といいその分布は後述の仮説検定において使われる．T の分布は σ^2 の代わりに V^2 を用いた分だけ正規分布より裾の厚い分布になっている．

$U = (n-1)V^2/\sigma^2$ とおくと $U \sim \chi^2_{n-1}$ であり，Z と U が独立に分布することは定理 5.1 で示した．このとき，

$$T = \sqrt{n}(\overline{X} - \mu)/V = Z/\sqrt{U/(n-1)}$$

と書き直すことができる．T の従う分布は自由度 $n-1$ の t-分布と呼ばれる．$m = n - 1$ として，自由度 m の t-分布の定義を与える．

▷ **定義 5.2** Z と U を独立な確率変数とし，$Z \sim \mathcal{N}(0,1)$, $U \sim \chi^2_m$ とする．このとき，

$$T = Z/\sqrt{U/m}$$

は**自由度 m のスチューデントの t-分布** (Student's t-distribution with m degrees of freedom) に従うといい，この分布を t_m で表す（図 5.1）．

▶ **命題 5.3** 確率変数 T の確率密度関数は，$-\infty < t < \infty$ に対して

$$f_T(t \mid m) = \frac{\Gamma((m+1)/2)}{\Gamma(m/2)} \frac{1}{\sqrt{\pi m}} \frac{1}{(1 + t^2/m)^{(m+1)/2}} \tag{5.7}$$

で与えられる．

[証明] Z と U の同時確率密度関数は

$$f_{Z,U}(z, u) = \frac{1}{\sqrt{2\pi}} e^{-z^2/2} \frac{1}{\Gamma(m/2)} \frac{1}{2^{m/2}} u^{m/2-1} e^{-u/2}$$

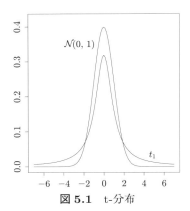

図 5.1 t-分布

で与えられる．ここで，$t = z/\sqrt{u/m}$, $w = u$ と変数変換すると，$z = t\sqrt{w/m}$, $u = w$ より，ヤコビアンは

$$J((t,w) \to (z,u)) = \det\begin{pmatrix} \sqrt{w/m} & t/(2\sqrt{mw}) \\ 0 & 1 \end{pmatrix} = \sqrt{w/m}$$

となる．よって (T,W) の同時確率密度関数は

$$f_{T,W}(t,w) = \frac{1}{\sqrt{2\pi}} e^{-t^2 w/(2m)} \frac{1}{\Gamma(m/2)} \frac{1}{2^{m/2}} w^{m/2-1} e^{-w/2} \frac{\sqrt{w}}{\sqrt{m}}$$

$$= \frac{1}{\sqrt{\pi m}\,\Gamma(m/2) 2^{(m+1)/2}} w^{(m+1)/2-1} e^{-(t^2/m+1)w/2}$$

と書ける．これを w に関して積分して T の周辺分布を求めると，

$$I(t) = \int_0^\infty w^{(m+1)/2-1} \exp\{-(t^2/m+1)w/2\}\, dw$$

として，

$$f_T(t) = \frac{1}{\sqrt{\pi m}\,\Gamma(m/2) 2^{(m+1)/2}} I(t)$$

と書ける．$x = (t^2/m+1)w/2$ と変数変換すると，$dx/dw = (t^2/m+1)/2$ より，

$$I(t) = \int_0^\infty \left(\frac{2x}{t^2/m+1}\right)^{(m+1)/2-1} e^{-x} \frac{2}{t^2/m+1} dx$$

$$= \left(\frac{2}{t^2/m+1}\right)^{(m+1)/2} \int_0^\infty x^{(m+1)/2-1} e^{-x} dx$$

$$= \left(\frac{2}{t^2/m+1}\right)^{(m+1)/2} \Gamma((m+1)/2)$$

と表される．したがって，確率密度関数 (5.7) が導かれる． □

自由度 m を $m=1$ から $m \to \infty$ へ変化させていくと，t_m は裾の厚いコーシー分布から裾の薄い正規分布までをカバーすることができる．t_m において $m=1$ ととると，命題 3.13 より $\Gamma(1/2) = \sqrt{\pi}$ となるので，次のコーシー分布が得られる．

▷ **定義 5.4** 確率密度関数が

$$f(x \mid \mu) = \frac{1}{\pi} \frac{1}{1+(x-\mu)^2}, \quad -\infty < x < \infty$$

で与えられるとき，これを位置母数 μ をもつ**コーシー分布** (Cauchy distribution) という．

コーシー分布は裾の厚い分布で，平均，分散は存在しない．実際，$E[|X|] = \infty$ となってしまう．

▶ **命題 5.5** $m \to \infty$ とすると，t_m は標準正規分布 $\mathcal{N}(0,1)$ に収束する．すなわち，

$$\lim_{m \to \infty} f_T(t \mid m) = \phi(t) = \frac{1}{\sqrt{2\pi}} e^{-t^2/2}$$

[証明] $k = m/2$ とおくと，$f_T(t \mid m)$ は

$$f_T(t \mid 2k) = \frac{1}{\sqrt{2\pi}} \frac{\Gamma(k+1/2)}{\sqrt{k}\,\Gamma(k)} \left(1 + \frac{t^2}{2}\frac{1}{k}\right)^{-k-1/2}$$

と書き直される．ここで，補題 3.3 を用いると，

$$\lim_{k\to\infty}\left(1+\frac{t^2}{2}\frac{1}{k}\right)^{-k-1/2}=e^{-t^2/2}$$

となることがわかる．また 3.3.2 項のスターリングの公式

$$\log\Gamma(k+a)=2^{-1}\log(2\pi)+(k+a-2^{-1})\log k-k+o(1)$$

を用いると，$\log\Gamma(k+1/2)-\log\Gamma(k)-2^{-1}\log k=o(1)$ となるので，

$$\lim_{k\to\infty}\frac{\Gamma(k+1/2)}{\sqrt{k}\,\Gamma(k)}=1$$

となる．したがって，標準正規分布に収束することがわかる． □

5.2.3 F-分布

例えば定義 5.2 で説明した確率変数 T については，$T^2=Z^2/(U/m)$ と書けるので，T^2 は自由度 $(1,m)$ の F-分布に従うことがわかる．F-分布も t-分布と同様，後述の仮説検定において重要な分布であり，分散の同等性検定や線形回帰モデルの説明変数の選択に関する仮説検定などで用いられる．まず，F-分布の定義から始めよう．

▷**定義 5.6** S と T を独立な確率変数とし，$S\sim\chi_m^2, T\sim\chi_n^2$ とする．確率変数 Y を

$$Y=\frac{S/m}{T/n}$$

とおくとき，Y は**自由度 (m,n) のスネデッカーの F-分布** (Snedecor's F-distribution with m and n degrees of freedom) に従うといい，この分布を $F_{m,n}$ で表す（図 5.2）．

▶**命題 5.7** 自由度 (m,n) の F-分布に従う確率変数 Y について，その確率密度関数は

$$f_Y(y\,|\,m,n)=\frac{\Gamma((m+n)/2)}{\Gamma(m/2)\Gamma(n/2)}\frac{(m/n)^{m/2}y^{m/2-1}}{(1+(m/n)y)^{(m+n)/2}},\quad y>0 \qquad (5.8)$$

で与えられる．また $W=S/(S+T)$ は，ベータ分布 $Beta(m/2,n/2)$ に従う．

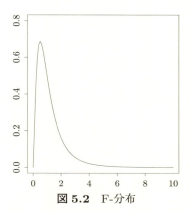

図 5.2 F-分布

[証明] S と T の同時確率密度関数は

$$f_{S,T}(s,t) = \frac{1}{\Gamma(m/2)2^{m/2}} s^{m/2-1} e^{-s/2} \times \frac{1}{\Gamma(n/2)2^{n/2}} t^{n/2-1} e^{-t/2}$$
$$= C s^{m/2-1} t^{n/2-1} e^{-(s+t)/2}$$

と書ける. ここで $C = 1/[\Gamma(m/2)\Gamma(n/2)2^{(m+n)/2}]$ である. $Z = S/T$, $W = T$ と変数変換すると, $S = WZ$, $T = W$ よりヤコビアンは

$$J((z,w) \to (s,t)) = \det\begin{pmatrix} w & z \\ 0 & 1 \end{pmatrix} = w$$

となるので,

$$f_{Z,W}(z,w) = C(wz)^{m/2-1} w^{n/2-1} e^{-(1+z)w/2} w$$
$$= C z^{m/2-1} w^{(m+n)/2-1} e^{-(1+z)w/2}$$

と書ける. これを w に関して積分して Z の周辺分布を求めると,

$$f_Z(z) = C z^{m/2-1} \int_0^\infty w^{(m+n)/2-1} e^{-(1+z)w/2} \, dw$$

となる. $x = (1+z)w/2$ と変数変換すると, $dw/dx = 2/(1+z)$ より

$$f_Z(z) = C z^{m/2-1} \int_0^\infty \left(\frac{2}{1+z}\right)^{(m+n)/2-1} x^{(m+n)/2-1} e^{-x} \frac{2}{1+z} \, dx$$
$$= C \cdot 2^{(m+n)/2} \frac{z^{m/2-1}}{(1+z)^{(m+n)/2}} \Gamma((m+n)/2)$$

と書き直すことができる. したがって, $Z = S/T$ の周辺確率密度関数は

$$f_Z(z) = \frac{\Gamma((m+n)/2)}{\Gamma(m/2)\Gamma(n/2)} \frac{z^{m/2-1}}{(1+z)^{(m+n)/2}} \tag{5.9}$$

で与えられる．$Y = (n/m)Z$ と変数変換すれば，$z = (m/n)y, dz/dy = m/n$ より，F-分布の確率密度関数が導かれる．

最後に，$W = S/(S+T) = Z/(1+Z)$ なる変数変換を行うと，$Z = W/(1-W), dz/dw = 1/(1-w)^2$ より，

$$f_W(w) = \frac{\Gamma((m+n)/2)}{\Gamma(m/2)\Gamma(n/2)} w^{m/2-1}(1-w)^{n/2-1}, \quad 0 < w < 1$$

となり，ベータ分布の確率密度関数が得られる． □

5.3 確率変数と確率分布の収束

母集団分布が正規分布のときには標本平均，標本分散およびそれに関連する統計量の正確な確率分布を与えることができた．しかし，母集団分布が正規分布以外の場合には，一般に正確な分布を導くことは困難で，標本のサイズ n が大きいときの近似的な分布を考える必要がある．本節では，確率変数と確率分布の収束性に関する諸概念を紹介し，標本平均の収束に関する大数の法則と中心極限定理について説明する．

5.3.1 確率収束と大数の弱法則

確率変数の列 $U_1, U_2, \ldots$ を $\{U_n\}_{n=1,2,\ldots}$ と表記することにする．

▷**定義 5.8** 確率変数の列 $\{U_n\}_{n=1,2,\ldots}$ が確率変数 U に **確率収束** (convergence in probability) するとは，任意の $\varepsilon > 0$ に対して，

$$\lim_{n \to \infty} P(|U_n - U| \geq \varepsilon) = 0$$

となることをいい，$U_n \to_p U$ で表す．

確率収束を示すのに，次の不等式を用いると便利である．

▶**補題 5.9（マルコフ (Markov) の不等式）** Y を非負の確率変数で $E[Y] < \infty$ とする．このとき，任意の $c > 0$ に対して次の不等式が成り立つ．

$$P(Y \geq c) \leq E[Y]/c \tag{5.10}$$

[証明] $I_{[Y \geq c]}$ を定義関数，すなわち

$$I_{[Y \geq c]} = \begin{cases} 1 & (Y \geq c \text{ のとき}) \\ 0 & (\text{それ以外のとき}) \end{cases}$$

とする．このとき

$$E[Y] = E[Y\{I_{[Y \geq c]} + I_{[Y < c]}\}] \geq E[YI_{[Y \geq c]}]$$
$$\geq cE[I_{[Y \geq c]}] = cP(Y \geq c)$$

となり，マルコフの不等式が導かれる． □

▶ **補題 5.10 (チェビシェフ (Chebyshev) の不等式)** 確率変数 X について平均と分散，$\mu = E[X]$, $\sigma^2 = \mathrm{Var}(X)$ が存在すると仮定する．このとき次の不等式が成り立つ．

$$P(|X - \mu| \geq k) \leq \frac{\sigma^2}{k^2} \tag{5.11}$$

[証明] マルコフの不等式において $Y = (X - \mu)^2$, $c = k^2$ とおけばよい． □

チェビシェフの不等式を用いると，標本平均の確率収束が示される．これを，大数の弱法則 (weak law of large numbers) という．

▶ **定理 5.11 (大数の弱法則)** $X_1, X_2, \ldots, i.i.d. \sim (\mu, \sigma^2)$ とし，$\sigma^2 = \mathrm{Var}(X_1) < \infty$ とする．このとき，$\overline{X}$ は μ に確率収束する．

[証明] 任意の $\varepsilon > 0$ に対して，チェビシェフの不等式より

$$0 \leq P(|\overline{X} - \mu| \geq \varepsilon) \leq \frac{E[(\overline{X} - \mu)^2]}{\varepsilon^2} = \frac{\sigma^2}{n\varepsilon^2}$$

となる．$n \to \infty$ とすると $P(|\overline{X} - \mu| \geq \varepsilon) \to 0$ となり，確率収束することがわかる． □

確率収束より強い収束の概念の1つに平均2乗収束がある．

▷**定義 5.12（平均 2 乗収束）** 確率変数の列 $\{U_n\}_{n=1,2,...}$ が確率変数 U に**平均 2 乗収束**するとは，

$$\lim_{n\to\infty} E[(U_n - U)^2] = 0$$

となることをいう．

チェビシェフの不等式を用いると次の命題が成り立つことがわかる．

▶**命題 5.13** 確率変数の列がある確率変数に平均 2 乗収束すれば，確率収束する．

5.3.2 分布収束と中心極限定理

分布収束の概念は連続性定理 2.17 のところで述べているが，ここで改めて定義しておく．

▷**定義 5.14** 確率変数の列 $\{U_n\}_{n=1,2,...}$ が確率変数 U に**分布収束**もしくは**法則収束** (convergence in distribution, convergence in law) するとは，

$$\lim_{n\to\infty} P(U_n \leq x) = P(U \leq x) = F_U(x)$$

が，$F_U(x)$ の連続点で成り立つことをいい，$U_n \to_d U$ で表す．

分布収束の代表的な例が**中心極限定理**（central limit theorem, CLT と略す）である．

▶**定理 5.15（中心極限定理）** $X_1, X_2, \ldots, i.i.d. \sim (\mu, \sigma^2)$ とする．このとき，次の分布収束が成り立つ（図 5.3）．

$$\lim_{n\to\infty} P(\sqrt{n}(\overline{X} - \mu)/\sigma \leq x) = \int_{-\infty}^{x} \frac{1}{\sqrt{2\pi}} e^{-y^2/2}\, dy = \Phi(x)$$

[証明] $Z_i = (X_i - \mu)/\sigma$, $i = 1, 2, \ldots$，とおくと，$E[Z_i] = 0$, $\mathrm{Var}(Z_i) = 1$, $E[\overline{Z}] = 0$, $\mathrm{Var}(\overline{Z}) = n^{-1}$ となる．このとき，

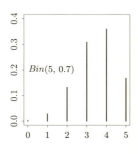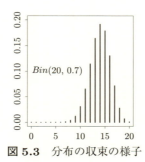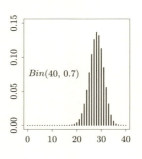

図 5.3 分布の収束の様子

$$\lim_{n\to\infty} P(\sqrt{n}\,\overline{Z} \leq z) = \Phi(z)$$

を示せばよい. $\sqrt{n}\,\overline{Z} = Z_1/\sqrt{n} + \cdots + Z_n/\sqrt{n}$ と書けて, この特性関数は

$$\varphi_{\sqrt{n}\,\overline{Z}}(t) = E[e^{it(Z_1/\sqrt{n}+\cdots+Z_n/\sqrt{n})}] = \left(E[e^{(it/\sqrt{n})Z_1}]\right)^n \tag{5.12}$$

と書ける. Z_1 の特性関数を $\varphi(\theta) = E[e^{i\theta Z_1}]$ とおくと, $E[e^{i(t/\sqrt{n})Z_1}] = \varphi(t/\sqrt{n})$ と表される. n が大きいとき $\varphi(\cdot)$ をテーラー展開すると,

$$\varphi\left(\frac{t}{\sqrt{n}}\right) = \varphi(0) + \frac{t}{\sqrt{n}}\varphi'(0) + \frac{t^2}{2n}\varphi''(0) + o(n^{-1})$$

となる. ただし, $o(n^{-1})$ は無限小の記号で $\lim_{n\to\infty} n \cdot o(n^{-1}) = 0$ を意味する. ここで, $\varphi(0) = 1$, $\varphi'(0)/i = E[Z_1] = 0$, $\varphi''(0)/i^2 = E[Z_1^2] = \mathrm{Var}(Z_1) = 1$ に注意すると,

$$\varphi\left(\frac{t}{\sqrt{n}}\right) = 1 - \frac{t^2}{2n} + o(n^{-1})$$

と近似できる. したがって, 補題 3.3 を用いると, (5.12) は

$$\varphi_{\sqrt{n}\,\overline{Z}}(t) = \left(1 - \frac{t^2}{2n} + o(n^{-1})\right)^n \to e^{-t^2/2}$$

に収束する. $e^{-t^2/2}$ は標準正規分布 $\mathcal{N}(0,1)$ の特性関数であるから, 連続性定理 2.17 より, $\sqrt{n}\,\overline{Z}$ が $\mathcal{N}(0,1)$ に分布収束することがわかる. □

5.3.3 収束に関する諸結果

ここでは様々な収束の概念の関係や一般的な結果などを紹介する. 定理や命題によっては厳密な証明を省いているので詳しい内容については確率論などの本を参照されたい.

分布収束と確率収束との関係が次の命題で与えられる．証明は 5.5 節で与えられる．

▶**命題 5.16** 確率変数の列 $\{U_n\}_{n=1,2,\ldots}$ と確率変数 U を考える．
(1) $U_n \to_p U$ ならば $U_n \to_d U$
(2) a を定数とするとき，$U_n \to_d a$ ならば $U_n \to_p a$

分布収束の同値な条件として次の定理が知られている．

▶**定理 5.17** 確率変数の列 $\{U_n\}_{n=1,2,\ldots}$ と確率変数 U を考える．このとき $U_n \to_d U$ となる必要十分条件は，あらゆる有界連続な関数 $f(\cdot)$ に対して $\lim_{n\to\infty} E[f(U_n)] = E[f(U)]$ が成り立つことである．

この定理を用いると，連続関数 $h(\cdot)$ に対して $h(U_n) \to_d h(U)$ が示される．実際，あらゆる有界連続な関数 $f(\cdot)$ に対して $E[f(h(U_n))] = E[f \circ h(U_n)]$ であり，$f \circ h$ は有界連続なので $\lim_{n\to\infty} E[f \circ h(U_n)] = E[f \circ h(U)] = E[f(h(U))]$ となる．したがって定理 5.17 より $h(U_n) \to_d h(U)$ が成り立つ．この性質を**連続写像定理** (continuous mapping theorem) といい，分布収束性が連続関数によって引き継がれることを示している．確率収束についても同様な性質が成り立つが，この性質は関数の連続性から容易に示される．

▶**命題 5.18** 確率変数の列 $\{U_n\}_{n=1,2,\ldots}$ と確率変数 U を考える．関数 $h(\cdot)$ が連続とする．
(1) $U_n \to_p U$ ならば $h(U_n) \to_p h(U)$
(2) $U_n \to_d U$ ならば $h(U_n) \to_d h(U)$

次の**スラツキーの定理** (Slutsky's theorem) はよく用いられる．証明は 5.5 節で与えられる．

▶**命題 5.19** 確率変数の列 $\{U_n\}_{n=1,2,\ldots}$，$\{V_n\}_{n=1,2,\ldots}$，確率変数 U，定数 a に対して，$U_n \to_d U$, $V_n \to_p a$ とする．このとき，次が成り立つ．
(1) $U_n + V_n \to_d U + a$

(2) $U_n V_n \to_d aU$

次の定理は**デルタ法** (delta method) と呼ばれる.

▶**定理 5.20** 確率変数の列 $\{U_n\}_{n=1,2,\ldots}$ について,定数 θ と $a_n \uparrow \infty$ となる数列に対して $a_n(U_n - \theta) \to_d U$ であると仮定する.連続微分可能な関数 $g(\cdot)$ について,点 θ で $g'(\theta)$ が存在し $g'(\theta) \neq 0$ とする.このとき,

$$a_n(g(U_n) - g(\theta)) \to_d g'(\theta)U \tag{5.13}$$

が成り立つ.特に,$\sqrt{n}(U_n - \mu) \to_d \mathcal{N}(0, \sigma^2)$ が成り立つときには,デルタ法から

$$\sqrt{n}\{g(U_n) - g(\mu)\} \to_d \mathcal{N}(0, \sigma^2 \{g'(\mu)\}^2) \tag{5.14}$$

となることがわかる.

[証明] $g(U_n)$ を $U_n = \theta$ の周りでテーラー展開すると,

$$g(U_n) = g(\theta) + g'(\theta^*)(U_n - \theta)$$

となる.ただし,θ^* は $|\theta^* - \theta| < |U_n - \theta|$ なる点である.$a_n\{g(U_n) - g(\theta)\} = g'(\theta^*)a_n(U_n - \theta)$ と変形できるので $g'(\theta^*)a_n(U_n - \theta)$ の極限分布を求めればよい.スラツキーの定理より,$U_n - \theta = (1/a_n)[a_n(U_n - \theta)] \to_d 0 \cdot U = 0$ となる.命題 5.16 より $U_n \to_p \theta$ となる.このことは $\theta^* \to_p \theta$ を意味するので,$g'(\cdot)$ の連続性から $g'(\theta^*) \to_p g'(\theta)$ となる.したがって,スラツキーの定理より $g'(\theta^*)a_n(U_n - \theta) \to_d g'(\theta)U$ が成り立つ. □

$g'(\theta) = 0$ のときには2次のデルタ法が用いられる.

▶**定理 5.21** 確率変数の列 $\{U_n\}$, $n = 1, 2, \ldots$, について,定数 θ と $a_n \uparrow \infty$ となる数列に対して $a_n(U_n - \theta) \to_d U$ であると仮定する.2回連続微分可能な関数 $g(\cdot)$ について,点 θ で $g'(\theta) = 0$, $g''(\theta) \neq 0$ とする.このとき,

$$a_n^2(g(U_n) - g(\theta)) \to_d \frac{g''(\theta)}{2}U^2 \tag{5.15}$$

が成り立つ．特に，$\sqrt{n}(U_n - \mu) \to_d \mathcal{N}(0, \sigma^2)$ が成り立つときには，2 次のデルタ法から

$$n\{g(U_n) - g(\mu)\} \to_d \frac{g''(\mu)}{2}\sigma^2 Y$$

となることがわかる．ここで Y は χ_1^2 に従う確率変数である．

[証明]　テーラー展開 $g(U_n) - g(\theta) = g'(\theta)(U_n - \theta) + 2^{-1}g''(\theta^*)(U_n - \theta)^2$ において $g'(\theta) = 0$ であり，定理 5.20 の証明と同様にして $g''(\theta^*) \to_p g''(\theta)$ となるので，スラツキーの定理から $a_n^2(g(U_n) - g(\theta)) = (g''(\theta^*)/2)a_n^2(U_n - \theta)^2 \to_d (g''(\theta)/2)U^2$ となる． □

定理 5.20 の (5.14) において σ^2 が μ の関数，$\sigma^2 = \mathrm{Var}(X_i) = V(\mu)$，であるとする．このとき (5.14) の漸近分散は $\{g'(\mu)\}^2 V(\mu)$ となり，μ に依存する．推測問題によっては $\sqrt{n}(g(\overline{X}) - g(\mu))$ の漸近分布が μ に依存しない方がよい場合がある．そこで，

$$\{g'(\mu)\}^2 V(\mu) = 1, \quad \text{もしくは } g'(\mu) = 1/\sqrt{V(\mu)}$$

となる変換 $g(\cdot)$ を見つけることができれば，漸近分布が μ に依存しなくなる．このような変換を**分散安定化変換** (variance stabilizing transformation) という．

【例 5.22】　$X_1, X_2, \ldots, i.i.d. \sim Ber(\theta)$ とすると，中心極限定理より

$$\sqrt{n}(\overline{X} - \theta) \to_d \mathcal{N}(0, \theta(1 - \theta))$$

となる．$\sqrt{n}(g(\overline{X}) - g(\theta)) \to_d \mathcal{N}(0, 1)$ となるためには，

$$g'(\theta) = 1/\sqrt{\theta(1 - \theta)}$$

となる変換 $g(\cdot)$ を見つける必要がある．この微分方程式を解くことにより

$$g(\theta) = \sin^{-1}(2\theta - 1)$$

が導かれる．これは，2 項分布の分散安定化変換としてよく知られている関数である． □

【例 5.23】 $X_1, X_2, \ldots, i.i.d. \sim Po(\lambda)$ とすると，$\text{Var}(X_i) = \lambda$ に注意すると中心極限定理より

$$\sqrt{n}(\overline{X} - \lambda) \to_d \mathcal{N}(0, \lambda)$$

となる．$g'(\lambda) = 1/\sqrt{\lambda}$ となる変換 $g(\cdot)$ を求めると

$$g(\lambda) = 2\sqrt{\lambda}$$

が導かれる．したがって，$\sqrt{n}(\sqrt{\overline{X}} - \sqrt{\lambda}) \to \mathcal{N}(0, 1/4)$ となる． □

5.4 順序統計量

最小統計量，最大統計量，メディアン，四分位点などは統計解析において重要な統計量である．これらは順序統計量として表すことができる．

▷ **定義 5.24** $X_1, \ldots, X_n$ を確率分布 P からのランダム・サンプル，すなわち $X_1, \ldots, X_n, i.i.d. \sim P$ とする．小さい順に並べ替えたものを $X_{(1)} \leq X_{(2)} \leq \cdots \leq X_{(n)}$ で表し**順序統計量** (order statistics) という．

$X_{(1)} = \min_{1 \leq i \leq n} X_i$ は最小統計量，$X_{(2)}$ は 2 番目に最も小さい確率変数であり，$X_{(n)} = \max_{1 \leq i \leq n} X_i$ は最大統計量である．**標本範囲** (sample range) は $R = X_{(n)} - X_{(1)}$．**メディアン** (median) は

$$M = \begin{cases} X_{((n+1)/2)} & (n \text{ が奇数のとき}) \\ \{X_{(n/2)} + X_{(n/2+1)}\}/2 & (n \text{ が偶数のとき}) \end{cases}$$

と書ける．

$x_1 < x_2 < \cdots < x_n$ とし，$x_1, x_2, \ldots, x_n$ 上に確率をもつ離散型確率変数を考える．$P(X_1 = x_i) = p_i$ とし $P_i = P(X_1 \leq x_i)$ とおくと，$P_0 = 0$, $P_1 = p_1$, $P_2 = p_1 + p_2, \ldots, P_i = p_1 + p_2 + \cdots + p_i, i = 1, \ldots, n$ となる．

▶ **命題 5.25** $X_{(j)}$ の分布関数と確率関数は次で与えられる．

$$P(X_{(j)} \leq x_i) = \sum_{k=j}^{n} \binom{n}{k} P_i^k (1 - P_i)^{n-k}$$

$$P(X_{(j)} = x_i) = \sum_{k=j}^{n} \binom{n}{k} \left\{ P_i^k (1-P_i)^{n-k} - P_{i-1}^k (1-P_{i-1})^{n-k} \right\}$$

[証明] x_i を固定し，$X_j \leq x_i$ なる j の個数を Y とおく．$X_j \leq x_i$ のとき '成功'，$X_j > x_i$ のとき '失敗' と考えると，成功確率は $P_i = P(X_j \leq x_i)$ となるので，Y は2項分布 $Bin(n, P_i)$ に従うことがわかる．$P(X_{(j)} \leq x_i) = P(Y \geq j)$ なる関係に着目すると，命題 5.25 の等式が成り立つことがわかる． □

次に連続型確率変数の場合を扱おう．各確率変数 X_i の分布関数と確率密度関数を $F(\cdot)$, $f(\cdot)$ で表すと，$X_{(j)}$ の分布関数は命題 5.25 と同様に考えて

$$F_{X_{(j)}}(x) = \sum_{k=j}^{n} \binom{n}{k} \{F(x)\}^k \{1-F(x)\}^{n-k}$$

と書けることがわかる．これを x に関して微分すると確率密度関数が得られる．

▶命題 5.26 $X_{(j)}$ の確率密度関数は次のようになる．

$$f_{X_{(j)}}(x) = \frac{n!}{(j-1)!(n-j)!} f(x) \{F(x)\}^{j-1} \{1-F(x)\}^{n-j} \tag{5.16}$$

[証明] $F_{X_{(j)}}(x)$ を微分すると

$$f_{X_{(j)}}(x) = \sum_{k=j}^{n} \binom{n}{k} f(x) \Big\{ k \{F(x)\}^{k-1} \{1-F(x)\}^{n-k} - (n-k) \{F(x)\}^k \{1-F(x)\}^{n-k-1} \Big\}$$

となり，これを書き直すと

$$f_{X_{(j)}}(x) = \binom{n}{j} j f(x) \{F(x)\}^{j-1} \{1-F(x)\}^{n-j}$$
$$+ \sum_{k=j+1}^{n} \binom{n}{k} f(x) k \{F(x)\}^{k-1} \{1-F(x)\}^{n-k}$$
$$- \sum_{k=j}^{n-1} \binom{n}{k} f(x) (n-k) \{F(x)\}^k \{1-F(x)\}^{n-k-1}$$

と書ける．さらに書き直して整理すると

$$f_{X_{(j)}}(x) = \frac{n!}{(j-1)!(n-j)!}f(x)\{F(x)\}^{j-1}\{1-F(x)\}^{n-j}$$
$$+ \sum_{k=j}^{n-1} \binom{n}{k+1} f(x)(k+1)\{F(x)\}^k \{1-F(x)\}^{n-k-1}$$
$$- \sum_{k=j}^{n-1} \binom{n}{k} f(x)(n-k)\{F(x)\}^k \{1-F(x)\}^{n-k-1}$$
$$= \frac{n!}{(j-1)!(n-j)!}f(x)\{F(x)\}^{j-1}\{1-F(x)\}^{n-j}$$

となり命題が示される．最後の等号は

$$\binom{n}{k+1}(k+1) = \frac{n!}{k!(n-k-1)!} = \binom{n}{k}(n-k)$$

による． □

これは，n 個のランダム・サンプルを次の 3 つの事象に分ける場合の 3 項分布として形式的に表されることがわかる．

事象	$\{X_k < x\}$	$\{X_k = x\}$	$\{x < X_k\}$
確率	$F(x)$	$f(x)$	$1-F(x)$

実際，それぞれの事象の確率もしくは確率密度関数は $F(x), f(x), 1-F(x)$ となるので，$X_{(j)} = x$ となる確率は，$\{X_k < x\}$ が $j-1$ 回，$\{X_k = x\}$ が 1 回，$\{X_k > x\}$ が $n-j$ 回起こる 3 項分布と解釈できるので

$$f_{X_{(j)}}(x) = \frac{n!}{(j-1)!1!(n-j)!}\{F(x)\}^{j-1}f(x)\{1-F(x)\}^{n-j}$$

となり，(5.16) に等しいことがわかる．

同様にして，$X_{(i)}$ と $X_{(j)}$ $(i<j)$ の同時確率密度関数 $f_{X_{(i)}, X_{(j)}}(x,y)$ は

事象	$\{X_k < x\}$	$\{X_k = x\}$	$\{x < X_k < y\}$	$\{X_k = y\}$	$\{y < X_k\}$
確率	$F(x)$	$f(x)$	$F(y)-F(x)$	$f(y)$	$1-F(y)$

なる 5 つの事象が，それぞれ $i-1$ 回，1 回，$j-i-1$ 回，1 回，$n-j$ 回起こる 5 項分布に対応するので，

$$f_{X_{(i)},X_{(j)}}(x,y) = \frac{n!}{(i-1)!(j-i-1)!(n-j)!}f(x)f(y)F(x)^{i-1}$$
$$\times \{F(y)-F(x)\}^{j-i-1}\{1-F(y)\}^{n-j}$$

と書ける．$X_{(1)},\ldots,X_{(n)}$ の同時確率密度関数 $f_{X_{(1)},\ldots,X_{(n)}}(x_1,\ldots,x_n)$ は各事象 $\{X_k = x_1\},\ldots,\{X_k = x_n\}$ が 1 回ずつ起こると考えると

$$f_{X_{(1)},\ldots,X_{(n)}}(x_1,\ldots,x_n) = n!f(x_1)\cdots f(x_n), \quad -\infty < x_1 < \cdots < x_n < \infty$$

と書けることがわかる．最小統計量 $X_{(1)}$ と最大統計量 $X_{(n)}$ の確率密度関数は (5.16) より

$$\begin{aligned}f_{X_{(1)}}(x) &= nf(x)\{1-F(x)\}^{n-1}, \\ f_{X_{(n)}}(x) &= nf(x)\{F(x)\}^{n-1}\end{aligned} \tag{5.17}$$

と表される．これらは，$P(X_{(1)} > x) = P(X_1 > x,\ldots,X_n > x) = \prod_{i=1}^{n}P(X_i > x)$, $P(X_{(n)} \leq x) = P(X_1 \leq x,\ldots,X_n \leq x) = \prod_{i=1}^{n}P(X_i \leq x)$ と書けることに注意すると，それらから直接計算することもできる．

【例 5.27】 区間 $(0,1)$ 上の一様分布からのランダム・サンプル $X_1,\ldots,X_n$, i.i.d. $\sim U(0,1)$ については，$F(x) = xI_{[0<x<1]} + I_{[x \geq 1]}$ より，

$$f_{X_{(j)}}(x) = \frac{n!}{(j-1)!(n-j)!}x^{j-1}(1-x)^{n-j}, \quad 0 < x < 1$$

となる．これは $X_{(j)} \sim Beta(j, n-j+1)$ に従うことを表している．これより，$E[X_{(j)}] = j/(n+1)$, $\mathrm{Var}(X_{(j)}) = j(n-j+1)/\{(n+1)^2(n+2)\}$ となる．

次に，$n(1-X_{(n)})$ の極限分布を求めてみよう．$\varepsilon > 0$ に対して，$n \to \infty$ とすると，

$$P(|X_{(n)} - 1| \geq \varepsilon) = P(X_{(n)} \leq 1-\varepsilon) = (1-\varepsilon)^n \to 0$$

となるので，$X_{(n)} \to_p 1$ となることがわかる．

$$P(n(1-X_{(n)}) \geq t) = P\left(X_{(n)} \leq 1-\frac{t}{n}\right) = \left(1-\frac{t}{n}\right)^n \to e^{-t} \tag{5.18}$$

となるので，$n(1-X_{(n)}) \to_d Ex(1)$ が示される．標本平均のときの極限分布が 1 点にならないためには $\sqrt{n}$ をかける必要があったが，この場合 $\sqrt{n}(1-X_{(n)}) \to_p 0$ となり 1 点になってしまう．このような場合，極限分布は退化す

るという．最大統計量の極限分布が退化しないためには n をかける必要があることがわかる．このような分布を一般に極値分布といい，5.5節で簡単な説明が与えられる． □

5.5 発展的事項

5.5.1 極値分布

　河川の氾濫，最大風速，最大降雨量，金融におけるリスクなど，自然災害や経済リスクを見積もることが近年注目されている．最大統計量もしくは最小統計量の極限分布はこのようなリスクを考えるのに役立つ．ここでは最大統計量の極限分布を考える．$X_1, X_2, \ldots, X_n, \ldots, i.i.d.$ とし，各 X_i の従う分布関数を $F(x)$，確率（密度）関数を $f(x)$ とする．簡単のために $Z_n = \max\{X_1, \ldots, X_n\}$ とおく．実数列 $a_n \,(> 0)$ と b_n を適当にとって $(Z_n - b_n)/a_n$ を考えると，$n \to \infty$ のときこの分布が退化しない分布 $G(\cdot)$ に収束するとする．すなわち

$$\lim_{n \to \infty} P((Z_n - b_n)/a_n \leq x) = G(x) \tag{5.19}$$

なる極限分布 $G(x)$ が存在すると仮定する．このとき，極限分布 $G(x)$ を **極値分布** (extreme-value distribution) という．Z_n の分布は (5.17) より $P(Z_n \leq x) = \{F(x)\}^n$ と書かれ，一般に

$$P((Z_n - b_n)/a_n \leq x) = P(Z_n \leq a_n x + b_n) = \{F(a_n x + b_n)\}^n$$

と表されるので，極値分布は $G(x) = \lim_{n \to \infty} \{F(a_n x + b_n)\}^n$ として得られる．

【例 5.28】 $X_1, \ldots, X_n, i.i.d. \sim Ex(1)$ については，$F(x) = 1 - e^{-x}$, $f(x) = e^{-x}, x > 0$, であるから，$a_n = 1, b_n = \log n$ とおくと，

$$\{F(x + \log n)\}^n = \{1 - e^{-(x + \log n)}\}^n = \{1 - e^{-x}/n\}^n \to e^{-e^{-x}}$$

となる．したがって極値分布は $G(x) = \exp\{-\exp\{-x\}\}$ となり，これを **ガンベル分布** (Gumbel distribution) という．すなわち，

$$Z_n - \log n \to_d e^{-e^{-x}}$$

となる. □

例 5.27 においては, $a_n = 1/n, b_n = 1$ とおくと極限分布は, (5.18) より

$$P(n(Z_n - 1) \leq x) \to \begin{cases} e^x & (x \leq 0 \text{ のとき}) \\ 1 & (x > 0 \text{ のとき}) \end{cases}$$

となることがわかる. これは（負の）指数分布と呼べるものである. 極値理論によると, 一般に極値分布 $G(x)$ は次の 3 つの分布型に限られることが知られている.

タイプ I（ガンベル分布）：$G(x) = \exp\{-\exp\{-x\}\}, -\infty < x < \infty$
タイプ II（フレシェ分布）：$G(x) = \exp\{-x^{-\alpha}\}I_{[x>0]}, \alpha > 0$
タイプ III（(負の)ワイブル分布）：$G(x) = \exp\{-(-x)^\alpha\}I_{[x\leq 0]}+I_{[x>0]}, \alpha > 0$

分布関数 $F(x)$ が正規分布, 指数分布, ワイブル分布, 対数正規分布のときには $G(x)$ はタイプ I になり, $F(x)$ がパレート分布, t-分布, コーシー分布のときには $G(x)$ はタイプ II になり, $F(x)$ がベータ分布, 一様分布のときには $G(x)$ はタイプ III になる. 3 つのタイプの極値分布は $G_\xi(x) = \exp\{-(1 + \xi x)^{-1/\xi}\}, \xi x > -1,$ なる形で統一的に表現することができる. ξ は形状母数である. これに位置・尺度母数を加えて表した分布

$$G(x) = G_\xi\left(\frac{x-\mu}{\sigma}\right) = \exp\left\{-\left\{1 + \xi\left(\frac{x-\mu}{\sigma}\right)\right\}^{-1/\xi}\right\}$$

を**一般化極値分布** (generalized extreme-value distribution) といい, $GEV(\mu, \sigma, \xi)$ と書く. 極値分布の詳しい解説については高橋・志村 (2016) を参照してほしい. 極値統計では, 極値分布の上側微小確率点の推定に関心がある場合が多い. p を微小な確率とし,

$$1 - G(x_p) = 1 - G_\xi\left(\frac{x_p - \mu}{\sigma}\right) = p$$

となる分位点 x_p を推定することが問題となり, ファイナンスにおいてはバリュー・アット・リスク (VaR) の推定に応用される.

5.5.2 証明の補足

[命題 5.16 の証明] 確率変数 S, T と実数 w と $\varepsilon > 0$ に対して不等式

$$P(S \leq w - \varepsilon) - P(|S - T| > \varepsilon) \\ \leq P(T \leq w) \leq P(S \leq w + \varepsilon) + P(|S - T| > \varepsilon) \tag{5.20}$$

が成り立つことを示そう．右側の不等式は，$P(T \leq w) = P(T \leq w, |S - T| \leq \varepsilon) + P(T \leq w, |S - T| > \varepsilon) \leq P(S \leq w + \varepsilon) + P(|S - T| > \varepsilon)$ よりわかる．この不等式において w を $w - \varepsilon$ に置き換え，S と T を交換すると，$P(S \leq w - \varepsilon) \leq P(T \leq w) + P(|S - T| > \varepsilon)$ となり，左側の不等式が得られる．したがって，不等式 (5.20) が成り立つ．

(1) を示すためには，U の分布関数の連続点 x において $\lim_{n \to \infty} P(U_n \leq x) = P(U \leq x)$ を示せばよい．不等式 (5.20) において，$S = U, T = U_n$, $w = x$ とおくと，$P(U \leq x - \varepsilon) - P(|U_n - U| > \varepsilon) \leq P(U_n \leq x) \leq P(U \leq x + \varepsilon) + P(|U_n - U| > \varepsilon)$ と書ける．ここで $U_n \to_p U$ より，$P(U \leq x - \varepsilon) \leq \lim_{n \to \infty} P(U_n \leq x) \leq P(U \leq x + \varepsilon)$ となる．x は連続点だから，ε を小さくすれば，$U_n \to_d U$ が成り立つことがわかる．

(2) を示すために，

$$P(|U_n - a| > \varepsilon) = P(U_n > a + \varepsilon) + P(U_n < a - \varepsilon) \\ \leq 1 - P(U_n \leq a + \varepsilon) + P(U_n \leq a - \varepsilon)$$

に注意する．$U_n \to_d a$ とは，U_n が $P(U = a) = 1$ となる確率分布に収束することを意味するので，$\lim_{n \to \infty} P(U_n \leq a + \varepsilon) = 1, \lim_{n \to \infty} P(U_n \leq a - \varepsilon) = 0$ となる．したがって，$\lim_{n \to \infty} P(|U_n - a| > \varepsilon) = 0$ となることがわかる． □

[命題 5.19 の証明] (1) については，x を U の分布関数の連続点とし，不等式 (5.20) において $S = U_n + a, T = U_n + V_n, w = x$ とおくと，

$$P(U_n \leq x - a - \varepsilon) - P(|V_n - a| > \varepsilon) \\ \leq P(U_n + V_n \leq x) \leq P(U_n \leq x - a + \varepsilon) + P(|V_n - a| > \varepsilon)$$

となる．$U_n \to_d U, V_n \to_p a$ より，$P(U \leq x - a - \varepsilon) \leq \lim_{n \to \infty} P(U_n + V_n \leq x) \leq P(U \leq x - a + \varepsilon)$ が成り立つ．$\varepsilon \to 0$ にすると，$U_n + V_n \to_d U + a$ が成り立つことがわかる．

(2) については，$U_nV_n = U_n(V_n - a) + aU_n$ であり，$aU_n \to_d aU$ に注意すると，$U_n(V_n-a) \to_p 0$ を示すことができれば，(1) の結果を用いて $U_nV_n \to_d aU$ が成り立つ．以下記号の簡略化のために $a = 0$ として $U_nV_n \to_p 0$ を示そう．$\varepsilon > 0, \delta > 0$ に対して

$$P(|U_nV_n| > \varepsilon) = P(|U_nV_n| > \varepsilon, |V_n| \leq \delta) + P(|U_nV_n| > \varepsilon, |V_n| > \delta)$$
$$\leq P(|U_n| > \varepsilon/\delta) + P(|V_n| > \delta)$$

が成り立つ．したがって，$\lim_{n\to\infty} P(|U_nV_n| > \varepsilon) \leq P(|U| > \varepsilon/\delta)$ となる．$\delta \to 0$ とすると，$U_nV_n \to_p 0$ となることがわかる． □

5.5.3 概収束と大数の強法則

概収束は確率収束より強い意味での収束で次で定義される．

▷**定義 5.29** 確率変数の列 $\{U_n\}$, $n = 1, 2, \ldots,$ が確率変数 U に**概収束** (almost sure convergence) するとは，

$$P(\{\omega \mid \lim_{n\to\infty} |U_n(\omega) - U(\omega)| = 0\}) = 1$$

となることをいい，$U_n \to U$ a.s. で表す．

集合列 A_n, $n = 1, 2, \ldots,$ に対して，上極限集合は

$$\limsup_{n\to\infty} A_n = \bigcap_{n=1}^{\infty} \bigcup_{k=n}^{\infty} A_k$$

で定義される．これは，無限に多くの A_n に含まれる要素の全体からなる集合であるので infinitely often を略して $(A_n, i.o.)$ と書くこともある．第 1 章の演習問題で与えられたボレル・カンテリの補題を用いると次の定理が示される．

▶**定理 5.30 (大数の強法則)** $X_1, X_2, \ldots, i.i.d. \sim F$ とし，$E[X_1] = \mu$, $\mathrm{Var}(X_1) = \sigma^2$, $E[(X_1 - \mu)^4] = \mu_4 < \infty$ を仮定する．このとき，$\overline{X}$ は μ に概収束する．

[証明] 一般性を失うことなく $\mu=0$ とする。$S_n = \sum_{i=1}^n X_i$ とおく。マルコフの不等式より，任意の $\varepsilon>0$ に対して $P(|S_n| \geq n\varepsilon) \leq (n^4\varepsilon^4)^{-1} E[(S_n)^4]$ が成り立つ。ここで，次の等式を示すことができる。

$$E[S_n^4] = \sum_{i=1}^n E[X_i^4] + 3\sum_{i\neq j} E[X_i^2]E[X_j^2] = n\mu_4 + 3n(n-1)\sigma^4$$

$\sum_{n=1}^\infty n^{-4} E[S_n^4] < \infty$ となるので，$B_k(\varepsilon) = \{\omega \| S_k/k| \geq \varepsilon\}$ とおくと，ボレル・カンテリの補題より，$P(\cap_{n=1}^\infty \cup_{k=n}^\infty B_k(\varepsilon)) = 0$ となる。m に関する確率の連続性より

$$P\left(\bigcap_{m=1}^\infty \bigcup_{n=1}^\infty \bigcap_{k=n}^\infty \left\{B_k\left(\frac{1}{m}\right)\right\}^c\right) = 1 - P\left(\bigcap_{m=1}^\infty \bigcup_{n=1}^\infty \bigcap_{k=n}^\infty B_k\left(\frac{1}{m}\right)\right) = 1$$

となる。この式は，「任意の $\varepsilon>0$ に対して，$m>1/\varepsilon$ なる m をとると，ある自然数 n が存在して，$k \geq n$ なる任意の k に対して，$|S_k/k| < 1/m \leq \varepsilon$ となる確率が 1 である」ことを意味しており，大数の強法則が示される。 □

この定理は簡単のために 4 次のモーメントを仮定しているが，実は大数の法則は平均が存在するという弱い条件だけで成り立つ。したがって，大数の弱法則もこの弱い条件で成り立つことになる。

5.5.4 中心極限定理の一般化

独立な確率変数列の中心極限定理に関する一般的な定理が**リンデベルグ・フェラーの定理** (Lindeberg-Feller's theorem) である。

▶**定理 5.31** $X_1, X_2, \ldots$ を独立な確率変数の列とし，X_i の平均を μ_i, 分散を σ_i^2 とし，分散の存在を仮定する。$S_n = \sum_{i=1}^n X_i$, $B_n^2 = \sum_{i=1}^n \sigma_i^2$ とおくと，すべての $\varepsilon > 0$ で

$$\lim_{n\to\infty} \frac{1}{B_n^2} \sum_{i=1}^n E\left[(X_i - \mu_i)^2 I_{[|X_i-\mu_i| \geq \varepsilon B_n]}\right] = 0 \tag{5.21}$$

であることと，

$$\begin{cases} \text{(i)} & \lim_{n\to\infty} \max_{1\leq i \leq n} \sigma_i^2/B_n^2 = 0 \\ \text{(ii)} & (S_n - E[S_n])/B_n \to_d \mathcal{N}(0,1) \end{cases} \tag{5.22}$$

が同値である。

リンデベルグ・フェラーの定理から様々な中心極限定理の変形が得られる．その 1 つが**リヤプノフの中心極限定理** (Lyapunov CLT) である．

▶ **定理 5.32** $X_1, X_2, \ldots$ を独立な確率変数の列とし，X_i の平均を μ_i，分散を σ_i^2，$E[|X_i - \mu_i|^3] = \gamma_i$ とする．$S_n = \sum_{i=1}^n X_i$，$B_n^2 = \sum_{i=1}^n \sigma_i^2$ とおくと，

$$\lim_{n \to \infty} \sum_{i=1}^n \gamma_i / B_n^3 = 0 \tag{5.23}$$

ならば，$(S_n - E[S_n])/B_n \to_d \mathcal{N}(0,1)$ が成り立つ．

[証明] 条件 (5.21) が成り立つことを確かめればよい．$|X_i - \mu_i| \geq \varepsilon B_n$ ならば，$|X_i - \mu_i|^3 \geq |X_i - \mu_i|^2 \varepsilon B_n$ となるので，

$$\frac{1}{B_n^2} \sum_{i=1}^n E\left[(X_i - \mu_i)^2 I_{[|X_i - \mu_i| \geq \varepsilon B_n]}\right] \leq \frac{1}{\varepsilon B_n^3} \sum_{i=1}^n E[|X_i - \mu_i|^3]$$

が成り立つ．定理の条件より (5.21) が成り立つことがわかる．□

▶ **命題 5.33** $X_1, X_2, \ldots, i.i.d. \sim (\mu, \sigma^2)$ とする．$E[|X_i - \mu|^3] < \infty$ を仮定する．$c_1, c_2, \ldots,$ を定数の列とし，$C_n^2 = \sum_{i=1}^n c_i^2$ とする．

$$\lim_{n \to \infty} \max_{1 \leq i \leq n} c_i^2 / C_n^2 = 0$$

が成り立つならば，$(\sum_{i=1}^n c_i X_i - \sum_{i=1}^n c_i \mu)/(\sigma C_n) \to_d \mathcal{N}(0,1)$ が成り立つ．

[証明] $Y_i = c_i X_i$ とおいて $\mu_i = c_i \mu$，$\sigma_i^2 = c_i^2 \sigma^2$ とすると，$B_n^2 = \sum_{i=1}^n c_i^2 \sigma^2$，$E[|c_i X_i - \mu_i|^3] = c_i^3 E[|X_1 - \mu|^3]$ と書ける．

$$\frac{\sum_{i=1}^n E[|c_i X_i - \mu_i|^3]}{B_n^3} = \frac{\sum_{i=1}^n |c_i|^3}{(\sum_{i=1}^n c_i^2)^{3/2} \sigma^3} E[|X_1 - \mu|^3]$$

$$\leq \frac{\max_{1 \leq i \leq n} |c_i|}{(\sum_{i=1}^n c_i^2)^{1/2}} \frac{E[|X_1 - \mu|^3]}{\sigma^3}$$

となるので，条件より右辺が 0 に収束するので (5.23) が成り立つことがわかる．□

▶ **命題 5.34** $X_1, X_2, \ldots$ を独立な確率変数の列で $|X_i| \leq K$ となる $K > 0$ が存在すると仮定する．X_i の平均を μ_i，分散を σ_i^2 とし，$B_n^2 = \sum_{i=1}^n \sigma_i^2$ に対して $\lim_{n \to \infty} B_n = \infty$ を仮定する．このとき，$S_n = \sum_{i=1}^n X_i$ に対して $(S_n -$

$E[S_n])/B_n \to_d \mathcal{N}(0,1)$ が成り立つ.

[証明] 条件 (5.21) において
$$E\left[(X_i - \mu_i)^2 I_{[|X_i - \mu_i| \geq \varepsilon B_n]}\right] \leq (2K)^2 P(|X_i - \mu_i| \geq \varepsilon B_n)$$
$$\leq (2K)^2 \frac{\sigma_i^2}{\varepsilon^2 B_n^2}$$
となるので,
$$\frac{1}{B_n^2} \sum_{i=1}^n E\left[(X_i - \mu_i)^2 I_{[|X_i - \mu_i| \geq \varepsilon B_n]}\right] \leq (2K)^2 \frac{1}{\varepsilon^2 B_n^2}$$
と書ける. $B_n \to \infty$ より, 条件 (5.21) が成り立つことが確かめられる. □

【例 5.35】 $X_1, X_2, \ldots$ を独立な確率変数の列とし, $X_i \sim Ber(p_i)$ とする. $E[X_i] = p_i$, $\text{Var}(X_i) = p_i(1 - p_i)$, $|X_i| \leq 1$ である. したがって, $n \to \infty$ とするとき $B_n^2 = \sum_{i=1}^n p_i(1 - p_i) \to \infty$ となることを仮定する. このとき, $(S_n - E[S_n])/B_n \to_d \mathcal{N}(0,1)$ が成り立つ. □

演習問題

問 1 $X_1, \ldots, X_n, i.i.d. \sim \mathcal{N}(\mu, \sigma^2)$ とし, $\overline{X}$, S^2 を標本平均, 標本分散とする. $\overline{X} + \sqrt{n} S$ の平均と分散を求めよ.

問 2 自由度 m の t-分布に従う確率変数 T の分布関数が
$$P(T \leq t) = P(Z/\sqrt{Y/m} \leq t) = \int_0^\infty P(Z \leq t\sqrt{y}/\sqrt{m}) f_Y(y)\, dy$$
なる正規尺度混合分布 (4.12) の形で表されることを示せ. ただし, Z と Y は独立な確率変数で $Z \sim \mathcal{N}(0,1)$, $Y \sim \chi_m^2$ に従うとする. これを微分することにより, t-分布の確率密度関数が得られることを確かめよ.

問 3 混合分布の表現を利用して自由度 m の t-分布に従う確率変数 T の平均と分散を計算せよ. また自然数 r に対して $E[T^r]$ を計算し, この期待値が存在するための r の条件を与えよ.

問 4 $Y \sim F_{m,n}$ のとき, 自然数 r に対して $E[Y^r]$ を求めよ. またこの期待値が存在するための r の条件を与えよ.

問 5 $X, Y, i.i.d. \sim \mathcal{N}(0,1)$ とする. $Z = \min\{X, Y\}$ とおくとき $Z^2 \sim \chi_1^2$ を示せ.

問 6 マルコフの不等式と同様にして次の不等式を示せ.
 (1) $Z \sim \mathcal{N}(0,1)$ としその確率密度関数を $\phi(z)$ とするとき，$P(|Z| \geq t) \leq (2/t)\phi(t)$ が成り立つ.
 (2) 任意の確率変数 X と $t > 0$ について，$P(X \geq a) \leq e^{-at}M_X(t)$ が成り立つ.

問 7 $g(x)$ を $g(x) > 0,\, g(-x) = g(x)$ なる関数とし，$x > 0$ の範囲で増加関数になっているとする．このとき，$t > 0$ に対して次の不等式を示せ.
$$P(|X| \geq t) \leq E[g(X)]/g(t)$$

問 8 $X_1, \ldots, X_n, i.i.d. \sim (\mu, \sigma^2)$ とする．このとき次を示せ.
$$\frac{2}{n(n+1)} \sum_{j=1}^{n} jX_j \to_p \mu$$

問 9 確率変数の列 $X_1, X_2, \ldots$ について，$\overline{X}_n = n^{-1}\sum_{i=1}^{n} X_i$, $V_n^2 = (n-1)^{-1} \times \sum_{i=1}^{n}(X_i - \overline{X}_n)^2$ とおく．このとき次の等式を示せ.
 (1) $\overline{X}_{n+1} = (X_{n+1} + n\overline{X}_n)/(n+1)$
 (2) $nV_{n+1}^2 = (n-1)V_n^2 + \{n/(n+1)\}(X_{n+1} - \overline{X}_n)^2$

問 10 確率変数 $X_1, \ldots, X_n$ が i.i.d. で，平均 μ，分散 σ^2 および 4 次の中心モーメント $\mu_4 = E[(X_1 - \mu)^4]$ をもつとする．不偏分散 $V_n^2 = \sum_{i=1}^{n}(X_i - \overline{X}_n)^2/(n-1)$ について，次の問に答えよ.
 (1) $n \to \infty$ とするとき，V_n^2 は σ^2 に確率収束することを示せ.
 (2) $n \to \infty$ とするとき，$\sqrt{n}(V_n^2 - \sigma^2)$ は $\mathcal{N}(0, \mu_4 - \sigma^4)$ に分布収束することを示せ.

問 11 確率変数 $X_1, \ldots, X_n$ が平均 μ，分散 σ^2 の母集団からの標本で $\mathrm{Cov}(X_i, X_j) = \rho_n \sigma^2,\, i \neq j$，なるような相関が入っているものとする．$\lim_{n \to \infty} \rho_n = 0$ のとき標本平均 $\overline{X}_n = \sum_{i=1}^{n} X_i/n$ は μ に確率収束することを示せ.

問 12 $X_n \sim Bin(n,p)$ とし，$X_n = 0$ のとき $Y_n = 1$，$X_n \geq 1$ のとき $Y_n = \log(X_n/n)$ とおく．このとき $Y_n \to_p \log p$, $\sqrt{n}(Y_n - \log p) \to_d \mathcal{N}(0, (1-p)/p)$ を示せ.

問 13 $X_1, \ldots, X_n, i.i.d. \sim Ex(\lambda)$ とする.
 (1) $X_{(1)}$ と $X_{(n)}$ の同時確率密度関数を求めよ．また $i = 1, \ldots, n$ に対して，$X_{(i)}$ の確率密度関数を求めよ.
 (2) $U_n = (\lambda X_{(n)} - \log n)$ の漸近分布を求めよ.

問 14 $X_1,\ldots,X_n, i.i.d. \sim Ex(\lambda)$ とする. $Y_1 = nX_{(1)}$, $Y_2 = (n-1)(X_{(2)} - X_{(1)})$, $Y_3 = (n-2)(X_{(3)} - X_{(2)})$, $\ldots$, $Y_n = X_{(n)} - X_{(n-1)}$ とおく. このとき $Y_1,\ldots,Y_n, i.i.d. \sim Ex(\lambda)$ となることを示せ.

問 15 $X_1,\ldots,X_n$ が互いに独立な非負の確率変数とし, X_i のハザード関数を $\lambda_i(x)$ とする.
  (1) $X_{(1)}$ のハザード関数は $\lambda_{X_{(1)}}(x) = \lambda_1(x) + \cdots + \lambda_n(x)$ となる.
  (2) $X_{(n)}$ のハザード関数については $\lambda_{X_{(n)}}(x) \leq \lambda_1(x) + \cdots + \lambda_n(x)$ を満たすことを示せ.

問 16 $X_1,\ldots,X_n, i.i.d. \sim f(x\,|\,\theta)$ とし, $f(x\,|\,\theta)$ は
$$f(x\,|\,\theta) = \frac{a}{\theta^a} x^{a-1}, \quad 0 < x < \theta,\ a > 0$$
で与えられるとする. $U_1 = X_{(1)}/X_{(2)}$, $U_2 = X_{(2)}/X_{(3)}$, $\ldots$, $U_{n-1} = X_{(n-1)}/X_{(n)}$, $U_n = X_{(n)}$ とおく.
  (1) $(U_1,\ldots,U_n)$ の同時確率密度関数を求めよ.
  (2) 適当に a_n, b_n を与えて $(U_n - b_n)/a_n$ の極限分布を求めよ.

問 17 $X_1,\ldots,X_n, i.i.d. \sim F(x)$ とし, 分布関数 $F(x)$ がある $\alpha > 0$ に対して
$$\lim_{x \to \infty} x^\alpha (1 - F(x)) = \lambda > 0$$
を満たすとする.
  (1) 任意の $x > 0$ に対して $\lim_{n \to \infty} n[1 - F(n^{1/\alpha}x)] = \lambda x^{-\alpha}$ を示せ.
  (2) $Z_n = \max\{X_1,\ldots,X_n\}$ とおくとき $x > 0$ に対して $P(n^{-1/\alpha} Z_n \leq x) \to \exp\{-\lambda x^{-\alpha}\}$ となることを示せ.
  (3) $\lim_{n \to \infty} P(n^{-1/\alpha} Z_n \leq 0) = 0$ を示せ.

問 18 $X_1,\ldots,X_n, i.i.d. \sim F(x)$ とし $X_i \geq 0$ とする. $M_n = \min\{X_1,\ldots,X_n\}$ とする.
  (1) $\lim_{x \to 0} F(x)/x = \lambda > 0$ を仮定するとき, $nM_n \to_d Ex(\lambda)$ を示せ.
  (2) ある $\alpha > 0$ に対して $\lim_{x \to 0} F(x)/x^\alpha = \lambda > 0$ を仮定するとき, $n^{1/\alpha} M_n$ はどのような分布に収束するか.

問 19(*) $U_{1-m}, U_{2-m}, \ldots, i.i.d.$ とし $E[U_i] = 0$, $\mathrm{Var}(U_i) = \sigma^2$ とする. 定数 $c_0,\ldots,c_m$ に対して
$$X_i = \sum_{j=0}^{m} c_j U_{i-j}$$
とする. このとき $\sum_{i=1}^{n} X_i/\sqrt{n} \to_d N(0, \sigma^2 \tau^2)$, $\tau^2 = (\sum_{j=0}^{m} c_j)^2$, を示したい. ただし $\sum_{j=1}^{m} c_j \neq 0$ とする.

(1) $\sum_{i=1}^n X_i/\sqrt{n} = (\sum_{j=0}^m c_j)\sum_{i=1}^n U_i/\sqrt{n} + \sum_{j=1}^m c_j R_{nj}$ と表されることを示せ. ただし $R_{nj} = \sum_{i=1}^n U_{i-j}/\sqrt{n} - \sum_{i=1}^n U_i/\sqrt{n}$ である.

(2) $j = 1, \ldots, m$ に対して $R_{nj} = (U_{1-j} + \cdots + U_0 - U_{n-j+1} - \cdots - U_n)/\sqrt{n}$ と表されることを用いて $R_{nj} \to_p 0$ を示せ.

(3) $\sum_{i=1}^n X_i/\sqrt{n} \to_d N(0, \sigma^2\tau^2)$ を示せ.

第6章
統計的推定

これまでの章で準備した道具立てに基づいて，これ以降の章で統計的推測の方法について解説する．本章では，まず統計的推測の一般的な考え方について触れ，データの縮約に通じる十分統計量という考え方を説明する．その上で点推定の方法について述べる．点推定とは母集団の平均や分散などの特性値を標本に基づいて言い当てることであり，統計的推測の主要なテーマである．点推定値を求める具体的な方法としてモーメント法，最尤法，ベイズ法について説明する．後半では，推定方法の評価規準として不偏性をとりあげ，分散の最小化とそれに関連したクラメール・ラオ不等式の導出を行う．また最尤法の最適性として一致性と漸近有効性について説明する．

6.1 統計的推測

本節では，統計的な推測の考え方や様々な枠組みについて触れ，データ圧縮の方法として十分統計量と因子分解定理について説明しよう．

6.1.1 統計的推測の考え方

母集団から標本を抽出して，母集団の確率分布や確率モデルに関して推測を行うことが統計的推測の基本的な考え方である．例えば，現在の内閣支持率を調べて前回調査のときより支持率が変化しているかを判断したいとする．この場合，母集団は有権者全体であり，そこからランダムに有権者を抽出し，得られたデータに基づいて（内閣を支持する人数）÷（抽出した人数）を計算することによって内閣支持率を推定することができる．また，前回の内閣支持率と比較して変化したかを判断することができる．ここで問題となるのが，推定値の信頼性，推定の際生ずる誤差をどう見積もることができるのか，また前回の支持率から変化したと判断した場合，その信頼性をどう担保することができるのか，ということである．データは母集団の1部に過ぎないので推定誤差が

生ずるのが当然である.

　そこで，母集団が確率分布や確率モデル $f(x\,|\,\theta)$ に従っているとし，その確率分布に従う確率変数 $X_1,\ldots,X_n$ をサイズ n の標本と考え，抽出された具体的なデータ $x_1,\ldots,x_n$ はその確率変数の実現値と見なす．θ は内閣支持率のように母集団全体がもっている特性値で**パラメータ**もしくは**母数**と呼ばれる．この θ の値に関心があって θ の値を $X_1,\ldots,X_n$ に基づいて言い当てることを**統計的点推定**もしくは単に**推定** (estimation) という．また内閣支持率 $35 \pm 3\%$ のような表記に見られるように，θ が入っているような信頼性の高い区間を与えることを**区間推定** (interval estimation) という．さらに前回調査時の支持率と変化したか否かを判断することを**統計的仮説検定** (statistical hypothesis testing) といい，現データに基づいて将来起こるであろう確率変数を推測することを**予測** (prediction) という．このように，標本 $X_1,\ldots,X_n$ に基づいて母集団の確率分布や確率モデルに関して推論を行うことを**統計的推測** (statistical inference) といい，これ以降の章で説明していく．

　母集団の確率分布を $f(x\,|\,\theta)$ とし，既知の関数 $f(\cdot\,|\,\cdot)$ と未知の母数 θ から構成される場合を**パラメトリック（母数）モデル** (parametric model) という．例えば母集団が正規分布 $\mathcal{N}(\mu,\sigma^2)$ に従っているという想定は，分布の形状が正規分布に特定されており，平均 μ と分散 σ^2 が未知母数となるのでパラメトリック・モデルの枠組みに入る．これに対して $f(\cdot)$ の関数系が特定されない場合を**ノンパラメトリック・モデル** (nonparametric model) といい，関数系は特定できないが平均などのパラメトリックな構造が部分的に想定できる場合 $f(\cdot\,|\,\theta)$ を**セミパラメトリック・モデル** (semi-parametric model) という．

6.1.2　データの縮約

　確率分布 $f(x\,|\,\theta)$ からランダム・サンプル $X_1,\ldots,X_n$ がとられているとき，データ全体が，標本平均，標本分散，メディアン，最大統計量，最小統計量，四分位統計量などで代用することができるのであれば，このような縮約された統計量を用いた方がよい．特に n が大きいときにはすべてのデータのリストを扱うより，本質的ないくつかの統計量だけを扱った方が便利である．例えば，正規母集団 $\mathcal{N}(\mu,\sigma^2)$ からのランダム・サンプルに基づいて (μ,σ^2) に関する推測を行うには，$X_1,\ldots,X_n$ のデータを保管しておくことより，$(\overline{X},S^2)$ の2次元の数値だけを保管した方が使用するメモリーは少なくて済むし，全

データを眺めるよりも分布の形状がはっきりわかる.

データを縮約する統計量を求めるときに大事なことは,母集団の未知母数 θ に関して,縮約された統計量も全データと同程度の情報を持っていること,言い換えると,縮約した統計量が θ に関する情報を失っていないという点である.未知母数に関する情報を失っていない統計量を十分統計量という.今後,便宜上 $\boldsymbol{X} = (X_1, \ldots, X_n)$, $\boldsymbol{x} = (x_1, \ldots, x_n)$ と記述することにする.

本節の以下の議論においては,確率が θ に依存する場合には $P_\theta(\cdot)$, θ に依存しない場合には $P(\cdot)$ と表記することにする.

▷**定義 6.1** 統計量 $T(\boldsymbol{X})$ が θ に関して**十分統計量** (sufficient statistics) とは,$T(\boldsymbol{x}) = t$ を満たす $\boldsymbol{x}$ と t に対して $T(\boldsymbol{X}) = t$ を与えたときの $\boldsymbol{X} = \boldsymbol{x}$ の条件付き確率 $P(\boldsymbol{X} = \boldsymbol{x} | T(\boldsymbol{X}) = t)$ が θ に依存しないことをいう.

離散確率変数の場合,$T(\boldsymbol{x}) = t$ となる $\boldsymbol{x}$ に対して $P(\boldsymbol{X} = \boldsymbol{x} | T(\boldsymbol{X}) = t)$ が θ に依存しないことから,同時確率は $P_\theta(\boldsymbol{X} = \boldsymbol{x}) = P_\theta(\boldsymbol{X} = \boldsymbol{x}, T(\boldsymbol{X}) = t) = P(\boldsymbol{X} = \boldsymbol{x} | T(\boldsymbol{X}) = t) P_\theta(T(\boldsymbol{X}) = t)$ と表される.このことは,$\boldsymbol{X}$ の確率分布がもっている θ に関する情報と $T(\boldsymbol{X})$ の確率分布がもっている情報が同等であることを意味している.

【**例 6.2**】 $X_1, \ldots, X_n, i.i.d. \sim Ber(\theta)$ とする.$P_\theta(\boldsymbol{X} = \boldsymbol{x}) = \prod_{i=1}^{n} P_\theta(X_i = x_i) = \theta^{\sum_{i=1}^{n} x_i}(1-\theta)^{n - \sum_{i=1}^{n} x_i}$ と書ける.一方,$T(\boldsymbol{X}) = \sum_{i=1}^{n} X_i$ の分布は 2 項分布 $Bin(n, \theta)$ であるから,$T(\boldsymbol{x}) = t$ となる $\boldsymbol{x}$ に対して

$$P_\theta(T(\boldsymbol{X}) = t) = \binom{n}{t} \theta^t (1-\theta)^{n-t}$$

となる.したがって,$T(\boldsymbol{x}) = t$ を与えたときの $\boldsymbol{X} = \boldsymbol{x}$ の条件付き確率は

$$P_\theta(\boldsymbol{X} = \boldsymbol{x} | T(\boldsymbol{X}) = t) = \frac{P_\theta(\boldsymbol{X} = \boldsymbol{x}, T(\boldsymbol{X}) = t)}{P_\theta(T(\boldsymbol{X}) = t)}$$

$$= P_\theta(\boldsymbol{X} = \boldsymbol{x}) / P_\theta(T(\boldsymbol{X}) = t) = 1 \Big/ \binom{n}{t}$$

となり,θ に依存しないことがわかる.よって,$T(\boldsymbol{X})$ は θ に対する十分統計量になる. □

次の**因子分解定理** (factorization theorem) は十分統計量を求めるのに役立つ．

▶**定理 6.3** $T(\boldsymbol{X})$ が θ の十分統計量であるための必要十分条件は，$\boldsymbol{X} = (X_1, \ldots, X_n)$ の同時確率関数もしくは同時確率密度関数 $f(x_1, \ldots, x_n \mid \theta)$ が θ に依存する部分とそうでない部分に分解でき，θ に依存する部分は $T(\cdot)$ を通してのみ $\boldsymbol{x}$ に依存する，すなわち

$$f(x_1, \ldots, x_n \mid \theta) = h(\boldsymbol{x}) g(T(\boldsymbol{x}) \mid \theta) \tag{6.1}$$

と表されることである．

[証明] 簡単のため，離散分布の場合のみ示すが，連続分布や一般の分布においても成り立つ．

（必要性）$t = T(\boldsymbol{x})$ なる $\boldsymbol{x}$ に対して，$f(\boldsymbol{x} \mid \theta) = P_\theta(\boldsymbol{X} = \boldsymbol{x}) = P_\theta(\boldsymbol{X} = \boldsymbol{x}, T(\boldsymbol{X}) = t) = P_\theta(T(\boldsymbol{X}) = t) P(\boldsymbol{X} = \boldsymbol{x} \mid T(\boldsymbol{X}) = t)$ と書ける．そこで，$t = T(\boldsymbol{x})$ より，$P_\theta(T(\boldsymbol{X}) = t) = g(t \mid \theta) = g(T(\boldsymbol{x}) \mid \theta)$，$P(\boldsymbol{X} = \boldsymbol{x} \mid T(\boldsymbol{X}) = t) = h(\boldsymbol{x})$ とおけば，$f(\boldsymbol{x} \mid \theta) = h(\boldsymbol{x}) g(T(\boldsymbol{x}) \mid \theta)$ と表されることがわかる．

（十分性）$P_\theta(T(\boldsymbol{X}) = t) = \sum_{\boldsymbol{x}:T(\boldsymbol{x})=t} f(\boldsymbol{x} \mid \theta) = g(t \mid \theta) \sum_{\boldsymbol{x}:T(\boldsymbol{x})=t} h(\boldsymbol{x})$ となる．このとき，条件付き確率は，$T(\boldsymbol{x}) = t$ に注意すると，

$$P_\theta(\boldsymbol{X} = \boldsymbol{x} \mid T(\boldsymbol{X}) = t) = \frac{P_\theta(\boldsymbol{X} = \boldsymbol{x}, T(\boldsymbol{X}) = t)}{P_\theta(T(\boldsymbol{X}) = t)} = \frac{P_\theta(\boldsymbol{X} = \boldsymbol{x})}{P_\theta(T(\boldsymbol{X}) = t)}$$
$$= \frac{g(T(\boldsymbol{x}) \mid \theta) h(\boldsymbol{x})}{g(t \mid \theta) \sum_{\boldsymbol{x}:T(\boldsymbol{x})=t} h(\boldsymbol{x})} = \frac{h(\boldsymbol{x})}{\sum_{\boldsymbol{x}:T(\boldsymbol{x})=t} h(\boldsymbol{x})}$$

となり，θ に依存しないことから，$T(\boldsymbol{X})$ が十分統計量であることがわかる．□

【例 6.4】 $X_1, \ldots, X_n, i.i.d. \sim U(0, \theta)$ とする．このとき，同時確率密度関数は

$$f(\boldsymbol{x} \mid \theta) = \begin{cases} \theta^{-n} & (0 < x_1, \ldots, x_n < \theta \text{ のとき}) \\ 0 & (\text{その他の場合}) \end{cases}$$

$$= \theta^{-n} I_{[x_{(1)}>0]} I_{[x_{(n)}<\theta]}$$

と表される.定理 6.3 より,$T(\boldsymbol{X}) = X_{(n)}$ が θ に対する十分統計量となる. □

確率関数もしくは確率密度関数の族が

$$f(x \mid \boldsymbol{\theta}) = h(x) c(\boldsymbol{\theta}) \exp\Bigl\{\sum_{i=1}^{k} w_i(\boldsymbol{\theta}) t_i(x)\Bigr\} \tag{6.2}$$

なる形で表されるとき,**指数型分布族** (exponential family) という.ただし $\boldsymbol{\theta}$ は 1 次元母数でも多次元母数でもよい.正規分布,ガンマ分布,2 項分布,ポアソン分布,負の 2 項分布はこの分布族に属している.例えば,p を母数にもつ 2 項分布の確率関数は

$$f(x \mid p) = \binom{n}{x} (1-p)^n \exp\Bigl\{x \log \frac{p}{1-p}\Bigr\}$$

と表されるので,指数型分布族に入ることがわかる.

$c(\boldsymbol{\theta})$ は $1/c(\boldsymbol{\theta}) = \int h(x) \exp\{\sum_{i=1}^{k} w_i(\boldsymbol{\theta}) t_i(x)\} d\mu(x)$ を満たす正規化定数であるから,$(w_1(\boldsymbol{\theta}), \ldots, w_k(\boldsymbol{\theta})) = (\eta_1, \ldots, \eta_k)$ とおくと,正規化定数は $1/c^*(\boldsymbol{\eta}) = \int h(x) \exp\{\sum_{i=1}^{k} \eta_i t_i(x)\} d\mu(x)$ と表される.そこで $f(\boldsymbol{x} \mid \boldsymbol{\theta})$ を

$$f(x \mid \boldsymbol{\eta}) = h(x) c^*(\boldsymbol{\eta}) \exp\Bigl\{\sum_{i=1}^{k} \eta_i t_i(x)\Bigr\} \tag{6.3}$$

と書き直すことができる.$(\eta_1, \ldots, \eta_k)$ を**自然母数** (natural parameter) といい,$(E[t_1(X)], \ldots, E[t_k(X)])$ を**期待値母数** (expectation parameter) という.

2 項分布の場合,自然母数は $\eta = \log\{p/(1-p)\}$ でロジットと呼ばれ,期待値母数は np となる.

$X_1, \ldots, X_n, i.i.d.$ とし,(6.2) の指数型分布族に従うとすると,同時分布は

$$f(\boldsymbol{x} \mid \boldsymbol{\theta}) = \Bigl\{\prod_{i=1}^{n} h(x_i)\Bigr\} \{c(\boldsymbol{\theta})\}^n \exp\Bigl\{\sum_{j=1}^{k} w_j(\boldsymbol{\theta}) \sum_{i=1}^{n} t_j(x_i)\Bigr\}$$

と書けるので,定理 6.3 より,$(\sum_{i=1}^{n} t_1(X_i), \ldots, \sum_{i=1}^{n} t_k(X_i))$ が $\boldsymbol{\theta}$ に対する十分統計量になる.例えば,$\mathcal{N}(\mu, \sigma^2)$ の場合,(μ, σ^2) に対する十分統計量は $(\overline{X}, S^2)$ になることがわかる.

6.2 点推定量の導出方法

さて具体的な推定方法について説明しよう．パラメトリック・モデル $f(x\mid\theta_1,\ldots,\theta_k)$ を想定し，未知母数 $\boldsymbol{\theta}=(\theta_1,\ldots,\theta_k)$ をランダム・サンプル $X_1,\ldots,X_n$ に基づいて**点推定** (point estimation) する問題を考える．$\boldsymbol{X}=(X_1,\ldots,X_n)$ の関数で $\boldsymbol{\theta}$ を推定するので，この関数を $\widehat{\boldsymbol{\theta}}(\boldsymbol{X})$ もしくは単に $\widehat{\boldsymbol{\theta}}$ と書いて，$\boldsymbol{\theta}$ の**推定量** (estimator) という．$\boldsymbol{X}$ の実現値 $\boldsymbol{x}=(x_1,\ldots,x_n)$ を代入したもの $\widehat{\boldsymbol{\theta}}(\boldsymbol{x})$ を**推定値** (estimate) という．代表的な点推定量の求め方として，モーメント法，最尤法，ベイズ法がある．

6.2.1 モーメント法

$X\sim f(x\mid\boldsymbol{\theta})$ なる確率変数 X に対して，$E[X]=\mu'_1(\boldsymbol{\theta})$, $E[X^2]=\mu'_2(\boldsymbol{\theta})$, $\ldots$, $E[X^k]=\mu'_k(\boldsymbol{\theta})$ と表されるとする．$X_1,\ldots,X_n, i.i.d.\sim f(x\mid\boldsymbol{\theta})$ なるランダム・サンプルについて，大数の法則より $n^{-1}\sum_{i=1}^n X_i^r$ は $E[X^r]$ に確率収束することに注意する．そこでモーメント $E[X^r]$ を標本モーメント $n^{-1}\sum_{i=1}^n X_i^r$ で置き換え，

$$\begin{cases} n^{-1}\sum_{i=1}^n X_i = \mu'_1(\theta_1,\ldots,\theta_k), \\[6pt] n^{-1}\sum_{i=1}^n X_i^2 = \mu'_2(\theta_1,\ldots,\theta_k), \\[6pt] \qquad\qquad\vdots \\[6pt] n^{-1}\sum_{i=1}^n X_i^k = \mu'_k(\theta_1,\ldots,\theta_k), \end{cases}$$

なる同時方程式を $\theta_1,\ldots,\theta_k$ に関して解くことによって，推定量 $\widehat{\boldsymbol{\theta}}=(\widehat{\theta}_1,\ldots,\widehat{\theta}_k)$ を得る．これを**モーメント推定量** (moment estimator) という．

【例 6.5】 $X_1,\ldots,X_n, i.i.d.\sim Ber(p)$ とすると，$E[X_1]=p$ であり，$E[X_1]$ を $\overline{X}$ で置き換えると p のモーメント推定量は $\overline{X}$ となる． □

【例 6.6】 $X_1,\ldots,X_n, i.i.d.\sim\mathcal{N}(\mu,\sigma^2)$ とすると，$E[X_1]=\mu$, $E[X_1^2]=\sigma^2+\mu^2$ より，モーメント推定量は

$$\overline{X} = \mu, \quad n^{-1}\sum_{i=1}^{n} X_i^2 = \sigma^2 + \mu^2$$

の解となる．したがって，$\widehat{\mu} = \overline{X}, \widehat{\sigma}^2 = S^2 = n^{-1}\sum_{i=1}^{n}(X_i - \overline{X})^2$ が μ, σ^2 のモーメント推定量になる． □

6.2.2 最尤法

$\boldsymbol{X} = (X_1, \ldots, X_n)$ の同時確率関数もしくは同時確率密度関数において $\boldsymbol{x}$ を $\boldsymbol{X}$ に置き換えたものを

$$L(\boldsymbol{\theta} \mid \boldsymbol{X}) = \prod_{i=1}^{n} f(X_i \mid \boldsymbol{\theta})$$

と書き，**尤度関数** (likelihood function) という．また，その対数をとったもの $\ell(\boldsymbol{\theta} \mid \boldsymbol{X}) = \sum_{i=1}^{n} \log f(X_i \mid \boldsymbol{\theta})$ を**対数尤度関数** (log-likelihood function) という．

▷ **定義 6.7** 尤度関数もしくは対数尤度関数を最大にする $\boldsymbol{\theta}$ の解 $\widehat{\boldsymbol{\theta}} = \widehat{\boldsymbol{\theta}}(\boldsymbol{X})$ を**最尤推定量** (maximum likelihood estimator) といい，MLE で表す（図 6.1）．すなわち，$\widehat{\boldsymbol{\theta}}$ が最尤推定量とは次を満たす解をいう．

$$L(\widehat{\boldsymbol{\theta}} \mid \boldsymbol{X}) = \sup_{\boldsymbol{\theta}} L(\boldsymbol{\theta} \mid \boldsymbol{X})$$

$\boldsymbol{\theta} = (\theta_1, \ldots, \theta_k)$ であり，最尤推定の定義から，

$$\frac{\partial}{\partial \theta_i} L(\theta_1, \ldots, \theta_k \mid \boldsymbol{X}) = 0, \;\; \text{もしくは}\;\; \frac{\partial}{\partial \theta_i} \ell(\theta_1, \ldots, \theta_k \mid \boldsymbol{X}) = 0, \;\; i = 1, \ldots, k,$$

の解が MLE の候補になる．これを**尤度方程式** (likelihood equation) という．したがって，これらの連立方程式をコンピュータを用いて数値的に解くことが

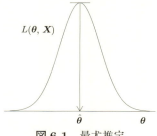

図 6.1 最尤推定

できるので，原理的には多くの確率分布の母数に対して MLE を求めることができる．また，$\boldsymbol{\theta}$ に対する十分統計量を $T(\boldsymbol{X})$ とすると，(6.1) より $L(\boldsymbol{\theta}\,|\,\boldsymbol{X}) = h(\boldsymbol{X})g(T(\boldsymbol{X})\,|\,\boldsymbol{\theta})$ と書けるので，$\boldsymbol{\theta}$ の MLE は十分統計量 $T(\boldsymbol{X})$ の関数になっている．

関数 $g(\cdot)$ によって定義される母数 $\boldsymbol{\tau} = g(\boldsymbol{\theta})$ の推定を考えるとき，$\boldsymbol{\tau}$ の MLE はどのような形で与えられるであろうか．$g(\cdot)$ が 1 対 1 関数の場合には，$g(\cdot)$ は逆関数がとれるので尤度関数を $L^*(\boldsymbol{\tau}\,|\,\boldsymbol{X}) = L(g^{-1}(\boldsymbol{\tau})\,|\,\boldsymbol{X})$ と書き直すことができる．このとき

$$L^*(\widehat{\boldsymbol{\tau}}\,|\,\boldsymbol{X}) = \sup_{\boldsymbol{\tau}} L^*(\boldsymbol{\tau}\,|\,\boldsymbol{X}) = \sup_{\boldsymbol{\tau}} L(g^{-1}(\boldsymbol{\tau})\,|\,\boldsymbol{X})$$

であるから，$g^{-1}(\widehat{\boldsymbol{\tau}})$ のとき $L(\boldsymbol{\theta}\,|\,\boldsymbol{X})$ は最大化される．一方，$L(\boldsymbol{\theta}\,|\,\boldsymbol{X})$ は $\widehat{\boldsymbol{\theta}}$ のときに最大化されるので $g^{-1}(\widehat{\boldsymbol{\tau}}) = \widehat{\boldsymbol{\theta}}$，すなわち $\widehat{\boldsymbol{\tau}} = g(\widehat{\boldsymbol{\theta}})$ が成り立つ．

関数 $g(\cdot)$ が 1 対 1 でないときには，尤度関数 $L^*(\boldsymbol{\tau}\,|\,\boldsymbol{X})$ を

$$L^*(\boldsymbol{\tau}\,|\,\boldsymbol{X}) = \sup_{\{\boldsymbol{\theta}\,|\,g(\boldsymbol{\theta})=\boldsymbol{\tau}\}} L(\boldsymbol{\theta}\,|\,\boldsymbol{X})$$

で定義し，$L^*(\boldsymbol{\tau}\,|\,\boldsymbol{X})$ を最大にする $\widehat{\boldsymbol{\tau}}$ を $\boldsymbol{\tau} = g(\boldsymbol{\theta})$ の MLE ということにする．このとき，$\boldsymbol{\theta}$ の MLE $\widehat{\boldsymbol{\theta}}$ を用いて $\widehat{\boldsymbol{\tau}} = g(\widehat{\boldsymbol{\theta}})$ が成り立つ．これを最尤推定量の不変性という．

▶**命題 6.8（MLE の不変性）** $\boldsymbol{\tau} = g(\boldsymbol{\theta})$ の推定を考えるとき，$\widehat{\boldsymbol{\theta}}$ が $\boldsymbol{\theta}$ の MLE ならば $g(\widehat{\boldsymbol{\theta}})$ が $\boldsymbol{\tau}$ の MLE になる．

[証明] $L^*(\boldsymbol{\tau}\,|\,\boldsymbol{X})$ の定義から，$\sup_{\boldsymbol{\tau}} L^*(\boldsymbol{\tau}\,|\,\boldsymbol{X}) = \sup_{\boldsymbol{\theta}} L(\boldsymbol{\theta}\,|\,\boldsymbol{X})$ が成り立つ．$\widehat{\boldsymbol{\tau}}$ を $L^*(\widehat{\boldsymbol{\tau}}\,|\,\boldsymbol{X}) = \sup_{\boldsymbol{\tau}} L^*(\boldsymbol{\tau}\,|\,\boldsymbol{X})$ を満たすものとするとき，$L^*(\widehat{\boldsymbol{\tau}}\,|\,\boldsymbol{X}) = L^*(g(\widehat{\boldsymbol{\theta}})\,|\,\boldsymbol{X})$ が成り立つことを示せばよい．まず，

$$L^*(\widehat{\boldsymbol{\tau}}\,|\,\boldsymbol{X}) = \sup_{\boldsymbol{\tau}} \sup_{\{\boldsymbol{\theta}\,|\,g(\boldsymbol{\theta})=\boldsymbol{\tau}\}} L(\boldsymbol{\theta}\,|\,\boldsymbol{X}) = \sup_{\boldsymbol{\theta}} L(\boldsymbol{\theta}\,|\,\boldsymbol{X}) = L(\widehat{\boldsymbol{\theta}}\,|\,\boldsymbol{X})$$

が成り立つことに注意する．さらに $\widehat{\boldsymbol{\theta}}$ は MLE であるから

$$L(\widehat{\boldsymbol{\theta}}\,|\,\boldsymbol{X}) = \sup_{\{\boldsymbol{\theta}\,|\,g(\boldsymbol{\theta})=g(\widehat{\boldsymbol{\theta}})\}} L(\boldsymbol{\theta}\,|\,\boldsymbol{X}) = L^*(g(\widehat{\boldsymbol{\theta}})\,|\,\boldsymbol{X})$$

が成り立つ．ここで 2 番目の等式は $L^*(\boldsymbol{\tau}\,|\,\boldsymbol{X})$ の定義から従う．よって $L^*(\widehat{\boldsymbol{\tau}}\,|\,\boldsymbol{X}) = L^*(g(\widehat{\boldsymbol{\theta}})\,|\,\boldsymbol{X})$ が得られるので，$g(\widehat{\boldsymbol{\theta}})$ は $g(\boldsymbol{\theta})$ の MLE になる． □

6.2 点推定量の導出方法

【例 6.9】 $X \sim Bin(n,p)$ のときには,対数尤度は

$$\ell(p \mid X) = \log\binom{n}{X} + X \log p + (n-X)\log(1-p)$$

と書けるので,p に関して微分することにより,

$$\frac{d}{dp}\ell(p \mid X) = \frac{X}{p} - \frac{n-X}{1-p} = 0$$

となるので,これを解いて p の最尤推定量は $\hat{p} = X/n$ となる.またオッズ (odds) $\xi = \xi(p) = p/(1-p)$ およびロジット $\eta = \eta(p) = \log\{p/(1-p)\}$ の最尤推定量は不変性より $\hat{\xi} = \hat{p}/(1-\hat{p})$, $\hat{\eta} = \log\{\hat{p}/(1-\hat{p})\}$ となる. □

【例 6.10】 $X_1, \ldots, X_n, i.i.d. \sim \mathcal{N}(\mu, \sigma^2)$ とすると,対数尤度関数は

$$\ell(\mu, \sigma^2 \mid \boldsymbol{X}) = -\frac{n}{2}\log(2\pi) - \frac{n}{2}\log(\sigma^2) - \frac{1}{2\sigma^2}\sum_{i=1}^{n}(X_i - \mu)^2$$

で与えられるので,これを μ と σ^2 に関して偏微分することにより,

$$\frac{\partial}{\partial \mu}\ell(\mu, \sigma^2 \mid \boldsymbol{X}) = \frac{1}{\sigma^2}\sum_{i=1}^{n}(X_i - \mu) = 0,$$

$$\frac{\partial}{\partial \sigma^2}\ell(\mu, \sigma^2 \mid \boldsymbol{X}) = -\frac{n}{2\sigma^2} + \frac{1}{2\sigma^4}\sum_{i=1}^{n}(X_i - \mu)^2 = 0,$$

の解が最尤推定量になる.これを計算すると,$\hat{\mu} = \overline{X}$, $\hat{\sigma}^2 = n^{-1}\sum_{i=1}^{n}(X_i - \overline{X})^2$ が μ, σ^2 の最尤推定量になり,モーメント推定量と一致することがわかる. □

【例 6.11】 $X_1, \ldots, X_n$ を指数型分布族 (6.3) からのランダム・サンプルとすると,対数尤度関数は

$$\ell(\boldsymbol{\eta} \mid \boldsymbol{X}) = \sum_{i=1}^{n}\log h(X_i) + n\log c^*(\boldsymbol{\eta}) + \sum_{j=1}^{k}\eta_j \sum_{i=1}^{n}t_j(X_i)$$

と書ける.これを $\eta_1, \ldots, \eta_k$ で偏微分することにより,$\boldsymbol{\eta}$ の最尤推定量は連立方程式

$$n^{-1}\sum_{i=1}^{n}t_j(X_i) = -\frac{\partial}{\partial \eta_j}\log c^*(\boldsymbol{\eta}), \quad j = 1, \ldots, k$$

の解になる.指数型分布族 (6.3) に関して $t_j(X)$ の期待値は $E[t_j(X)] = -(\partial/\partial \eta_j)\log c^*(\boldsymbol{\eta})$, $i = 1, \ldots, k$, と書けることに注意する(演習問題を参

照).$E[t_j(X)]$ は $n^{-1}\sum_{i=1}^{n}t_j(X_i)$ で推定できるので,最尤推定量はモーメント推定量に一致することがわかる. □

6.2.3 ベイズ法

同時確率関数もしくは同時確率密度関数 $f(\boldsymbol{x}\,|\,\boldsymbol{\theta})$ において $\boldsymbol{\theta}$ を確率変数とみなして確率分布を仮定する.それを $\pi(\boldsymbol{\theta}\,|\,\boldsymbol{\xi})$ と書いて $\boldsymbol{\theta}$ の**事前分布** (prior distribution) という.$\boldsymbol{\xi}$ は $\boldsymbol{\theta}$ の事前分布の母数であり,**超母数** (hyperparameter) と呼ばれる.モデルは $\boldsymbol{\theta}$ を与えたときの $\boldsymbol{X}$ の条件付き分布と $\boldsymbol{\theta}$ の事前分布から構成されるので

$$\begin{cases} \boldsymbol{X}\,|\,\boldsymbol{\theta} \sim f(\boldsymbol{x}\,|\,\boldsymbol{\theta}) \\ \boldsymbol{\theta} \sim \pi(\boldsymbol{\theta}\,|\,\boldsymbol{\xi}) \end{cases}$$

と表される.このとき,$\boldsymbol{X}=\boldsymbol{x}$ を与えたときの $\boldsymbol{\theta}$ の条件付き分布を $\boldsymbol{\theta}$ の**事後分布** (posterior distribution) といい,

$$\pi(\boldsymbol{\theta}\,|\,\boldsymbol{x},\boldsymbol{\xi}) = f(\boldsymbol{x}\,|\,\boldsymbol{\theta})\pi(\boldsymbol{\theta}\,|\,\boldsymbol{\xi})/f_\pi(\boldsymbol{x}\,|\,\boldsymbol{\xi})$$

で与えられる.ここで $f_\pi(\boldsymbol{x}|\boldsymbol{\xi})$ は $\boldsymbol{X}$ の周辺分布を表し,$\boldsymbol{\theta}$ が連続型確率変数のときには

$$f_\pi(\boldsymbol{x}\,|\,\boldsymbol{\xi}) = \int f(\boldsymbol{x}\,|\,\boldsymbol{\theta})\pi(\boldsymbol{\theta}\,|\,\boldsymbol{\xi})\,d\boldsymbol{\theta}$$

で与えられる.すなわち,$(\boldsymbol{X},\boldsymbol{\theta})$ の同時確率(密度)関数は

$$f(\boldsymbol{x}\,|\,\boldsymbol{\theta})\pi(\boldsymbol{\theta}\,|\,\boldsymbol{\xi}) = \pi(\boldsymbol{\theta}\,|\,\boldsymbol{x},\boldsymbol{\xi})f_\pi(\boldsymbol{x}\,|\,\boldsymbol{\xi})$$

と表されることになる.

ベイズ法とは事後分布から推定量を導く方法で,ここでは事後分布の平均 $E[\boldsymbol{\theta}\,|\,\boldsymbol{X}]$ を**ベイズ推定量** (Bayes estimator) と呼ぶことにする.ベイズ推定量の正式な定義は 10.4 節で与えられる.また事後分布 $\pi(\boldsymbol{\theta}|\boldsymbol{x},\boldsymbol{\xi})$ のモードを**ベイズ的最尤推定量** (Bayesian maximum likelihood estimator) という.θ に対する十分統計量を $T(\boldsymbol{X})$ とすると,(6.1) より $f(\boldsymbol{x}\,|\,\boldsymbol{\theta})=h(\boldsymbol{x})g(T(\boldsymbol{x})\,|\,\boldsymbol{\theta})$ と書けるので,$\boldsymbol{\theta}$ の事後分布は

$$\pi(\boldsymbol{\theta}\,|\,\boldsymbol{x}) = \frac{h(\boldsymbol{x})g(T(\boldsymbol{x})\,|\,\boldsymbol{\theta})\pi(\boldsymbol{\theta}\,|\,\boldsymbol{\xi})}{\int h(\boldsymbol{x})g(T(\boldsymbol{x})\,|\,\boldsymbol{\theta})\pi(\boldsymbol{\theta}\,|\,\boldsymbol{\xi})\,d\boldsymbol{\theta}} = \frac{g(T(\boldsymbol{x})\,|\,\boldsymbol{\theta})\pi(\boldsymbol{\theta}\,|\,\boldsymbol{\xi})}{\int g(T(\boldsymbol{x})\,|\,\boldsymbol{\theta})\pi(\boldsymbol{\theta}\,|\,\boldsymbol{\xi})\,d\boldsymbol{\theta}}$$

となり，ベイズ推定量など事後分布に基づいた推測法は十分統計量に基づいて行えばよいことになる．

【例 6.12】 $X \sim Bin(n,p)$ とし，p に事前分布 $Beta(\alpha,\beta)$ を仮定する．ここで，α,β は正の既知の値とする．このとき，

$$f(x\,|\,p)\pi(p\,|\,\alpha,\beta) \propto p^x(1-p)^{n-x}p^{\alpha-1}(1-p)^{\beta-1} = p^{x+\alpha-1}(1-p)^{n-x+\beta-1}$$

より，p の事後分布は $p\,|\,x \sim Beta(x+\alpha, n-x+\beta)$ と書ける．p のベイズ推定量は，

$$\widehat{p}^B = \frac{X+\alpha}{n+\alpha+\beta} = \frac{n}{n+\alpha+\beta}\frac{X}{n} + \frac{\alpha+\beta}{n+\alpha+\beta}\frac{\alpha}{\alpha+\beta}$$

で与えられる．これは，X/n と事前分布の平均 $\alpha/(\alpha+\beta)$ の加重平均で表されることがわかる． □

【例 6.13】 $X_1,\ldots,X_n, i.i.d. \sim \mathcal{N}(\mu,\sigma^2)$ とし，μ に事前分布 $\mathcal{N}(\xi,\tau^2)$ を仮定する．ここで，σ^2, ξ, τ^2 は既知の値とする．このとき，μ の事後分布は $\mu\,|\,\boldsymbol{X} \sim \mathcal{N}(\widehat{\mu}^B, [n/\sigma^2+1/\tau^2]^{-1})$ と書ける．$\widehat{\mu}^B$ は μ のベイズ推定量であり，

$$\widehat{\mu}^B = \frac{\tau^2}{\sigma^2/n+\tau^2}\overline{X} + \frac{\sigma^2/n}{\sigma^2/n+\tau^2}\xi$$

で与えられる．これは，$\overline{X}$ と ξ を分散 σ^2/n と τ^2 の比で内分した形をしており，n/σ^2 もしくは τ^2 が大きいときには $\overline{X}$ の方向へ，n/σ^2 もしくは τ^2 が小さいときには ξ の方向へ近づく． □

事前分布 $\pi(\boldsymbol{\theta}\,|\,\boldsymbol{\xi})$ とその事後分布 $\pi(\boldsymbol{\theta}\,|\,\boldsymbol{X},\boldsymbol{\xi})$ が同じ分布族に入るような事前分布を**共役事前分布** (conjugate prior distribution) という．上の例で扱われた事前分布はいずれも共役であることがわかる．事前分布が共役であれば，データの発生による事後分布の更新過程を同じ分布族の中で構成することができる．

事前分布 $\pi(\boldsymbol{\theta})$ をどのように定めるかに応じてベイズ推定量は変わってくるので，事前分布の決め方がベイズ法の最重要問題である．例えば例 6.13 では ξ と τ^2 のとり方によっては $\overline{X}$ からかなり隔てた推定値が生じてしまうので，データ $\boldsymbol{x}$ が得られた後でこれらの値を決めたならばベイズ推定値はいかよう

にも変えられてしまう．こうした解析者による恣意性を排除もしくは軽減することが大事である．そこで超母数 $\boldsymbol{\xi}$ を経験ベイズ法や階層ベイズ法に基づいて設定することにより恣意性を排除することが考えられる（6.4 節を参照）．

6.3 推定量の評価

モーメント法，最尤法，ベイズ法を紹介してきたが，他にも様々な推定方法が考えられる．その中でどの推定法を用いたらよいだろうか．本節では，推定量の良さを評価する規準の 1 つとして不偏性という考え方を紹介することから始める．そして分散の最小化とそれに関連したクラメール・ラオ不等式の導出，最尤推定量の一致性と漸近有効性について説明する．簡単のために θ が 1 次元の場合を扱うことにする．期待値 $E[\cdot]$ が θ に依存することを明記した方が望ましいときには $E_\theta[\cdot]$ と記すことにする．

6.3.1 不偏性

点推定量 $\widehat{\theta}$ は $\boldsymbol{X} = (X_1, \ldots, X_n)$ の関数であるので，その作り方は無限に存在する．その中で推定量の望ましい性質の 1 つに不偏性がある．

▷ **定義 6.14** 推定量 $\widehat{\theta}$ が θ の**不偏推定量** (unbiased estimator) であるとは，すべての θ に対して

$$E_\theta[\widehat{\theta}(\boldsymbol{X})] = \theta \tag{6.4}$$

が成り立つことをいう．

不偏性とは，$\widehat{\theta}$ が平均的に θ の周りで分布していることを意味している．一般に $\widehat{\theta}$ の**バイアス** (bias) は

$$\mathrm{Bias}(\widehat{\theta}) = E_\theta[\widehat{\theta}(\boldsymbol{X})] - \theta \tag{6.5}$$

で定義され，不偏であるときには $\mathrm{Bias}(\widehat{\theta}) = 0$ となる．バイアスは推定量の評価規準の 1 つと考えることができ，当然小さいものを選ぶことが望まれる．推定量が θ の周りにバランスよく分布していても散らばりが大きければ使うことができない．そこで推定量の散らばりの程度を評価する規準として推定量

の分散

$$\mathrm{Var}(\widehat{\theta}) = E[\{\widehat{\theta}(\boldsymbol{X}) - E[\widehat{\theta}(\boldsymbol{X})]\}^2]$$

を考えて，これを小さくする推定量を選ぶことが自然である．このようにバイアスと分散という2つの側面から推定量の良さを評価して，両方を小さくするものが求められる．しかし，バイアスの小さい推定量は分散が大きく，逆に分散の小さい推定量はバイアスが大きくなることもしばしば起こりうる．そこで，推定量 $\widehat{\theta}$ と母数 θ との隔たりを $\{\widehat{\theta}(X_1,\ldots,X_n) - \theta\}^2$ で測り，その期待値で $\widehat{\theta}$ の良さを評価することを考える．

$$\mathrm{MSE}(\theta,\widehat{\theta}) = E[\{\widehat{\theta}(\boldsymbol{X}) - \theta\}^2] \tag{6.6}$$

これを**平均2乗誤差** (mean squared error) といい，$\mathrm{MSE}(\theta,\widehat{\theta})$ を小さくする推定量を選ぶことを考える．これを変形すると

$$\begin{aligned}\mathrm{MSE}(\theta;\widehat{\theta}) &= E[\{(\widehat{\theta} - E[\widehat{\theta}]) + (E[\widehat{\theta}] - \theta)\}^2] \\ &= \mathrm{Var}(\widehat{\theta}) + \{\mathrm{Bias}(\widehat{\theta})\}^2\end{aligned} \tag{6.7}$$

と表すことができ，分散とバイアスの2乗との和で表されるので，平均2乗誤差はそれらを1対1の比で加重平均をとった規準であると解釈することができる．$\widehat{\theta}$ が θ の不偏推定量ならば平均2乗誤差と分散とは一致する．

【例 6.15】 平均 μ，分散 σ^2 の母集団からのランダム・サンプル $X_1,\ldots,X_n$ を考える．μ の推定量として $X_1,\ldots,X_n$ の線形結合 $\widehat{\mu}_c = \sum_{i=1}^n c_i X_i$ を考えてみる．これを $X_1,\ldots,X_n$ の線形推定量という．その期待値は

$$E[\widehat{\mu}_c] = E\left[\sum_{i=1}^n c_i X_i\right] = \sum_{i=1}^n c_i E[X_i] = \sum_{i=1}^n c_i \mu$$

と書けるので，バイアスは $\mathrm{Bias}(\widehat{\mu}_c) = (\sum_{i=1}^n c_i - 1)\mu$ となる．線形推定量が不偏になるためには定数 $c_1,\ldots,c_n$ は $\sum_{i=1}^n c_i = 1$ を満たさなければならない．また分散は

$$\mathrm{Var}(\widehat{\mu}_c) = E[(\widehat{\mu}_c - E[\widehat{\mu}_c])^2] = E\left[\left\{\sum_{i=1}^n c_i(X_i - \mu)\right\}^2\right] = \sum_{i=1}^n c_i^2 \sigma^2$$

となる．線形でしかも不偏である推定量の中で分散を最小にする推定量を**最良線形不偏推定量** (best linear unbiased estimator, BLUE) といい，これは，

$\sum_{i=1}^{n} c_i = 1$ なる条件のもと $\sum_{i=1}^{n} c_i^2$ を最小化する,いわゆる条件付き最適化問題の解として得られる.具体的には,ラグランジュの未定乗数法を用い,

$$H(c_1, \ldots, c_n, \lambda) = \sum_{i=1}^{n} c_i^2 - \lambda \Big\{ \sum_{i=1}^{n} c_i - 1 \Big\}$$

を c_i に関して偏微分することにより,$2c_i - \lambda = 0$, $i = 1, \ldots, n$, が導かれ,その結果 $c_1 = \cdots = c_n = c$ となる.これを $\sum_{i=1}^{n} c_i = 1$ に代入することにより $c_i = c = 1/n$ が得られる.したがって,μ の最良線形不偏推定量は標本平均 $\overline{X}$ になることがわかる.その分散は (5.4) より $\mathrm{Var}(\overline{X}) = \sigma^2/n$ で与えられる.他にも $\widehat{\mu}_i = X_i$, $\widehat{\mu}_{i,j} = (X_i + X_j)/2$ などはすべて μ の不偏推定量となるが,分散最小化の観点からは $\overline{X}$ の方が優れていることになる. □

【例 6.16】 正規母集団 $\mathcal{N}(\mu, \sigma^2)$ からのランダム・サンプル $X_1, \ldots, X_n$ を考える.$Q = \sum_{i=1}^{n}(X_i - \overline{X})^2$ とおくとき,(5.5) で示したように,$\widehat{\sigma}_U^2 = V^2 = (n-1)^{-1}Q$ は σ^2 の不偏推定量になる.一方,σ^2 の最尤推定量は標本分散 $\widehat{\sigma}_M^2 = S^2 = n^{-1}Q$ で与えられるが,どちらが優れているであろうか.定理 5.1 で示されたように,Q/σ^2 は χ_{n-1}^2 に従うので,(3.22) の下の議論から $E[Q/\sigma^2] = n-1$, $E[(Q/\sigma^2)^2] = (n-1)(n+1)$ となる.一般に $\widehat{\sigma}_c^2 = cQ$ なる形の推定量を考えると,そのバイアス,分散,平均 2 乗誤差は

$$\mathrm{Bias}(cQ) = \{c(n-1) - 1\}\sigma^2,$$
$$\mathrm{Var}(cQ) = E[c^2Q^2] - c^2\{E[Q]\}^2 = 2(n-1)c^2\sigma^4,$$
$$\mathrm{MSE}(\sigma^2, cQ) = [2(n-1)c^2 + \{c(n-1) - 1\}^2]\sigma^4$$

と書けることがわかる.このことから,推定量 $\widehat{\sigma}_U^2$ は不偏であるが,$\mathrm{Var}(\widehat{\sigma}_U^2) = 2\sigma^4/(n-1)$, $\mathrm{Var}(\widehat{\sigma}_M^2) = 2\sigma^4(n-1)/n^2$ であるから,$\widehat{\sigma}_U^2$ の分散は $\widehat{\sigma}_M^2$ より大きくなってしまうことがわかる.平均 2 乗誤差で比べてみると $\mathrm{MSE}(\sigma^2, \widehat{\sigma}_U^2) = 2(n-1)^{-1}\sigma^4$, $\mathrm{MSE}(\sigma^2, \widehat{\sigma}_M^2) = (2n^{-1} - n^{-2})\sigma^4$ となるので,平均 2 乗誤差の意味では,不偏推定量 $\widehat{\sigma}_U^2$ よりも $\widehat{\sigma}_M^2$ の方が優れていることになる.しかし,平均を平均 2 乗誤差で測ることは妥当であるが,分散を平均 2 乗誤差で測ることが適当であるかは,もう少し議論する必要がありそうである. □

6.3.2 フィッシャー情報量とクラメール・ラオ不等式

不偏推定量に限ると分散の大小によって推定量の良さが評価される.この分

散はどこまで小さくすることができるであろうか．実際，分散には下限が存在しその下限を超えて分散を小さくすることができない．この下限はクラメール・ラオの下限と呼ばれ，フィッシャー情報量に基づいて与えられる．そこで，フィッシャー情報量の説明から始める．

$\boldsymbol{X} = (X_1, \ldots, X_n)$ を $f(x|\theta)$ からのランダム・サンプルとする．ここでは簡単のために θ は 1 次元の母数とし，母数空間は開区間を含むとする．

$\boldsymbol{X}$ の同時確率関数もしくは同時確率密度関数を $f_n(\boldsymbol{x}|\theta)$ とすると $f_n(\boldsymbol{x}|\theta) = \prod_{i=1}^n f(x_i|\theta)$ と表される．$S_n(\theta, \boldsymbol{X}) = (d/d\theta) \log f_n(\boldsymbol{X}|\theta)$ とおき，これを**スコア関数** (score function)，その 2 乗の期待値

$$I_n(\theta) = E[\{S_n(\theta, \boldsymbol{X})\}^2] = E\left[\left\{\frac{d}{d\theta} \log f_n(\boldsymbol{X}|\theta)\right\}^2\right] \tag{6.8}$$

を**フィッシャー情報量** (Fisher information) という．$I_n(\theta)$ は n 個のデータのフィッシャー情報量であり，$n=1$ とした場合が 1 個のデータのフィッシャー情報量である．これは，$S_1(\theta, X_i) = (d/d\theta) \log f(X_i|\theta)$ とおくとき，$I_1(\theta) = E[\{S_1(\theta, X_i)\}^2]$ として与えられる．

フィッシャー情報量の定義および簡単な性質を導くために次の標準的な条件を仮定する．

(C1) $f(x|\theta)$ のサポート（台）$\{x \mid f(x|\theta) > 0\}$ は θ に依存しない．

(C2) $f(x|\theta)$ は θ に関して 2 階まで微分可能で，$\int f(x|\theta)\,dx$ の 2 階までの微分は積分記号下での微分に等しい，すなわち $k = 1, 2$ に対して $(d^k/d\theta^k) \int f(x|\theta)\,dx = \int (d^k/d\theta^k) f(x|\theta)\,dx$ が成り立つ．

(C3) フィッシャー情報量 $I_1(\theta)$ に対して $0 < I_1(\theta) < \infty$ とする．

フィッシャー情報量の定義のみであれば，(C1) と $f(x|\theta)$ の微分可能性および $I_1(\theta) < \infty$ の条件だけで十分である．ここではフィッシャー情報量の性質やクラメール・ラオの不等式の導出に必要な条件を含め大前提として (C1), (C2), (C3) を仮定しておく．

▶ **命題 6.17**　(C1), (C2), (C3) を仮定する．このとき次の性質が成り立つ．

(1) $E[S_1(\theta, X_i)] = 0$ である．

(2) n 個のデータのフィッシャー情報量は 1 個のデータのフィッシャー情報量

の n 倍になる. すなわち, $I_n(\theta) = nI_1(\theta)$ が成り立つ.

(3) フィッシャー情報量は2階微分を用いた次の形で書き表すことができる.

$$I_1(\theta) = -E\left[\frac{d^2}{d\theta^2}\log f(X_i\,|\,\theta)\right] \tag{6.9}$$

[証明] (1) については $S_1(\theta,x) = \{(d/d\theta)f(x\,|\,\theta)\}/f(x\,|\,\theta)$ と書けるので

$$\begin{aligned}E[S_1(\theta,X_i)] &= \int\left\{\frac{(d/d\theta)f(x\,|\,\theta)}{f(x\,|\,\theta)}\right\}f(x\,|\,\theta)\,dx\\ &= \int\frac{d}{d\theta}f(x\,|\,\theta)\,dx = \frac{d}{d\theta}\int f(x\,|\,\theta)\,dx = \frac{d}{d\theta}1 = 0\end{aligned}$$

が成り立つ. (2) については $S_n(\theta,\boldsymbol{X}) = \sum_{i=1}^n S_1(\theta,X_i)$ と書けるので
$I_n(\theta) = E[\{S_n(\theta\,|\,\boldsymbol{X})\}^2]$

$$\begin{aligned}&= \sum_{i=1}^n E[\{S_1(\theta,X_i)\}^2] + \sum_{i=1}^n\sum_{j=1,j\neq i}^n E[S_1(\theta,X_i)]E[S_1(\theta,X_j)]\\ &= nI_1(\theta)\end{aligned}$$

となる. (3) については

$$\begin{aligned}\frac{d^2}{d\theta^2}\log f(X_i\,|\,\theta) &= \frac{d}{d\theta}\frac{(d/d\theta)f(X_i\,|\,\theta)}{f(X_i\,|\,\theta)}\\ &= \frac{(d^2/d\theta^2)f(X_i\,|\,\theta)}{f(X_i\,|\,\theta)} - \left(\frac{(d/d\theta)f(X_i\,|\,\theta)}{f(X_i\,|\,\theta)}\right)^2\\ &= \frac{(d^2/d\theta^2)f(X_i\,|\,\theta)}{f(X_i\,|\,\theta)} - \{S_1(\theta,X_i)\}^2\end{aligned}$$

と書ける. 2階微分について $\int(d^2/d\theta^2)f(x\,|\,\theta)\,dx = 0$ となることに注意すると, $E[\{(d^2/d\theta^2)f(X_i\,|\,\theta)\}/f(X_i\,|\,\theta)] = 0$ となることがわかる. したがって (6.9) が成り立つ. □

▶**定理 6.18** (C1), (C2), (C3) を仮定する. $\widehat{\theta} = \widehat{\theta}(\boldsymbol{X})$ を θ の不偏推定量とし, その分散が存在するとともに $(d/d\theta)\int\widehat{\theta}(\boldsymbol{x})f_n(\boldsymbol{x}\,|\,\theta)\,d\boldsymbol{x} = \int\widehat{\theta}(\boldsymbol{x})(d/d\theta)f_n(\boldsymbol{x}\,|\,\theta)\,d\boldsymbol{x}$ が成り立つことを仮定する. このとき任意の θ に対して

$$\mathrm{Var}_\theta(\widehat{\theta}) \geq 1/I_n(\theta) \tag{6.10}$$

なる不等式が成り立つ. これを**クラメール・ラオの不等式** (Cramér-Rao's inequality) といい，右辺をクラメール・ラオの下限という．

[証明] コーシー・シュバルツの不等式

$$\{E[f(\boldsymbol{X})g(\boldsymbol{X})]\}^2 \leq E[\{f(\boldsymbol{X})\}^2]E[\{g(\boldsymbol{X})\}^2]$$

を用いると

$$\{E[\{\widehat{\theta}(\boldsymbol{X}) - \theta\}S_n(\theta, \boldsymbol{X})]\}^2 \leq E[\{\widehat{\theta}(\boldsymbol{X}) - \theta\}^2] \times E[\{S_n(\theta, \boldsymbol{X})\}^2]$$

が成り立つ．$\mathrm{Var}_\theta(\widehat{\theta}) = E[\{\widehat{\theta}(\boldsymbol{X}) - \theta\}^2]$ より，

$$\mathrm{Var}_\theta(\widehat{\theta}) \geq \frac{\{E[\{\widehat{\theta}(\boldsymbol{X}) - \theta\}S_n(\theta, \boldsymbol{X})]\}^2}{I_n(\theta)} \tag{6.11}$$

となる．ここで，$S_n(\theta, \boldsymbol{X}) = \sum_{i=1}^n S_1(\theta, X_i)$ であり，命題 6.17 より $E[S_n(\theta, \boldsymbol{X})] = \sum_{i=1}^n E[S_1(\theta, X_i)] = 0$ となることに注意すると，

$$E[\{\widehat{\theta}(\boldsymbol{X}) - \theta\}S_n(\theta, \boldsymbol{X})] = E[\widehat{\theta}(\boldsymbol{X})S_n(\theta, \boldsymbol{X})] - \theta E[S_n(\theta, \boldsymbol{X})]$$
$$= \int \cdots \int \widehat{\theta}(\boldsymbol{x}) \frac{d}{d\theta} f_n(\boldsymbol{x}|\theta) \, dx_1 \cdots dx_n$$
$$= \frac{d}{d\theta} \int \cdots \int \widehat{\theta}(\boldsymbol{x}) f_n(\boldsymbol{x}|\theta) \, dx_1 \cdots dx_n = \frac{d}{d\theta}\theta = 1$$

となり，不等式 (6.10) が成り立つ． □

【例 6.19】 $X_1, \ldots, X_n, i.i.d. \sim \mathcal{N}(\mu, 1)$ とする．命題 6.17 を用いて 1 個のデータのフィッシャー情報量 $I_1(\mu)$ を計算する．$\log f(X_1 | \mu) = -2^{-1} \times \log(2\pi) - 2^{-1}(X_1 - \mu)^2$ より，

$$\frac{d}{d\mu}\log f(X_1 | \mu) = X_1 - \mu, \quad \frac{d^2}{d\mu^2}\log f(X_1 | \mu) = -1$$

となるので，$I_1(\mu) = 1$ となる．したがって，クラメール・ラオ不等式は，μ の不偏推定量 $\widehat{\mu}$ に対して

$$\mathrm{Var}_\mu(\widehat{\mu}) \geq 1/n$$

で与えられる．$\mathrm{Var}_\mu(\overline{X}) = 1/n$ より，$\overline{X}$ は不偏推定量の中で分散を最小にする推定量になっていることがわかる．

実は，メディアン $\mathrm{med}(X_1, \ldots, X_n)$ も μ の不偏推定量になることが確かめ

られる.実際,$Z_i = X_i - \mu$ とおくと,$\mathrm{med}(X_1,\ldots,X_n) - \mu = \mathrm{med}(X_1 - \mu,\ldots,X_n - \mu) = \mathrm{med}(Z_1,\ldots,Z_n)$ と書ける.分布の対称性から,$(-Z_1,\ldots,-Z_n)$ は $(Z_1,\ldots,Z_n)$ と同じ分布に従うので,

$$E[\mathrm{med}(X_1,\ldots,X_n)] - \mu = E[\mathrm{med}(Z_1,\ldots,Z_n)]$$
$$= E[\mathrm{med}(-Z_1,\ldots,-Z_n)] = -E[\mathrm{med}(Z_1,\ldots,Z_n)]$$

となる.このことは,$E[\mathrm{med}(Z_1,\ldots,Z_n)] = 0$,すなわち $E[\mathrm{med}(X_1,\ldots,X_n)] = \mu$ を意味する.メディアンが μ の不偏推定量になっていることと,$\overline{X}$ の分散がクラメール・ラオの下限に達することから

$$\mathrm{Var}(\mathrm{med}(X_1,\ldots,X_n)) > \mathrm{Var}(\overline{X})$$

が成り立つ. □

6.3.3 最尤推定量の一致性と漸近正規性および漸近有効性

標本のサイズ n が大きいときの推定量の漸近的な評価規準として,一致性と漸近有効性がある.確率変数の列が $X_1, X_2, \ldots, i.i.d. \sim f(x \mid \theta)$ に従っているとし,θ を1次元母数とする.サイズ n の標本に基づいた θ の推定量を $\widehat{\theta}_n = \widehat{\theta}_n(X_1,\ldots,X_n)$ とする.

▷**定義 6.20** θ の推定量 $\widehat{\theta}_n$ が**一致性** (consistency) をもつとは,$\widehat{\theta}_n$ が θ に確率収束すること,すなわち任意の $\varepsilon > 0$ と任意の θ に対して

$$\lim_{n \to \infty} P_\theta(|\widehat{\theta}_n - \theta| \geq \varepsilon) = 0$$

が成り立つことである.

確率収束を示すにはチェビシェフの不等式 (5.11) を用いるのが常套手段であった.これを用いると

$$P(|\widehat{\theta}_n - \theta| \geq \varepsilon) < E[(\widehat{\theta}_n - \theta)^2]/\varepsilon^2$$

となり,さらに $E[(\widehat{\theta}_n - \theta)^2] = \mathrm{Var}(\widehat{\theta}_n) + \{\mathrm{Bias}(\widehat{\theta}_n)\}^2$ と書けるので,$\lim_{n \to \infty} \mathrm{Var}(\widehat{\theta}_n) = 0$,$\lim_{n \to \infty} \mathrm{Bias}(\widehat{\theta}_n) = 0$ が成り立つならば,$\widehat{\theta}_n$ は一致性をもつことになる.次の命題も一致性を示すときに役立つ.

▶**命題 6.21**　a_n を $a_n \uparrow \infty$ なる数列とし，$a_n(\widehat{\theta}_n - \theta) \to_d U$ なる確率変数 U が存在するとする．このとき，$\widehat{\theta}_n$ は一致性をもつ．

[**証明**]　スラツキーの定理 (命題 5.19) より，$\widehat{\theta}_n - \theta = (1/a_n)[a_n(\widehat{\theta}_n - \theta)] \to_d 0 \cdot U = 0$ となる．命題 5.16 より $\widehat{\theta}_n - \theta \to_p 0$，すなわち $\widehat{\theta}_n \to_p \theta$ となる．□

　$\widehat{\theta}_n$ が一致性をもち，A_n，B_n を $A_n \to_p 1$，$B_n \to_p 0$ なる確率変数列とすると，スラツキーの定理（命題 5.19）より，$A_n\widehat{\theta}_n + B_n$ も一致性をもつことがわかる．

　次に推定量の漸近有効性について説明する．一般に，$\sqrt{n}(\widehat{\theta}_n - \theta) \to_d \mathcal{N}(0, \sigma^2)$ となるとき，σ^2 を**漸近分散** (asymptotic variance) という．

▷**定義 6.22**　推定量 $\widehat{\theta}_n$ の漸近分散が $1/I_1(\theta)$ のとき，すなわち

$$\sqrt{n}(\widehat{\theta}_n - \theta) \to_d \mathcal{N}(0, 1/I_1(\theta))$$

となるとき，$\widehat{\theta}_n$ は**漸近有効** (asymptotic efficient) であるという．

　漸近有効性は，漸近分散が下限 $1/I_1(\theta)$ に達していることを意味している．この下限は定理 6.18 で与えられたクラメール・ラオの下限に対応している．実際，$\widehat{\theta}_n$ が θ の不偏推定量のときには，クラメール・ラオの不等式より

$$\mathrm{Var}(\widehat{\theta}_n) \geq \frac{1}{nI_1(\theta)}$$

となる．$\lim_{n \to \infty} n\,\mathrm{Var}(\widehat{\theta}_n)$ を $\widehat{\theta}_n$ の極限分散といい，$\lim_{n \to \infty} n\,\mathrm{Var}(\widehat{\theta}_n) \geq 1/I_1(\theta)$ となるので，極限分散の下限は $1/I_1(\theta)$ となることがわかる．

　さて，適当な正則条件のもとで MLE の一致性と漸近正規性および漸近有効性を示そう．MLE の一致性については，クラメールの一致性とワルドの一致性が知られている．クラメールの一致性は尤度方程式が真の値 θ_0 に確率収束する解を含むというもので，尤度方程式の解が多数あるときには，どの解が θ_0 に確率収束するのかについては示していない．しかし解が一意に定まる場合にはその解が一致性をもつことを意味しており，一致性についての基本的な結果を与えてくれる．一方，ワルドの一致性は尤度関数の最大値を与える推定

量 (MLE) が一致性を与えることを示しており，理論的な視点からはワルドの一致性の方が望ましい漸近的性質を示しているといえる．しかし，一致性を保証するための条件はより制限的になり，証明は難しくなる．ここでは，証明も簡単であることからクラメールの一致性を示すことにする．そこで次のような正則条件を仮定する．

$X_1, \ldots, X_n$ が $f(x \mid \theta)$ からのランダム標本とし θ は 1 次元の母数とする．前項の (C1), (C2) に加えて以下の条件を仮定する．

(C4) 母数 θ は**識別可能** (identifiable) である．すなわち $\theta \neq \theta'$ ならば $f(x \mid \theta) \neq f(x \mid \theta')$ である．
(C5) 真の母数の値 θ_0 が母数空間の内点にある．すなわち母数空間に含まれる θ_0 の開近傍がとれる．

このとき最尤推定量の一致性が成り立つ．

▶**定理 6.23（一致性）** 正則条件 (C1), (C2), (C4), (C5) を仮定する．このとき尤度方程式 $(d/d\theta)L(\theta \mid \boldsymbol{x}) = 0$ は真の母数 θ_0 に確率収束する解を含む．

[証明] 仮定 (C1), (C4) から $\theta \neq \theta_0$ なる θ に対して

$$\lim_{n \to \infty} P_{\theta_0}(L(\theta_0 \mid \boldsymbol{X}) > L(\theta \mid \boldsymbol{X})) \to 1 \tag{6.12}$$

が成り立つことを示そう．$W_i = \log\{f(X_i \mid \theta)/f(X_i \mid \theta_0)\}$ とおくと，不等式 $L(\theta_0 \mid \boldsymbol{X}) > L(\theta \mid \boldsymbol{X})$ は $n^{-1} \sum_{i=1}^n W_i < 0$ と表すことができる．$-\log(\cdot)$ は凸関数であるからイェンセンの不等式（補題 10.5）を用いると

$$\begin{aligned} E_{\theta_0}[W_i] &= E_{\theta_0}[\log\{f(X_i \mid \theta)/f(X_i \mid \theta_0)\}] \\ &< \log\{E_{\theta_0}[f(X_i \mid \theta)/f(X_i \mid \theta_0)]\} = 0 \end{aligned}$$

なる不等式が成り立つ．大数の法則（定理 5.11）から $n^{-1} \sum_{i=1}^n W_i \to_p E_{\theta_0}[W_1]$ となる．したがって，$P_{\theta_0}(L(\theta_0 \mid \boldsymbol{X}) > L(\theta \mid \boldsymbol{X})) = P_{\theta_0}(n^{-1} \sum_{i=1}^n W_i - E_{\theta_0}[W_1] < -E_{\theta_0}[W_1]) > P_{\theta_0}(|n^{-1} \sum_{i=1}^n W_i - E_{\theta_0}[W_1]| < c)$ と評価できる．ここで $c = -E_{\theta_0}[W_1] > 0$ であるので，右辺の確率は 1 に近づき (6.12) が示される．

いま $\delta > 0$ を十分小さくとると，仮定 (C5) より θ_0 の開近傍 $(\theta_0 - \delta, \theta_0 + \delta)$ が母数空間に入るようにとれる．$A = \{\boldsymbol{X} \mid L(\theta_0 \mid \boldsymbol{X}) > L(\theta_0 - \delta \mid \boldsymbol{X})\}$, $B = \{\boldsymbol{X} \mid L(\theta_0 \mid \boldsymbol{X}) > L(\theta_0 + \delta \mid \boldsymbol{X})\}$ とおくと，(6.12) から，任意の $\varepsilon > 0$ に対して，ある N_1 がとれて，$n > N_1$ なるすべての n に対して $P(A) > 1 - \varepsilon$ とできる．同様にして，ある N_2 がとれて，$n > N_2$ なるすべての n に対して $P(B) > 1 - \varepsilon$ とできる．したがって，ボンフェロニの不等式（第1章の演習問題）を用いると，$n > \max(N_1, N_2)$ なる n に対して

$$P(A \cap B) > 1 - P(A^c) - P(B^c) = P(A) + P(B) - 1 > 1 - 2\varepsilon$$

が成り立つ．最後に，任意の $\boldsymbol{X} \in A \cap B$ に対して $\theta_0 - \delta < \widehat{\theta} < \theta_0 + \delta$ となる $L(\theta \mid \boldsymbol{X})$ の（局所的）極大点 $\widehat{\theta}$ が存在する．すなわち $\widehat{\theta}$ は $(d/d\theta)L(\theta \mid \boldsymbol{X}) = 0$ の解である．その解の中で θ_0 に最も近いものをとることにする．$A \cap B \subset \{\boldsymbol{X} \mid \theta_0 - \delta < \widehat{\theta} < \theta_0 + \delta\}$ であるから $P_{\theta_0}(|\widehat{\theta} - \theta_0| < \delta) = P_{\theta_0}(\theta_0 - \delta < \widehat{\theta} < \theta_0 + \delta) \geq P_{\theta_0}(A \cap B) > 1 - 2\varepsilon$ となる．したがって定理が証明できる．□

最尤推定量 $\widehat{\theta}$ の漸近正規性を示すために次のような正則条件を仮定する．

(C6) $f(x \mid \theta)$ が θ に関して3回連続微分可能とする．また正の実数 c と関数 $M(x)$ が存在して，$\theta_0 - c < \theta < \theta_0 + c$ なるすべての θ に対して

$$\left| \frac{d^3 \log f(x \mid \theta)}{d\theta^3} \right| \leq M(x)$$

であり，$E_{\theta_0}[M(X_1)] < \infty$ を満たすものとし，さらに $M(x)$ は θ_0, c に依存してもよいが，θ に依存しないものとする．

▶ **定理 6.24**（漸近正規性）　(C1) から (C6) を仮定するとき，θ の MLE $\widehat{\theta}$ について

$$\sqrt{n}(\widehat{\theta}_n - \theta) \to_d \mathcal{N}(0, 1/I_1(\theta)) \tag{6.13}$$

が成り立つ．このことを**漸近正規性** (asymptotic normality) という．また漸近分散がクラメール・ラオの下限 $1/I_1(\theta)$ に達していることから，MLE は漸近有効であるという．

[**証明**] 対数尤度関数 $\ell(\theta) = \sum_{i=1}^{n} \log f(x_i \mid \theta)$ に対して，最尤推定量 $\widehat{\theta}$ は $\ell'(\widehat{\theta}) = 0$ を満たす．$\ell'(\widehat{\theta})$ を $\widehat{\theta} = \theta_0$ の周りでテーラー展開すると

$$\ell'(\widehat{\theta}) = \ell'(\theta_0) + (\widehat{\theta} - \theta_0)\ell''(\theta_0) + 2^{-1}(\widehat{\theta} - \theta_0)^2 \ell'''(\theta^*)$$

と近似できる．ここで θ^* は θ_0 と $\widehat{\theta}$ の間の点である．$\ell'(\widehat{\theta}) = 0$ より

$$\sqrt{n}(\widehat{\theta} - \theta_0) = \frac{(1/\sqrt{n})\ell'(\theta_0)}{-(1/n)\ell''(\theta_0) - (1/2n)(\widehat{\theta} - \theta_0)\ell'''(\theta^*)} \tag{6.14}$$

と書ける．$S_1(\theta, X_i) = (d/d\theta)\log f(X_i \mid \theta)$ とおくと $(1/\sqrt{n})\ell'(\theta_0) = (1/\sqrt{n})\sum_{i=1}^{n} S_1(\theta_0, X_i)$ であり，仮定 (C2), (C3) のもとで $E_{\theta_0}[S_1(\theta_0, X_i)] = 0$, $E_{\theta_0}[S_1(\theta_0, X_i)^2] = I_1(\theta_0)$ である．$S_1(\theta_0, X_1), \ldots, S_1(\theta_0, X_n), i.i.d. \sim (0, I_1(\theta_0))$ であるから，中心極限定理（定理 5.15）より

$$(1/\sqrt{n})\ell'(\theta_0) \to_d \mathcal{N}(0, I_1(\theta_0))$$

となる．また $-(1/n)\ell''(\theta) = -(1/n)\sum_{i=1}^{n}(d^2/d\theta^2)\log f(X_i \mid \theta)$ であり，(6.9) より $-E_{\theta_0}[(d^2/d\theta^2)\log f(X_i \mid \theta)] = I_1(\theta_0)$ であるから，大数の法則（定理 5.11）より

$$-(1/n)\ell''(\theta_0) \to_p I_1(\theta_0)$$

となる．最後に，$(1/n)\ell'''(\theta) = (1/n)\sum_{i=1}^{n}(d^3/d\theta^3)\log f(X_i \mid \theta)$ であり，仮定 (C6) より

$$|n^{-1}\ell'''(\theta^*)| < n^{-1}\{M(X_1) + \cdots + M(X_n)\}$$

となり，右辺は $n^{-1}\{M(X_1) + \cdots + M(X_n)\} \to_p E[M(X_1)]$ に収束するので，$n^{-1}\ell'''(\theta^*)$ は確率有界である．$\widehat{\theta} - \theta_0 \to_p 0$ より $(1/2n)(\widehat{\theta} - \theta_0)\ell'''(\theta^*) \to_p 0$ となる．以上より，スラッキーの定理（命題 5.19）を用いると

$$\sqrt{n}(\widehat{\theta} - \theta) \to_d \{I_1(\theta)\}^{-1}\mathcal{N}(0, I_1(\theta)) = \mathcal{N}(0, 1/I_1(\theta))$$

となり，定理が証明できる． □

【**例 6.25**】 $X_1, \ldots, X_n, i.i.d. \sim Ber(p)$ とすると，対数尤度関数は $\ell(p, \boldsymbol{X}) = \sum_{i=1}^{n}\{X_i \log p + (1 - X_i)\log(1 - p)\}$ で与えられるので

$$\frac{d}{dp}\ell(p, \boldsymbol{X}) = \sum_{i=1}^{n}\{X_i/p - (1-X_i)/(1-p)\}$$

より，p の最尤推定量は $\hat{p} = \overline{X}$ になる．1 個のデータに対するフィッシャー情報量は

$$I_1(p) = -E\left[\frac{d^2}{dp^2}\{X_1 \log p + (1-X_1)\log(1-p)\}\right]$$
$$= E[X_1/p^2 + (1-X_1)/(1-p)^2] = 1/\{p(1-p)\}$$

で与えられるので，

$$\sqrt{n}(\hat{p} - p) \to_d \mathcal{N}(0, p(1-p))$$

となる． □

定理 6.24 の拡張の 1 つとして，関数 $h(\theta)$ の最尤推定量 $h(\widehat{\theta})$ の漸近分布が挙げられる．この場合，デルタ法を用いれば，$h'(\theta) \neq 0$ である θ に対して

$$\sqrt{n}(h(\widehat{\theta}) - h(\theta)) \to_d \mathcal{N}(0, \{h'(\theta)\}^2/I_1(\theta))$$

が成り立つことがわかる．

6.4 発展的事項

6.4.1 経験ベイズと階層ベイズ

ここでは，ベイズ推定において超母数 $\boldsymbol{\xi}$ の設定方法について補足する．$\boldsymbol{\xi}$ の設定については，既知，未知，確率変数の 3 つの場合が考えられる．

(1) **主観ベイズ法** (subjective Bayes method) とは，超母数 $\boldsymbol{\xi}$ を既知の値として扱うことで，この場合例 6.13 のようにベイズ推定値は超母数の影響を受ける．周辺分布と事後分布はそれぞれ

$$\begin{aligned} f_\pi(\boldsymbol{x} \mid \boldsymbol{\xi}) &= \int f(\boldsymbol{x} \mid \boldsymbol{\theta})\pi(\boldsymbol{\theta} \mid \boldsymbol{\xi})\,d\boldsymbol{\theta}, \\ \pi(\boldsymbol{\theta} \mid \boldsymbol{x}, \boldsymbol{\xi}) &= f(\boldsymbol{x} \mid \boldsymbol{\theta})\pi(\boldsymbol{\theta} \mid \boldsymbol{\xi})/f_\pi(\boldsymbol{x} \mid \boldsymbol{\xi}) \end{aligned} \quad (6.15)$$

と書け，$\boldsymbol{\theta}$ の（主観）ベイズ推定量は $\widehat{\boldsymbol{\theta}}^B(\boldsymbol{\xi}) = E[\boldsymbol{\theta}|\boldsymbol{X}, \boldsymbol{\xi}] = \int \boldsymbol{\theta} \pi(\boldsymbol{\theta}|\boldsymbol{X}, \boldsymbol{\xi}) d\boldsymbol{\theta}$ で与えられる．主観ベイズ法を用いるには超母数を経験や知識などから事前に決めておく必要がある．

ベイズ解析にもう少し客観性を持たせる試みが**客観ベイズ法** (objective Bayesian method) である．この方向へのアプローチとして，経験ベイズ法と階層ベイズ法が考えられる．

(2) **経験ベイズ法** (empirical Bayes method) とは，超母数 $\boldsymbol{\xi}$ を未知母数として扱い，それを $\boldsymbol{X}$ の周辺分布 $f_\pi(\boldsymbol{x}|\boldsymbol{\xi})$ から推定し，得られた推定量 $\widehat{\boldsymbol{\xi}}$ をベイズ推定量 $\widehat{\boldsymbol{\theta}}^B(\boldsymbol{\xi})$ に代入したもので，$\widehat{\boldsymbol{\theta}}^{EB} = \widehat{\boldsymbol{\theta}}^B(\widehat{\boldsymbol{\xi}})$ で与えられる．このように超母数を未知とすることによって $\boldsymbol{\xi}$ の設定に関する恣意性を排除できる．

(3) **階層ベイズ法** (hierarchical Bayes method) とは，超母数 $\boldsymbol{\xi}$ を確率変数として扱って確率分布 $\pi_2(\boldsymbol{\xi})$ を設定することである．すなわち，$\boldsymbol{\theta}$ の事前分布は

$$\boldsymbol{\theta}|\boldsymbol{\xi} \sim \pi_1(\boldsymbol{\theta}|\boldsymbol{\xi}),$$
$$\boldsymbol{\xi} \sim \pi_2(\boldsymbol{\xi})$$
(6.16)

のような階層構造をもつことになり，$\pi_1(\boldsymbol{\theta}|\boldsymbol{\xi})$ が1段階目の事前分布，$\pi_2(\boldsymbol{\xi})$ が2段階目の事前分布になる．$\boldsymbol{\xi}$ に関して客観性を持たせるために，1段階目の事前分布はより正確な分布を与え，2段階目の事前分布はより曖昧な分布を与える必要がある．曖昧な分布とは，$\boldsymbol{\xi}$ のとり得る空間の上で一様分布するような無情報的な事前分布のことであり，不変事前分布，ジェフリーズの事前分布，参照事前分布など知られている．曖昧な分布を用いたときの問題点は $\iint \pi_1(\boldsymbol{\theta}|\boldsymbol{\xi}) \pi_2(\boldsymbol{\xi}) d\boldsymbol{\xi} d\boldsymbol{\theta} = \infty$ となってしまう可能性があることで，このような事前分布を**非正則な事前分布** (improper prior distribution) という．こうした場合でも，事後分布からベイズ推定量を形式的に求めることができる場合には，それを**一般化ベイズ推定量** (generalized Bayes estimator) という．これに対して $\iint \pi_1(\boldsymbol{\theta}|\boldsymbol{\xi}) \pi_2(\boldsymbol{\xi}) d\boldsymbol{\xi} d\boldsymbol{\theta} < \infty$ を満たす事前分布を**正則な事前分布** (proper prior distribution) という．

経験ベイズ推定量と階層ベイズ推定量の1つの例が10.5.3項で与えられる．

6.4.2 クラメール・ラオ不等式の一般化

定理 6.18 は θ の不偏推定量 $\widehat{\theta}$ に関してクラメール・ラオの不等式を与えた．一般に $\delta(\boldsymbol{X})$ を $g(\theta)$ の不偏推定量とすると，定理 6.18 の証明と同様にして

$$\mathrm{Var}_\theta(\delta(\boldsymbol{X})) = E_\theta[(\delta(\boldsymbol{X}) - g(\theta))^2] \geq \{g'(\theta)\}^2/I_n(\theta) \qquad (6.17)$$

なる不等式が得られる．さらに，$\delta(\boldsymbol{X})$ が $g(\theta)$ の不偏推定量でないときにも，(6.7) と $E[\delta(\boldsymbol{X})] = \mathrm{Bias}_\theta(\delta) + g(\theta)$ に注意すると

$$\begin{aligned}\mathrm{MSE}(\theta,\delta) &= E[(\delta(\boldsymbol{X}) - g(\theta))^2] = E[(\delta(\boldsymbol{X}) - E[\delta(\boldsymbol{X})])^2] + \{\mathrm{Bias}_\theta(\delta)\}^2 \\ &\geq \left\{\frac{d}{d\theta}\mathrm{Bias}_\theta(\delta) + g'(\theta)\right\}^2 / I_n(\theta) + \{\mathrm{Bias}_\theta(\delta)\}^2 \qquad (6.18)\end{aligned}$$

と評価できることがわかる．さらに，高階微分を利用してクラメール・ラオの下限の改良を行ったバタチャリア不等式などが知られている．クラメール・ラオ不等式 (6.10) において等号が成り立つための必要十分条件は $\widehat{\theta}$ の分布が指数型分布族に入ることであり，これはコーシー・シュバルツの不等式の等号条件から導くことができる．

6.4.3 多次元への拡張

母数が多次元の場合への拡張も可能である．$\boldsymbol{\theta} = (\theta_1,\ldots,\theta_k)^\top$ とし，$X_1,\ldots,X_n$ を確率（密度）関数 $f(x\,|\,\boldsymbol{\theta})$ からのランダム標本とする．

$$I_{ij}(\boldsymbol{\theta}) = E\left[\left(\frac{\partial}{\partial\theta_i}\log f(X_1\,|\,\boldsymbol{\theta})\right)\left(\frac{\partial}{\partial\theta_j}\log f(X_1\,|\,\boldsymbol{\theta})\right)\right]$$

とおくとき，$I_{ij}(\boldsymbol{\theta})$ を (i,j) 成分にもつ $k\times k$ 行列 $\boldsymbol{I}(\boldsymbol{\theta}) = (I_{ij}(\boldsymbol{\theta}))$ をフィッシャー情報量行列 (Fisher information matrix) という．$\widehat{\boldsymbol{\theta}}$ を $\boldsymbol{\theta}$ の不偏推定量とし，$\widehat{\boldsymbol{\theta}}$ の共分散行列を $\mathrm{Cov}(\widehat{\boldsymbol{\theta}}) = E[(\widehat{\boldsymbol{\theta}}-\boldsymbol{\theta})(\widehat{\boldsymbol{\theta}}-\boldsymbol{\theta})^\top]$ とすると，

$$\mathrm{Cov}(\widehat{\boldsymbol{\theta}}) \geq \{n\boldsymbol{I}(\boldsymbol{\theta})\}^{-1}$$

なる不等式が成り立つ．ここで，この不等式は $\mathrm{Cov}(\widehat{\boldsymbol{\theta}}) - \{n\boldsymbol{I}(\boldsymbol{\theta})\}^{-1}$ が非負定値であることを意味する．これは，クラメール・ラオの不等式の多次元への一般化である．

証明については，$f_n(\boldsymbol{x}\,|\,\boldsymbol{\theta}) = f(x_1\,|\,\boldsymbol{\theta})\times\cdots\times f(x_n\,|\,\boldsymbol{\theta})$ に対して

$$S_n(\boldsymbol{\theta}, \boldsymbol{x}) = \Big(\frac{\partial}{\partial \theta_1} \log f_n(\boldsymbol{x} \mid \boldsymbol{\theta}), \ldots, \frac{\partial}{\partial \theta_k} \log f_n(\boldsymbol{x} \mid \boldsymbol{\theta})\Big)^\top$$

とおくと，$E[\boldsymbol{S}_n(\boldsymbol{\theta},\boldsymbol{X})\boldsymbol{S}_n(\boldsymbol{\theta},\boldsymbol{X})^\top] = n\boldsymbol{I}(\boldsymbol{\theta})$, $E[(\widehat{\boldsymbol{\theta}}-\boldsymbol{\theta})\boldsymbol{S}_n(\boldsymbol{\theta},\boldsymbol{X})^\top] = \boldsymbol{I}_k$（$\boldsymbol{I}_k$ は単位行列）を満たすことに注意する．$\boldsymbol{a} \in \mathbb{R}^k$, $\boldsymbol{b} \in \mathbb{R}^k$ を任意にとると，コーシー・シュバルツの不等式より

$$\Big\{E[\boldsymbol{a}^\top(\widehat{\boldsymbol{\theta}}-\boldsymbol{\theta})\boldsymbol{b}^\top \boldsymbol{S}_n(\boldsymbol{\theta},\boldsymbol{X})]\Big\}^2 \leq E[\{\boldsymbol{a}^\top(\widehat{\boldsymbol{\theta}}-\boldsymbol{\theta})\}^2]E[\{\boldsymbol{b}^\top \boldsymbol{S}_n(\boldsymbol{\theta},\boldsymbol{X})\}^2]$$

となる．左辺は $(\boldsymbol{a}^\top \boldsymbol{b})^2$ になり，$E[\{\boldsymbol{a}^\top(\widehat{\boldsymbol{\theta}}-\boldsymbol{\theta})\}^2] = \boldsymbol{a}^\top E[(\widehat{\boldsymbol{\theta}}-\boldsymbol{\theta})(\widehat{\boldsymbol{\theta}}-\boldsymbol{\theta})^\top]\boldsymbol{a} = \boldsymbol{a}^\top \mathrm{Cov}(\widehat{\boldsymbol{\theta}})\boldsymbol{a}$ と表される．同様にして $E[\{\boldsymbol{b}^\top \boldsymbol{S}_n(\boldsymbol{\theta},\boldsymbol{X})\}^2] = \boldsymbol{b}^\top n\boldsymbol{I}(\boldsymbol{\theta})\boldsymbol{b}$ となるので，

$$\boldsymbol{a}^\top \mathrm{Cov}(\widehat{\boldsymbol{\theta}})\boldsymbol{a} \geq \sup_{\boldsymbol{b}\in\mathbb{R}^k} \frac{\boldsymbol{b}^\top \boldsymbol{a}\boldsymbol{a}^\top \boldsymbol{b}}{\boldsymbol{b}^\top n\boldsymbol{I}(\boldsymbol{\theta})\boldsymbol{b}} = \boldsymbol{a}^\top \{n\boldsymbol{I}(\boldsymbol{\theta})\}^{-1}\boldsymbol{a}$$

なる不等式が成り立つ．任意の $\boldsymbol{a} \in \mathbb{R}^k$ について成り立つことは，$\mathrm{Cov}(\widehat{\boldsymbol{\theta}}) - \{n\boldsymbol{I}(\boldsymbol{\theta})\}^{-1}$ が非負定値であることを示している．

また $\boldsymbol{\theta}$ の最尤推定量を $\widehat{\boldsymbol{\theta}}_n^M$ とすると，定理 6.24 と同様にして

$$\sqrt{n}(\widehat{\boldsymbol{\theta}}_n^M - \boldsymbol{\theta}) \to_d \mathcal{N}_k(\boldsymbol{0}, \boldsymbol{I}(\boldsymbol{\theta})^{-1}) \tag{6.19}$$

が成り立つ．ここで $\mathcal{N}_k(\boldsymbol{0}, \boldsymbol{I}(\boldsymbol{\theta})^{-1})$ は平均 $\boldsymbol{0}$，共分散行列 $\boldsymbol{I}(\boldsymbol{\theta})^{-1}$ の多変量正規分布で，その確率密度関数は (4.23) で与えられている．

演習問題

問 1 2 項分布 $Bin(n,p)$，ポアソン分布 $Po(\lambda)$，幾何分布 $Geo(p)$，負の 2 項分布 $NB(r,p)$，正規分布 $\mathcal{N}(\mu,\sigma^2)$，ガンマ分布 $Ga(\alpha,\beta)$，ベータ分布 $Beta(a,b)$ は指数型分布族に入るか．入る場合に自然母数，期待値母数を与えよ．

問 2 $X_1,\ldots,X_n, i.i.d. \sim f(x\mid\theta)$ とし，

$$f(x\mid\theta) = \theta x^{\theta-1}, \quad 0 \leq x \leq 1, \quad 0 < \theta < \infty$$

とする．このとき θ に対する十分統計量を求めよ．$\xi = 1/\theta$ とおくとき，ξ の最尤推定量を求めその分散が $n \to \infty$ のとき 0 に収束することを示せ．

問 3 $X_1,\ldots,X_n, i.i.d. \sim f(x\mid\theta)$ とし，

$$f(x\mid\theta) = \theta(1+x)^{-(\theta+1)}, \quad x > 0,\ \theta > 0$$

とする．このとき $T = \sum_{i=1}^n \log(1 + X_i)$ が θ に対する十分統計量であることを示せ．また T の平均と分散を計算せよ．

問 4 確率変数 $X_1, \ldots, X_n, i.i.d. \sim U(0, \theta)$ とし，θ は正の未知母数とする．
 (1) θ に対する十分統計量を求めよ．
 (2) 最大統計量 $X_{(n)}$ に基づいた θ の不偏推定量 $\widehat{\theta}^{U1}$ と標本平均 $\overline{X}$ に基づいた不偏推定量 $\widehat{\theta}^{U2}$ を求め，それぞれの平均 2 乗誤差を計算して大きさを比較せよ．
 (3) θ の最尤推定量 $\widehat{\theta}^{ML}$ を求め，そのバイアスと平均 2 乗誤差を計算せよ．

問 5 確率変数の組 $(X_1, \ldots, X_k)$ が多項分布 $Multin_k(n, p_1, \ldots, p_k)$ に従うとき，$(p_1, \ldots, p_k)$ の最尤推定量を求めよ．

問 6 $f(x \,|\, \boldsymbol{\eta})$ を (6.3) で与えられる指数型分布族の確率関数もしくは確率密度関数とするとき，$E[t_j(X)] = -(\partial/\partial \eta_j) \log c^*(\boldsymbol{\eta})$ が成り立つことを示せ．また $\boldsymbol{\eta}$ の最尤推定量とモーメント推定量が一致することを確かめよ．

問 7 $X \,|\, p \sim Bin(n, p), \; p \sim Beta(\alpha, \beta)$ とする．
 (1) 事後分布は $p \,|\, X \sim Beta(X + \alpha, n - X + \beta)$ で与えられることを示せ．
 (2) p のベイズ推定量は次のように書けることを示せ．
$$\hat{p}^B = E[p \,|\, X] = \frac{n}{\alpha + \beta + n} \frac{X}{n} + \frac{\alpha + \beta}{\alpha + \beta + n} \frac{\alpha}{\alpha + \beta}$$

問 8 $X_1, \ldots, X_n, i.i.d. \sim Po(\lambda)$ とし，λ の事前分布がガンマ分布 $Ga(\alpha, \beta)$ に従っているとする．
 (1) λ の事後分布を求めよ．
 (2) λ の事後分布の平均と分散を求めよ．

問 9 $\widehat{\theta}_1, \ldots, \widehat{\theta}_k$ を θ の k 個の不偏推定量とし，$\text{Var}(\widehat{\theta}_i) = \sigma_i^2, \; \text{Cov}(\widehat{\theta}_i, \widehat{\theta}_j) = 0, \; (i \neq j)$ を満たすものとする．
 (1) 定数 $a_i, \, i = 1, \ldots, k,$ に対して線形推定量 $\sum_i a_i \widehat{\theta}_i$ が θ の不偏推定量になるための条件を記せ．
 (2) $\sigma_1^2, \ldots, \sigma_k^2$ を既知とするとき，(1) で求めた条件を満たす線形不偏な推定量の中で分散を最小にするものを求めよ．またそのときの分散を与えよ．

問 10 $X_1, \ldots, X_n, i.i.d. \sim f(x \,|\, \mu, \sigma)$ とし，$f(x \,|\, \mu, \sigma)$ は
$$f(x \,|\, \mu, \sigma) = \sigma^{-1} \exp\{-\sigma^{-1}(x - \mu)\}, \quad x > \mu, \; \sigma > 0$$

なる指数分布に従うとする．この分布を $Ex(\mu, \sigma)$ と書くことにする．
  (1) $U = X_{(1)}, T = \sum_{i=1}^{n}(X_i - X_{(1)})$ とおくと，これらが (μ, σ) に対する十分統計量になることを示せ．
  (2) $n(U - \mu)/\sigma$ と $2T/\sigma$ は独立にそれぞれ $Ex(0, 1)$, $\chi^2_{2(n-1)}$ に従うことを示せ．
  (3) U, T を用いて μ, σ の不偏推定量を与えよ．

問 11 確率変数 X が $Bin(n, p)$ に従うとする．
  (1) $\theta = p(1-p)$ とおくとき，θ の不偏推定量 $\widehat{\theta}^U$ と最尤推定量 $\widehat{\theta}^{ML}$ を求めよ．
  (2) $\sqrt{n}(\widehat{\theta}^{ML} - \theta)$, $\sqrt{n}(\widehat{\theta}^U - \theta)$ の漸近分布が一致することを示せ．

問 12 $X_1, \ldots, X_n, i.i.d. \sim Po(\lambda)$ とする．
  (1) $\sum_{i=1}^{n} X_i$ はどのような分布に従うか．積率母関数を用いて示せ．
  (2) λ の任意の不偏推定量の分散について，その下限をクラメール・ラオの不等式を用いて与えよ．
  (3) λ の最尤推定量を求め，その分散がクラメール・ラオの下限に達していることを確かめよ．

問 13 $X_1, \ldots, X_n, i.i.d. \sim \mathcal{N}(0, \theta)$ に従うとする．$\widehat{\theta} = \sum_{i=1}^{n} X_i^2/n$ とおくとき，次の問に答えよ．
  (1) θ のフィッシャー情報量 $I_n(\theta)$ を求めよ．また θ の不偏推定量の分散の下限に関するクラメール・ラオ不等式を与えよ．
  (2) θ の最尤推定量を求め，その平均と分散を計算せよ．
  (3) $n\widehat{\theta}/\theta$ はどのような分布に従うか．
  (4) $n \to \infty$ とするとき，$\sqrt{n}(\widehat{\theta} - \theta)$ の漸近分布を求めよ．

問 14 上の問題と同じ設定のもとで $\sqrt{\theta}$ の推定を考える．
  (1) $E[|X_i|] = \sqrt{2\theta/\pi}$ を示せ．
  (2) これを用いた $\sqrt{\theta}$ のモーメント推定量 $\sqrt{\bar{\theta}}$ を求め，$\sqrt{n}(\sqrt{\bar{\theta}} - \sqrt{\theta})$ の漸近分布を求めよ．また $\sqrt{\theta}$ の最尤推定量 $\sqrt{\widehat{\theta}}$ について $\sqrt{n}(\sqrt{\widehat{\theta}} - \sqrt{\theta})$ の漸近分布を求め，$\sqrt{\bar{\theta}}$ の漸近分散と比較せよ．

問 15 $X_1, \ldots, X_n$ を $f(x|\theta)$ からのランダム・サンプルとし，$\mathbb{R} \to \mathbb{R}$ なる関数 $h(\theta)$ に対して不偏推定量 $\hat{h} = \hat{h}(X_1, \ldots, X_n)$ が存在しているとする．このとき，クラメール・ラオの不等式は

$$\mathrm{Var}_\theta(\hat{h}) \geq \{h'(\theta)\}^2/\{nI_1(\theta)\}$$

で与えられることを示せ．

問 16 $(X_1, Y_1), \ldots, (X_n, Y_n)$ を互いに独立な確率変数のペアとし，X_i と Y_i も独立でともに $\mathcal{N}(\mu_i, \sigma^2)$ に従うとする．
  (1) $\mu_1, \ldots, \mu_n, \sigma^2$ の最尤推定量を求めよ．
  (2) σ^2 の最尤推定量は一致性を持つか．持たないときには，σ^2 の一致推定量を与えよ．
  (3) プールされた推定量 $\{\sum_{i=1}^n (X_i - \overline{X})^2 + \sum_{i=1}^n (Y_i - \overline{Y})^2\}/(2n)$ が一致性を持たないことを示せ．

問 17(∗) $(X_1, Y_1), \ldots, (X_n, Y_n), i.i.d.$ とし，$(X_i, Y_i)^\top$ は 2 変量正規分布に従い，X_i, Y_i の平均はともに 0 で分散は $\mathrm{Var}(X_i) = \sigma_1^2$, $\mathrm{Var}(Y_i) = \sigma_2^2$ であるとし，共分散が $\mathrm{Cov}(X_i, Y_i) = \rho \sigma_1 \sigma_2$ で与えられるとする．
  (1) ρ に対する十分統計量と ρ の最尤推定量 $\hat{\rho}$ を求めよ．
  (2) $\hat{\rho}$ の確率密度関数を求めよ．
  (3) $\sqrt{n}(\hat{\rho} - \rho)$ の極限分布を求めよ．

問 18 クラメール・ラオの不等式について次の事柄に答えよ．
  (1) 不等式 (6.10) において等号が成り立つ必要十分条件を求めよ．
  (2) 不等式 (6.17) を示せ．
  (3) 不等式 (6.18) を示せ．

第 7 章

統計的仮説検定

　点推定と並んで重要な統計的推測法の一つが仮説検定である．例えば，ある病気が薬による副作用であることが疑われるときには，薬と病気との因果関係の有無を調べるためにデータがとられ，このデータに基づいて因果関係の有無に関する仮説を検定し結論を与える．このように関心のある仮説が正しいか否かをデータから判定する統計手法が仮説検定である．仮説検定のポイントは，否定することに高い信頼性を持たせたい主張を帰無仮説に設けることである．上の例で因果関係が無いという主張を帰無仮説に設定する場合，帰無仮説を否定すること，すなわち因果関係が有ると判定することは極めて大きなインパクトを与えることになる．そこで，そうした帰無仮説を否定することには 95% や 99% の信頼性をもたせることによって，この強い主張を保証してあげるのが仮説検定の考え方である．

　本章では，具体的な仮説検定の考え方，正規母集団に関する t-検定，F-検定，検定統計量の導出方法としての尤度比検定，応用上よく使われるカイ 2 乗適合度検定などについて説明し，最後に検定方式の良さを評価する規準とネイマン・ピアソンの補題および一様最強力検定について述べる．

7.1　仮説検定の考え方

　仮説検定 (hypothesis testing) における仮説とは母集団の分布や母集団のパラメータに関する記述であり，**帰無仮説** (null hypothesis) と **対立仮説** (alternative hypothesis) という 2 つの排反な仮説を設け，それぞれ H_0, H_1 で表す．例えば，母集団の確率分布を $f(x|\theta)$ とし，θ は 1 次元で，θ のとり得る値の集合を Θ とする．これを **母数空間** (parameter space) という．母数空間が $\Theta = \Theta_0 \cup \Theta_1$, $\Theta_0 \cap \Theta_1 = \emptyset$, と分割されるとき，$\theta \in \Theta_0$ か $\theta \in \Theta_1$ のどちらかを決定する問題を考える．これを

$$H_0 : \theta \in \Theta_0 \text{ vs } H_1 : \theta \in \Theta_1 \ (= \Theta_0^c)$$

と書く．固定された値 θ_0 に対して，$H_0 : \theta = \theta_0$ vs $H_1 : \theta \neq \theta_0$ なる問題を考えてみると，$\Theta_0 = \{\theta_0\}$, $\Theta_1 = \{\theta \in \Theta \mid \theta \neq \theta_0\}$ と書けるので，明らかに $\Theta = \Theta_0 \cup \Theta_1$, $\Theta_0 \cap \Theta_1 = \emptyset$ を満たす．$\Theta_0 = \{\theta_0\}$ のように 1 点からなる仮説を**単純仮説** (simple hypothesis), $\Theta_1 = \{\theta \in \Theta \mid \theta \neq \theta_0\}$ のように複数の点からなる仮説を**複合仮説** (composite hypothesis) という．H_0 か H_1 のどちらかの仮説を否定して他方を受け入れることになり，仮説を否定することを**仮説を棄却する** (reject the hypothesis) といい，仮説を受け入れることを**仮説を受容する** (accept the hypothesis) という．

▷ **定義 7.1** **仮説検定方式** (hypothesis testing procedure) とは，標本空間 $\mathcal{X}$ を，$R = \{x \in \mathcal{X} \mid H_0$ を棄却する $\}$ と $A = \{x \in \mathcal{X} \mid H_0$ を受容する $\}$ に分割するルールのことである．ここで，$\mathcal{X} = R \cup A$, $R \cap A = \emptyset$ であり，R を H_0 の**棄却域** (rejection region), A を H_0 の**受容域** (acceptance region) という．標本 $X_1, \ldots, X_n$ に基づいた統計量 $T = T(X_1, \ldots, X_n)$ によって R と A が定まるとき，T を**検定統計量** (test statistic) という．

【例 7.2】 ある地域の中学 1 年生の身長 μ が全国平均 μ_0 に等しいか否かを検定したいとし，n 人の標本 $X_1, \ldots, X_n$ がとられたとする．このとき，仮説検定は $H_0 : \mu = \mu_0$ vs $H_1 : \mu \neq \mu_0$ であり，定数 C を適当にとって，$|\overline{X} - \mu_0| > C$ ならば H_0 を棄却して H_1 を受容し，$|\overline{X} - \mu_0| \leq C$ ならば H_1 を棄却して H_0 を受容するのが自然である．この場合，$|\overline{X} - \mu_0|$ が検定統計量であり，$\boldsymbol{x} = (x_1, \ldots, x_n)$, $\mathcal{X} = \mathbb{R}^n$ とすると，H_0 の棄却域は

$$R = \{\boldsymbol{x} \in \mathcal{X} \mid |\overline{x} - \mu_0| > C\}$$

となり，受容域は $A = \{\boldsymbol{x} \in \mathcal{X} \mid |\overline{x} - \mu_0| \leq C\}$ となる． □

興味ある仮説に関して仮説検定を行いたい場合，その仮説を帰無仮説にするか対立仮説にするかは大事な点である．というのは，統計的仮説検定では帰無仮説を棄却することに高い信頼性を与えているからである．したがって，理論上もしくは経験上当然成り立っていると予想される仮説や否定したい仮説を帰無仮説にとることになる．上の例では，ある地域の中学 1 年生の身長は全国平均と等しいという仮説が当然であり，この仮説を安易に棄却することは避け

たい．そこで，帰無仮説を棄却することには，'もし棄却するという判断が間違っていても 1% 以内である'という高い信頼性をもって H_0 を棄却することを考える．具体的には，α を $0 < \alpha < 1$ の間の値とし，帰無仮説 $H_0 : \theta \in \Theta_0$ が正しいにもかかわらず誤って H_0 を棄却してしまう確率がすべての $\theta \in \Theta_0$ に対して α 以下になるようにする．すなわち

$$\sup_{\theta \in \Theta_0} P_\theta(\boldsymbol{X} \in R) \leq \alpha \tag{7.1}$$

を満たすように棄却域 R を調整する必要がある．この α を**有意水準** (significance level) といい，通常は $\alpha = 0.05$, $\alpha = 0.01$ の値が用いられる．

【例 7.3】 例 7.2 において，有意水準が α になるように C を調整してみよう．具体的には，

$$P_{\mu=\mu_0}(|\overline{X} - \mu_0| > C) = \alpha$$

となるように C の値を求めることになる．$X_1, \ldots, X_n$ を未知の平均 μ，既知の分散 σ^2 を持つ正規母集団からのランダム標本とする．特定の μ_0 に対して $Z = \sqrt{n}(\overline{X} - \mu_0)/\sigma$ とおくと，$H_0 : \mu = \mu_0$ のもとで $Z \sim \mathcal{N}(0, 1)$ となり，

$$\begin{aligned} P_{\mu=\mu_0}(|\overline{X} - \mu_0| > C) &= P(|Z| > \sqrt{n}C/\sigma) \\ &= P(Z < -\sqrt{n}C/\sigma) + P(Z > \sqrt{n}C/\sigma) \\ &= 2P(Z > \sqrt{n}C/\sigma) \end{aligned}$$

と変形できる．したがって，図 7.1 のように

$$P(Z > z_{\alpha/2}) = 1 - \Phi(z_{\alpha/2}) = \alpha/2 \tag{7.2}$$

となる $z_{\alpha/2}$ を定めると，$z_{\alpha/2} = \sqrt{n}C/\sigma$，すなわち

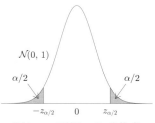

図 7.1 両側 $\alpha/2$ 分位点

$$C = (\sigma/\sqrt{n})z_{\alpha/2}$$

とおけばよい．実際，$P_{\mu=\mu_0}(|\overline{X} - \mu_0| > (\sigma/\sqrt{n})z_{\alpha/2}) = 2P(Z > z_{\alpha/2}) = \alpha$ が成り立つ．こうして，有意水準 α の検定の棄却域は

$$R = \{\boldsymbol{x} \in \mathcal{X} \,|\, |\overline{x} - \mu_0| > (\sigma/\sqrt{n})z_{\alpha/2}\}$$

となる． □

7.2 正規母集団に関する検定

例 7.3 で見たように，母集団の分布が正規分布のときには，いくつかの検定統計量について確率分布を正確に与えることができる．本節では，2 つの正規母集団に関する検定問題を例にとって説明する．なお，1 標本問題の例については，久保川・国友 (2016) を参照されたい．

7.2.1 両側検定と片側検定

次のような 2 標本問題を考えよう．2 つの母集団からそれぞれ $X_1, \ldots, X_m$, $i.i.d. \sim \mathcal{N}(\mu_1, \sigma_0^2)$, $Y_1, \ldots, Y_n, i.i.d. \sim \mathcal{N}(\mu_2, \sigma_0^2)$ なる標本がとられており，それぞれの標本平均を $\overline{X} = m^{-1}\sum_{i=1}^m X_i$, $\overline{Y} = n^{-1}\sum_{i=1}^n Y_i$ とおき，σ_0^2 は既知とする．2 つの母集団の間で平均が等しいことを検定する問題として

(A) $H_0 : \mu_1 = \mu_2$ vs $H_1 : \mu_1 \neq \mu_2$
(B) $H_0 : \mu_1 = \mu_2$ vs $H_1 : \mu_1 > \mu_2$

を考えてみよう．(A) の対立仮説は $\mu_1 > \mu_2$ もしくは $\mu_1 < \mu_2$ と両側に棄却域をもつので**両側検定** (two-sided test) という．一方 (B) の対立仮説は $\mu_1 > \mu_2$ より片側に棄却域をもつので**片側検定** (one-sided test) という．

(A) の検定問題については，明らかに $T(\overline{X}, \overline{Y}) = |\overline{X} - \overline{Y}|/\sigma_0$ が検定統計量になり，$|\overline{X} - \overline{Y}|/\sigma_0 > C$ のときに H_0 は棄却される．H_0 のもとでは $\mu_1 = \mu_2$ であるからこれを μ とおくと，$(\overline{X} - \mu) - (\overline{Y} - \mu) \sim \mathcal{N}(0, \sigma_0^2(m+n)/(mn))$ となる．そこで，$Z = (\overline{X} - \overline{Y})\sqrt{mn}/(\sigma_0\sqrt{m+n})$ とおくと $Z \sim \mathcal{N}(0, 1)$ となるので

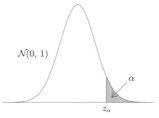

図 7.2 上側 α 分位点

$$P_{H_0}(|\overline{X}-\overline{Y}|/\sigma_0 > C) = P_{H_0}(|Z| > C\sqrt{mn}/\sqrt{m+n}) = \alpha$$

となるように C を求めると，$C = (\sqrt{m+n}/\sqrt{mn})z_{\alpha/2}$ となる．したがって，棄却域は

$$R = \{\boldsymbol{x} \in \mathcal{X}, \boldsymbol{y} \in \mathcal{Y} \mid (\overline{x}-\overline{y})\sqrt{mn}/(\sigma_0\sqrt{m+n}) < -z_{\alpha/2}$$
$$\text{または } (\overline{x}-\overline{y})\sqrt{mn}/(\sigma_0\sqrt{m+n}) > z_{\alpha/2}\}$$

となり，$\overline{x} - \overline{y}$ について両側に棄却域が生ずることがわかる．

(B) の検定についても同様に考えて，$(\overline{X}-\overline{Y})/\sigma_0$ が検定統計量で，$(\overline{X}-\overline{Y})/\sigma_0 > C$ のときに H_0 は棄却される．この場合，

$$P_{H_0}((\overline{X}-\overline{Y})/\sigma_0 > C)$$
$$= P_{H_0}(Z > C\sqrt{mn}/\sqrt{m+n})$$
$$= \alpha$$

となるように C を求めることになる（図 7.2）．$C = (\sqrt{m+n}/\sqrt{mn})z_\alpha$ ととればよいので，棄却域は

$$R = \{\boldsymbol{x} \in \mathcal{X}, \boldsymbol{y} \in \mathcal{Y} \mid (\overline{x}-\overline{y})\sqrt{mn}/(\sigma_0\sqrt{m+n}) > z_\alpha\}$$

となり，片側に棄却域が生ずることがわかる．

7.2.2 t-検定

前項と同様，$X_1, \ldots, X_m, i.i.d. \sim \mathcal{N}(\mu_1, \sigma^2), Y_1, \ldots, Y_n, i.i.d. \sim \mathcal{N}(\mu_2, \sigma^2)$ なる 2 標本問題を考える．ただし σ^2 を未知母数として扱う．この場合，σ^2 はプールされた統計量

$$\widehat{\sigma}^2 = \frac{1}{m+n-2}\Big\{\sum_{i=1}^m (X_i - \overline{X})^2 + \sum_{i=1}^n (Y_i - \overline{Y})^2\Big\}$$

で推定される．検定問題として $H_0 : \mu_1 = \mu_2$ vs $H_1 : \mu_1 \neq \mu_2$ を考えると，前項の (A) と同様，$|\overline{X} - \overline{Y}|/\widehat{\sigma}$ が検定統計量になる．定理 5.1 より $(\overline{X}, \overline{Y})$ と $\widehat{\sigma}^2$ は独立であることがわかる．$(m+n-2)\widehat{\sigma}^2/\sigma^2 \sim \chi^2_{m+n-2}$ であり，H_0 のもとで $\overline{X} - \overline{Y} \sim \mathcal{N}(0, \sigma^2(m+n)/(mn))$ となるので

$$T = \frac{(\overline{X} - \overline{Y})\sqrt{mn}/(\sigma\sqrt{m+n})}{\sqrt{\widehat{\sigma}^2/\sigma^2}} \sim \frac{\mathcal{N}(0,1)}{\sqrt{\chi^2_{m+n-2}/(m+n-2)}} \sim t_{m+n-2}$$

となり，定義 5.2 より T は自由度 $m+n-2$ の t-分布に従うことがわかる．$t_{m+n-2,\alpha/2}$ を $P(T > t_{m+n-2,\alpha/2}) = \alpha/2$ となる点とすると

$$P_{H_0}(|\overline{X} - \overline{Y}|\sqrt{mn}/(\widehat{\sigma}\sqrt{m+n}) > t_{m+n-2,\alpha/2})$$
$$= P(|T| > t_{m+n-2,\alpha/2}) = \alpha$$

となる．こうして棄却域は

$$R = \{\boldsymbol{x} \in \mathcal{X}, \boldsymbol{y} \in \mathcal{Y} \,|\, |\overline{x} - \overline{y}|\sqrt{mn}/(\widehat{\sigma}\sqrt{m+n}) > t_{m+n-2,\alpha/2}\} \qquad (7.3)$$

となることがわかる．

7.2.3　F-検定

2 標本問題において 2 つ母集団の分散が等しいか否かを検定する問題を考えてみよう．$X_1, \ldots, X_m, i.i.d. \sim \mathcal{N}(\mu_1, \sigma_1^2)$, $Y_1, \ldots, Y_n, i.i.d. \sim \mathcal{N}(\mu_2, \sigma_2^2)$ とし，$H_0 : \sigma_1^2 = \sigma_2^2$ vs $H_1 : \sigma_1^2 \neq \sigma_2^2$ を検定したいとする．σ_1^2 と σ_2^2 はそれぞれ $\widehat{\sigma}_1^2 = (m-1)^{-1}\sum_{i=1}^m (X_i - \overline{X})^2$, $\widehat{\sigma}_2^2 = (n-1)^{-1}\sum_{i=1}^n (Y_i - \overline{Y})^2$ で推定されるので，$\widehat{\sigma}_1^2/\widehat{\sigma}_2^2$ が検定統計量になり，$\widehat{\sigma}_1^2/\widehat{\sigma}_2^2 < c_1$ もしくは $\widehat{\sigma}_1^2/\widehat{\sigma}_2^2 > c_2$ ($c_1 < c_2$) のとき H_0 は棄却される．H_0 のもとでは $\sigma_1^2 = \sigma_2^2$ なのでこれを σ^2 とおくと，

$$\frac{\widehat{\sigma}_1^2}{\widehat{\sigma}_2^2} = \frac{\widehat{\sigma}_1^2/\sigma^2}{\widehat{\sigma}_2^2/\sigma^2} \sim \frac{\chi^2_{m-1}/(m-1)}{\chi^2_{n-1}/(n-1)} \sim F_{m-1,n-1}$$

となり，命題 5.7 より自由度 $(m-1, n-1)$ の F-分布に従うことがわかる．したがって，棄却域は

$$R = \{\boldsymbol{x} \in \mathcal{X}, \boldsymbol{y} \in \mathcal{Y} \mid \widehat{\sigma}_1^2/\widehat{\sigma}_2^2 < F_{m-1,n-1,1-\alpha/2}$$
$$\text{もしくは } \widehat{\sigma}_1^2/\widehat{\sigma}_2^2 > F_{m-1,n-1,\alpha/2}\}$$

と表される.ただし,$F_{m-1,n-1,\alpha}$ は $F_{m-1,n-1}$-分布の上側 $100\alpha\%$ 点である.

7.3 検定統計量の導出方法

　正規母集団に関する検定問題の例ではもっともらしい検定統計量がとりあげられて棄却域が構成された.しかし,一般に検定統計量をどのように見つけたらよいであろうか.点推定のときに,最尤推定が有用で有効であったように,仮説検定においても尤度関数に基づいた尤度比検定が役立つ.実は,前節でとりあげた検定統計量も尤度比検定統計量として導くことができる.本節では,尤度比検定およびワルド検定,スコア検定について紹介する.

7.3.1 尤度比検定

　$X_1, \ldots, X_n, i.i.d. \sim f(x \mid \theta)$ とし,θ は 1 次元でも多次元でもよいものとする.$\boldsymbol{x} = (x_1, \ldots, x_n)$ に対して $L(\theta, \boldsymbol{x}) = \prod_{i=1}^n f(x_i \mid \theta)$ を尤度関数という.

▷**定義 7.4**　$H_0 : \theta \in \Theta_0$ vs $H_1 : \theta \in \Theta_0^c$ を検定するための**尤度比検定統計量** (likelihood ratio test statistic) は

$$\lambda(\boldsymbol{X}) = \frac{\sup_{\theta \in \Theta_0} L(\theta \mid \boldsymbol{X})}{\sup_{\theta \in \Theta} L(\theta \mid \boldsymbol{X})} \tag{7.4}$$

で与えられる.このとき,正の定数 C に対して H_0 の棄却域が $R = \{\boldsymbol{x} \in \mathcal{X} \mid \lambda(\boldsymbol{x}) \leq C\}$ で与えられる検定を**尤度比検定** (likelihood ratio test, LRT) という.

　$\widehat{\theta}$ を Θ での最尤推定量,母数空間を Θ_0 に制限したときの θ の最尤推定量を $\widehat{\theta}_0$ とすると,尤度比検定統計量は

$$\lambda(\boldsymbol{X}) = \frac{L(\widehat{\theta}_0, \boldsymbol{X})}{L(\widehat{\theta}, \boldsymbol{X})}$$

とも表される.

▶ **命題 7.5** θ を 1 次元とし,6.3.2 項と 6.3.3 項で与えられた条件 (C1) から (C6) までを仮定する.仮説検定 $H_0 : \theta = \theta_0$ vs $H_1 : \theta \neq \theta_0$ における尤度比検定統計量を $\lambda(\boldsymbol{X})$ とすると,H_0 のもとで,次が成り立つ.

$$-2\log\lambda(\boldsymbol{X}) \to_d \chi_1^2 \tag{7.5}$$

[証明] $\ell(\theta_0, \boldsymbol{X})$ を $\theta_0 = \widehat{\theta}$ の周りでテーラー展開し,$\widehat{\theta}$ が最尤推定量であることに注意すると,

$$\ell(\theta_0, \boldsymbol{X}) = \ell(\widehat{\theta}, \boldsymbol{X}) + \ell'(\widehat{\theta}, \boldsymbol{X})(\theta_0 - \widehat{\theta}) + \frac{1}{2}\ell''(\theta^*, \boldsymbol{X})(\theta_0 - \widehat{\theta})^2$$
$$= \ell(\widehat{\theta}, \boldsymbol{X}) + \frac{1}{2}\ell''(\theta^*, \boldsymbol{X})(\theta_0 - \widehat{\theta})^2$$

と近似できる.ただし θ^* は θ と $\widehat{\theta}$ を結ぶ線分上の点である.これを代入すると,

$$-2\log\lambda(\boldsymbol{X}) = -2\ell(\theta_0, \boldsymbol{X}) + 2\ell(\widehat{\theta}, \boldsymbol{X})$$
$$= \{-\ell''(\theta^*, \boldsymbol{X})\}(\widehat{\theta} - \theta_0)^2$$
$$= \{-\ell''(\theta_0, \boldsymbol{X})\}(\widehat{\theta} - \theta_0)^2 + \{\ell''(\theta_0, \boldsymbol{X}) - \ell''(\theta^*, \boldsymbol{X})\}(\widehat{\theta} - \theta_0)^2$$

となる.第 1 項については,大数の法則により $-\ell''(\theta_0, \boldsymbol{X})/n \to_p I_1(\theta_0)$ となることに注意する.MLE の漸近正規性から $\sqrt{n}(\widehat{\theta} - \theta_0) \to_d \mathcal{N}(0, 1/I_1(\theta_0))$ となるので,$nI_1(\theta_0)(\widehat{\theta} - \theta_0)^2 \to_d \chi_1^2$ となる.これらの結果とスラツキーの定理(命題 5.19)を用いると,H_0 のもとで $\{-\ell''(\theta_0, \boldsymbol{X})\}(\widehat{\theta} - \theta_0)^2 \to_d \chi_1^2$ となることがわかる.第 2 項については,

$$|\ell''(\theta_0, \boldsymbol{X}) - \ell''(\theta^*, \boldsymbol{X})| \leq |\ell'''(\theta^{**}, \boldsymbol{X})||\theta_0 - \theta^*|$$

と評価できる.ただし θ^{**} は θ_0 と θ^* の線分上の点である.$(1/n)\ell'''(\theta) = (1/n)\sum_{i=1}^n (d^3/d\theta^3)\log f(X_i|\theta)$ であるから,仮定 (C6) より

$$|n^{-1}\ell'''(\theta^{**})| < n^{-1}\{M(X_1) + \cdots + M(X_n)\}$$

となり,右辺は $n^{-1}\{M(X_1) + \cdots + M(X_n)\} \to_p E[M(X_1)]$ に収束するので,$n^{-1}\ell'''(\theta^{**})$ は確率有界である.$\widehat{\theta} - \theta_0 \to_p 0$, $\theta^* - \theta_0 \to_p 0$ より

$$\frac{1}{n}|\ell''(\theta_0, \boldsymbol{X}) - \ell''(\theta^*, \boldsymbol{X})|n(\widehat{\theta} - \theta_0)^2 \to_p 0$$

となる．再びスラツキーの定理を用いると，H_0 のもとで $\{-\ell''(\theta^*, \boldsymbol{X})\}(\widehat{\theta} - \theta_0)^2 \to_d \chi_1^2$ となることが示される． □

命題 7.5 と (7.4) とから，尤度比検定の棄却域は

$$R = \{\boldsymbol{x} \in \mathcal{X} \mid -2\log \lambda(\boldsymbol{x}) > \chi_{1,\alpha}^2\} \tag{7.6}$$

で与えられる．ただし，$\chi_{1,\alpha}^2$ は $X \sim \chi_1^2$ なる確率変数 X に対して $P(X > \chi_{1,\alpha}^2) = \alpha$ となる点である．

【例 7.6】 $X_1, \ldots, X_n, i.i.d. \sim \mathcal{N}(\mu, \sigma_0^2)$ とし，σ_0^2 は既知の値とする．この場合尤度関数は $L(\mu, \boldsymbol{x}) = (2\pi\sigma_0^2)^{-n/2} \exp\{-\sum_{i=1}^n (x_i - \mu)^2/(2\sigma_0^2)\}$ であり，変形すると

$$L(\mu, \boldsymbol{x}) = (2\pi\sigma_0^2)^{-n/2} \exp\left\{-\sum_{i=1}^n (x_i - \overline{x})^2/(2\sigma_0^2) - n(\overline{x} - \mu)^2/(2\sigma_0^2)\right\}$$

となる．$\Theta = \{\mu \in \mathbb{R}\}$ における最尤推定量は $\widehat{\mu} = \overline{X}$ であるから，$H_0 : \mu = \mu_0$ vs $H_1 : \mu \neq \mu_0$ に対する尤度比統計量は

$$\lambda(\boldsymbol{X}) = \frac{L(\mu_0, \boldsymbol{X})}{L(\widehat{\mu}, \boldsymbol{X})} = \exp\left\{-\frac{n}{2\sigma_0^2}(\overline{X} - \mu_0)^2\right\}$$

となる．棄却域は $R = \{\boldsymbol{x} \in \mathcal{X} \mid \lambda(\boldsymbol{x}) \leq C\}$ となるが，有意水準を α にするためには，$R = \{\boldsymbol{x} \in \mathcal{X} \mid n(\overline{x} - \mu_0)^2/\sigma_0^2 \geq \chi_{1,\alpha}^2\}$ もしくは $R = \{\boldsymbol{x} \in \mathcal{X} \mid \sqrt{n}|\overline{x} - \mu_0|/\sigma_0 \geq z_{\alpha/2}\}$ とする必要がある． □

【例 7.7】 $X_1, \ldots, X_n, i.i.d. \sim Ber(p)$ とすると，尤度関数は $L(p, \boldsymbol{x}) = p^{\sum_{i=1}^n x_i}(1-p)^{n-\sum_{i=1}^n x_i}$ となるので，p の最尤推定量は $\widehat{p} = \overline{X}$ となる．$H_0 : p = p_0$ vs $H_1 : p \neq p_0$ に対する尤度比検定統計量は

$$\lambda(\boldsymbol{X}) = \frac{L(p_0, \boldsymbol{X})}{L(\widehat{p}, \boldsymbol{X})} = \left(\frac{p_0}{\widehat{p}}\right)^{n\overline{X}} \left(\frac{1-p_0}{1-\widehat{p}}\right)^{n(1-\overline{X})}$$

で与えられ，$\lambda(\boldsymbol{X}) \leq C$ のとき H_0 を棄却するのが尤度比検定となる．有意水準 α の近似的な棄却域は

$$R = \{\boldsymbol{x} \in \mathcal{X} \mid 2n\overline{X}\log(\widehat{p}/p_0) + 2n(1-\overline{X})\log\{(1-\widehat{p})/(1-p_0)\} \geq \chi_{1,\alpha}^2\}$$

で与えられる. □

一般に，母数 $\boldsymbol{\theta}$ が多次元の場合には命題 7.5 は次のように拡張される．詳しくは，竹村 (1991) などを参照されたい．

▶ **命題 7.8** $X_1,\ldots,X_n$ を $f(x|\boldsymbol{\theta})$ からのランダム・サンプルとし，$\boldsymbol{\theta} \in \Theta$ は k 次元とする．Θ_0 を r 次元 $(r<k)$ とし，$H_0 : \boldsymbol{\theta} \in \Theta_0$ vs $H_1 : \boldsymbol{\theta} \in \Theta_0^c$ に対する尤度比検定統計量を $\lambda(\boldsymbol{X})$ とする．このとき，H_0 のもとで，次の近似が成り立つ．

$$-2\log\lambda(\boldsymbol{X}) \to_d \chi^2_{k-r} \tag{7.7}$$

この結果を用いると，一般的な仮説に対する有意水準 α の尤度比検定の棄却域は

$$R = \{\boldsymbol{x} \in \mathcal{X} \mid -2\log\lambda(\boldsymbol{x}) > \chi^2_{k-r,\alpha}\} \tag{7.8}$$

となる．ただし，$\chi^2_{k-r,\alpha}$ は $X \sim \chi^2_{k-r}$ なる確率変数 X に対して $P(X > \chi^2_{k-r,\alpha}) = \alpha$ となる点である．

7.3.2　ワルド検定とスコア検定

仮説検定では帰無仮説を棄却する際の信頼性を与えることが重要なので，帰無仮説のもとでの検定統計量の確率分布を与えることが要求される．尤度比検定では，帰無仮説 H_0 が正しいときに $-2\log\lambda(\boldsymbol{X})$ の分布がカイ 2 乗分布で近似できるので，この要求が近似的に満たされる．その意味では，帰無仮説のもとでの漸近分布が正規分布で近似できる場合には，そのことを利用して検定統計量を構成することができる．それが，ワルド検定とスコア検定である．

いま，W_n を θ の推定量で，$\mathrm{Var}(W_n)$ の推定量を S_n^2 とし，

$$(W_n - \theta)/S_n \to_d \mathcal{N}(0,1)$$

が成り立っているとする．$H_0 : \theta = \theta_0$ vs $H_1 : \theta \neq \theta_0$ を検定するための H_0 の棄却域を

$$R = \{\boldsymbol{x} \in \mathcal{X} \mid |W_n - \theta_0|/S_n \geq z_{\alpha/2}\}$$

とする検定方式を**ワルド検定** (Wald test) という．

例えば，$W_n = \widehat{\theta}_n$ を θ の最尤推定量とすると，$\sqrt{nI_1(\theta)}(\widehat{\theta}_n - \theta) \to_d \mathcal{N}(0,1)$ となるので，$I_1(\theta)$ を $I_1(\widehat{\theta}_n)$ で推定すれば，スラツキーの定理より $\sqrt{nI_1(\widehat{\theta}_n)}(\widehat{\theta}_n - \theta) \to_d \mathcal{N}(0,1)$ となり

$$R = \{\boldsymbol{x} \in \mathcal{X} \mid \sqrt{nI_1(\widehat{\theta}_n)}|\widehat{\theta}_n - \theta_0| \geq z_{\alpha/2}\} \tag{7.9}$$

がワルド検定の棄却域となる．

スコア検定はスコア関数 $S_n(\theta, \boldsymbol{X}) = (d/d\theta)\log f_n(\boldsymbol{X}\mid\theta)$ に基づいた検定方式である．$E[S_n(\theta, \boldsymbol{X})] = 0$, $\mathrm{Var}(S_n(\theta, \boldsymbol{X})) = I_n(\theta) = nI_1(\theta)$ となることは，6.3.2 項で示した．$S_n(\theta, \boldsymbol{X})$ は i.i.d. である確率変数の和になるので，θ が真値のときの中心極限定理により

$$S_n(\theta, \boldsymbol{X})/\sqrt{nI_1(\theta)} \to_d \mathcal{N}(0,1)$$

となる．$H_0 : \theta = \theta_0$ vs $H_1 : \theta \neq \theta_0$ に対して $S_n(\theta_0, \boldsymbol{X})/\sqrt{nI(\theta_0)}$ に基づいた検定が考えられる．実際，

$$R = \{\boldsymbol{x} \in \mathcal{X} \mid |S_n(\theta_0, \boldsymbol{x})|/\sqrt{nI_1(\theta_0)} \geq z_{\alpha/2}\}$$

を棄却域とする検定を**スコア検定**（score test, もしくは lagrange multiplier test）という．

【例 7.9】 $X_1, \ldots, X_n, i.i.d. \sim Ber(p)$ とするとき，$H_0 : p = p_0$ vs $H_1 : p \neq p_0$ に対するワルド検定とスコア検定を求めよう．例 6.25 より，1 個のデータのフィッシャー情報量は $I_1(p) = [p(1-p)]^{-1}$ となるので，ワルド検定の棄却域は

$$\text{ワルド検定}: R = \{\boldsymbol{x} \in \mathcal{X} \mid \sqrt{n}\,|\hat{p} - p_0|/\sqrt{\hat{p}(1-\hat{p})} \geq z_{\alpha/2}\}$$

で与えられる．また尤度関数が $L(p, \boldsymbol{x}) = p^{\sum_{i=1}^n x_i}(1-p)^{n-\sum_{i=1}^n x_i}$ であるからスコア関数は $S_n(p, \boldsymbol{X}) = n(\hat{p} - p)/\{p(1-p)\}$ となる．したがってスコア検定の棄却域は

スコア検定：$R = \{\boldsymbol{x} \in \mathcal{X} \mid \sqrt{n}|\hat{p} - p_0|/\sqrt{p_0(1-p_0)} \geq z_{\alpha/2}\}$

で与えられる． □

7.4 適合度検定

本節では，現実によく使われるカイ 2 乗適合度検定について説明する．確率分布の適合度に関する検定を前半で，クロス表における独立性の検定を後半で扱う．

7.4.1 カイ 2 乗適合度検定

全体で n 個のデータが $C_1, \ldots, C_K$ の K 個のカテゴリーに分類され，それぞれ $X_1, \ldots, X_K$ 個観測されたとすると，$X_1 + \cdots + X_K = n$ である．それぞれのカテゴリーに入る確率を $p_1, \ldots, p_K$ とすると $p_1 + \cdots + p_K = 1$ である．p_i は X_i/n で推定されることになる．一方，理論上想定される確率が $\pi_1, \ldots, \pi_K$ であるとするとき，観測データに基づいた確率分布が理論上想定される確率分布に等しいか否かを検定する問題は

$$H_0 : p_1 = \pi_1, \ldots, p_K = \pi_K \text{ vs } H_1 : p_i \neq \pi_i \text{ （ある } i \text{ に対して）}$$

のように定式化される（表7.1）．これをカテゴリーに関する**カイ 2 乗適合度検定** (chi-square test of goodness of fit) という．

H_0 が正しいときにはカテゴリー C_i に入る個数が $n\pi_i$ になる（表7.2）．これを理論値という．観測データに基づいた確率分布と理論上想定される確率分布との違いは観測数と理論値との差の 2 乗 $(X_1 - n\pi_1)^2, \ldots, (X_K - n\pi_K)^2$ に基づいて測ることができるので，$\boldsymbol{X} = (X_1, \ldots, X_K)$，$\boldsymbol{\pi} = (\pi_1, \ldots, \pi_K)$ に対して

表 7.1 真の確率と理論確率

カテゴリー	C_1	C_2	$\cdots$	C_K	計
観測数	X_1	X_2		X_K	n
真の確率	p_1	p_2		p_K	1
理論確率	π_1	π_2	$\cdots$	π_K	1

表 7.2 観測数と理論値

カテゴリー	C_1	C_2	$\cdots$	C_K	計
観測数	X_1	X_2		X_K	n
理論値	$n\pi_1$	$n\pi_2$		$n\pi_K$	n

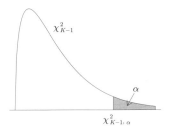

図 7.3 上側 α 分位点

$$Q(\boldsymbol{X}, \boldsymbol{\pi}) = \sum_{i=1}^{K} \frac{(X_i - n\pi_i)^2}{n\pi_i}$$

なる量を検定統計量として用いることが考えられる．これを**ピアソンのカイ 2 乗検定統計量**といい，H_0 のもとで $Q(\boldsymbol{X}, \boldsymbol{\pi}) \to_d \chi^2_{K-1}$ に収束することが以下の命題で示される．そこで，棄却域を

$$R = \{\boldsymbol{x} \in \mathcal{X} \mid Q(\boldsymbol{x}, \boldsymbol{\pi}) > \chi^2_{K-1,\alpha}\}$$

とする検定を考えればよいことになる．ただし，$\chi^2_{K-1,\alpha}$ は χ^2_{K-1}-分布の上側 $100\alpha\%$ 点である（図 7.3）．

▶**命題 7.10** 帰無仮説 H_0 のもとで $Q(\boldsymbol{X}, \boldsymbol{\pi})$ は χ^2_{K-1}-分布に分布収束する．

[証明] $X_K = n - \sum_{i=1}^{K-1} X_i$, $\pi_K = 1 - \sum_{i=1}^{K-1} \pi_i$ より，

$$\begin{aligned}
Q(\boldsymbol{X}, \boldsymbol{\pi}) &= \sum_{i=1}^{K-1} \left(\frac{1}{\pi_i} + \frac{1}{\pi_K}\right) n(X_i/n - \pi_i)^2 \\
&\quad + \frac{1}{\pi_K} \sum_{i=1}^{K-1} \sum_{j=1, j\neq i}^{K-1} n(X_i/n - \pi_i)(X_j/n - \pi_j) \\
&= \boldsymbol{Z}^\top \boldsymbol{A} \boldsymbol{Z}
\end{aligned}$$

と書き直すことができる．ただし $\boldsymbol{A}$ は $(K-1) \times (K-1)$ の行列でその (i,j) 成分 a_{ij} が

$$a_{ij} = \begin{cases} 1/\pi_i + 1/\pi_K & (i = j \text{ のとき}) \\ 1/\pi_K & (i \neq j \text{ のとき}) \end{cases}$$

で与えられ，$\boldsymbol{Z}$ は $(K-1)$ 次元ベクトル

$$\boldsymbol{Z} = (\sqrt{n}(X_1/n - \pi_1), \ldots, \sqrt{n}(X_{K-1}/n - \pi_{K-1}))^\top$$

である．ここで $\boldsymbol{Y}_j = (Y_{1j}, \ldots, Y_{Kj})^\top$ を $Y_{1j}, \ldots, Y_{Kj}$ のうちどれか 1 つが 1，残りが 0 をとる確率変数とし，$\boldsymbol{Y}_1, \ldots, \boldsymbol{Y}_n$ は互いに独立に分布し，$E[Y_{ij}] = \pi_i$，$\mathrm{Var}(Y_{ij}) = \pi_i(1-\pi_i)$，$i \neq i'$ に対して $\mathrm{Cov}(Y_{ij}, Y_{i'j}) = -\pi_i \pi_{i'}$ とする．$i = 1, \ldots, K-1$ に対して $X_i = \sum_{j=1}^n Y_{ij}$ であるから，中心極限定理により $\boldsymbol{Z}$ は $(K-1)$ 次元正規分布 $\mathcal{N}_{K-1}(\boldsymbol{0}, \boldsymbol{\Sigma})$ に分布収束することがわかる．ここで，$\boldsymbol{\Sigma}$ は $(K-1) \times (K-1)$ の行列でその (i,j) 成分 σ_{ij} は

$$\sigma_{ij} = \begin{cases} \pi_i(1-\pi_i) & (i = j \text{ のとき}) \\ -\pi_i \pi_j & (i \neq j \text{ のとき}) \end{cases}$$

で与えられる．付録 (D9) の等式から $\boldsymbol{A}^{-1} = \boldsymbol{\Sigma}$ なる関係が成り立つことが確かめられるので，

$$Q(\boldsymbol{X}, \boldsymbol{\pi}) = \boldsymbol{Z}^\top \boldsymbol{\Sigma}^{-1} \boldsymbol{Z}$$

と書き直すことができる．$(\boldsymbol{\Sigma}^{-1/2})^2 = \boldsymbol{\Sigma}^{-1}$ となる平方根行列 $\boldsymbol{\Sigma}^{-1/2}$ を用いると $\boldsymbol{\Sigma}^{-1/2} \boldsymbol{Z} \to_d \mathcal{N}_{K-1}(\boldsymbol{0}, \boldsymbol{I})$ となるので

$$Q(\boldsymbol{X}, \boldsymbol{\pi}) = (\boldsymbol{\Sigma}^{-1/2} \boldsymbol{Z})^\top (\boldsymbol{\Sigma}^{-1/2} \boldsymbol{Z}) \to_d \chi^2_{K-1}$$

が成り立つ． □

【例 7.11】 ある町の $n = 800$ 人の血液型を調査したところ表 7.3, 7.4 のように観測された．この町の血液型の分布が日本の標準的なものと一致するか否かを検定したい．

この場合，$Q(\boldsymbol{x}, \boldsymbol{\pi})$ を計算すると $Q(\boldsymbol{x}, \boldsymbol{\pi}) = 6.82$ となる．$\chi^2_{3, 0.05} = 7.815$ より，有意水準 5% で有意でないことがわかる． □

表 7.3 観測数と理論確率

血液型	A	B	O	AB	計
観測数	317	168	230	85	800
標準確率	0.37	0.22	0.32	0.09	1

表 7.4 観測数と理論値

血液型	A	B	O	AB	計
観測数	317	168	230	85	800
標準人数	296	176	256	72	800

7.4.2 クロス表における独立性検定

A の事象 $A_1, \ldots, A_r$ と B の事象 $B_1, \ldots, B_c$ について**クロス表**（分割表, contingency table）のデータが観測されているとする．n 個のデータのうち A_i かつ B_j である観測数を X_{ij} とし，真の確率を p_{ij} とする．これをクロス表で表すと表 7.5, 7.6 のようになる．ただし $X_{i\cdot} = \sum_{j=1}^{c} X_{ij}$, $X_{\cdot j} = \sum_{i=1}^{r} X_{ij}$ を意味する．

表 7.5 観測数

	B_1	$\cdots$	B_j	$\cdots$	B_c	計
A_1	X_{11}	$\cdots$	X_{1j}	$\cdots$	X_{1c}	$X_{1\cdot}$
.						.
A_i	X_{i1}	$\cdots$	X_{ij}	$\cdots$	X_{ic}	$X_{i\cdot}$
.						.
A_r	X_{r1}	$\cdots$	X_{rj}	$\cdots$	X_{rc}	$X_{r\cdot}$
計	$X_{\cdot 1}$	$\cdots$	$X_{\cdot j}$	$\cdots$	$X_{\cdot c}$	n

表 7.6 同時確率

	B_1	$\cdots$	B_j	$\cdots$	B_c	計
A_1	p_{11}	$\cdots$	p_{1j}	$\cdots$	p_{1c}	$p_{1\cdot}$
.						.
A_i	p_{i1}	$\cdots$	p_{ij}	$\cdots$	p_{ic}	$p_{i\cdot}$
.						.
A_r	p_{r1}	$\cdots$	p_{rj}	$\cdots$	p_{rc}	$p_{r\cdot}$
計	$p_{\cdot 1}$	$\cdots$	$p_{\cdot j}$	$\cdots$	$p_{\cdot c}$	1

いま A と B の関係が独立か否かという問題に関心があるとする．$p_{i\cdot} = \sum_{j=1}^{c} p_{ij}$, $p_{\cdot j} = \sum_{i=1}^{r} p_{ij}$ とおくとき，この問題の帰無仮説は

H_0 : 'すべての (i,j) に対して p_{ij} が $p_{ij} = p_{i\cdot} \times p_{\cdot j}$ である'

と書ける．帰無仮説 H_0 は $p_{1\cdot}, \ldots, p_{r\cdot}, p_{\cdot 1}, \ldots, p_{\cdot c}$ の合計 $r + c - 2$ 個のパラメータから構成されている．一方，対立仮説 H_1 は，ある (i,j) に対して $p_{ij} \neq p_{i\cdot} \times p_{\cdot j}$ と書けるので，対立仮説全体のパラメータ数は $rc - 1$ 個になる．したがって，対立仮説のパラメータ数から帰無仮説のパラメータ数を引くと $(rc-1) - (r+c-2) = (r-1)(c-1)$ となることがわかる．$E[X_{ij}] = np_{ij}$ であり，H_0 のもとでは A と B の独立性が成り立つので $E[X_{ij}] = np_{i\cdot}p_{\cdot j}$ となる．ここで，$p_{i\cdot}$ は $X_{i\cdot}/n$ で，$p_{\cdot j}$ は $X_{\cdot j}/n$ で推定されるので，H_0 のもとでは $np_{i\cdot}p_{\cdot j}$ は $X_{i\cdot}X_{\cdot j}/n$ で推定されることになる．すなわち，A と B が独立なときには (A_i, B_j) の起こる個数は $X_{i\cdot}X_{\cdot j}/n$ であり，これが理論値となる．これと観測値の X_{ij} の差の 2 乗 $(X_{ij} - X_{i\cdot}X_{\cdot j}/n)^2$, $i = 1, \ldots, r, j = 1, \ldots, c$, に基づいて独立性を検定することができる．そこで

$$Q(\boldsymbol{X}) = \sum_{i=1}^{r} \sum_{j=1}^{c} \frac{(X_{ij} - X_{i\cdot}X_{\cdot j}/n)^2}{X_{i\cdot}X_{\cdot j}/n}$$

なる形の検定統計量を考え，これをクロス表の独立性に関するカイ 2 乗適合

度検定という．H_0 のもとで，

$$Q(\boldsymbol{X}) \to_d \chi^2_{(r-1)(c-1)}$$

に収束することが知られているので，棄却域は $R = \{\boldsymbol{x} \in \mathcal{X} \mid Q(\boldsymbol{x}) > \chi^2_{(r-1)(c-1),\alpha}\}$ となる．

【例 7.12】 ある薬と病気との関係を調べるため，その病気の患者 90 人と健康な人 100 人について，その薬の摂取の経験を調査したところ，表 7.7 のデータが得られた．また，独立性が成り立っているときの理論値は表 7.8 のようになる．

表 7.7 観測数

カテゴリー	患者	健常者	計
薬の摂取	85	60	145
薬の非摂取	5	40	45
計	90	100	190

表 7.8 同時確率

カテゴリー	患者	健常者	計
薬の摂取	68.7	76.3	145
薬の非摂取	21.3	23.7	45
計	90	100	190

この場合，$Q(\boldsymbol{x}) = 31.032$ となり，$\chi^2_{1,0.01} = 6.635$, $\chi^2_{1,0.05} = 3.841$ より，有意水準 5% でも 1% でも有意となり，病気と薬との間に関係があることになる． □

7.5 検定方式の評価

検定方式の良さを評価する方法について説明しよう．本節では最強力検定を与えるネイマン・ピアソンの補題と一様最強力検定について説明し，最後に P 値 (有意確率) についてもふれる．

7.5.1 検定のサイズと検出力

検定方法とは帰無仮説の棄却域の決め方に対応しており，様々な棄却域のとり方に応じて検定方法が存在することになる．そこで，検定手法を比較して優れた検定手法を求めることが求められる．その枠組みを与えたい．

まず，検定には 2 種類の誤りが存在する．1 つは帰無仮説が正しいのに帰無仮説を棄却してしまう誤りで，これを **第 1 種の誤り** (type I error) という．も

う1つは帰無仮説が正しくないのに帰無仮説を受容してしまう誤りで，これを**第2種の誤り** (type II error) という．具体的には，$H_0 : \theta \in \Theta_0$ vs $H_1 : \theta \notin \Theta_0$ なる検定問題に対する H_0 の棄却域を R で表すと，

$P_{H_0}(\boldsymbol{X} \in R)$：第1種の誤り，　　$P_{H_1}(\boldsymbol{X} \notin R)$：第2種の誤り

となる．これら2種類の誤りを統一的に表現する関数が検出力関数である．

▷**定義 7.13**　$\beta(\theta) = P_\theta(\boldsymbol{X} \in R)$ を**検出力関数** (power function) という．$\theta \in \Theta_0$ に対しては $\beta(\theta)$ は第1種の誤りを表し，$\theta \in \Theta_0^c$ に対しては $1 - \beta(\theta)$ が第2種の誤りになる．

有意水準 α $(0 < \alpha < 1)$ に対して，$\sup_{\theta \in \Theta_0} \beta(\theta) = \alpha$ のとき，**サイズ α の検定** (size α test) といい，$\sup_{\theta \in \Theta_0} \beta(\theta) \leq \alpha$ のとき，**レベル α の検定** (level α test) という．

▷**定義 7.14**　2つの検定手法 T_1 と T_2 があり，それぞれの検出力関数を $\beta_1(\theta)$, $\beta_2(\theta)$ とする．このとき，次を満たすとき，T_1 は T_2 **より強力** (more powerful) であるという．
(a) すべての $\theta \in \Theta_0$ に対して，$\beta_1(\theta) \leq \alpha$, $\beta_2(\theta) \leq \alpha$ である．
(b) すべての $\theta \in \Theta_0^c$ に対して，$\beta_1(\theta) \geq \beta_2(\theta)$ であり，少なくとも1点で不等式が成り立つ．

▷**定義 7.15**　レベル α の検定の全体を $\mathcal{C}_\alpha$ で表す．このとき，検定 T が（**一様**）**最強力** ((uniformly) most powerful) であるとは，T がレベル α の検定であり，$\mathcal{C}_\alpha$ の中のどんな検定よりも強力であることをいう．すなわち，
(a) $\beta_T(\theta)$ を T の検出力関数とすると，すべての $\theta \in \Theta_0$ に対して $\beta_T(\theta) \leq \alpha$ である．
(b) 任意の検定 $S \in \mathcal{C}_\alpha$ に対して，その検出力を $\beta_S(\theta)$ とすると，すべての $\theta \in \Theta_0^c$ に対して $\beta_T(\theta) \geq \beta_S(\theta)$ が成り立つ．

一様最強力検定は必ずしも存在するとは限らないが，単純仮説の場合には次で示すように最強力検定が作れる．

7.5.2 ネイマン・ピアソンの補題

単純仮説からなる検定問題 $H_0 : \theta = \theta_0$ vs $H_1 : \theta = \theta_1$ ($\theta_0 \neq \theta_1$) を考える．ランダム・サンプル $\boldsymbol{X} = (X_1, \ldots, X_n)$ の同時確率（密度）関数を $f_n(\boldsymbol{x} \mid \theta)$ で表すと，尤度比検定統計量は $f_n(\boldsymbol{X} \mid \theta_0)/f_n(\boldsymbol{X} \mid \theta_1)$ となる．これが C ($C > 0$) より小さくなるとき棄却するのが尤度比検定である．すなわち，$k = 1/C$ ととると H_0 の棄却域は

$$R = \{\boldsymbol{x} \in \mathcal{X} \mid f_n(\boldsymbol{x} \mid \theta_1) > k f_n(\boldsymbol{x} \mid \theta_0)\} \tag{7.10}$$

と書ける．有意水準 α に対して，$k > 0$ を適当にとって，$P_{\theta=\theta_0}(\boldsymbol{X} \in R) = \alpha$ を満たすと仮定する．このとき，次の**ネイマン・ピアソンの補題** (Neyman-Pearson's lemma) が成り立つ．これを証明するのに検定関数を用いると便利である．

$$\phi(\boldsymbol{X}) = \begin{cases} 1 & (\boldsymbol{X} \in R \text{ のとき}) \\ 0 & (\boldsymbol{X} \notin R \text{ のとき}) \end{cases}$$

を**検定関数** (test function) といい，検定手法は棄却域 R で定まるが検定関数 $\phi(\boldsymbol{X})$ を用いても定義できる．この場合，検出力関数は $\beta(\theta) = E[\phi(\boldsymbol{X})]$ で表されることに注意する．

▶**定理 7.16** 棄却域が (7.10) で与えられる尤度比検定は最強力である．

[証明] サイズ α の任意の検定 $\phi'(\boldsymbol{X})$ は

$$\phi'(\boldsymbol{X}) = \begin{cases} 1 & (\boldsymbol{X} \in R' \text{ のとき}) \\ 0 & (\boldsymbol{X} \notin R' \text{ のとき}) \end{cases}$$

と書ける．ただし，サイズが α であることから $E_{\theta_0}[\phi'(\boldsymbol{X})] = E_{\theta_0}[\phi(\boldsymbol{X})] = \alpha$ を満たすので，

$$\int \cdots \int (\phi(\boldsymbol{x}) - \phi'(\boldsymbol{x})) f_n(\boldsymbol{x} \mid \theta_0) \, d\boldsymbol{x} = 0$$

となる．ただし $d\boldsymbol{x} = dx_1 \cdots dx_n$ を表す．検出力の差は

$$E_{\theta_1}[\phi(\boldsymbol{X}) - \phi'(\boldsymbol{X})]$$
$$= \int \cdots \int (\phi(\boldsymbol{x}) - \phi'(\boldsymbol{x})) f_n(\boldsymbol{x} \mid \theta_1) \, d\boldsymbol{x}$$
$$= \int \cdots \int (\phi(\boldsymbol{x}) - \phi'(\boldsymbol{x})) \{f_n(\boldsymbol{x} \mid \theta_1) - k f_n(\boldsymbol{x} \mid \theta_0)\} \, d\boldsymbol{x}$$
$$= \int \cdots \int_R (\phi(\boldsymbol{x}) - \phi'(\boldsymbol{x})) \{f_n(\boldsymbol{x} \mid \theta_1) - k f_n(\boldsymbol{x} \mid \theta_0)\} \, d\boldsymbol{x}$$
$$+ \int \cdots \int_{R^c} (\phi(\boldsymbol{x}) - \phi'(\boldsymbol{x})) \{f_n(\boldsymbol{x} \mid \theta_1) - k f_n(\boldsymbol{x} \mid \theta_0)\} \, d\boldsymbol{x}$$

と表される．ここで，R 上では，$f_n(\boldsymbol{x} \mid \theta_1) - k f_n(\boldsymbol{x} \mid \theta_0) > 0$ であり，しかも $\phi(\boldsymbol{x}) = 1$ より $\phi(\boldsymbol{x}) - \phi'(\boldsymbol{x}) \geq 0$ となるので，被積分関数は非負である．一方，R^c 上では，$f_n(\boldsymbol{x} \mid \theta_1) - k f_n(\boldsymbol{x} \mid \theta_0) \leq 0$ であり，しかも $\phi(\boldsymbol{x}) = 0$ より $\phi(\boldsymbol{x}) - \phi'(\boldsymbol{x}) \leq 0$ となるので，被積分関数は非負となる．以上より，$E_{\theta_1}[\phi(\boldsymbol{X}) - \phi'(\boldsymbol{X})] \geq 0$ となり，$\phi(\boldsymbol{X})$ は $\phi'(\boldsymbol{X})$ より強力であることがわかる． □

7.5.3 一様最強力検定

単純仮説のときネイマン・ピアソンの補題から尤度比検定が最強力検定になることが示された．一般に複合仮説の場合には一様最強力検定を構成するのは困難である．しかし，尤度がある性質をもつときには一様最強力検定を求めることができる．

$T = T(\boldsymbol{X})$ を θ に対する十分統計量とすると，因子分解定理（定理 6.3）より $f_n(\boldsymbol{x} \mid \theta) = h(\boldsymbol{x}) g(T(\boldsymbol{x}) \mid \theta)$ と表される．尤度比検定は T の関数になることがわかる．

▷**定義 7.17** $\theta_1 < \theta_2$ に対して，$g(t \mid \theta_2)/g(t \mid \theta_1)$ が t に関して非減少であるとき，$g(t \mid \theta)$ は**単調尤度比** (monotone likelihood ratio (MLR)) をもつという．

▶**定理 7.18** 十分統計量 $T(\boldsymbol{X})$ に対して，$g(t \mid \theta)$ が単調尤度比をもつとする．$H_0 : \theta = \theta_0$ vs $H_1 : \theta > \theta_0$ なる片側検定について，$P_{\theta_0}(T(\boldsymbol{X}) > t_0) = \alpha$ とするとき，棄却域が $R = \{\boldsymbol{x} \mid T(\boldsymbol{x}) > t_0\}$ で与えられる検定は一様最強力検定となる．

[証明] $\beta(\theta) = P_\theta(T > t_0)$ とおく．θ' を $\theta' > \theta_0$ に固定し，

$$H_0' : \theta = \theta_0 \text{ vs } H_1' : \theta = \theta'$$

なる単純仮説の検定問題を考えると，ネイマン・ピアソンの補題より，$g(t|\theta')/g(t|\theta_0) > k$ のとき H_0' を棄却する検定が最強力検定となる．ここで $g(t|\theta)$ は単調尤度比をもつので，$g(t|\theta')/g(t|\theta_0)$ は t に関して非減少である．したがって，$g(t|\theta')/g(t|\theta_0) > k$ となる t の範囲は $\{t \mid t > t'\}$ なる形で書けることがわかる．サイズ条件 $P_{\theta_0}(T > t') = \alpha$ より $t' = t_0$ ととる必要がある．この棄却域 $\{t \mid t > t_0\}$ は θ' のとり方に依存しないので，棄却域に $\{t \mid t > t_0\}$ をもつ検定手法は

$$H_0' : \theta = \theta_0 \text{ vs } H_1 : \theta > \theta_0$$

なる検定に対して一様最強力になることがわかる． □

【例 7.19】 $X_1, \ldots, X_n, i.i.d. \sim \mathcal{N}(\mu, \sigma_0^2)$ とし，σ_0^2 は既知とする．この分布は単調尤度比をもつことが確かめられる．したがって，$H_0 : \mu = \mu_0$ vs $H_1 : \mu > \mu_0$ なる片側検定に対しては，尤度比検定 $R = \{\boldsymbol{x} \mid \sqrt{n}(\overline{x} - \mu_0)/\sigma_0 > z_\alpha\}$ が一様最強力検定となる． □

例 7.19 において，両側検定 $H_0 : \mu = \mu_0$ vs $H_1 : \mu \neq \mu_0$ を考えてみよう．この場合，対立仮説のうち $\mu > \mu_0$ の範囲では最強力検定 $R = \{\boldsymbol{x} \mid \sqrt{n}(\overline{x} - \mu_0)/\sigma_0 > z_\alpha\}$ が存在し，また $\mu < \mu_0$ の範囲では $R = \{\boldsymbol{x} \mid \sqrt{n}(\overline{x} - \mu_0)/\sigma_0 < -z_\alpha\}$ が最強力検定となる．したがって，両側検定については一様最強力検定が存在しない．しかし，検定方式を不偏な検定に制限するならば，その範囲で一様最強力検定を求めることができる．

▷ 定義 7.20 $H_0 : \theta \in \Theta_0$ vs $H_1 : \theta \notin \Theta_0$ なる検定問題において，ある検定の検出力関数 $\beta(\theta)$ が，すべての $\theta' \in \Theta_0^c$ とすべての $\theta_0' \in \Theta_0$ に対して

$$\beta(\theta') \geq \beta(\theta_0')$$

を満たすとき，**不偏検定** (unbiased test) であるという．

▶**定理 7.21** $X_1, \ldots, X_n, i.i.d. \sim \mathcal{N}(\mu, \sigma_0^2)$ とし，σ_0^2 は既知とする．$H_0 : \mu = \mu_0$ vs $H_1 : \mu \neq \mu_0$ なる両側検定については，$R = \{\boldsymbol{x} \,|\, \sqrt{n}\,|\bar{x} - \mu_0|/\sigma_0 > z_{\alpha/2}\}$ は，不偏検定の中で一様最強力な検定，つまり一様最強力不偏検定となる．

　この証明については，Lehmann-Romano (2005)，竹村 (1991) が参照される．

7.5.4　P 値

　与えられたデータに対して仮説検定がなされ，用いた有意水準 α の値と H_0 が棄却されたか受容されたかの結果が報告される．その際，次で与える P 値を報告することによってデータのもっている特性や有意水準の設定の妥当性や問題点を伝えることができる．

　$H_0 : \theta \in \Theta_0$ vs $H_1 : \theta \notin \Theta_0$ なる検定問題において，棄却域が

$$R = \{\boldsymbol{x} \,|\, W(\boldsymbol{x}) > c\}$$

で与えられる検定を考える．このとき，

$$p(\boldsymbol{x}) = \sup_{\theta \in \Theta_0} P_\theta(W(\boldsymbol{X}) \geq W(\boldsymbol{x})) \tag{7.11}$$

を **P 値**もしくは**有意確率** (p value) という．

▶**定理 7.22** 　上で定義された P 値については，すべての $\theta \in \Theta_0$ とすべての α $(0 < \alpha < 1)$ に対して

$$P_\theta(p(\boldsymbol{X}) \leq \alpha) \leq \alpha$$

が成り立つ．

[証明]　$\theta \in \Theta_0$ を任意に固定し $p(\boldsymbol{x} \,|\, \theta) = P_\theta(W(\boldsymbol{X}) \geq W(\boldsymbol{x}))$ とおく．$-W(\boldsymbol{X})$ の分布関数を $F_\theta(w)$ で表すと，

$$p(\boldsymbol{x} \,|\, \theta) = P_\theta(-W(\boldsymbol{X}) \leq -W(\boldsymbol{x})) = F_\theta(-W(\boldsymbol{x}))$$

と書ける．$F_\theta(-W(\boldsymbol{X}))$ は $-W(\boldsymbol{X})$ の分布関数に $-W(\boldsymbol{X})$ を代入したもの

であるから，命題 2.19 の確率積分変換により，$F_\theta(-W(\boldsymbol{X}))$ は区間 $(0,1)$ 上を一様分布することがわかる．$p(\boldsymbol{X}\,|\,\theta) = F_\theta(-W(\boldsymbol{X}))$ より，$0 < \alpha < 1$ に対して

$$P_\theta(p(\boldsymbol{X}\,|\,\theta) \leq \alpha) = P_\theta(F_\theta(-W(\boldsymbol{X})) \leq \alpha) = \alpha$$

となる．$p(\boldsymbol{x}) = \sup_{\theta' \in \Theta_0} p(\boldsymbol{x}\,|\,\theta') \geq p(\boldsymbol{x}\,|\,\theta)$ であるから，

$$P_\theta(p(\boldsymbol{X}) \leq \alpha) \leq P_\theta(p(\boldsymbol{X}\,|\,\theta) \leq \alpha) = \alpha$$

となり，定理が証明される． □

$H_0 : \theta = \theta_0$ のもとでは，$P_{\theta_0}(p(\boldsymbol{X}) \leq \alpha) = \alpha$ となることから，$R = \{\boldsymbol{x}\,|\,W(\boldsymbol{x}) > c_\alpha\}$ が有意水準 α の検定の棄却域とすると，$R = \{\boldsymbol{x}\,|\,p(\boldsymbol{x}) \leq \alpha\}$ と表すことができることがわかる．

【例 7.23】 $X_1, \ldots, X_n, i.i.d. \sim \mathcal{N}(\mu, \sigma_0^2)$ とし，σ_0^2 は既知とする．$H_0 : \mu = \mu_0$ vs $H_1 : \mu \neq \mu_0$ なる両側検定については，$W(\overline{X}) = \sqrt{n}|\overline{X} - \mu_0|/\sigma_0$ が検定統計量になり，棄却域は $R = \{\overline{x}\,|\,W(\overline{x}) > z_{\alpha/2}\}$ となる．このとき，$Z = \sqrt{n}(\overline{X} - \mu_0)/\sigma_0$ とおくと，$W(\overline{X}) = |Z|$ であり，H_0 のもとで $Z \sim \mathcal{N}(0,1)$ であるから，P 値は

$$p(\overline{x}) = P_{\mu_0}(W(\overline{X}) \geq W(\overline{x})) = P(|Z| \geq \sqrt{n}|\overline{x} - \mu_0|/\sigma_0)$$

と書ける．$\overline{x} \in R$ のときには，$p(\overline{x}) = P(|Z| \geq \sqrt{n}|\overline{x} - \mu_0|/\sigma_0) \leq P(|Z| \geq z_{\alpha/2}) = \alpha$ となる．例えばデータを観測して $p(\overline{x})$ を計算したとき $p(\overline{x}) < 0.01$ なら，$\alpha = 0.01$ で H_0 は有意となる．定理より，$P_{\mu_0}(p(\overline{X}) < 0.01) = 0.01$ となり，P 値が 0.01 より小さくなる確率は H_0 が正しいとき 0.01 より小さいことがわかる．データを観測した後で P 値を計算して帰無仮説が棄却できるように有意水準を定めることが可能である．しかし，このような分析者の恣意性を排除するためには，有意水準 α の値は，検定問題に要求される信頼性の程度を考慮して，データを観測する前に予め決めておく必要がある． □

演習問題

問1 $X_1, \ldots, X_n, i.i.d. \sim \mathcal{N}(\mu, \sigma^2)$ とし，μ_0, σ_0^2 を既知の値とする．次の検定問題について有意水準 α の尤度比検定，ワルド検定，スコア検定をそれぞれ求めよ．
  (1) σ^2 を既知とするとき，$H_0 : \mu = \mu_0$ vs $H_1 : \mu \neq \mu_0$
  (2) μ を既知とするとき，$H_0 : \sigma^2 = \sigma_0^2$ vs $H_1 : \sigma^2 \neq \sigma_0^2$

問2 $X_1, \ldots, X_n, i.i.d. \sim \mathcal{N}(\mu, \sigma^2)$ とし，μ_0, σ_0^2 を既知の値とする．次の検定問題について有意水準 α の尤度比検定を与えよ．
  (1) σ^2 を既知とするとき，$H_0 : \mu \leq \mu_0$ vs $H_1 : \mu > \mu_0$
  (2) μ を既知とするとき，$H_0 : \sigma^2 \leq \sigma_0^2$ vs $H_1 : \sigma^2 > \sigma_0^2$

問3 $X_1, \ldots, X_m, i.i.d. \sim \mathcal{N}(\mu, \sigma^2)$ とし，μ, σ^2 を未知母数，μ_0 を既知の値とする．
  (1) $H_0 : \mu = \mu_0$ vs $H_1 : \mu \neq \mu_0$ について有意水準 α の尤度比検定を求めよ．
  (2) (1) の検定問題に対してワルド検定とスコア検定を与えよ．
  (3) $H_0 : \mu \leq \mu_0$ vs $H_1 : \mu > \mu_0$ について有意水準 α の尤度比検定を与えよ．

問4 $X_1, \ldots, X_n, i.i.d. \sim Ex(\lambda)$ とし，λ_0 を既知とする．
  (1) $H_0 : \lambda \leq \lambda_0$ vs $H_1 : \lambda > \lambda_0$ なる仮説検定に対する尤度比検定を求めよ．
  (2) H_0 のもとでの分布を求め，有意水準 α の棄却域を構成せよ．
  (3) この検定手法の検出力を計算せよ．

問5 $X_1, \ldots, X_n, i.i.d. \sim Po(\lambda)$ とし，λ_0 を既知とする．このとき，$H_0 : \lambda = \lambda_0$ vs $H_1 : \lambda \neq \lambda_0$ なる仮説検定に対する尤度比検定，ワルド検定，スコア検定を求めよ．

問6 $X_1, \ldots, X_n, i.i.d. \sim \mathcal{N}(0, \sigma_X^2)$, $Y_1, \ldots, Y_m \sim \mathcal{N}(0, \sigma_Y^2)$ とし，2つの標本は互いに独立とする．$\lambda = \sigma_Y^2/\sigma_X^2$ とし，λ_0 は既知とする．
  (1) $H_0 : \lambda = \lambda_0$ vs $H_1 : \lambda \neq \lambda_0$ に対する有意水準 α の尤度比検定を求めよ．
  (2) この検定の棄却域を F-統計量に基づいて記せ．

問7 $X_1, \ldots, X_n, i.i.d. \sim Ex(\theta), Y_1, \ldots, Y_m \sim Ex(\mu)$ とし，2つの標本は互いに独立とする．
  (1) $\sum_{i=1}^n X_i, \sum_{j=1}^m Y_j$ の分布を求めよ．

(2) $H_0 : \theta = \mu$ vs $H_1 : \theta \neq \mu$ なる仮説検定問題に対して尤度比検定を与えよ. この検定は, $Z = \sum_{i=1}^{n} X_i / (\sum_{i=1}^{n} X_i + \sum_{j=1}^{m} Y_j)$ なる統計量に基づいていることを示せ.

(3) 帰無仮説 H_0 が正しいときの, Z の分布を求めよ. また Z を用いて有意水準 α の検定を与えよ.

問 8 $X_1, \ldots, X_n, i.i.d.$ とし, それぞれ (3.32) で与えられるパレート分布 $f(x \mid \alpha, \beta)$ に従うとする.

(1) (α, β) に対する十分統計量を求めよ.

(2) α, β の最尤推定量を求めよ.

(3) 仮説 $H_0 : \beta = 1$ vs $H_1 : \beta \neq 1$ に対する尤度比検定を次の T を用いて与えよ.
$$T = \log\Big\{\prod_{i=1}^{n} X_i / (\min_i X_i)^n\Big\}$$

問 9 $X_1, \ldots, X_n, i.i.d. \sim Ex(\lambda)$ とし, λ_0, λ_1 ($\lambda_1 > \lambda_0$) を既知とする.

(1) $H_0 : \lambda = \lambda_0$ vs $H_1 : \lambda = \lambda_1$ なる仮説検定に対する有意水準 α の最強力検定を求めよ.

(2) $H_0 : \lambda \leq \lambda_0$ vs $H_1 : \lambda > \lambda_0$ なる仮説検定に対する一様最強力検定を与えよ.

問 10(∗) $X_1, \ldots, X_n, i.i.d. \sim \mathcal{N}(\mu, 1)$ とする.

(1) $H_0 : \mu \leq 0$ vs $H_1 : \mu > 0$ なる検定問題において有意水準 α の一様最強力検定を求めよ.

(2) $H_0 : \mu = 0$ vs $H_1 : \mu \neq 0$ なる検定問題において一様最強力検定が存在しないことを示せ.

(3) 検定問題 (2) に対して一様最強力不偏検定を求めよ. 不偏性が成り立っていることを確かめよ.

問 11(∗) 7.4.1 項で扱った適合度検定問題について, 尤度比検定統計量を求めよ. 尤度比検定統計量とピアソンのカイ 2 乗検定統計量は漸近的に同等であることを示せ.

第 8 章

統計的区間推定

　第 6 章では点推定について勉強した．点推定は，母数の値を言い当てることであったが，推定値が母数の値に一致することは希である．実際には，推定値は母数の周りに散らばって分布するので，その散らばりの程度を考慮した区間として母数を推定する方が意味がある．これを区間推定といい，99% の確率で区間が真の母数を含んでいるような区間を信頼係数 99% の信頼区間という．

　本章では，信頼区間の具体的な考え方，信頼区間の構成法として検定方式の反転による方法，枢軸量に基づいた方法，ベイズ信用区間による方法を紹介する．また信頼区間の良さを評価する方法として最短信頼区間と最精密信頼区間についても説明する．

8.1 信頼区間の考え方

　$X_1, \ldots, X_n$ を $f(x|\theta)$ からのランダム・サンプルとし，θ は 1 次元母数とする．$\boldsymbol{X} = (X_1, \ldots, X_n)$ に対して 2 つの統計量 $L(\boldsymbol{X})$, $U(\boldsymbol{X})$ が $L(\boldsymbol{X}) \leq U(\boldsymbol{X})$ を満たしているとする．

▷**定義 8.1**　区間 $[L(\boldsymbol{X}), U(\boldsymbol{X})]$ が，すべての θ に対して

$$P_\theta(\theta \in [L(\boldsymbol{X}), U(\boldsymbol{X})]) \geq 1 - \alpha$$

を満たすとき，**信頼係数** (confidence coefficient) $1-\alpha$ の**信頼区間** (confidence interval) という．また，$P_\theta(\theta \in [L(\boldsymbol{X}), U(\boldsymbol{X})])$ を**カバレージ確率** (coverage probability) という．

【**例 8.2**】　$X_1, \ldots, X_n, i.i.d. \sim \mathcal{N}(\mu, \sigma_0^2)$ とし，σ_0^2 は既知とする．$L(\overline{X}) = \overline{X} - (\sigma_0/\sqrt{n})z_{\alpha/2}$, $U(\overline{X}) = \overline{X} + (\sigma_0/\sqrt{n})z_{\alpha/2}$ ととると，

$$P_\mu(\mu \in [L(\overline{X}), U(\overline{X})]) = P_\mu\left(\overline{X} - \frac{\sigma_0}{\sqrt{n}}z_{\alpha/2} \leq \mu \leq \overline{X} + \frac{\sigma_0}{\sqrt{n}}z_{\alpha/2}\right)$$
$$= P_\mu\left(|\overline{X} - \mu| \leq \frac{\sigma_0}{\sqrt{n}}z_{\alpha/2}\right) = P(|Z| \leq z_{\alpha/2}) = 1 - \alpha$$

となる.ただし,$Z = \sqrt{n}(\overline{X} - \mu)/\sigma_0$ であり,$Z \sim \mathcal{N}(0,1)$ である.したがって,信頼係数 $1 - \alpha$ の信頼区間となる. □

 信頼係数 95% の信頼区間 $[L(\boldsymbol{X}), U(\boldsymbol{X})]$ とは,実現値 $\boldsymbol{X} = \boldsymbol{x}$ に基づいて得られた区間 $[L(\boldsymbol{x}), U(\boldsymbol{x})]$ についてそれが θ を含む確率が 95% であるという意味ではない.実現値 $\boldsymbol{x}$ が与えられた後は区間 $[L(\boldsymbol{x}), U(\boldsymbol{x})]$ は θ を含むか含まないかのどちらかである.信頼区間 $[L(\boldsymbol{X}), U(\boldsymbol{X})]$ は確率変数 $\boldsymbol{X}$ に基づいているので,$\boldsymbol{X} = \boldsymbol{x}$ の値によって θ を含んだり,含まなかったりする.信頼係数 95% とは,例えば 100 回実現値を発生させる実験をしたとき,5 回程度は θ を含んでいないことを意味している.

8.2 信頼区間の構成方法

 信頼区間の構成法として,検定方式の反転による方法,枢軸量に基づいた方法,ベイズ信用区間による方法の 3 つの方法について説明する.

8.2.1 検定方式の反転

 区間推定は点推定の拡張のように思われるが,むしろ仮説検定と関連しており,検定方式を反転することによって導くことができる.
 いま,$\theta_0 \in \Theta$ を任意にとって,

$$H_0 : \theta = \theta_0 \text{ vs } H_1 : \theta \in \Theta_1$$

なる検定問題を考える.有意水準 α の検定の受容域を $A(\theta_0)$ とおくと,

$$P_{\theta_0}(\boldsymbol{X} \in A(\theta_0)) = 1 - \alpha$$

が成り立つ.そこで,$\boldsymbol{X} \in A(\theta_0)$ を θ_0 に関して逆に解くことによって

$$C(\boldsymbol{X}) = \{\theta_0 \in \Theta \,|\, \boldsymbol{X} \in A(\theta_0)\}$$

が得られる．$P_\theta(\theta \in C(\boldsymbol{X})) = P_\theta(\boldsymbol{X} \in A(\theta)) = 1 - \alpha$ となるので，$C(\boldsymbol{X})$ が信頼係数 $1-\alpha$ の信頼区間になる．

【例 8.3】 $X_1, \ldots, X_n, i.i.d. \sim \mathcal{N}(\mu, \sigma_0^2)$ とし，σ_0^2 は既知とする．$H_0 : \mu = \mu_0$ vs $H_1 : \mu \neq \mu_0$ に対する検定の棄却域は $R = \{\overline{x} \,|\, \sqrt{n}\,|\overline{x} - \mu_0|/\sigma_0 > z_{\alpha/2}\}$ であった．したがって受容域は

$$A(\mu_0) = \{\overline{x} \,|\, \sqrt{n}\,|\overline{x} - \mu_0|/\sigma_0 \leq z_{\alpha/2}\}$$

となる．これを反転させると，

$$\begin{aligned}C(\overline{X}) &= \{\mu_0 \,|\, \overline{X} - (\sigma_0/\sqrt{n})z_{\alpha/2} \leq \mu_0 \leq \overline{X} + (\sigma_0/\sqrt{n})z_{\alpha/2}\} \\ &= [\overline{X} - (\sigma_0/\sqrt{n})z_{\alpha/2},\ \overline{X} + (\sigma_0/\sqrt{n})z_{\alpha/2}]\end{aligned}$$

となるので，これが信頼係数 $1-\alpha$ の信頼区間になる．

また，片側検定 $H_0 : \mu = \mu_0$ vs $H_1 : \mu > \mu_0$ を考えてみると，検定の棄却域は $R = \{\overline{x} \,|\, \sqrt{n}(\overline{x} - \mu_0)/\sigma_0 > z_\alpha\}$ なので，受容域は

$$A(\mu_0) = \{\overline{x} \,|\, \sqrt{n}(\overline{x} - \mu_0)/\sigma_0 \leq z_\alpha\}$$

となる．これを反転させて信頼区間を求めると，右側半区間

$$C(\overline{X}) = [\overline{X} - (\sigma_0/\sqrt{n})z_\alpha,\ \infty)$$

となる．　　　　　　　　　　　　　　　　　　　　　　　　　　　　　□

【例 8.4】 $X_1, \ldots, X_n, i.i.d. \sim \mathcal{N}(\mu, \sigma^2)$ とする．σ^2 は未知であり，$V^2 = (n-1)^{-1}\sum_{i=1}^n (X_i - \overline{X})^2$ で推定するものとする．このとき，$H_0 : \mu = \mu_0$ vs $H_1 : \mu \neq \mu_0$ に対する尤度比検定の棄却域は t-分布を用いて

$$R = \{\boldsymbol{X} \,|\, \sqrt{n}\,|\overline{X} - \mu_0|/V > t_{n-1, \alpha/2}\}$$

で与えられる．したがって受容域は

$$A(\mu_0) = \{\boldsymbol{X} \,|\, \sqrt{n}\,|\overline{X} - \mu_0|/V \leq t_{n-1, \alpha/2}\}$$

となる．これを反転させると，

$$C(\boldsymbol{X}) = \{\mu_0 \,|\, \overline{X} - (V/\sqrt{n})t_{n-1,\alpha/2} \leq \mu_0 \leq \overline{X} + (V/\sqrt{n})t_{n-1,\alpha/2}\}$$

となり，$C(\boldsymbol{X})$ が信頼係数 $1-\alpha$ の信頼区間になる． □

【例 8.5】 $X_1, \ldots, X_n, i.i.d. \sim Ber(p)$ とし，$H_0 : p = p_0$ vs $H_1 : p \neq p_0$ に対する尤度比検定の受容域は，例 7.7 より，

$$A_{LR}(p_0) = \{\overline{X} \,|\, 2n\overline{X}\log(\hat{p}/p_0) + 2n(1-\overline{X})\log\{(1-\hat{p})/(1-p_0)\} \leq \chi^2_{1,\alpha}\}$$

で与えられるので，これを p_0 で解くと，信頼係数 $1-\alpha$ の近似的な信頼区間は

$$C_{LR}(\overline{X}) = \{p_0 \,|\, 2n\overline{X}\log(\hat{p}/p_0) + 2n(1-\overline{X})\log\{(1-\hat{p})/(1-p_0)\} \leq \chi^2_{1,\alpha}\}$$

となる．一方，ワルド検定の受容域は，例 7.9 より，

$$A_W(p_0) = \{\overline{X} \,|\, \sqrt{n}\,|\overline{X} - p_0|/\{\overline{X}(1-\overline{X})\}^{1/2} \leq z_{\alpha/2}\}$$

で与えられるので，信頼区間は

$$C_W(\overline{X}) = [\overline{X} - \{\overline{X}(1-\overline{X})/n\}^{1/2}z_{\alpha/2}, \overline{X} + \{\overline{X}(1-\overline{X})/n\}^{1/2}z_{\alpha/2}]$$

で与えられる．同様に，スコア検定の受容域は

$$A_S(p_0) = \{\overline{X} \,|\, \sqrt{n}\,|\hat{p} - p_0|/\{p_0(1-p_0)\}^{1/2} \leq z_{\alpha/2}\}$$

より，信頼区間は

$$C_S(\overline{X}) = \{p_0 \,|\, |\hat{p} - p_0| \leq \{p_0(1-p_0)/n\}^{1/2}z_{\alpha/2}\}$$

となる． □

上の例からわかるように，ワルド検定から導出された信頼区間は明示的かつ簡単に区間を与えることができるので便利である．例えば，$\hat{\theta}_n$ を θ の最尤推定量とすると，$\sqrt{nI_1(\theta)}(\hat{\theta}_n - \theta) \to_d \mathcal{N}(0,1)$ となるので，$I_1(\theta)$ を $I(\hat{\theta}_n)$ で推定すれば，(7.9) より

$$A(\theta_0) = \{\hat{\theta}_n \,|\, \sqrt{nI_1(\hat{\theta}_n)}\,|\hat{\theta}_n - \theta_0| \leq z_{\alpha/2}\}$$

がワルド検定の受容域になるので，信頼係数 $1-\alpha$ の信頼区間は

$$C_W(\boldsymbol{X}) = [\widehat{\theta}_n - \{nI_1(\widehat{\theta}_n)\}^{-1/2}z_{\alpha/2},\ \widehat{\theta}_n + \{nI_1(\widehat{\theta}_n)\}^{-1/2}z_{\alpha/2}]$$

で与えられることがわかる．

8.2.2 枢軸量

検定方式を反転して信頼区間を求めること以外にも，枢軸量と呼ばれるものが構成できれば簡単に信頼区間を作ることができる．例えば，S/θ の分布が θ に依存しないときには，$P_\theta(\theta \in [aS, bS]) = 1 - \alpha$ となるように a, b を定めれば，$[aS, bS]$ が信頼係数 $1-\alpha$ の信頼区間になる．この S/θ を枢軸量という．

一般に，$Q(\boldsymbol{X}, \theta)$ の分布が θ に依存しないとき，$Q(\boldsymbol{X}, \theta)$ を**枢軸量** (pivotal quantity) という．このとき，$P_\theta(a \leq Q(\boldsymbol{X}, \theta) \leq b) = 1 - \alpha$ を満たすように a と b を定めて，$a \leq Q(\boldsymbol{X}, \theta) \leq b$ を θ に関して解くことによって，信頼係数 $1-\alpha$ の信頼区間

$$C(\boldsymbol{X}) = \{\theta \,|\, a \leq Q(\boldsymbol{X}, \theta) \leq b\}$$

が得られる．

このアプローチのポイントは，枢軸量を求める点とその分布を導出する点である．位置母数 μ に対して統計量 T を適当にとって $T - \mu$ の分布がパラメータに依存しないようにできる場合には，$T - \mu$ を枢軸量にとることができる．位置母数 μ とともに尺度母数 σ があって $(T - \mu)/\sigma$ の分布がパラメータに依存しない場合，適当な統計量 V をとって V/σ の分布がパラメータに依存しないときには $(T - \mu)/V$ を枢軸量にとって μ の信頼区間を構成することができる．その場合，$(T - \mu)/V$ の正確な分布を求めることは困難な場合が多く，漸近的に近似した分布を導くか，ブートストラップ法を用いて分布の分位点を数値的に求める方法がとられる．ブートストラップ法の説明は 11.2 節で与えられる．

【**例 8.6**】 $X_1, \ldots, X_n$, i.i.d. $\sim \mathcal{N}(\mu, \sigma^2)$ とする．μ, σ^2 は未知であり，$\overline{X} = n^{-1}\sum_{i=1}^{n} X_i$, $V^2 = (n-1)^{-1}\sum_{i=1}^{n}(X_i - \overline{X})^2$ とする．このとき，$\sqrt{n}(\overline{X} - \mu)/V$ は自由度 $n-1$ の t-分布に従うので，これは枢軸量になる．その分布は原点に関して対称であるから，$-a \leq \sqrt{n}(\overline{X} - \mu)/V \leq a$ の確

率が $1-\alpha$ となるように a と求めればよい．$P_{\mu,\sigma^2}(-a \leq \sqrt{n}(\overline{X}-\mu)/V \leq a) = P(|t_{n-1}| \leq a)$ より，$a = t_{n-1,\alpha/2}$ ととれば，信頼係数 $1-\alpha$ の信頼区間 $[\overline{X}-(V/\sqrt{n})t_{n-1,\alpha/2}, \overline{X}+(V/\sqrt{n})t_{n-1,\alpha/2}]$ が得られる．

また，$(n-1)V^2/\sigma^2$ は自由度 $n-1$ のカイ2乗分布に従うので，これも枢軸量になる．

$$P_{\mu,\sigma^2}(a \leq (n-1)V^2/\sigma^2 \leq b) = P(a \leq \chi^2_{n-1} \leq b) = 1-\alpha$$

となるように a, b を求めればよく，σ^2 の信頼区間は $[(n-1)V^2/b, (n-1)V^2/a]$ となる．この場合，a, b の決め方は一意的でなく，例えば $a = \chi^2_{n-1,1-\alpha/2}$，$b = \chi^2_{n-1,\alpha/2}$ ととるのが簡単である． □

8.2.3　ベイズ信用区間

8.1 節で述べたように，信頼係数 95% の信頼区間は，確率変数に基づいた区間 $[L(\boldsymbol{X}), U(\boldsymbol{X})]$ が θ を含む確率が 95% ということであり，実現値 $\boldsymbol{X} = \boldsymbol{x}$ を代入した時点でその区間 $[L(\boldsymbol{x}), U(\boldsymbol{x})]$ は，θ を含むか含まないかのどちらかになる．これに対して，観測されたデータに基づいた区間 $[L(\boldsymbol{x}), U(\boldsymbol{x})]$ が θ を含む確率を 95% となるように区間を構成することができるのかという疑問が生まれる．それに答えるのがベイズ信用区間という考え方である．

$X_1, \ldots, X_n, i.i.d. \sim f(x\,|\,\theta)$ とし，θ が事前分布 $\pi(\theta)$ に従うとする．条件付き確率（密度）関数 $f_n(\boldsymbol{x}\,|\,\theta)$ と周辺確率（密度）関数 $f_\pi(\boldsymbol{x}) = \int f_n(\boldsymbol{x}\,|\,\theta)\pi(\theta)\,d\theta$ に対して，事後分布は $\pi(\theta\,|\,\boldsymbol{x}) = f_n(\boldsymbol{x}\,|\,\theta)\pi(\theta)/f_\pi(\boldsymbol{x})$ と書ける．

▷**定義 8.7**　集合 $A(\boldsymbol{X})$ が**信用確率** (credible probability) $1-\alpha$ の**ベイズ信用集合（区間）** (Bayesian credible set (interval)) とは

$$P(\theta \in A(\boldsymbol{x})\,|\,\boldsymbol{X}=\boldsymbol{x}) = \int_{A(\boldsymbol{x})} \pi(\theta\,|\,\boldsymbol{x})\,d\theta = 1-\alpha$$

を満たすことをいう．

【例 8.8】　$X_1, \ldots, X_n, i.i.d. \sim \mathcal{N}(\mu, \sigma^2)$ とし，μ に事前分布 $\mathcal{N}(\xi, \tau^2)$ を仮定する．ここで，σ^2, ξ, τ^2 は既知の値とする．このとき，例 6.13 より，μ の事後分布は $\mu\,|\,\boldsymbol{x} \sim \mathcal{N}(\hat{\mu}^B(\boldsymbol{x}), \text{Var}(\mu\,|\,\boldsymbol{x}))$ と書ける．ここで，

$$\widehat{\mu}^B(\boldsymbol{x}) = \frac{(n/\sigma^2)\overline{x} + (1/\tau^2)\xi}{n/\sigma^2 + 1/\tau^2}, \quad \mathrm{Var}(\mu \mid \boldsymbol{x}) = \frac{1}{n/\sigma^2 + 1/\tau^2}$$

である．したがって，信用確率 $1-\alpha$ の信用区間は

$$A(\boldsymbol{x}) = [\widehat{\mu}^B(\boldsymbol{x}) - \{\mathrm{Var}(\mu \mid \boldsymbol{x})\}^{1/2}z_{\alpha/2},\ \widehat{\mu}^B(\boldsymbol{x}) + \{\mathrm{Var}(\mu \mid \boldsymbol{x})\}^{1/2}z_{\alpha/2}]$$

で与えられる． □

8.3 発展的事項

ここでは，信頼区間の良さを評価する方法として最短信頼区間と最精密信頼区間について説明しておこう．

8.3.1 最短信頼区間

信頼区間の良さを評価する規準は，点推定や仮説検定ほど明確なものはない．同じカバレージ確率をもつ信頼区間であれば，区間の平均的長さが小さいものほどよいだろうし，同じ長さの信頼区間ならばカバレージ確率が大きいものほど望ましい．そこで，まず前者の規準をとりあげてみよう．

信頼係数 $1-\alpha$ の θ の信頼区間 $[L(\boldsymbol{X}), U(\boldsymbol{X})]$ が与えられたとき，区間の長さ $U(\boldsymbol{X}) - L(\boldsymbol{X})$ の期待値

$$E[U(\boldsymbol{X}) - L(\boldsymbol{X})]$$

を最小にする区間を選ぶことが考えられる．これを**最短信頼区間** (shortest confidence interval) という．枢軸量 $T-\mu$ もしくは $(T-\mu)/S$ の分布が単峰で原点に関して対称ならば，μ の信頼区間は，a を $P(-a \leq T-\mu \leq a) = 1-\alpha$ もしくは $P(-a \leq (T-\mu)/S \leq a) = 1-\alpha$ を満たすようにとって作った信頼区間が最短区間になることは明らかである．しかし，正規分布の分散の信頼区間などは，枢軸量の分布が対称ではないので単純ではない．

【例 8.9】 例 8.6 の設定のもとで，V^2 に基づいた σ^2 の信頼区間 $[(n-1)V^2/b, (n-1)V^2/a]$ を考えよう．$(n-1)V^2/\sigma^2 \sim \chi^2_{n-1}$ であるから，長さの期待値は

$$E[(n-1)V^2/a - (n-1)V^2/b] = (n-1)\sigma^2(1/a - 1/b)$$

と書ける．また a, b は

$$P_{\mu,\sigma^2}(a \leq (n-1)V^2/\sigma^2 \leq b) = P(a \leq \chi_{n-1}^2 \leq b) = 1 - \alpha$$

を満たす必要があるので，最短信頼区間を求める問題は，χ_{n-1}^2-分布の確率密度関数を $f_{n-1}(x)$ で表すと

$$\int_a^b f_{n-1}(x)\,dx = 1 - \alpha \text{ のもとで } (1/a - 1/b) \text{ を最小化する問題}$$

として定式化される．この条件付き最適化問題を解くと，a, b の満たすべき条件は，$a^2 f_{n-1}(a) = b^2 f_{n-1}(b)$ と $\int_a^b f_{n-1}(x)\,dx = 1 - \alpha$ となる．この解を数値的に求めることにより，σ^2 の最短信頼区間が得られる． □

8.3.2 最精密信頼区間

8.2.1 項において信頼区間は検定方式の裏返しであり検定方式を反転させることにより信頼区間が得られることを述べた．このことは，検定の最適性である一様最強力検定の考え方を信頼区間に持ち込んで，信頼区間での最適性を考えることができることを示唆している．

7.1 節でとりあげた一様最強力検定の定義を思い出そう．帰無仮説が単純である検定 $H_0: \theta = \theta_0$ vs $H_1: \theta \in \Theta_1$ を考える．サイズ α の検定の全体を $\mathcal{C}_\alpha$ で表す．このとき，サイズ α の検定 T が一様最強力であるとは，任意の検定 $S \in \mathcal{C}_\alpha$ に対し，すべての $\theta \in \Theta_1$ に対して $P_\theta(\boldsymbol{X} \in R_T(\theta_0)) \geq P_\theta(\boldsymbol{X} \in R_S(\theta_0))$ が成り立つことである．ただし $R_T(\theta_0), R_S(\theta_0)$ はそれぞれ T, S の棄却域を表す．このことは，T, S の受容域を $A_T(\theta_0), A_S(\theta_0)$ とすると，すべての $\theta \in \Theta_1$ に対して $P_\theta(\boldsymbol{X} \in A_T(\theta_0)) \leq P_\theta(\boldsymbol{X} \in A_S(\theta_0))$ と書き直すことができる．ここで，$\boldsymbol{X} \in A_T(\theta_0), \boldsymbol{X} \in A_S(\theta_0)$ を反転させると $\theta_0 \in C_T(\boldsymbol{X})$, $\theta_0 \in C_S(\boldsymbol{X})$ となるような信頼区間 $C_T(\boldsymbol{X}), C_S(\boldsymbol{X})$ が得られる．したがって，

$$\text{すべての } \theta \in \Theta_1 \text{ に対して } P_\theta(\theta_0 \in C_T(\boldsymbol{X})) \leq P_\theta(\theta_0 \in C_S(\boldsymbol{X}))$$

となることがわかる．いま θ_0, θ を θ, θ' で置き直すと

すべての $\theta' \in \Theta_1$ に対して $P_{\theta'}(\theta \in C_T(\boldsymbol{X})) \leq P_{\theta'}(\theta \in C_S(\boldsymbol{X}))$

と書き直すことができる．$P_{\theta'}(\theta \in C_T(\boldsymbol{X}))$ は誤ったカバレージ確率と呼ばれ，$C_T(\boldsymbol{X})$ は信頼係数 $1-\alpha$ の信頼区間の中で誤ったカバレージ確率を最小にしているものとなっている．これを**最精密信頼区間** (most accurate confidence interval) という．

【例 8.10】 $X_1, \ldots, X_n, i.i.d. \sim \mathcal{N}(\mu, \sigma_0^2)$ とし，σ_0^2 は既知とする．$H_0: \mu = \mu_0$ vs $H_1: \mu > \mu_0$ なる片側検定に対しては，例 7.19 より尤度比検定 $R = \{\boldsymbol{x} \mid \sqrt{n}(\overline{x} - \mu_0)/\sigma_0 > z_\alpha\}$ が一様最強力検定となる．したがって，片側信頼区間 $[\overline{X} - (\sqrt{n}/\sigma_0)z_\alpha, \infty)$ が最精密信頼区間になる． □

両側検定を考えるときには，範囲を不偏検定に制限しなければ一様最強力検定が存在しなかったのと同じように，信頼区間についても不偏性を課さなければならない．$H_0: \theta = \theta_0$ vs $H_1: \theta \neq \theta_0$ のとき，信頼係数 $1-\alpha$ の θ の信頼区間 $C(\boldsymbol{X})$ が**不偏**であるとは

$$\theta \neq \theta' \text{ なるすべての } \theta, \theta' \text{ に対して，} P_\theta(\theta' \in C(\boldsymbol{X})) \leq 1 - \alpha$$

が成り立つことをいう．不偏な信頼区間の中で最精密なものを最精密不偏信頼区間という．

【例 8.11】 例 8.10 と同じ設定で，$H_0: \mu = \mu_0$ vs $H_1: \mu \neq \mu_0$ なる両側検定を考えると，定理 7.21 より，$R = \{\boldsymbol{x} \mid \sqrt{n}|\overline{x} - \mu_0|/\sigma_0 > z_{\alpha/2}\}$ が一様最強力不偏検定になる．したがって，$[\overline{X} - (\sqrt{n}/\sigma_0)z_{\alpha/2}, \overline{X} + (\sqrt{n}/\sigma_0)z_{\alpha/2}]$ が最精密不偏信頼区間となる． □

演習問題

問 1 $X_1, \ldots, X_n, i.i.d. \sim \mathcal{N}(\mu, \sigma^2)$ とし，μ_0, σ_0^2 を既知の値とする．次の検定問題に対する尤度比検定，ワルド検定，スコア検定を考え，それらに対応する信頼係数 $1-\gamma$ の信頼区間を与えよ．
    (1) σ^2 を既知とするとき，$H_0: \mu = \mu_0$ vs $H_1: \mu \neq \mu_0$
    (2) μ を既知とするとき，$H_0: \sigma^2 = \sigma_0^2$ vs $H_1: \sigma^2 \neq \sigma_0^2$

問2 $X_1,\ldots,X_m, i.i.d. \sim \mathcal{N}(\mu,\sigma^2)$ とし，μ, σ^2 を未知母数，μ_0 を既知の値とする．$H_0: \mu = \mu_0$ vs $H_1: \mu \neq \mu_0$ なる検定問題に対する尤度比検定，ワルド検定，スコア検定を考え，それらに対応する信頼係数 $1-\gamma$ の信頼区間を与えよ．

問3 $X_1,\ldots,X_n, i.i.d. \sim \mathcal{N}(0,\sigma_X^2)$, $Y_1,\ldots,Y_m \sim \mathcal{N}(0,\sigma_Y^2)$ とし，2つの標本は互いに独立とする．$\lambda = \sigma_Y^2/\sigma_X^2$ とする．このとき信頼係数 $1-\gamma$ の λ の信頼区間を求めよ．

問4 $X_1,\ldots,X_n, i.i.d. \sim Po(\lambda)$ とし，λ_0 を既知とする．このとき，$H_0: \lambda = \lambda_0$ vs $H_1: \lambda \neq \lambda_0$ なる仮説検定に対する尤度比検定，ワルド検定，スコア検定に対応した信頼係数 $1-\gamma$ の λ の信頼区間を与えよ．

問5 確率変数 X が $Bin(n,p)$ に従うとする．$\theta = p(1-p)$ とおくとき，θ に対する信頼係数 $1-\gamma$ の近似的な信頼区間を求めよ．

問6 $X_1,\ldots,X_n, i.i.d.$ とし，それぞれ (3.32) で与えられるパレート分布 $f(x\,|\,\alpha,\beta)$ に従うとする．β に対する信頼係数 $1-\gamma$ の信頼区間を構成せよ．

問7 $X_1,\ldots,X_n, i.i.d. \sim U(0,\theta)$ とする．$Y = X_{(n)}/\theta$ とおく．$P(a \leq Y \leq b) = 1-\gamma$ となる a, b に対して θ の信頼区間を作りたい．a, b の満たすべき条件を $X_{(n)}$ の密度関数を用いて表せ．また最短信頼区間を与えよ．

問8 $X_1,\ldots,X_n, i.i.d. \sim Beta(\theta,1)$ とし，$\theta \sim Ga(a,b)$ なる事前分布に従うとする．このとき，信用確率 $1-\gamma$ の θ のベイズ信用区間を求めよ．

問9 $X \sim Bin(n,\theta)$ とし，$\theta \sim Beta(a,b)$ なる事前分布に従うとする．このとき，信用確率 $1-\gamma$ の θ のベイズ信用区間を求めよ．

問10 $X \sim f(x)$ とし，$f(x)$ は対称で単峰な分布の確率密度関数とする．$\int_a^b f(x)\,dx = 1-\gamma$ を満たす区間 $[a,b]$ を考える．このとき区間の幅が最小になるように a, b を求めよ．

第 9 章
線形回帰モデル

簡単な統計モデルでしかも現実に最も利用されているものが線形回帰モデルである．これは，データが共変量を伴って観測されており観測データと共変量との間に線形関係を仮定したモデルである．

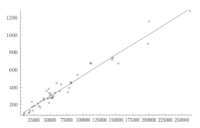

図 9.1 人口 x と職員数 y の関係

図 9.1 は，ある県の市町村の人口 (x) と一般行政職員数 (y) をプロットしたものである．明らかに x と y の間には $y = \alpha + \beta x$ なる線形関係があることが見てとれる．しかし，このような直線をどのように描いたらよいであろうか．また人口が増えれば職員数が増えるという因果関係があることは統計的にどのようにして立証することができるであろうか．

本章では，まず単回帰モデルについて最小 2 乗推定，x と y の因果関係の有無に関する検定および予測，決定係数と残差分析について説明する．次に，重回帰モデルと変数の選択規準に関して解説し，最後に 2 値変数データを解析するためのロジスティック回帰モデル，分散分析と変量効果モデルを紹介する．

9.1 単回帰モデル

線形回帰モデルの基本事項である最小 2 乗推定，検定，予測，決定係数と残差分析について，もっとも単純な単回帰モデルを通して説明しよう．

9.1.1 モデルの説明と最小 2 乗法

2 つの変数の間に因果関係があり，それが直線で説明できる場合に単回帰モデルが利用できる．回帰という言葉を初めて使ったのはイギリスの遺伝学者フランシス・ゴルトンといわれる．父親の身長 (x) と息子の身長 (y) のデータ (x, y) を 2 次元平面にプロットし，y を x で説明する直線を引いたところ，傾きが 1 より小さい直線になり，身長の高い親の子どもたちの身長の平均がその親の身長の平均よりも小さいことに気がつき，それを全体の平均への回帰と呼んだようである．しかし，父親の身長も子どもの身長もランダムに分布しているとすれば，平均への回帰そのものは遺伝とは無関係に常に起こりうる現象である．むしろ，x と y の間に回帰直線

$$y = \alpha + \beta x$$

を引くという発想が重要で，そのことが，息子の身長を父親の身長で説明できるか，言い換えれば，息子の身長と父親の身長との間に因果関係があるかを検証する線形回帰モデルへと発展していくことになる．このことを仮説検定の言葉で表現すると，$H_0 : \beta = 0$ vs $H_1 : \beta > 0$ となり，「因果関係がない」とする帰無仮説を棄却できるか否かをデータから判断するモデルがこれから学ぶ線形回帰モデルである．

図 9.1 は，ある県の全市町村の人口 (x) と一般行政職員数 (y) をプロットしたものである．明らかに x と y の間には線形関係があることが見てとれる．しかし，必ずしも全データが一直線上に載っているとは限らない．そこで，次のような**単回帰モデル** (simple linear regression model) を考える．全部で n 個のデータ $(x_1, y_1), \ldots, (x_n, y_n)$ が観測され，各 y_i が

$$y_i = \alpha + \beta x_i + u_i, \quad i = 1, \ldots, n \tag{9.1}$$

なる線形構造をもって分布しているとする．ここで，α は y-切片項 (intercept term) であり，β を**回帰係数** (regression coefficient) といいともに未知のパラメータである．y を**従属変数（応答変数）** (dependent variable (response variable)) といい，x を**独立変数（説明変数）** (independent variable (explanatory variable)) という．$u_1, \ldots, u_n$ は同一分布に従う確率変数で，u_i を**誤差項** (error term) という．単回帰モデルでは次の (A1)-(A4) の条件を仮定する．

(A1) 説明変数 $x_1, \ldots, x_n$ は確率変数ではなく，与えられた定数である．
(A2) $E[u_i] = 0, i = 1, \ldots, n$
(A3) $E[u_i u_j] = 0 \ (i \neq j)$，すなわち無相関である．
(A4) $\mathrm{Var}(u_i) = \sigma^2$，すなわち分散は均一である．

さらに，u_i に正規分布 $\mathcal{N}(0, \sigma^2)$ を仮定するときには，その仮定を **正規性の仮定** (assumption of normality) と呼んでいる．

単回帰モデル (9.1) は y_i を直線 $y_i = \alpha + \beta x_i$ で説明したとき，説明しきれない部分を誤差項 u_i として表したモデルと解釈される．誤差項 $u_1, \ldots, u_n$ がランダムに平均 0，分散 σ^2 で分布しているということは，y_i の変動を回帰直線で説明しきれない部分に何ら情報や傾向性が存在しないときに，単回帰モデルの当てはまりがよいことになる．その当てはまりの良さを診断する手段が後で説明する残差分析で，誤差項 u_i の推定値である残差に何らかの傾向性が残っているときには回帰直線での近似だけでは不十分であり，その傾向性を取り除くために何らかの対策が単回帰モデルに加えられることになる．

次に，どのように回帰直線を引いたらよいのかについて説明しよう．回帰直線を引くためには α, β の値を決める必要がある．1 つの考え方は，y_i と $\alpha + \beta x_i$ との差 $|y_i - \alpha - \beta x_i|$ の 2 乗の和を最小にするアプローチで **最小 2 乗法** (least squares method) と呼ばれる．具体的には

$$h(\alpha, \beta) = \sum_{i=1}^{n} (y_i - \alpha - \beta x_i)^2$$

を最小にする α と β を求めることであり，得られた推定量を **最小 2 乗推定量** (least squares estimator, LSE) という．簡単のため，$\overline{y} = n^{-1} \sum_{i=1}^{n} y_i$, $\overline{x} = n^{-1} \sum_{i=1}^{n} x_i$ とし，$Q_{xy} = \sum_{i=1}^{n} (x_i - \overline{x})(y_i - \overline{y})$, $Q_{xx} = \sum_{i=1}^{n} (x_i - \overline{x})^2$, $Q_{yy} = \sum_{i=1}^{n} (y_i - \overline{y})^2$ なる記号を用いることにする．$h(\alpha, \beta)$ を変形すると，

$$\begin{aligned} h(\alpha, \beta) &= \sum_{i=1}^{n} \{(y_i - \overline{y}) - \beta(x_i - \overline{x}) + (\overline{y} - \alpha - \beta \overline{x})\}^2 \\ &= \sum_{i=1}^{n} \{(y_i - \overline{y}) - \beta(x_i - \overline{x})\}^2 + n(\overline{y} - \alpha - \beta \overline{x})^2 \\ &= Q_{xx} \beta^2 - 2 Q_{xy} \beta + Q_{yy} + n(\overline{y} - \alpha - \beta \overline{x})^2 \end{aligned}$$

と書けるので，α, β の最小 2 乗推定量

$$\widehat{\alpha} = \overline{y} - \widehat{\beta}\overline{x}, \quad \widehat{\beta} = Q_{xy}/Q_{xx}$$

が得られる.

最小2乗推定量を用いて回帰直線 $y = \widehat{\alpha} + \widehat{\beta}x$ を引くことができる. 図9.1 の中に描かれた直線はこうして描いた回帰直線である. 各データについて, 回帰直線上の点 $(x_i, \widehat{\alpha} + \widehat{\beta}x_i)$ と観測値 (x_i, y_i) との差

$$e_i = y_i - (\widehat{\alpha} + \widehat{\beta}x_i), \quad i = 1, \ldots, n$$

を**残差** (residual) という. 残差 e_i は誤差項 u_i の予測値を与えている. 残差の2乗の和をとったもの

$$\mathrm{RSS} = \sum_{i=1}^{n} e_i^2 = \sum_{i=1}^{n} \{y_i - (\widehat{\alpha} + \widehat{\beta}x_i)\}^2$$

を**残差平方和** (residual sum of squares, RSS) という. 分散 σ^2 は

$$\widehat{\sigma}^2 = \frac{1}{n-2} \mathrm{RSS}$$

で推定される.

9.1.2 最小2乗推定量の分布

さて, 最小2乗推定量 $\widehat{\alpha}$, $\widehat{\beta}$ の平均と分散および $\widehat{\sigma}^2$ の平均を求めよう. また正規性の仮定のもとでそれらの分布を与えよう.

▶**命題 9.1**

(1) $E[\widehat{\beta}] = \beta$, $\mathrm{Var}(\widehat{\beta}) = \sigma^2/Q_{xx}$
(2) $E[\widehat{\alpha}] = \alpha$, $\mathrm{Var}(\widehat{\alpha}) = \sigma^2\{n^{-1} + (\overline{x})^2/Q_{xx}\}$
(3) $\mathrm{Cov}(\widehat{\alpha}, \widehat{\beta}) = -\overline{x}\sigma^2/Q_{xx}$
(4) $E[e_i] = 0$, $E[\widehat{\sigma}^2] = \sigma^2$

[証明] $\overline{u} = n^{-1}\sum_{i=1}^{n} u_i$ とおくと, $y_i - \overline{y} - (x_i - \overline{x})\beta = u_i - \overline{u}$ であり, $\sum_{i=1}^{n}(x_i - \overline{x})\overline{u} = 0$ に注意すると,

$$\widehat{\beta} - \beta = \frac{\sum_{i=1}^{n}(x_i - \overline{x})\{(y_i - \overline{y}) - (x_i - \overline{x})\beta\}}{Q_{xx}}$$
$$= \frac{\sum_{i=1}^{n}(x_i - \overline{x})(u_i - \overline{u})}{Q_{xx}} = \frac{\sum_{i=1}^{n}(x_i - \overline{x})u_i}{Q_{xx}} \quad (9.2)$$

となる．これより，$E[\widehat{\beta} - \beta] = 0$, $\mathrm{Var}(\widehat{\beta}) = E[(\widehat{\beta} - \beta)^2] = \sum_{i=1}^{n}(x_i - \overline{x})^2 E[u_i^2]/Q_{xx}^2 = \sigma^2/Q_{xx}$ が得られる．また，

$$\widehat{\alpha} - \alpha = \overline{u} - \overline{x}(\widehat{\beta} - \beta) = \sum_{i=1}^{n}\left\{\frac{1}{n} - \frac{(x_i - \overline{x})\overline{x}}{Q_{xx}}\right\}u_i \quad (9.3)$$

より，$E[\widehat{\alpha} - \alpha] = 0$ であり，

$$\mathrm{Var}(\widehat{\alpha}) = E[(\widehat{\alpha} - \alpha)^2] = \sum_{i=1}^{n}\left\{\frac{1}{n} - \frac{(x_i - \overline{x})\overline{x}}{Q_{xx}}\right\}^2 E[u_i^2]$$

となるので，(2) で与えられた式が得られる．同様にして

$$\mathrm{Cov}(\widehat{\alpha}, \widehat{\beta}) = E[(\widehat{\alpha} - \alpha)(\widehat{\beta} - \beta)] = \frac{1}{Q_{xx}}\sum_{i=1}^{n}(x_i - \overline{x})\left\{\frac{1}{n} - \frac{(x_i - \overline{x})\overline{x}}{Q_{xx}}\right\}E[u_i^2]$$

と書けるので，(3) が得られる．(4) については，$e_i = y_i - \overline{y} - (x_i - \overline{x})\widehat{\beta} = (x_i - \overline{x})\beta + (u_i - \overline{u}) - (x_i - \overline{x})\widehat{\beta} = (u_i - \overline{u}) - (x_i - \overline{x})(\widehat{\beta} - \beta)$ と表されるので，$E[e_i] = 0$ となる．また，

$$\sum_{i=1}^{n}E[e_i^2] = \sum_{i=1}^{n}E[(u_i - \overline{u})^2] - 2\sum_{i=1}^{n}(x_i - \overline{x})E[(u_i - \overline{u})(\widehat{\beta} - \beta)]$$
$$+ \sum_{i=1}^{n}(x_i - \overline{x})^2 E[(\widehat{\beta} - \beta)^2]$$

と書ける．ここで，

$$\sum_{i=1}^{n}E[(u_i - \overline{u})^2] = \sum_{i=1}^{n}E[u_i^2] - nE[\overline{u}^2] = n\sigma^2 - n\frac{\sigma^2}{n} = (n-1)\sigma^2$$
$$\sum_{i=1}^{n}(x_i - \overline{x})E[(u_i - \overline{u})(\widehat{\beta} - \beta)] = \sum_{i=1}^{n}(x_i - \overline{x})E\left[u_i\frac{\sum_{j=1}^{n}(x_j - \overline{x})u_j}{Q_{xx}}\right] = \sigma^2$$

となり，$\sum_{i=1}^{n}(x_i - \overline{x})^2 E[(\widehat{\beta} - \beta)^2] = Q_{xx}\sigma^2/Q_{xx} = \sigma^2$ より，$\sum_{i=1}^{n}E[e_i^2] = (n-1)\sigma^2 - 2\sigma^2 + \sigma^2 = (n-2)\sigma^2$ となるので，(4) が成り立つ． □

命題 9.1 より, $\widehat{\beta}$ の分散が $\operatorname{Var}(\widehat{\beta}) = \sigma^2/Q_{xx}$ で与えられるということは, $x_1,\ldots,x_n$ の分散が大きいほど $\widehat{\beta}$ の推定精度が高くなることを意味している. また, (2) より, $\overline{x}^2$ が大きいほど $\widehat{\alpha}$ の分散 $\operatorname{Var}(\widehat{\alpha})$ が大きくなることがわかる. α は y-切片であるから $\overline{x}$ が原点から離れるにつれ $\widehat{\alpha}$ のバラツキが大きくなることを意味する.

以上の結果は誤差項 u_i に正規性を仮定しなくて成り立っている. 正規性を仮定すると, $\widehat{\alpha}, \widehat{\beta}, (n-2)\widehat{\sigma}^2/\sigma^2$ の正確な分布を導くことができる.

▶**命題 9.2** $(\widehat{\alpha},\widehat{\beta})$ の同時分布は 2 次元正規分布

$$\begin{pmatrix} \widehat{\alpha} \\ \widehat{\beta} \end{pmatrix} \sim \mathcal{N}_2\left(\begin{pmatrix} \alpha \\ \beta \end{pmatrix}, \frac{\sigma^2}{Q_{xx}}\begin{pmatrix} Q_{xx}/n + (\overline{x})^2 & -\overline{x} \\ -\overline{x} & 1 \end{pmatrix}\right)$$

に従う. $(n-2)\widehat{\sigma}^2/\sigma^2 = \mathrm{RSS}/\sigma^2 \sim \chi^2_{n-2}$ に従い, $\widehat{\sigma}^2$ は $(\widehat{\alpha},\widehat{\beta})$ と独立に分布する.

証明は, 重回帰モデルにおいて一般的に示した方がいいのでここでは省略する. $\widehat{\alpha}, \widehat{\beta}$ の周辺分布は,

$$\begin{aligned} \widehat{\alpha} &\sim \mathcal{N}(\alpha, \sigma^2/n + \sigma^2(\overline{x})^2/Q_{xx}), \\ \widehat{\beta} &\sim \mathcal{N}(\beta, \sigma^2/Q_{xx}) \end{aligned} \tag{9.4}$$

となるが, これらは (9.3) および (9.2) からも容易に確かめられる.

9.1.3 検定と予測

最も興味ある検定は

$H_0 : \beta = 0$ vs $H_1 : \beta \neq 0$

であり, y と x との間に因果関係があるかを検証する検定である. より一般的に既知の β_0 に対して

$H_0 : \beta = \beta_0$ vs $H_1 : \beta \neq \beta_0$

は, x に関する増加率もしくは減少率が理論上のものと一致するかについて検定する問題である. 命題 9.2 と (9.4) より, $(\widehat{\beta} - \beta)/\{\sigma^2/Q_{xx}\}^{1/2} \sim \mathcal{N}(0,1)$,

$(n-2)\widehat{\sigma}^2/\sigma^2 \sim \chi_{n-2}^2$ であり互いに独立であるから,H_0 のもとで $(\widehat{\beta}-\beta_0)/\{\widehat{\sigma}^2/Q_{xx}\}^{1/2} \sim t_{n-2}$,自由度 $n-2$ の t-分布に従う.したがって,有意水準 α の検定の棄却域は

$$R = \{(\widehat{\beta},\widehat{\sigma}^2) \mid |\widehat{\beta}-\beta_0|/\{\widehat{\sigma}^2/Q_{xx}\}^{1/2} \geq t_{n-2,\alpha/2}\}$$

で与えられる.この受容域を反転させることにより,信頼係数 $1-\alpha$ の信頼区間は

$$C(\widehat{\beta},\widehat{\sigma}^2) = [\widehat{\beta}-(\widehat{\sigma}^2/Q_{xx})^{1/2}t_{n-2,\alpha/2},\ \widehat{\beta}+(\widehat{\sigma}^2/Q_{xx})^{1/2}t_{n-2,\alpha/2}]$$

となる.

 新たな説明変数 x_0 の値が与えられたとき,応答変数 y_0 の値を予測する問題を考えてみよう.(x_0,y_0) は同じ単回帰モデル

$$y_0 = \alpha + \beta x_0 + u_0$$

に従っているとし,u_0 は $u_1,\ldots,u_n$ と独立に分布し $u_0 \sim \mathcal{N}(0,\sigma^2)$ とする.このとき,y_0 を

$$\widehat{y}_0 = \widehat{\alpha} + \widehat{\beta}x_0$$

で予測するのが自然であろう.$\widehat{y}_0 - y_0$ の分布は,(9.3) と (9.2) から

$$\widehat{y}_0 - y_0 = (\widehat{\alpha}-\alpha) + (\widehat{\beta}-\beta)x_0 - u_0$$
$$= \sum_{i=1}^n \left\{\frac{1}{n} - \frac{(x_i-\overline{x})(\overline{x}-x_0)}{Q_{xx}}\right\}u_i - u_0$$

と書けるので,

$$\widehat{y}_0 - y_0 \sim \mathcal{N}(0,\sigma^2\{1+n^{-1}+(x_0-\overline{x})^2/Q_{xx}\})$$

となる.$(\widehat{y}_0-y_0)/[\widehat{\sigma}^2\{1+n^{-1}+(x_0-\overline{x})^2/Q_{xx}\}]^{1/2} \sim t_{n-2}$ となるので,信頼係数 $1-\alpha$ の y_0 の予測区間は

$$\widehat{y}_0 \pm [\widehat{\sigma}^2\{1+n^{-1}+(x_0-\overline{x})^2/Q_{xx}\}]^{1/2}t_{n-2,\alpha/2}$$

で与えられることがわかる.ここで $a \pm b$ は $[a-b,a+b]$ を意味するものとする.

9.1.4 決定係数と残差分析

線形回帰モデルがどの程度データに当てはまっているかを測る方法として，モデルに基づいた予測値 $\hat{y}_i$ ($= \hat{\alpha} + \hat{\beta} x_i$) と実際のデータ y_i との相関係数をとりあげることが考えられる．この相関係数の2乗を**決定係数** (determination coefficient) といい，R^2 で表す．R^2 が1に近いほどモデルの当てはまりがよいことを意味する．$n^{-1} \sum_{i=1}^{n} \hat{y}_i = \overline{y}$ となるので，

$$R^2 = \left\{ \sum_{i=1}^{n} (\hat{y}_i - \overline{y})(y_i - \overline{y}) \right\}^2 \Big/ \left\{ \sum_{i=1}^{n} (\hat{y}_i - \overline{y})^2 \sum_{i=1}^{n} (y_i - \overline{y})^2 \right\}$$

と書ける．ここで，$\overline{y} = \hat{\alpha} + \hat{\beta}\overline{x}$ より $\sum_{i=1}^{n} (\hat{y}_i - \overline{y})(\hat{y}_i - y_i) = \hat{\beta} \sum_{i=1}^{n} (x_i - \overline{x})\{\hat{\beta}(x_i - \overline{x}) - (y_i - \overline{y})\} = 0$ となることに注意すると，

$$\sum_{i=1}^{n} (\hat{y}_i - \overline{y})(y_i - \overline{y}) = \sum_{i=1}^{n} (\hat{y}_i - \overline{y})(\hat{y}_i - \overline{y} + y_i - \hat{y}_i)$$
$$= \sum_{i=1}^{n} (\hat{y}_i - \overline{y})^2 - \sum_{i=1}^{n} (\hat{y}_i - \overline{y})(\hat{y}_i - y_i) = \sum_{i=1}^{n} (\hat{y}_i - \overline{y})^2$$

となるので，R^2 は

$$R^2 = \sum_{i=1}^{n} (\hat{y}_i - \overline{y})^2 \Big/ \sum_{i=1}^{n} (y_i - \overline{y})^2 \tag{9.5}$$

と書き直すことができる．さらに，この分母については

$$\sum_{i=1}^{n} (y_i - \overline{y})^2 = \sum_{i=1}^{n} (\hat{y}_i - \overline{y} + y_i - \hat{y}_i)^2 = \sum_{i=1}^{n} (\hat{y}_i - \overline{y})^2 + \sum_{i=1}^{n} (\hat{y}_i - y_i)^2$$

と変形できることに注意する．この左辺は全変動平方和で，

（全変動平方和）＝（回帰変動平方和）＋（残差平方和）

と分解できることを示している．この等式を用いると，結局，R^2 は

$$R^2 = 1 - RSS \Big/ \sum_{i=1}^{n} (y_i - \overline{y})^2 \tag{9.6}$$

と書けることがわかる．このことから，全変動平方和に対する残差平方和の割合が小さいほど，モデルの当てはまりがよいと解釈できる．しかし，決定係数の値だけでモデルの当てはまりの良さを判断するのは危険で，次の残差分析を行う必要がある．

9.1.1項で述べたように，単回帰モデルの誤差項 u_i, $i = 1, \ldots, n$, は仮定

(A2)-(A4) を満たさなければならない．与えられたデータに対してこれらの仮定が成り立っているかを調べるには残差をプロットして検討してみるのがよい．残差は $e_i = y_i - (\hat{\alpha} + \hat{\beta} x_i)$, $i = 1, \ldots, n$, であり，$e_{s,i} = e_i / \hat{\sigma}$ を**標準化残差** (standardized residual) という．残差もしくは標準化残差を縦軸に，i もしくは x_i を横軸にとって，$(i, e_{s,i})$, $(x_i, e_{s,i})$ などをプロットしてみる．例えば標準化残差が何の傾向性もなく x 軸を中心にランダムに分布し，-2 から 2 の間にあれば単回帰モデルの当てはまりがよいと考えてよい．しかし，例えば次のような場合には単回帰モデルでは不十分で問題を解決する対策を検討しなければならない．

（系列相関の有無） $e_{s,i}$ と次の $e_{s,i+1}$ が同じ符号をとりやすいときには，$u_1, \ldots, u_n$ が互いに無相関であることが疑われる．系列相関の有無についてはダービン・ワトソン検定を用いて調べることができる．系列相関の存在が認められるときには，コクラン・オーカット法など時系列解析の手法を用いて分析する．

（分散の不均一性） x_i が大きくなるにつれて $e_{s,i}$ のバラツキが大きくなる傾向が認められるときには，分散の均一性が疑われるので，重み付き最小2乗法の適用を行う．

（外れ値の有無） ある $e_{s,i}$ の値が x 軸からかけ離れているときには，**外れ値** (outlier) であると疑った方がよい．回帰分析の結果は外れ値に大きく影響を受けるので，いったんその外れ値を除いて回帰分析を行ってみる．その結果，分析結果にあまり変化がなければ問題がないが，結果が大きく変わった場合には外れ値の妥当性を検討し，それを除外するか否かを判断した上で分析すべきである．

（分布の非正規性） $e_{s,i}$ の値がしばしば $-2 \sim 2$ の範囲を超えているときには分布の正規性が疑われる．その場合は，正規分布の仮定のもとで導かれる結果が使えないので，検定や信頼区間を構成する際に注意が必要である．

残差分析の詳しい説明については佐和 (1979), 早川 (1986), 久保川・国友

(2016) などを参照してほしい.

9.2 重回帰モデル

単回帰モデルで学んだ基本事項を重回帰モデルへ拡張することを考えよう. 本節の内容は簡単な行列演算を多用するので, 必要に応じて線形代数を学習されることが望ましい.

9.2.1 重回帰モデルの行列表現

父親の身長を用いて息子の身長を説明するのに単回帰モデルを用いた. 父親の身長以外に母親の身長など他のデータも利用可能なときにはそれらのデータを用いて息子の身長を説明した方がよいと思われる.

一般に, k 個の説明変数 $x_1, \ldots, x_k$ が考えられ, y との間に

$$y = \beta_0 + \beta_1 x_1 + \cdots + \beta_k x_k$$

なる線形関係が想定できる場合を扱う. 例えば, x_1 が父親の身長, x_2 が母親の身長などである. n 個のデータ $(y_1, x_{11}, \ldots, x_{k1}), \ldots, (y_n, x_{1n}, \ldots, x_{kn})$ が観測されたとき,

$$y_j = \beta_0 + \beta_1 x_{1j} + \cdots + \beta_k x_{kj} + u_j, \quad j = 1, \ldots, n \tag{9.7}$$

なるモデルを考える. これを**重回帰モデル** (multiple linear regression model) という. 線形回帰モデルというときには通常このモデルを意味する. β_0 は y-切片で, $\beta_1, \ldots, \beta_k$ は**偏回帰係数** (partial regression coefficient) という. また, これ以降は誤差項に正規性を仮定し, $u_i \sim \mathcal{N}(0, \sigma^2)$, $i = 1, \ldots, n$, とする.

重回帰モデル (9.7) は行列を用いて

$$\begin{pmatrix} y_1 \\ \vdots \\ y_n \end{pmatrix} = \begin{pmatrix} 1 & x_{11} & \cdots & x_{k1} \\ \vdots & \vdots & & \vdots \\ 1 & x_{1n} & \cdots & x_{kn} \end{pmatrix} \begin{pmatrix} \beta_0 \\ \vdots \\ \beta_k \end{pmatrix} + \begin{pmatrix} u_1 \\ \vdots \\ u_n \end{pmatrix}$$

と表されるので, それぞれの対応するベクトルおよび行列を $\boldsymbol{y}, \boldsymbol{X}, \boldsymbol{\beta}, \boldsymbol{u}$ とおくと

$$y = X\beta + u \tag{9.8}$$

と書ける．説明変数の行列 X は $n \times (k+1)$ の行列で，これがフル・ランクであるとする．このことは $X^\top X$ の逆行列が存在することを意味する．また u については，平均ベクトルを $E[u] = 0$ とし，共分散行列を $\mathrm{Cov}(u) = E[uu^\top] = \sigma^2 I$ と仮定する．ここで I は $n \times n$ 単位行列である．この仮定は，$E[u_i^2] = \sigma^2$, $E[u_i u_j] = 0 \ (i \neq j)$ と同じ意味である．u に正規性を仮定するときは，n 変量正規分布 $\mathcal{N}_n(0, \sigma^2 I)$ を仮定することになる．

9.2.2 最小2乗推定量の性質と分布

回帰係数ベクトル β の最小2乗推定量は

$$h(\beta) = \sum_{j=1}^n \{y_j - (\beta_0 + \beta_1 x_{1j} + \cdots + \beta_k x_{kj})\}^2$$

を最小化することにより得られる．これを行列を用いて表すと

$$h(\beta) = (y - X\beta)^\top (y - X\beta)$$

と書ける．ここで，$\widehat{\beta} = (X^\top X)^{-1} X^\top y$ とおくと，

$$\begin{aligned} h(\beta) &= \{(y - X\widehat{\beta}) + X(\widehat{\beta} - \beta)\}^\top \{(y - X\widehat{\beta}) + X(\widehat{\beta} - \beta)\} \\ &= (y - X\widehat{\beta})^\top (y - X\widehat{\beta}) + (\widehat{\beta} - \beta)^\top X^\top X(\widehat{\beta} - \beta) \\ &\quad + 2(\widehat{\beta} - \beta)^\top X^\top (y - X\widehat{\beta}) \end{aligned}$$

と表される．ここで，

$$X^\top \{I - X(X^\top X)^{-1} X^\top\} = 0 \tag{9.9}$$

であることに注意すると，

$$X^\top (y - X\widehat{\beta}) = X^\top \{I - X(X^\top X)^{-1} X^\top\} y = 0$$

となるので，

$$h(\beta) = (y - X\widehat{\beta})^\top (y - X\widehat{\beta}) + (\widehat{\beta} - \beta)^\top X^\top X(\widehat{\beta} - \beta)$$

と書けることがわかる．このことは，$h(\beta)$ を最小にする β は

9.2 重回帰モデル

$$\widehat{\boldsymbol{\beta}} = (\boldsymbol{X}^\top \boldsymbol{X})^{-1} \boldsymbol{X}^\top \boldsymbol{y} \qquad (9.10)$$

で与えられることを示している. これが $\boldsymbol{\beta}$ の**最小2乗推定量** (LSE) である.

$$\widehat{\boldsymbol{\beta}} - \boldsymbol{\beta} = (\boldsymbol{X}^\top \boldsymbol{X})^{-1} \boldsymbol{X}^\top (\boldsymbol{y} - \boldsymbol{X}\boldsymbol{\beta}) = (\boldsymbol{X}^\top \boldsymbol{X})^{-1} \boldsymbol{X}^\top \boldsymbol{u}$$

と書けるので, $E[\widehat{\boldsymbol{\beta}}] = \boldsymbol{\beta}$ となり, また,

$$\begin{aligned}
\mathbf{Cov}(\widehat{\boldsymbol{\beta}}) &= E[(\widehat{\boldsymbol{\beta}} - \boldsymbol{\beta})(\widehat{\boldsymbol{\beta}} - \boldsymbol{\beta})^\top] \\
&= (\boldsymbol{X}^\top \boldsymbol{X})^{-1} \boldsymbol{X}^\top E[\boldsymbol{u}\boldsymbol{u}^\top] \boldsymbol{X} (\boldsymbol{X}^\top \boldsymbol{X})^{-1} \\
&= (\boldsymbol{X}^\top \boldsymbol{X})^{-1} \boldsymbol{X}^\top \sigma^2 \boldsymbol{I} \boldsymbol{X} (\boldsymbol{X}^\top \boldsymbol{X})^{-1} = \sigma^2 (\boldsymbol{X}^\top \boldsymbol{X})^{-1}
\end{aligned}$$

となることがわかる.

単回帰のときの残差平方和に対応するのが RSS $= h(\widehat{\boldsymbol{\beta}}) = (\boldsymbol{y} - \boldsymbol{X}\widehat{\boldsymbol{\beta}})^\top (\boldsymbol{y} - \boldsymbol{X}\widehat{\boldsymbol{\beta}})$ であり, $\boldsymbol{X}(\boldsymbol{X}^\top \boldsymbol{X})^{-1} \boldsymbol{X}^\top$, $\boldsymbol{I} - \boldsymbol{X}(\boldsymbol{X}^\top \boldsymbol{X})^{-1} \boldsymbol{X}^\top$ が巾等行列, すなわち

$$\begin{aligned}
\{\boldsymbol{X}(\boldsymbol{X}^\top \boldsymbol{X})^{-1} \boldsymbol{X}^\top\}\{\boldsymbol{X}(\boldsymbol{X}^\top \boldsymbol{X})^{-1} \boldsymbol{X}^\top\} &= \boldsymbol{X}(\boldsymbol{X}^\top \boldsymbol{X})^{-1} \boldsymbol{X}^\top \\
\{\boldsymbol{I} - \boldsymbol{X}(\boldsymbol{X}^\top \boldsymbol{X})^{-1} \boldsymbol{X}^\top\}\{\boldsymbol{I} - \boldsymbol{X}(\boldsymbol{X}^\top \boldsymbol{X})^{-1} \boldsymbol{X}^\top\} &= \boldsymbol{I} - \boldsymbol{X}(\boldsymbol{X}^\top \boldsymbol{X})^{-1} \boldsymbol{X}^\top
\end{aligned} \qquad (9.11)$$

であることに注意すると

$$\text{RSS} = (\boldsymbol{y} - \boldsymbol{X}\widehat{\boldsymbol{\beta}})^\top (\boldsymbol{y} - \boldsymbol{X}\widehat{\boldsymbol{\beta}}) = \boldsymbol{y}^\top (\boldsymbol{I} - \boldsymbol{X}(\boldsymbol{X}^\top \boldsymbol{X})^{-1} \boldsymbol{X}^\top) \boldsymbol{y}$$

と表される. (9.9) を用いると, $\boldsymbol{y}^\top (\boldsymbol{I} - \boldsymbol{X}(\boldsymbol{X}^\top \boldsymbol{X})^{-1} \boldsymbol{X}^\top) \boldsymbol{y} = (\boldsymbol{X}\boldsymbol{\beta} + \boldsymbol{u})^\top (\boldsymbol{I} - \boldsymbol{X}(\boldsymbol{X}^\top \boldsymbol{X})^{-1} \boldsymbol{X}^\top)(\boldsymbol{X}\boldsymbol{\beta} + \boldsymbol{u}) = \boldsymbol{u}^\top (\boldsymbol{I} - \boldsymbol{X}(\boldsymbol{X}^\top \boldsymbol{X})^{-1} \boldsymbol{X}^\top) \boldsymbol{u}$ と表される. ここで積 $\boldsymbol{AB}$, $\boldsymbol{BA}$ が定義できる行列 $\boldsymbol{A}$, $\boldsymbol{B}$ に対してトレースの性質 $\text{tr}[\boldsymbol{AB}] = \text{tr}[\boldsymbol{BA}]$ が成り立つことに注意すると

$$\begin{aligned}
E[\text{RSS}] &= \text{tr}[(\boldsymbol{I} - \boldsymbol{X}(\boldsymbol{X}^\top \boldsymbol{X})^{-1} \boldsymbol{X}^\top) E[\boldsymbol{u}\boldsymbol{u}^\top]] \\
&= \sigma^2 \text{tr}[\boldsymbol{I} - \boldsymbol{X}(\boldsymbol{X}^\top \boldsymbol{X})^{-1} \boldsymbol{X}^\top] \\
&= \sigma^2 (n - \text{tr}[\boldsymbol{X}(\boldsymbol{X}^\top \boldsymbol{X})^{-1} \boldsymbol{X}^\top]) = (n - k - 1)\sigma^2
\end{aligned} \qquad (9.12)$$

と書けることがわかる. したがって, σ^2 の不偏推定量は

$$\widehat{\sigma}^2 = \frac{1}{n - k - 1} \text{RSS} \qquad (9.13)$$

となる．

最小 2 乗推定量 $\widehat{\boldsymbol{\beta}}$ については線形でかつ不偏な推定量の中で共分散行列を最小にしていることが知られている．

▶**定理 9.3 (ガウス・マルコフの定理)**　最小 2 乗推定量 $\widehat{\boldsymbol{\beta}}$ は**最良線形不偏推定量** (best linear unbiased estimator, BLUE) である．

[**証明**]　任意の線形推定量は $(k+1) \times n$ 行列 $\boldsymbol{C}$ を用いて $\boldsymbol{Cy}$ と表される．これが不偏であるためには $E[\boldsymbol{Cy}] = \boldsymbol{\beta}$ となること，すなわち $\boldsymbol{C}$ は $\boldsymbol{CX} = \boldsymbol{I}$ を満たさなければならない．このとき線形不偏推定量 $\boldsymbol{Cy}$ の共分散行列は条件 $\boldsymbol{CX} = \boldsymbol{I}$ を用いると

$$\mathrm{Cov}(\boldsymbol{Cy}) = E[(\boldsymbol{Cy} - \boldsymbol{\beta})(\boldsymbol{Cy} - \boldsymbol{\beta})^\top] = E[\boldsymbol{Cuu}^\top \boldsymbol{C}^\top] = \sigma^2 \boldsymbol{CC}^\top$$

と書ける．最小 2 乗推定量は $\boldsymbol{C}$ が $\boldsymbol{C}^* = (\boldsymbol{X}^\top \boldsymbol{X})^{-1} \boldsymbol{X}^\top$ に対応しており

$$\begin{aligned}\boldsymbol{CC}^\top &= (\boldsymbol{C} - \boldsymbol{C}^* + \boldsymbol{C}^*)(\boldsymbol{C} - \boldsymbol{C}^* + \boldsymbol{C}^*)^\top \\ &= (\boldsymbol{C} - \boldsymbol{C}^*)(\boldsymbol{C} - \boldsymbol{C}^*)^\top + (\boldsymbol{C}^*)(\boldsymbol{C}^*)^\top + (\boldsymbol{C} - \boldsymbol{C}^*)(\boldsymbol{C}^*)^\top \\ &\quad + (\boldsymbol{C}^*)(\boldsymbol{C} - \boldsymbol{C}^*)^\top\end{aligned}$$

と展開しておく．ところで，$(\boldsymbol{C} - \boldsymbol{C}^*)\boldsymbol{X} = (\boldsymbol{C} - (\boldsymbol{X}^\top \boldsymbol{X})^{-1} \boldsymbol{X}^\top)\boldsymbol{X} = \boldsymbol{CX} - \boldsymbol{I} = \boldsymbol{0}$ より $(\boldsymbol{C} - \boldsymbol{C}^*)(\boldsymbol{C}^*)^\top = \boldsymbol{0}$ となるので

$$\begin{aligned}\mathrm{Cov}(\boldsymbol{Cy}) &= \sigma^2 \boldsymbol{CC}^\top = \sigma^2 (\boldsymbol{C}^*)(\boldsymbol{C}^*)^\top + \sigma^2 (\boldsymbol{C} - \boldsymbol{C}^*)(\boldsymbol{C} - \boldsymbol{C}^*)^\top \\ &\geq \sigma^2 (\boldsymbol{C}^*)(\boldsymbol{C}^*)^\top = \mathrm{Cov}(\widehat{\boldsymbol{\beta}})\end{aligned}$$

となる．ただし行列 $\boldsymbol{A}, \boldsymbol{B}$ について $\boldsymbol{A} \geq \boldsymbol{B}$ は $\boldsymbol{A} - \boldsymbol{B} \geq \boldsymbol{0}$，すなわち $\boldsymbol{A} - \boldsymbol{B}$ が非負定値であることを意味している．したがって，最小 2 乗推定量 $\widehat{\boldsymbol{\beta}}$ は共分散行列を最小にする意味で線形不偏な推定量のクラスの中で最良になっていることがわかる． □

誤差項に正規性を仮定すると $\widehat{\boldsymbol{\beta}}$ と $\widehat{\sigma}^2$ の分布が求まる．

▶**命題 9.4**　$\boldsymbol{u} \sim \mathcal{N}_n(\boldsymbol{0}, \sigma^2 \boldsymbol{I})$ を仮定する．このとき次の性質が成り立つ．
(a) $\widehat{\boldsymbol{\beta}} \sim \mathcal{N}_{k+1}(\boldsymbol{\beta}, \sigma^2 (\boldsymbol{X}^\top \boldsymbol{X})^{-1})$

(b) $(n-k-1)\widehat{\sigma}^2/\sigma^2 \sim \chi^2_{n-k-1}$
(c) $\widehat{\boldsymbol{\beta}}$ と $\widehat{\sigma}^2$ は独立に分布する.

[証明] $\boldsymbol{z} = (\boldsymbol{y} - \boldsymbol{X}\boldsymbol{\beta})/\sigma$ とおき, $\boldsymbol{U} = (\boldsymbol{X}^\top \boldsymbol{X})^{-1/2}\boldsymbol{X}^\top \boldsymbol{z}$, $V = \boldsymbol{z}^\top(\boldsymbol{I}_n - \boldsymbol{X}(\boldsymbol{X}^\top \boldsymbol{X})^{-1}\boldsymbol{X}^\top)\boldsymbol{z}$ とおき, 命題 4.25 を用いると, 命題 9.4 は, (a) $\boldsymbol{U} \sim \mathcal{N}_{k+1}(\boldsymbol{0}, \boldsymbol{I}_{k+1})$, (b) $V \sim \chi^2_{n-k-1}$, (c) $\boldsymbol{U}$ と V は独立, という形に簡略化される. まず行列に関する次の性質に注意する. $\boldsymbol{A}$ をランク r の $n \times m$ 行列とする. このとき $\boldsymbol{A}$ は

$$\boldsymbol{A} = \boldsymbol{P}\boldsymbol{\Lambda}\boldsymbol{O}^\top$$

と分解できる. ここで, $\boldsymbol{\Lambda}$ は正の対角要素をもつ $r \times r$ の対角行列, $\boldsymbol{P}$ は $\boldsymbol{P}^\top\boldsymbol{P} = \boldsymbol{I}_r$ であるような $n \times r$ 行列, $\boldsymbol{O}$ は $\boldsymbol{O}^\top\boldsymbol{O} = \boldsymbol{I}_r$ であるような $m \times r$ 行列である. これを**特異値分解** (singular value decomposition) といい, 付録 (D8) で詳しく解説されている. $r = m = k+1$ とおくと $\boldsymbol{X}$ は $n \times r$ 行列でランクが r であるから, $\boldsymbol{X} = \boldsymbol{P}\boldsymbol{\Lambda}\boldsymbol{O}^\top$ と表され, しかも $\boldsymbol{O}$ は直交行列となる. $(\boldsymbol{X}^\top\boldsymbol{X})^{-1} = \boldsymbol{O}\boldsymbol{\Lambda}^{-2}\boldsymbol{O}^\top$, $(\boldsymbol{X}^\top\boldsymbol{X})^{-1/2} = \boldsymbol{O}\boldsymbol{\Lambda}^{-1}\boldsymbol{O}^\top$ に注意すると, $\boldsymbol{U} = \boldsymbol{O}\boldsymbol{P}^\top\boldsymbol{z}$, $V = \boldsymbol{z}^\top(\boldsymbol{I}_n - \boldsymbol{P}\boldsymbol{P}^\top)\boldsymbol{z}$ と書けることがわかる. ここで適当な $n \times (n-r)$ 行列 $\boldsymbol{Q}$ を用いて, $n \times n$ 行列 $\boldsymbol{H} = (\boldsymbol{P}, \boldsymbol{Q})$ が直交行列となるようにできる. $\boldsymbol{Q}^\top\boldsymbol{Q} = \boldsymbol{I}_{n-r}$, $\boldsymbol{I}_n = \boldsymbol{H}\boldsymbol{H}^\top = \boldsymbol{P}\boldsymbol{P}^\top + \boldsymbol{Q}\boldsymbol{Q}^\top$ であるから, $\boldsymbol{I}_n - \boldsymbol{P}\boldsymbol{P}^\top = \boldsymbol{Q}\boldsymbol{Q}^\top$ となるので, $V = \boldsymbol{z}^\top\boldsymbol{Q}\boldsymbol{Q}^\top\boldsymbol{z} = (\boldsymbol{Q}^\top\boldsymbol{z})^\top(\boldsymbol{Q}^\top\boldsymbol{z})$ と表される.

$$\boldsymbol{H}^\top \boldsymbol{z} = \begin{pmatrix} \boldsymbol{P}^\top \boldsymbol{z} \\ \boldsymbol{Q}^\top \boldsymbol{z} \end{pmatrix} \sim \mathcal{N}_n(\boldsymbol{0}, \boldsymbol{I}_n)$$

であるから, $\boldsymbol{U}$ と V は独立で, $\boldsymbol{U} \sim \mathcal{N}_r(\boldsymbol{0}, \boldsymbol{I}_r)$, $V \sim \chi^2_{n-r}$ となることが示される. □

9.2.3 回帰係数に関する検定

さて, 命題 9.4 で示された推定量の分布を用いると回帰係数 $\boldsymbol{\beta}$ に関する検定を行うことができる. 簡単のために, $(\boldsymbol{X}^\top\boldsymbol{X})^{-1} = \boldsymbol{A}$ とおき, その (i,j) 成分を a_{ij} で表すことにする. $\boldsymbol{\beta} = (\beta_0, \beta_1, \ldots, \beta_k)^\top$, $\widehat{\boldsymbol{\beta}} = (\widehat{\beta}_0, \widehat{\beta}_1, \ldots, \widehat{\beta}_k)^\top$ とおくと, $\widehat{\boldsymbol{\beta}} \sim \mathcal{N}_{k+1}(\boldsymbol{\beta}, \sigma^2\boldsymbol{A})$ より, $\widehat{\beta}_i \sim \mathcal{N}(\beta_i, \sigma^2 a_{i+1,i+1})$ となる. 既知の $\beta_{0,i}$ に対して,

$$H_0 : \beta_i = \beta_{0,i} \text{ vs } H_1 : \beta_i \neq \beta_{0,i}$$

を検定するには,H_0 のもとで $(\widehat{\beta}_i - \beta_{0,i})/(a_{i+1,i+1}\widehat{\sigma}^2)^{1/2} \sim t_{n-k-1}$ となることより,棄却域は

$$R = \{\widehat{\beta}_i, \widehat{\sigma}^2 \,|\, |\widehat{\beta}_i - \beta_{0,i}|/(a_{i+1,i+1}\widehat{\sigma}^2)^{1/2} > t_{n-k-1,\alpha/2}\}$$

となる.これから信頼区間も作ることができる.

いまの検定で $\beta_{0,i} = 0$ ととると,その検定は,i 番目の説明変数に因果関係があるか否かについての検定になっている.一般に,$\boldsymbol{X}$ の一部に因果関係があるか否かを検定することを考えてみよう.$\boldsymbol{X} = (\boldsymbol{X}_1 : \boldsymbol{X}_2)$,$\boldsymbol{\beta}^\top = (\boldsymbol{\beta}_1^\top, \boldsymbol{\beta}_2^\top)$ とし,$\boldsymbol{X}_1$ を $n \times (r+1)$ の行列,$\boldsymbol{X}_2$ を $n \times (k-r)$ の行列,$\boldsymbol{\beta}_1$ を $(r+1)$ 次元ベクトル,$\boldsymbol{\beta}_2$ が $(k-r)$ 次元ベクトルとする.このとき,線形モデルは

$$\boldsymbol{y} = \boldsymbol{X}_1\boldsymbol{\beta}_1 + \boldsymbol{X}_2\boldsymbol{\beta}_2 + \boldsymbol{u}$$

と書き直すことができる.そこで,説明変数 $\boldsymbol{X}_2$ に因果関係があるかに関して

$$H_0 : \boldsymbol{\beta}_2 = \boldsymbol{0} \text{ vs } H_1 : \boldsymbol{\beta}_2 \neq \boldsymbol{0}$$

を検定する問題を考えてみよう.$\boldsymbol{\beta}_1, \boldsymbol{\beta}_2$ に対応して $\widehat{\boldsymbol{\beta}}$ を $\widehat{\boldsymbol{\beta}}^\top = (\widehat{\boldsymbol{\beta}}_1^\top, \widehat{\boldsymbol{\beta}}_2^\top)$ とする.

$$(\boldsymbol{X}^\top \boldsymbol{X})^{-1} = \begin{pmatrix} \boldsymbol{X}_1^\top \boldsymbol{X}_1 & \boldsymbol{X}_1^\top \boldsymbol{X}_2 \\ \boldsymbol{X}_2^\top \boldsymbol{X}_1 & \boldsymbol{X}_2^\top \boldsymbol{X}_2 \end{pmatrix}^{-1} = \boldsymbol{A} = \begin{pmatrix} \boldsymbol{A}_{11} & \boldsymbol{A}_{12} \\ \boldsymbol{A}_{21} & \boldsymbol{A}_{22} \end{pmatrix}$$

とすると,$\widehat{\boldsymbol{\beta}}_2 \sim \mathcal{N}_{k-r}(\boldsymbol{\beta}_2, \sigma^2 \boldsymbol{A}_{22})$ に従う.したがって,H_0 のもとでは $\widehat{\boldsymbol{\beta}}_2^\top \boldsymbol{A}_{22}^{-1} \widehat{\boldsymbol{\beta}}_2/\sigma^2 \sim \chi^2_{k-r}$ となり,$\widehat{\sigma}^2$ と独立になるので,H_0 のもとで

$$\frac{\widehat{\boldsymbol{\beta}}_2^\top \boldsymbol{A}_{22}^{-1} \widehat{\boldsymbol{\beta}}_2/(k-r)}{\widehat{\sigma}^2} \sim F_{k-r, n-k-1},$$

すなわち,自由度 $(k-r, n-k-1)$ の F-分布に従う.これより,F-検定による棄却域は

$$R = \{\widehat{\boldsymbol{\beta}}_2, \widehat{\sigma}^2 \,|\, \widehat{\boldsymbol{\beta}}_2^\top \boldsymbol{A}_{22}^{-1} \widehat{\boldsymbol{\beta}}_2/\{(k-r)\widehat{\sigma}^2\} > F_{k-r, n-k-1, \alpha}\}$$

で与えられる．実は，$\widehat{\boldsymbol{\beta}}_2$ が $\widehat{\boldsymbol{\beta}}_2 = (\boldsymbol{A}_{21}\boldsymbol{X}_1^\top + \boldsymbol{A}_{22}\boldsymbol{X}_2^\top)\boldsymbol{y}$ と書けること，$\boldsymbol{A}_{12}^\top = \boldsymbol{A}_{21}$ と逆行列に関する関係式 $(\boldsymbol{X}_1^\top\boldsymbol{X}_1)^{-1} = \boldsymbol{A}_{11} - \boldsymbol{A}_{12}\boldsymbol{A}_{22}^{-1}\boldsymbol{A}_{21}$ を用いると，$\widehat{\boldsymbol{\beta}}_2^\top \boldsymbol{A}_{22}^{-1} \widehat{\boldsymbol{\beta}}_2 = \boldsymbol{y}^\top\{\boldsymbol{I} - \boldsymbol{X}_1(\boldsymbol{X}_1^\top\boldsymbol{X}_1)^{-1}\boldsymbol{X}_1^\top\}\boldsymbol{y} - \boldsymbol{y}^\top\{\boldsymbol{I} - \boldsymbol{X}\boldsymbol{A}\boldsymbol{X}^\top\}\boldsymbol{y} = \mathrm{RSS}_r - \mathrm{RSS}_k$ と書き換えることができる．また $\widehat{\sigma}^2 = \mathrm{RSS}_k/(n-k-1)$ より

$$\frac{\widehat{\boldsymbol{\beta}}_2^\top \boldsymbol{A}_{22}^{-1} \widehat{\boldsymbol{\beta}}_2/(k-r)}{\widehat{\sigma}^2} = \frac{(\mathrm{RSS}_r - \mathrm{RSS}_k)/(k-r)}{\mathrm{RSS}_k/(n-k-1)}$$

と表すことができる．

9.3 変数選択の規準

説明変数 $x_1, \ldots, x_k$ の個数 k を増やすにつれて線形モデル (9.7), (9.8) によるデータに対する説明力は増していき，モデルの適合度は高くなる．モデルの適合度として決定係数を単回帰モデルにおいて導入したが，重回帰モデルの場合も同様にして

$$\mathrm{R}^2 = 1 - \sum_{i=1}^{n}(y_i - \widehat{y}_i)^2 / \sum_{i=1}^{n}(y_i - \overline{y})^2 \tag{9.14}$$

で与えられることが示される．実際，説明変数の個数を増やしていくと決定係数 R^2 が 1 に近づいていくことが数値的に確認できる．しかし，k を増やすにつれて未知母数である回帰係数の個数が増えることになり，回帰係数の推定量の推定誤差が増していく．また σ^2 の推定量 $\widehat{\sigma}^2$ の自由度は $n-k-1$ であるが，k の増加とともに自由度が減少し，その結果 $\widehat{\sigma}^2$ の推定精度も低くなっていく．したがって，説明変数の個数を増やすことはモデルの適合度を高くするものの，'モデルの良さ' を考えた場合，必ずしもよいとは限らないことがわかる．そこで，説明変数 $x_1, \ldots, x_k$ のうちどの変数を選択するかが重要な問題となり，そのための変数選択方法がいくつか知られている．すぐに思いつくのは，9.2.3 項でとりあげた t-検定，F-検定を用いて有意でない変数を除いていく方法である．これで妥当な変数が絞れることになるが，各回帰係数ごとに検定を行うことになるので検定の多重性という問題が生じ，有意水準の意味が問題になるので注意する必要がある．詳しくは多重比較，多重検定に関する文献を参照してほしい．ここでは，検定以外の変数選択法について紹介する．

9.3.1 自由度調整済み決定係数

自由度調整済み決定係数は，(9.14) で与えられる決定係数の中の統計量 $\sum_{i=1}^{n}(y_i - \hat{y}_i)^2$, $\sum_{i=1}^{n}(y_i - \overline{y})^2$ についてそれらの自由度 $n-k-1$, $n-1$ で割ったもので置き換えたもの

$$\mathrm{R}_k^{*2} = 1 - \frac{\sum_{i=1}^{n}(y_i - \hat{y}_i)^2/(n-k-1)}{\sum_{i=1}^{n}(y_i - \overline{y})^2/(n-1)} \tag{9.15}$$

で定義される．これを書き直すと

$$\mathrm{R}_k^{*2} = 1 - \frac{n-1}{n-k-1}(1 - \mathrm{R}^2)$$

となる．この形からわかるように，k が大きくなると，$1 - \mathrm{R}^2$ が小さくなるものの分母の $n-k-1$ も小さくなるので，R_k^{*2} は必ずしも 1 に近づかない．分母の $n-k-1$ は母数が多くなることに対するペナルティとして機能していることになる．自由度調整済み決定係数によると，R_k^{*2} を最大にする説明変数の組が選ばれる．

9.3.2 マローズの $\mathrm{C_p}$ 規準

変数選択のための判断基準として予測誤差を考え，その (漸近) 不偏推定量を変数選択規準に採用するのがマローズの $\mathrm{C_p}$ 規準と AIC である．$\tilde{\boldsymbol{y}}$ を $\tilde{\boldsymbol{y}} = \boldsymbol{X\beta} + \tilde{\boldsymbol{u}}$ に従う将来の変数とする．ここで $\tilde{\boldsymbol{u}}$ は $\boldsymbol{u}$ とは独立に $\tilde{\boldsymbol{u}} \sim \mathcal{N}_n(\boldsymbol{0}, \sigma^2 \boldsymbol{I})$ に従うとする．$\tilde{\boldsymbol{y}}$ を $\hat{\boldsymbol{y}} = \boldsymbol{X}\hat{\boldsymbol{\beta}}$ で予測するとき，平均 2 乗予測誤差は

$$\begin{aligned}\mathrm{MSE}(\tilde{\boldsymbol{y}}, \hat{\boldsymbol{y}}) &= E[(\hat{\boldsymbol{y}} - \tilde{\boldsymbol{y}})^\top (\hat{\boldsymbol{y}} - \tilde{\boldsymbol{y}})] \\ &= E[\{\tilde{\boldsymbol{u}} - \boldsymbol{X}(\hat{\boldsymbol{\beta}} - \boldsymbol{\beta})\}^\top \{\tilde{\boldsymbol{u}} - \boldsymbol{X}(\hat{\boldsymbol{\beta}} - \boldsymbol{\beta})\}] \\ &= n\sigma^2 + E[(\hat{\boldsymbol{\beta}} - \boldsymbol{\beta})^\top \boldsymbol{X}^\top \boldsymbol{X}(\hat{\boldsymbol{\beta}} - \boldsymbol{\beta})]\end{aligned}$$

と書かれる．付録のトレースの性質 (D7) を用いると

$$\begin{aligned}\mathrm{MSE}(\tilde{\boldsymbol{y}}, \hat{\boldsymbol{y}}) &= n\sigma^2 + \mathrm{tr}[\boldsymbol{X}^\top \boldsymbol{X} E[(\hat{\boldsymbol{\beta}} - \boldsymbol{\beta})(\hat{\boldsymbol{\beta}} - \boldsymbol{\beta})^\top]] \\ &= n\sigma^2 + (k+1)\sigma^2 = (n+k+1)\sigma^2\end{aligned} \tag{9.16}$$

となる．一方，残差平方和 $\mathrm{RSS}_k = (\boldsymbol{y} - \hat{\boldsymbol{y}})^\top (\boldsymbol{y} - \hat{\boldsymbol{y}})$ の期待値は (9.12) より

$$E[\mathrm{RSS}_k] = (n-k-1)\sigma^2$$

となるので，予測誤差は

$$\mathrm{MSE}(\tilde{\boldsymbol{y}}, \hat{\boldsymbol{y}}) = E[\mathrm{RSS}_k + 2(k+1)\sigma^2]$$

と書き直せる．σ^2 が既知の場合，これは $\mathrm{RSS}_k + 2(k+1)\sigma^2$ が予測誤差の不偏推定量になっていることを意味する．いま σ^2 は未知なので，それを最も大きいモデルに基づいて推定する．例えば，最大のモデルの変数の組が $\{x_1, \ldots, x_k, \ldots, x_K\}$ とすると，候補となるモデルの変数の組はこの部分集合になっている．最大のモデルの説明変数を $\boldsymbol{X}_F$ とし，そのときの分散の推定量を $\hat{\sigma}_F^2 = \boldsymbol{y}^\top (I - \boldsymbol{X}_F(\boldsymbol{X}_F^\top \boldsymbol{X}_F)^{-1} \boldsymbol{X}_F^\top) \boldsymbol{y}/(n-K-1)$ とする．σ^2 の推定量 $\hat{\sigma}_F^2$ で割ったもの

$$\mathrm{C_p} = \mathrm{RSS}_k / \hat{\sigma}_F^2 + 2(k+1) \tag{9.17}$$

をマローズの $\mathrm{C_p}$ 規準といい，これを最小にする変数の組が選ばれる．これは，

$$（モデルの適合度）+ 2 \times （モデルのパラメータ数） \tag{9.18}$$

という形をしており，第2項はモデルの複雑さに対するペナルティー項として機能する．k を大きくすると，モデルの適合度は小さくなるがペナルティー項が大きくなって全体が小さくなるとは限らない．モデルの適合度とモデルの複雑さというトレード・オフの関係が予測誤差の不偏推定量を通して定式化されている規準である．

9.3.3 赤池情報量規準

これは2つの分布の距離を測る尺度であるカルバック・ライブラー情報量に基いて導出される．いま $\boldsymbol{y} = \boldsymbol{X}\boldsymbol{\beta} + \boldsymbol{u}$ の確率密度関数を $f(\boldsymbol{y} \mid \boldsymbol{X}\boldsymbol{\beta}, \sigma^2)$ とし，将来の変数 $\tilde{\boldsymbol{y}} = \boldsymbol{X}\boldsymbol{\beta} + \tilde{\boldsymbol{u}}$ の確率密度関数を $f(\tilde{\boldsymbol{y}} \mid \boldsymbol{X}\boldsymbol{\beta}, \sigma^2)$ と書くことにする．$\boldsymbol{\beta}, \sigma^2$ の推定量 $\hat{\boldsymbol{\beta}}(\boldsymbol{y}), \hat{\sigma}^2(\boldsymbol{y})$ を代入したもの $f(\tilde{\boldsymbol{y}} \mid \boldsymbol{X}\hat{\boldsymbol{\beta}}(\boldsymbol{y}), \hat{\sigma}^2(\boldsymbol{y}))$ を統計モデルの分布とし，これで将来の確率分布 $f(\tilde{\boldsymbol{y}} \mid \boldsymbol{X}\boldsymbol{\beta}, \sigma^2)$ を予測するとき，それらの分布間の距離をカルバック・ライブラー情報量

$$\begin{aligned}\mathrm{KL}&(f(\cdot \mid \boldsymbol{X}\boldsymbol{\beta}, \sigma^2), f(\cdot \mid \boldsymbol{X}\hat{\boldsymbol{\beta}}(\boldsymbol{y}), \hat{\sigma}^2(\boldsymbol{y}))) \\ &= \int \cdots \int \left\{ \log \frac{f(\tilde{\boldsymbol{y}} \mid \boldsymbol{X}\boldsymbol{\beta}, \sigma^2)}{f(\tilde{\boldsymbol{y}} \mid \boldsymbol{X}\hat{\boldsymbol{\beta}}(\boldsymbol{y}), \hat{\sigma}^2(\boldsymbol{y}))} \right\} f(\tilde{\boldsymbol{y}} \mid \boldsymbol{X}\boldsymbol{\beta}, \sigma^2) \, d\tilde{\boldsymbol{y}}\end{aligned}$$

で測る.これは $\boldsymbol{y}$ に依存する量なので $\boldsymbol{y}$ に関して期待値をとったもの

$$E[\mathrm{KL}(f(\cdot \mid \boldsymbol{X}\boldsymbol{\beta}, \sigma^2), f(\cdot \mid \boldsymbol{X}\widehat{\boldsymbol{\beta}}(\boldsymbol{y}), \widehat{\sigma}^2(\boldsymbol{y})))]$$

を考えると,実はこの関数がマローズの $\mathrm{C_p}$ 規準で考えたところの平均 2 乗予測誤差に対応している.

$$\begin{aligned}
&E[\mathrm{KL}(f(\cdot \mid \boldsymbol{X}\boldsymbol{\beta}, \sigma^2), f(\cdot \mid \boldsymbol{X}\widehat{\boldsymbol{\beta}}(\boldsymbol{y}), \widehat{\sigma}^2(\boldsymbol{y})))] \\
&= E\Big[\int\cdots\int \{\log f(\tilde{\boldsymbol{y}} \mid \boldsymbol{X}\boldsymbol{\beta}, \sigma^2)\} f(\tilde{\boldsymbol{y}} \mid \boldsymbol{X}\boldsymbol{\beta}, \sigma^2)\, d\tilde{\boldsymbol{y}}\Big] \\
&\quad - E\Big[\int\cdots\int \{\log f(\tilde{\boldsymbol{y}} \mid \boldsymbol{X}\widehat{\boldsymbol{\beta}}(\boldsymbol{y}), \widehat{\sigma}^2(\boldsymbol{y}))\} f(\tilde{\boldsymbol{y}} \mid \boldsymbol{X}\boldsymbol{\beta}, \sigma^2)\, d\tilde{\boldsymbol{y}}\Big]
\end{aligned}$$

と書き直すと,第 1 項は統計モデルの分布 $f(\tilde{\boldsymbol{y}} \mid \boldsymbol{X}\widehat{\boldsymbol{\beta}}(\boldsymbol{y}), \widehat{\sigma}^2(\boldsymbol{y}))$ には無関係な項なので無視する.後者を 2 倍したものを

$$\mathrm{AI}(\boldsymbol{\beta}, \sigma^2) = -2E\Big[\int\cdots\int \{\log f(\tilde{\boldsymbol{y}} \mid \boldsymbol{X}\widehat{\boldsymbol{\beta}}(\boldsymbol{y}), \widehat{\sigma}^2(\boldsymbol{y}))\} f(\tilde{\boldsymbol{y}} \mid \boldsymbol{X}\boldsymbol{\beta}, \sigma^2)\, d\tilde{\boldsymbol{y}}\Big]$$

とおき,赤池情報量と呼ぶことにする.この(漸近)不偏推定量が赤池情報量規準となる.

具体的に $\mathrm{AI}(\boldsymbol{\beta}, \sigma^2)$ を計算してみると,

$$-2\log f(\tilde{\boldsymbol{y}} \mid \boldsymbol{X}\widehat{\boldsymbol{\beta}}, \widehat{\sigma}^2) = n\log(2\pi\widehat{\sigma}^2) + (\tilde{\boldsymbol{y}} - \boldsymbol{X}\widehat{\boldsymbol{\beta}})^\top (\tilde{\boldsymbol{y}} - \boldsymbol{X}\widehat{\boldsymbol{\beta}})/\widehat{\sigma}^2$$

であることと (9.16) に注意し,$\tilde{\boldsymbol{y}}$ に関して期待値をとると

$$\begin{aligned}
&E[-2\log f(\tilde{\boldsymbol{y}} \mid \boldsymbol{X}\widehat{\boldsymbol{\beta}}, \widehat{\sigma}^2)] \\
&= E\Big[n\log(2\pi\widehat{\sigma}^2) + \frac{n\sigma^2 + (\widehat{\boldsymbol{\beta}} - \boldsymbol{\beta})^\top \boldsymbol{X}^\top \boldsymbol{X}(\widehat{\boldsymbol{\beta}} - \boldsymbol{\beta})}{\widehat{\sigma}^2}\Big]
\end{aligned}$$

と書ける.ここで,$\widehat{\boldsymbol{\beta}}$ と $\widehat{\sigma}^2$ の独立性と

$$E\Big[\frac{\sigma^2}{\widehat{\sigma}^2}\Big] = (n-k-1)E\Big[\frac{1}{\chi^2_{n-k-1}}\Big] = \frac{n-k-1}{n-k-3}$$

となることから,結局

$$\mathrm{AI}(\boldsymbol{\beta}, \sigma^2) = E[n\log(2\pi\widehat{\sigma}^2)] + \frac{(n+k+1)(n-k-1)}{n-k-3} \tag{9.19}$$

と書けることがわかる.一方,対数尤度関数 $-2\log f(\boldsymbol{y} \mid \boldsymbol{X}\widehat{\boldsymbol{\beta}}, \widehat{\sigma}^2)$ の期待値を計算すると

$$E[-2\log f(\boldsymbol{y} \mid \boldsymbol{X}\widehat{\boldsymbol{\beta}}, \widehat{\sigma}^2)] = E[n\log(2\pi\widehat{\sigma}^2) + (\boldsymbol{y} - \boldsymbol{X}\widehat{\boldsymbol{\beta}})^\top(\boldsymbol{y} - \boldsymbol{X}\widehat{\boldsymbol{\beta}})/\widehat{\sigma}^2]$$
$$= E[n\log(2\pi\widehat{\sigma}^2)] + (n - k - 1)$$

であるので,これを (9.19) に代入すると,

$$\mathrm{AI}(\boldsymbol{\beta}, \sigma^2) = E\left[-2\log f(\boldsymbol{y} \mid \boldsymbol{X}\widehat{\boldsymbol{\beta}}, \widehat{\sigma}^2) + 2(k+2)\frac{n-k-1}{n-k-3}\right]$$

と表されることがわかる.すなわち,右辺の期待値記号の中身が $\mathrm{AI}(\boldsymbol{\beta}, \sigma^2)$ の不偏推定量になる.$\lim_{n\to\infty}(n-k-1)/(n-k-3) = 1$ であるから,近似的な不偏推定量として

$$\mathrm{AIC} = -2\log f(\boldsymbol{y} \mid \boldsymbol{X}\widehat{\boldsymbol{\beta}}, \widehat{\sigma}^2) + 2(k+2) \tag{9.20}$$

が得られる.これを**赤池情報量規準**(Akaike information criterion, AIC と略す)という.AIC を最小にする変数の組が選ばれる.マローズの C_p 規準と同様に (9.18) なる構造になっていて,第 2 項はモデルの複雑さに対するペナルティー項と解釈される.正確な不偏推定量 $-2\log f(\boldsymbol{y} \mid \boldsymbol{X}\widehat{\boldsymbol{\beta}}, \widehat{\sigma}^2) + 2(k+2)(n-k-1)/(n-k-3)$ は杉浦の exact AIC と呼ばれる.

AIC は線形回帰モデルに限らず一般の確率モデルに対してモデル選択規準として定義できるが,C_p は線形回帰モデルに限られる.一方,C_p は分布を正規分布に仮定せずに得られるが,AIC については正規分布もしくはパラメトリックな分布に制限する必要がある.最近では,このような制限を外した AIC の提案がなされており,詳しい内容が小西・北川 (2004) でまとめられている.

9.3.4 クロス・バリデーション

C_p と AIC は予測誤差の推定量が変数選択の規準になりうることを示している.予測量が与えられたときに予測誤差の推定量を自動的に与えることができるのがクロス・バリデーションである.この考え方は,1 番目のデータ $(\boldsymbol{x}_1, y_1)$ を除いた残りの $n-1$ 個のデータから作った $\boldsymbol{\beta}$ の推定量 $\widehat{\boldsymbol{\beta}}^{(1)}$ から y_1 の予測量 $\widehat{y}_1^{(1)} = \boldsymbol{x}_1^\top \widehat{\boldsymbol{\beta}}^{(1)}$ を構成し,予測誤差 $(y_1 - \widehat{y}_1^{(1)})^2$ を計算する.

$$\left.\begin{array}{c}(\boldsymbol{x}_2,y_2)\\ \vdots \\ (\boldsymbol{x}_n,y_n)\end{array}\right) \Longrightarrow \boldsymbol{\beta} \text{ の推定量 } \widehat{\boldsymbol{\beta}}^{(1)} \text{ をつくり, } (y_1 - \boldsymbol{x}_1^\top \widehat{\boldsymbol{\beta}}^{(1)})^2 \text{ を計算}$$

次に,2番目のデータ $(\boldsymbol{x}_2,y_2)$ を除いた残りの $n-1$ 個のデータから作った $\boldsymbol{\beta}$ の推定量 $\widehat{\boldsymbol{\beta}}^{(2)}$ を用いて予測誤差 $(y_2 - \boldsymbol{x}_2^\top \widehat{\boldsymbol{\beta}}^{(2)})^2$ を計算し,以下この作業を繰り返すと,予測誤差

$$\mathrm{CV} = n^{-1} \sum_{i=1}^n (y_i - \boldsymbol{x}_i^\top \widehat{\boldsymbol{\beta}}^{(i)})^2 \tag{9.21}$$

が得られる.これを**クロス・バリデーション**,**交差検証法** (cross validation) といい,CV を最小にする説明変数が選ばれる.実は,これはもっと簡単な形

$$\mathrm{CV} = n^{-1} \sum_{i=1}^n \left(\frac{y_i - \boldsymbol{x}_i^\top \widehat{\boldsymbol{\beta}}}{1 - \boldsymbol{x}_i^\top (\boldsymbol{X}^\top \boldsymbol{X})^{-1} \boldsymbol{x}_i} \right)^2 \tag{9.22}$$

に書き換えられることが知られている.また n が大きいときには AIC と等価な式に近くなることも知られている.

9.3.5 ベイズ情報量規準

ベイズ的な情報量規準は,一般に未知母数に事前分布を仮定し尤度関数をそれに関して積分した,いわゆる周辺尤度を用いて変数選択を行う方法である.

線形回帰モデル (9.8) において,$k+2$ 個の未知母数 $\boldsymbol{\beta}$, σ^2 に正則な事前分布 $\pi_{k+2}(\boldsymbol{\beta},\sigma^2)$ を仮定する.すると $\boldsymbol{y}$ の周辺分布は

$$f_{\pi_{k+2}}(\boldsymbol{y}) = \int\int f(\boldsymbol{y} \mid \boldsymbol{\beta},\sigma^2) \pi_{k+2}(\boldsymbol{\beta},\sigma^2)\, d\boldsymbol{\beta} d\sigma^2 \tag{9.23}$$

で与えられる.これは σ^2 と $k+1$ 個の回帰係数 $\beta_0,\beta_1,\ldots,\beta_k$ に事前分布を想定したベイズ的周辺尤度であり,これを最大にする説明変数の組,もしくは $-2\log f_\pi(\boldsymbol{y})$ を最小にする変数の組を選択する.基準となるモデルを定め比較するモデルとの周辺尤度の比を考えたものが**ベイズ因子** (Bayes factor) である.例えば,最も簡単なモデル $y_i = \beta_0 + u_i$, $i=1,\ldots,n$,を考え,2個の未知母数 β_0, σ^2 に事前分布 $\pi_2(\beta_0,\sigma^2)$ を想定したベイズ的周辺尤度 $f_{\pi_2}(\boldsymbol{y})$ を基準として,周辺尤度の比

$$f_{\pi_{k+2}}(\boldsymbol{y}) / f_{\pi_2}(\boldsymbol{y})$$

9.3 変数選択の規準

を考えると，この値が1を超えていればk個の説明変数はベイズ的に意味をもつことになる．これがベイズ因子であり，この値を最大にする説明変数の組を選ぶことになる．

ベイズ的周辺尤度やベイズ因子の問題点は事前分布のとり方に依存している点である．これを解決する方法の1つは，無情報事前分布を取り入れることであるが，単純に無情報事前分布のベイズ周辺尤度を考えたのでは変数選択の機能を果たさないことが知られており，その方向へ向けたベイズ因子の様々な修正に関する研究がなされている．もう1つの方向性は，ベイズ周辺尤度の$n \to \infty$とするときの極限を考えることである．これは，ラプラス近似を用いて一般的に示すことができるので，ここで簡単な説明を与えることにする．

いま$\boldsymbol{\theta}$をp次元の未知母数とし$\boldsymbol{X}$をn次元の確率変数とし，$\boldsymbol{\theta}$を与えたときの$\boldsymbol{X}$の条件付き密度関数を$\boldsymbol{X}|\boldsymbol{\theta} \sim f(\boldsymbol{x}|\boldsymbol{\theta})$とし，$\boldsymbol{\theta}$の事前分布を$\boldsymbol{\theta} \sim \pi(\boldsymbol{\theta})$とする．対数尤度$\ell(\boldsymbol{\theta}|\boldsymbol{x}) = \log f(\boldsymbol{x}|\boldsymbol{\theta})$を$\boldsymbol{\theta}$の最尤推定量$\widehat{\boldsymbol{\theta}}$の周りで多変数のテーラー展開を行うと，

$$\ell(\boldsymbol{\theta}|\boldsymbol{x}) \approx \ell(\widehat{\boldsymbol{\theta}}|\boldsymbol{x}) + \left(\frac{\partial}{\partial \boldsymbol{\theta}}\ell(\boldsymbol{\theta}|\boldsymbol{x})\Big|_{\boldsymbol{\theta}=\widehat{\boldsymbol{\theta}}}\right)^\top (\boldsymbol{\theta}-\widehat{\boldsymbol{\theta}}) \\ + \frac{1}{2}(\widehat{\boldsymbol{\theta}}-\boldsymbol{\theta})^\top \left[\frac{\partial}{\partial \boldsymbol{\theta}}\frac{\partial}{\partial \boldsymbol{\theta}^\top}\ell(\boldsymbol{\theta}|\boldsymbol{x})\Big|_{\boldsymbol{\theta}=\widehat{\boldsymbol{\theta}}}\right](\widehat{\boldsymbol{\theta}}-\boldsymbol{\theta})$$

で近似できる．厳密には展開の剰余項が0に確率収束するための条件が必要になる．

$$-\frac{1}{n}\frac{\partial}{\partial \boldsymbol{\theta}}\frac{\partial}{\partial \boldsymbol{\theta}^\top}\ell(\boldsymbol{\theta}|\boldsymbol{x})\Big|_{\boldsymbol{\theta}=\widehat{\boldsymbol{\theta}}} = \widehat{\boldsymbol{I}}(\boldsymbol{x})$$

とおくとき，$\widehat{\boldsymbol{I}}(\boldsymbol{X})$がある正定値行列に確率収束すると仮定する．このことは独立同一分布の場合には大数の法則から成り立っている．$\widehat{\boldsymbol{\theta}}$は$\boldsymbol{\theta}$の最尤推定量であるから$(\partial/\partial\boldsymbol{\theta})\ell(\boldsymbol{\theta}|\boldsymbol{x})\big|_{\boldsymbol{\theta}=\widehat{\boldsymbol{\theta}}} = \boldsymbol{0}$であることに注意すると，

$$\ell(\boldsymbol{\theta}|\boldsymbol{x}) \approx \ell(\widehat{\boldsymbol{\theta}}|\boldsymbol{x}) - \frac{1}{2}(\boldsymbol{\theta}-\widehat{\boldsymbol{\theta}})^\top n\widehat{\boldsymbol{I}}(\boldsymbol{x})(\boldsymbol{\theta}-\widehat{\boldsymbol{\theta}})$$

と近似できることになる．$\pi(\boldsymbol{\theta})$は滑らかな関数で$\pi(\boldsymbol{\theta}) \approx \pi(\widehat{\boldsymbol{\theta}})$で近似できると仮定すると，ベイズ的周辺分布は

$$f_\pi(\boldsymbol{x}) = \int f(\boldsymbol{x} \mid \boldsymbol{\theta})\pi(\boldsymbol{\theta})\, d\boldsymbol{\theta} = \int \exp\{\ell(\boldsymbol{\theta} \mid \boldsymbol{x})\}\pi(\boldsymbol{\theta})\, d\boldsymbol{\theta}$$
$$\approx f(\boldsymbol{x} \mid \widehat{\boldsymbol{\theta}}) \frac{(2\pi)^{p/2}}{n^{p/2}|\widehat{\boldsymbol{I}}(\boldsymbol{x})|^{1/2}} \pi(\widehat{\boldsymbol{\theta}})$$
$$\times \int \frac{|n\widehat{\boldsymbol{I}}(\boldsymbol{x})|^{1/2}}{(2\pi)^{p/2}} \exp\{-\frac{1}{2}(\boldsymbol{\theta}-\widehat{\boldsymbol{\theta}})^\top n\widehat{\boldsymbol{I}}(\boldsymbol{x})(\boldsymbol{\theta}-\widehat{\boldsymbol{\theta}})\}\, d\boldsymbol{\theta}$$
$$= f(\boldsymbol{x} \mid \widehat{\boldsymbol{\theta}}) \frac{(2\pi)^{p/2}}{n^{p/2}|\widehat{\boldsymbol{I}}(\boldsymbol{x})|^{1/2}} \pi(\widehat{\boldsymbol{\theta}})$$

で近似できることがわかる．最後の等式は $\boldsymbol{\theta}$ の分布が多変量正規分布の形をしていることから従う．これを**ラプラス近似** (Laplace approximation) という．したがって，

$$-2\log f_\pi(\boldsymbol{X}) \approx -2\log f(\boldsymbol{x} \mid \widehat{\boldsymbol{\theta}}) + p\log n + \log|\widehat{\boldsymbol{I}}(\boldsymbol{x})| - p\log(2\pi) - 2\log\pi(\widehat{\boldsymbol{\theta}})$$

と書き直すことができる．$\log|\widehat{\boldsymbol{I}}(\boldsymbol{x})| - p\log(2\pi) - 2\log\pi(\widehat{\boldsymbol{\theta}})$ は $\log n$ に比べて無視できるオーダーなので

$$\mathrm{BIC} = -2\log f(\boldsymbol{x} \mid \widehat{\boldsymbol{\theta}}) + \dim(\boldsymbol{\theta})\log n \tag{9.24}$$

なる近似式が得られる．これを**シュバルツのベイズ情報量規準** (Schwarz's Bayesian information criterion) という．線形回帰モデルに適用してみると，

$$\mathrm{BIC} = -2\log f(\boldsymbol{y} \mid \boldsymbol{X}\widehat{\boldsymbol{\beta}}, \widehat{\sigma}^2) + (k+2)\log n \tag{9.25}$$

と書けることがわかる．(9.20) で与えられる AIC と比較してみると，モデルの複雑さに関するペナルティー項が AIC では $2(k+2)$ であるのに対して BIC では $(k+2)\log n$ となり，n とともに増加している．AIC と BIC を比較してみると，大きな違いは，BIC は真のモデルの選択に関して一致性をもつのに対して AIC には一致性がない．しかし，AIC が予測誤差を最小にするモデルを選ぶのに対して BIC はそうした性質をもたない．

他にも様々なベイズ型情報量規準や分布形の仮定を外したモデル選択規準などが提案され性質が論じられている．詳しくは，小西・北川 (2004) を参照されたい．

9.4 ロジスティック回帰モデルと一般化線形モデル

これまでは,被説明変数を子どもの身長のような連続型変数として扱ってきた.本節では,被説明変数が,生か死か,購入するかしないか,働くか働かないかといった,0か1の2値をとり,その要因として説明変数を関係づけるモデルを扱おう.

9.4.1 ロジット・モデルとプロビット・モデル

いま n 個のデータ $(y_1, \boldsymbol{x}_1), \ldots, (y_n, \boldsymbol{x}_n)$ がとられているとする.ここで,y_i は0か1をとり,$\boldsymbol{x}_i = (1, x_{1i}, \ldots, x_{ki})^\top$ は k 個の説明変数の値と便宜上1を付け加えた $k+1$ 次元のベクトルとする.例えば,女性の労働に関する調査データにおいて,i 番目の女性の就業について

$$y_i = \begin{cases} 1 & (就業している) \\ 0 & (就業していない) \end{cases}$$

とし,就業の要因と考えられる共変量として,夫の収入 (x_{1i}),年齢 (x_{2i}),教育年数 (x_{3i}),15才以下の子どもの数 (x_{4i}),高校生と大学生の子どもの数 (x_{5i}) などが考えられる.回帰係数ベクトルを $\boldsymbol{\beta} = (\beta_0, \beta_1, \ldots, \beta_k)^\top$ として,y_i と $\boldsymbol{x}_i^\top \boldsymbol{\beta}$ とを結びつけるモデルを作り,説明変数の中でどの変数が女性の就業の要因として有意になるのかについて調べたい.

$P(y_i = 1) = p_i$ とおくと,$y_1, \ldots, y_n$ は互いに独立で,$y_i \sim Ber(p_i)$ に従う.$0 < p_i < 1$ であり,$\boldsymbol{x}_i^\top \boldsymbol{\beta}$ が増加するにつれて p_i も増加するように関連付けることができればよい.確率分布の累積分布関数は,$\lim_{x \to -\infty} F(x) = 0$,$\lim_{x \to \infty} F(x) = 1$ であり,非減少な関数なので,適当な分布の分布関数を用いて

$$p_i = F(\boldsymbol{x}_i^\top \boldsymbol{\beta})$$

なる形で関係付けるのがよいと思われる.これは,

$$y_i^* = \boldsymbol{x}_i^\top \boldsymbol{\beta} + u_i$$

なるモデルにおいて,$-u_i$ の分布関数を $F(\cdot)$,

$$y_i = \begin{cases} 1 & (y_i^* \geq 0 \text{ のとき}) \\ 0 & (y_i^* < 0 \text{ のとき}) \end{cases}$$

とおいたものに対応する．実際，$P(y_i = 1) = P(y_i^* \geq 0) = P(-u_i \leq \boldsymbol{x}_i^\top \boldsymbol{\beta}) = F(\boldsymbol{x}_i^\top \boldsymbol{\beta})$ となることがわかる．通常は，u_i の分布が原点に関して対称であることを仮定するので，$-u_i$ の分布も u_i の分布も分布関数は $F(\cdot)$ になる．

例えば，標準正規分布の分布関数 $\Phi(x) = \int_{-\infty}^{x} (2\pi)^{-1/2} \exp\{-z^2/2\}\,dz$ を用いて

$$p_i = \Phi(\boldsymbol{x}_i^\top \boldsymbol{\beta}) \tag{9.26}$$

とするモデルを**プロビット・モデル** (probit model) という．また，ロジスティック分布の分布関数を用いて

$$p_i = \exp\{\boldsymbol{x}_i^\top \boldsymbol{\beta}\}/(1 + \exp\{\boldsymbol{x}_i^\top \boldsymbol{\beta}\}) \tag{9.27}$$

とするモデルを**ロジット・モデル**もしくは**ロジスティック回帰モデル** (logistic regression model) という．$\log\{p_i/(1-p_i)\}$ を**ロジット** (logit) もしくは**対数オッズ** (log odds) といい，

$$\log \frac{p_i}{1-p_i} = \boldsymbol{x}_i^\top \boldsymbol{\beta}$$

なる形で表すことができる．プロビット・モデルでは積分が残ってしまうが，ロジット・モデルでは対数オッズが線形の形で表されるので扱いやすい．いずれにしても，尤度関数は

$$L(\boldsymbol{\beta}; \boldsymbol{y}) = \prod_{i=1}^{n} p_i^{y_i}(1-p_i)^{1-y_i}, \quad p_i = F(\boldsymbol{x}_i^\top \boldsymbol{\beta})$$

であり，対数尤度関数は

$$\ell(\boldsymbol{\beta}; \boldsymbol{y}) = \sum_{i=1}^{n} \{y_i \log F(\boldsymbol{x}_i^\top \boldsymbol{\beta}) + (1-y_i)\log(1 - F(\boldsymbol{x}_i^\top \boldsymbol{\beta}))\}$$

と書けるので，この尤度に基づいて数値的に $\boldsymbol{\beta}$ の最尤推定量 $\widehat{\boldsymbol{\beta}}$ を求めることができる．

9.4 ロジスティック回帰モデルと一般化線形モデル

$$\frac{\partial \ell(\boldsymbol{\beta}; \boldsymbol{y})}{\partial \boldsymbol{\beta}} = \sum_{i=1}^{n} \Big\{ \frac{y_i}{F(\boldsymbol{x}_i^\top \boldsymbol{\beta})} - \frac{1-y_i}{1-F(\boldsymbol{x}_i^\top \boldsymbol{\beta})} \Big\} f(\boldsymbol{x}_i^\top \boldsymbol{\beta}) \boldsymbol{x}_i,$$

$$\frac{\partial^2 \ell(\boldsymbol{\beta}; \boldsymbol{y})}{\partial \boldsymbol{\beta} \partial \boldsymbol{\beta}^\top} = \sum_{i=1}^{n} \Big\{ -\frac{y_i}{\{F(\boldsymbol{x}_i^\top \boldsymbol{\beta})\}^2} - \frac{1-y_i}{\{1-F(\boldsymbol{x}_i^\top \boldsymbol{\beta})\}^2} \Big\} \{f(\boldsymbol{x}_i^\top \boldsymbol{\beta})\}^2 \boldsymbol{x}_i \boldsymbol{x}_i^\top$$

$$+ \sum_{i=1}^{n} \Big\{ \frac{y_i}{F(\boldsymbol{x}_i^\top \boldsymbol{\beta})} - \frac{1-y_i}{1-F(\boldsymbol{x}_i^\top \boldsymbol{\beta})} \Big\} f'(\boldsymbol{x}_i^\top \boldsymbol{\beta}) \boldsymbol{x}_i \boldsymbol{x}_i^\top$$

となることに注意する．最尤推定量は $\partial \ell(\boldsymbol{\beta}; \boldsymbol{y})/\partial \boldsymbol{\beta} = \boldsymbol{0}$ の解として与えられる．また

$$-E\left[\frac{\partial^2 \ell}{\partial \boldsymbol{\beta} \partial \boldsymbol{\beta}^\top}\right] = \sum_{i=1}^{n} \frac{\{f(\boldsymbol{x}_i^\top \boldsymbol{\beta})\}^2}{F(\boldsymbol{x}_i^\top \boldsymbol{\beta})\{1-F(\boldsymbol{x}_i^\top \boldsymbol{\beta})\}} \boldsymbol{x}_i \boldsymbol{x}_i^\top$$

となるので，

$$\boldsymbol{I}(\boldsymbol{\beta}) = \lim_{n \to \infty} n^{-1} \sum_{i=1}^{n} \{f(\boldsymbol{x}_i^\top \boldsymbol{\beta})\}^2 \boldsymbol{x}_i \boldsymbol{x}_i^\top / [F(\boldsymbol{x}_i^\top \boldsymbol{\beta})\{1-F(\boldsymbol{x}_i^\top \boldsymbol{\beta})\}]$$

とおくと，

$$\sqrt{n}(\widehat{\boldsymbol{\beta}} - \boldsymbol{\beta}) \to_d \mathcal{N}(\boldsymbol{0}, \boldsymbol{I}(\boldsymbol{\beta})^{-1})$$

に収束することがわかる．

回帰係数 $\boldsymbol{\beta}$ に関する検定については，尤度比検定など7.3節で紹介した方法を用いて求めることができる．例えば，

$$H_0: \boldsymbol{\beta} = \boldsymbol{0} \text{ vs } H_1: \boldsymbol{\beta} \neq \boldsymbol{0}$$

なる検定を考えると，有意水準 α のワルド検定の棄却域は

$$R = \{\widehat{\boldsymbol{\beta}} \mid n\widehat{\boldsymbol{\beta}}^\top \boldsymbol{I}(\widehat{\boldsymbol{\beta}})\widehat{\boldsymbol{\beta}} > \chi^2_{k+1,\alpha}\}$$

で与えられる．また，

$$H_0: \beta_i = \beta_{i,0} \text{ vs } H_1: \beta_i \neq \beta_{i,0}$$

なる検定については，$\boldsymbol{I}(\boldsymbol{\beta})^{-1}$ の (i,j) 成分を $a_{ij}(\boldsymbol{\beta})$ とおくとき $\sqrt{n}(\widehat{\beta}_i - \beta_i) \to_d \mathcal{N}(0, a_{i+1,i+1}(\boldsymbol{\beta}))$ に収束することから，

$$R = \{\widehat{\beta} \mid \sqrt{n}|\widehat{\beta}_i - \beta_{i,0}|/\sqrt{a_{i+1,i+1}(\widehat{\boldsymbol{\beta}})} > z_{\alpha/2}\}$$

が棄却域になる．これより，β_i の信頼区間は

$$C(\widehat{\boldsymbol{\beta}}) = [\widehat{\beta}_i - \{a_{i+1,i+1}(\widehat{\boldsymbol{\beta}})/n\}^{1/2} z_{\alpha/2}, \ \widehat{\beta}_i + \{a_{i+1,i+1}(\widehat{\boldsymbol{\beta}})/n\}^{1/2} z_{\alpha/2}]$$

となる．

9.4.2 一般化線形モデル

ロジスティック回帰モデルは一般化線形モデルへ一般化される．$y_1, \ldots, y_n$ を独立な確率変数とし，y_i が

$$f(y_i \mid \theta_i, \phi) = \exp\left\{\frac{\theta_i y_i - b(\theta_i)}{\phi} + c(y_i, \phi)\right\} \tag{9.28}$$

なる形の指数型分布族に従うとする．y_i の平均を μ_i とすると，平均と分散については

$$\mu_i = E[y_i] = b'(\theta_i), \quad \text{Var}(y_i) = \phi b''(\theta_i)$$

なる関係が成り立つ．この平均 μ_i に $\boldsymbol{x}_i^\top \boldsymbol{\beta}$ を関連付ける関数

$$g(\mu_i) = \boldsymbol{x}_i^\top \boldsymbol{\beta}$$

を**連結関数** (link function) といい，この連結関数をもつ指数型分布族 (9.28) を**一般化線形モデル** (generalized linear model, GLM) という．これはいくつかのモデルを特別な場合として含んでいる．

正規分布 $y_i \sim \mathcal{N}(\mu_i, \sigma^2)$ は，$b(\theta_i) = \theta_i^2/2$, $\mu_i = \theta_i$, $\phi = \sigma^2$, $\text{Var}(y_i) = \sigma^2$ に対応する．この場合，連結関数は $g(\mu_i) = \mu_i = \boldsymbol{x}_i^\top \boldsymbol{\beta}$ であり，線形回帰モデルとなる．

ベルヌーイ分布 $y_i \sim Ber(\mu_i)$ は，$b(\theta_i) = \log(1 + e^{\theta_i})$, $\mu_i = e^{\theta_i}/(1 + e^{\theta_i})$, $\phi = 1$, $\text{Var}(y_i) = \mu_i(1 - \mu_i)$ に対応する．この場合，連結関数は $g(\mu_i) = \log(\mu_i/(1 - \mu_i)) = \boldsymbol{x}_i^\top \boldsymbol{\beta}$ であり，ロジスティック回帰モデルとなる．

ポアソン分布 $y_i \sim Po(\mu_i)$ は，$b(\theta_i) = e^{\theta_i}$, $\mu_i = e^{\theta_i}$, $\phi = 1$, $\text{Var}(y_i) = \mu_i$ に対応する．この場合，連結関数は $g(\mu_i) = \log \mu_i = \boldsymbol{x}_i^\top \boldsymbol{\beta}$ であり，ポアソン回帰モデルとなる．

一般化線形モデルの母数に関する推測法や，過分散 (over-dispersion) の問題，一般化線形混合モデル (GLMM) への拡張など，詳しい内容は文献を参照してほしい．

9.5 分散分析と変量効果モデル

最後に，分散分析，固定効果，変量効果のモデルについて説明しよう．医薬生物学，農事試験，工業実験，心理学実験においては，調査目的に沿って実験が組まれデータがとられる．臨床実験のようにデータをとることにコストがかかるのであれば，少ないデータで効果的に検証できるような実験を組むことが求められる．そのために適切な実験を組み立てることを**実験計画** (design of experiment) という．実験計画については様々な方法が研究されており，統計学の重要な分野として体系化されている．ここでは，一元配置および二元配置の分散分析モデルについて説明する．

9.5.1 分散分析モデル

一元配置 (one-way layout) の**分散分析モデル**（analysis of variance model，ANOVA model と略す）から考えよう．例えば，カフェインの摂取の量が興奮度に及ぼす影響を調べるために 0 mg，100 mg，200 mg のカフェインの入った飲み物を学生に摂取してもらい 2 時間後に指叩きの回数を調べる実験を行う．0 mg，100 mg，200 mg のカフェインを摂取することを**処理** (treatment) といい，それぞれ $i=1, i=2, i=3$ で表すことにする．処理 i における j 番目の学生のデータを y_{ij} で表し，処理 i に対する母集団平均を θ_i とすると，一般に

$$y_{ij} = \theta_i + \varepsilon_{ij}, \quad i=1,\ldots,I,\ j=1,\ldots,n_i,$$

なるモデルが考えられる．上の例は，$I=3$ に対応する．ここで，ε_{ij} は互いに独立な確率変数で正規分布 $\mathcal{N}(0,\sigma^2)$ に従うものとする．以下では，簡単のために $n_1=\cdots=n_I=n$ の場合を考え $N=\sum_{i=1}^{I}n_i=nI$ とする．$\mu=\sum_{i=1}^{I}\theta_i/I$ とおくと，$\theta_i=\mu+(\theta_i-\mu)$ と分解できるので，$\alpha_i=\theta_i-\mu$ とおくと $\sum_{i=1}^{I}\alpha_i=0$ を満たしており，分散分析モデルは

$$y_{ij} = \mu + \alpha_i + \varepsilon_{ij}, \quad i=1,\ldots,I,\ j=1,\ldots,n, \tag{9.29}$$

と書き直すことができる．$\overline{y}_{i\cdot}=\sum_{j=1}^{n}y_{ij}/n$，$\overline{y}_{\cdot\cdot}=\sum_{i=1}^{I}\sum_{j=1}^{n}y_{ij}/N=\sum_{i=1}^{I}\overline{y}_{i\cdot}/I$ とおくとき，μ,α_i は $\widehat{\mu}=\overline{y}_{\cdot\cdot}$，$\widehat{\alpha}_i=\overline{y}_{i\cdot}-\overline{y}_{\cdot\cdot}$ で推定される．
平均の同等性を検定することが求められるときには，帰無仮説は $H_0:\theta_1=$

表 9.1 一元配置の分散分析表

変動の種類	自由度	平方和	平均平方	F 統計量
群間変動	$I-1$	BSS	$\text{BSS}/(I-1)$	$F = \dfrac{\text{BSS}/(I-1)}{\text{WSS}/(N-I)}$
群内変動	$N-I$	WSS	$\text{WSS}/(N-I)$	
合　計	$nI-1$	TSS		

$\cdots = \theta_I$ もしくは

$$H_0 : \alpha_1 = \cdots = \alpha_I = 0$$

となる．この検定を行うために次のような平方和の分解を考える．$\text{BSS} = \sum_{i=1}^{I} n(\overline{y}_{i\cdot} - \overline{y}_{\cdot\cdot})^2$, $\text{WSS} = \sum_{i=1}^{I} \sum_{j=1}^{n} (y_{ij} - \overline{y}_{i\cdot})^2$ とおくとき，総平方和 $\text{TSS} = \sum_{i=1}^{I} \sum_{j=1}^{n} (y_{ij} - \overline{y}_{\cdot\cdot})^2$ は

$$\text{TSS} = \text{BSS} + \text{WSS}$$

と分解できる．BSS を**群間平方和** (between sum of squares)，WSS を**群内平方和** (within sum of squares) という．それぞれの自由度は $I-1, N-I$ であり $\text{BSS}/(I-1), \text{WSS}/(N-I)$ を**平均平方** (mean square) という．$\text{WSS}/\sigma^2 \sim \chi^2_{N-I}$ であるから $\text{WSS}/(N-I)$ が σ^2 の不偏推定量になる．一方 BSS は，$\text{BSS} = \sum_{i=1}^{I} n(\overline{\varepsilon}_{i\cdot} - \overline{\varepsilon}_{\cdot\cdot} + \alpha_i)^2$ と書き直すことができる．ただし $\overline{\varepsilon}_{i\cdot} = \sum_{j=1}^{n} \varepsilon_{ij}/n, \overline{\varepsilon}_{\cdot\cdot} = \sum_{i=1}^{I} \overline{\varepsilon}_{i\cdot}/I$ である．帰無仮説 $H_0 : \alpha_1 = \cdots = \alpha_I = 0$ から離れるにつれて BSS の値は大きくなるので，H_0 の検定に BSS を利用することができる．BSS が WSS と独立に分布することと，H_0 が正しいときには $\text{BSS}/\sigma^2 \sim \chi^2_{I-1}$ となることに注意すると，

$$F = \frac{\text{BSS}/(I-1)}{\text{WSS}/(N-I)} \tag{9.30}$$

なる形の F-検定統計量を用いることが考えられ，H_0 のもとでは自由度 $(I-1, N-I)$ の F-分布に従うので，その値が $F_{I-1, N-I, \alpha}$ を超えるとき帰無仮説 H_0 が棄却される．これらの値を一覧表にまとめたものが**分散分析表** (ANOVA table) である（表 9.1）．

帰無仮説 $H_0 : \theta_1 = \cdots = \theta_I$ が棄却されるとき，もう少し細かい検定の組み $H_{a,b} : \theta_a = \theta_b$ $(a \neq b)$ について同時に検定して，どの対 (a,b) について

$\theta_a = \theta_b$ が棄却されるのかを調べることもできる．すべての組合せに関する同等性の帰無仮説

$$H_{a,b}: \theta_a - \theta_b = 0, \quad a,b = 1,\ldots,I$$

を同時検定することを考えてみよう．$n_1 = \cdots = n_I = n$ のときに $H_{a,b}$ を検定する t-統計量は

$$t_{a,b} = (\overline{y}_{a\cdot} - \overline{y}_{b\cdot})/\sqrt{2\widehat{\sigma}^2/n}$$

であり，a,b のあらゆる組合せについてこの t-検定統計量を用いて検定する訳であるが，通常の t-分布の有意水準で検定したのでは多重性の問題が発生して第1種の過誤が有意水準を超えてしまうので適切でない．そこで

$$\max_{a,b}\{\sqrt{2}|t_{a,b}|\} = \max_{a,b}\{\sqrt{n}\,|\overline{y}_{a\cdot} - \overline{y}_{b\cdot}|/\widehat{\sigma}\}$$
$$= \sqrt{n}\{\max_i \overline{y}_{i\cdot} - \min_i \overline{y}_{i\cdot}\}/\widehat{\sigma}$$

に関して帰無仮説のもとでの分布を計算し，その分布の有意水準の値を求める．これはスチューデント化したレンジの分布として知られており数表が用意されている．これをテューキー法という．その他様々な方法が知られている．こうした検定を**多重比較検定** (multiple comparison testing) という．

次に**二元配置** (two-way layout) の分散分析モデルを説明しよう．例えば，一つの要因が薬の量，もう一つの要因が病気の重傷度であり，患者の血液の特定の項目の数値をデータとしてとることを考える．薬の量 i，病気の重傷度 j の患者 k のデータを y_{ijk} で表すと，二元配置モデルは

$$y_{ijk} = \mu + \alpha_i + \beta_j + \gamma_{ij} + \varepsilon_{ijk} \tag{9.31}$$
$$i = 1,\ldots,I,\ j = 1,\ldots,J,\ k = 1,\ldots,n_{ij}$$

のように書かれる．α_i, β_j をそれぞれ A 因子主効果，B 因子主効果といい，γ_{ij} を**交互作用効果** (interaction effect) という．γ_{ij} は A 因子と B 因子の相乗効果を考慮する項である．

以下では，簡単のために $n_{ij} = n$ の場合を考え，$N = \sum_{i=1}^{I}\sum_{j=1}^{J} n_{ij} = nIJ$ とする．ここで，$\alpha_i, \beta_j, \gamma_{ij}$ は

$$\sum_{i=1}^{I} \alpha_i = \sum_{j=1}^{J} \beta_j = \sum_{i=1}^{I} \gamma_{ij} = \sum_{j=1}^{J} \gamma_{ij} = 0$$

を満たす母数であり，ε_{ijk} は互いに独立な確率変数で正規分布 $\mathcal{N}(0, \sigma^2)$ に従うものとする．$\theta_{ij} = \mu + \alpha_i + \beta_j + \gamma_{ij}$ とおくと

$$\mu = \overline{\theta}_{..}, \ \alpha_i = \overline{\theta}_{i.} - \overline{\theta}_{..}, \ \beta_j = \overline{\theta}_{.j} - \overline{\theta}_{..},$$

$$\gamma_{ij} = (\theta_{ij} - \overline{\theta}_{..}) - [(\overline{\theta}_{i.} - \overline{\theta}_{..}) + (\overline{\theta}_{.j} - \overline{\theta}_{..})] = \theta_{ij} - \overline{\theta}_{i.} - \overline{\theta}_{.j} + \overline{\theta}_{..}$$

と書かれる．ここで $\overline{\theta}_{i.} = \sum_{j=1}^{J} \theta_{ij}/J, \overline{\theta}_{.j} = \sum_{i=1}^{I} \theta_{ij}/I, \overline{\theta}_{..} = \sum_{i=1}^{I} \sum_{j=1}^{J} \theta_{ij}/(IJ)$ である．$\overline{y}_{...}, \overline{y}_{i..}, \overline{y}_{.j.}$ を同様に定義すると $\mu, \alpha_i, \beta_j, \gamma_{ij}$ は

$$\widehat{\mu} = \overline{y}_{...}, \ \widehat{\alpha}_i = \overline{y}_{i..} - \overline{y}_{...}, \ \widehat{\beta}_j = \overline{y}_{.j.} - \overline{y}_{...},$$

$$\widehat{\gamma}_{ij} = \overline{y}_{ij.} - \overline{y}_{i..} - \overline{y}_{.j.} + \overline{y}_{...}$$

で推定される．

総平方和 $Q_T = \sum_{i=1}^{I} \sum_{j=1}^{J} \sum_{k=1}^{n} (y_{ijk} - \overline{y}_{...})^2$ は

$$Q_T = Q_\alpha + Q_\beta + Q_\gamma + Q_e$$

と分解できる．ここで

$$Q_\alpha = nJ \sum_{i=1}^{I} (\overline{y}_{i..} - \overline{y}_{...})^2$$

$$Q_\beta = nI \sum_{j=1}^{J} (\overline{y}_{.j.} - \overline{y}_{...})^2$$

$$Q_\gamma = n \sum_{i=1}^{I} \sum_{j=1}^{J} (\overline{y}_{ij.} - \overline{y}_{i..} - \overline{y}_{.j.} + \overline{y}_{...})^2$$

であり，$Q_e = \sum_{i=1}^{I} \sum_{j=1}^{J} \sum_{k=1}^{n} (y_{ijk} - \overline{y}_{ij.})^2$ である．分散 σ^2 は $\widehat{\sigma}^2 = Q_e/(N - IJ)$ により推定される．これらをまとめたものが二元配置の分散分析表である（表 9.2）．帰無仮説として $H_\alpha : \alpha_1 = \cdots = \alpha_I = 0, H_\beta : \beta_1 = \cdots = \beta_J = 0, H_\gamma : \gamma_{ij} = 0 \ (i = 1, \ldots, I, j = 1, \ldots, J)$ を考えると，検定統計量としてそれぞれ $F_\alpha, F_\beta, F_\gamma$ なる F-統計量を用いて検定することができる．

9.5.2 変量効果モデルと混合効果モデル

前項でとりあげた分散分析モデルでは $\alpha_i, \beta_j, \gamma_{ij}$ を母数として扱ってきた．これを**固定効果モデル** (fixed effects model) という．これに対して $\alpha_i, \beta_j, \gamma_{ij}$

9.5 分散分析と変量効果モデル

表 9.2 二元配置の分散分析表

要因	自由度	平均平方	F 統計量
A 因子	$\nu_\alpha = I - 1$	$V_\alpha^2 = Q_\alpha/\nu_\alpha$	$F_\alpha = V_\alpha^2/\hat{\sigma}^2$
B 因子	$\nu_\beta = J - 1$	$V_\beta^2 = Q_\beta/\nu_\beta$	$F_\beta = V_\beta^2/\hat{\sigma}^2$
交互作用	$\nu_\gamma = (I-1)(J-1)$	$V_\gamma^2 = Q_\gamma/\nu_\gamma$	$F_\gamma = V_\gamma^2/\hat{\sigma}^2$
残差	$\nu_e = N - IJ$	$\hat{\sigma}^2 = Q_e/\nu_e$	
合計	$N - 1$		

を確率変数として扱うモデルを**変量効果モデル** (random effects model) という.一元配置の変量効果モデルは

$$y_{ij} = \mu + A_i + \varepsilon_{ij}, \quad i = 1, \ldots, I, \ j = 1, \ldots, n \tag{9.32}$$

と表される.ここで A_i は ε_{ij} とは独立に $\mathcal{N}(0, \sigma_A^2)$ に従う変量効果であり,ε_{ij} は $\mathcal{N}(0, \sigma^2)$ に従う.σ_A^2, σ^2 を**分散成分** (variance component) といい,特に σ_A^2 を**群間成分** (between component), σ^2 を**群内成分** (within component) という.一元配置の固定効果モデル (9.29) において求めた群間平方和 BSS と群内平方和 WSS の期待値を変量効果モデルにおいて計算してみると

$$E[\text{BSS}] = (I-1)(\sigma^2 + n\sigma_A^2), \quad E[\text{WSS}] = (N-I)\sigma^2$$

となる.これより,σ^2, σ_A^2 の不偏推定量は

$$\hat{\sigma}^2 = \frac{\text{WSS}}{N-I}, \quad \hat{\sigma}_A^2 = \frac{1}{n}\left\{\frac{\text{BSS}}{I-1} - \frac{\text{WSS}}{N-I}\right\}$$

で与えられる.$\hat{\sigma}_A^2$ は正の確率で負の値をとるので $\max\{\hat{\sigma}_A^2, 0\}$ などの修正が必要である.固定効果モデルにおいて考えた平均の同等性の検定 $H_0 : \alpha_1 = \cdots = \alpha_I = 0$ は変量効果モデルでは $H_0 : \sigma_A^2 = 0$ の検定に対応しており,(9.30) の F-検定統計量が使われる.

二元配置の変量効果モデルは

$$y_{ijk} = \mu + A_i + B_j + C_{ij} + \varepsilon_{ijk} \tag{9.33}$$
$$i = 1, \ldots, I, \ j = 1, \ldots, J, \ k = 1, \ldots, n$$

で与えられ,A_i, B_j, C_{ij}, ε_{ij} は互いに独立に $A_i \sim \mathcal{N}(0, \sigma_A^2)$, $B_j \sim \mathcal{N}(0, \sigma_B^2)$, $C_{ij} \sim \mathcal{N}(0, \sigma_C^2)$, $\varepsilon_{ij} \sim \mathcal{N}(0, \sigma^2)$ に従うとする.このモデルは σ_A^2, σ_B^2, σ_C^2, σ^2 の 4 個の分散成分からなる.固定効果モデル (9.31) の分散分析表で与えてい

る統計量 $V_\alpha^2, V_\beta^2, V_\gamma^2, \widehat{\sigma}^2$ を用いると, $\sigma_C^2, \sigma_A^2, \sigma_B^2$ の不偏推定量は

$$\widehat{\sigma}_C^2 = (V_\gamma^2 - \widehat{\sigma}^2)/n, \quad \widehat{\sigma}_A^2 = (V_\alpha^2 - n\widehat{\sigma}_C^2 - \widehat{\sigma}^2)/(nJ),$$
$$\widehat{\sigma}_B^2 = (V_\beta^2 - n\widehat{\sigma}_C^2 - \widehat{\sigma}^2)/(nI)$$

で与えられることが示される. $H_0 : \sigma_A^2 = 0, H_0 : \sigma_B^2 = 0, H_0 : \sigma_C^2 = 0$ の検定については, 固定効果モデル (9.31) の分散分析表で与えている F-検定統計量 $F_\alpha, F_\beta, F_\gamma$ を用い検定を行えばよい.

共変量が利用可能なときには線形回帰モデルと変量効果モデルを組み合わせたモデルを考える. 例えば一元配置の枠組みでは

$$y_{ij} = \boldsymbol{x}_{ij}^\top \boldsymbol{\beta} + A_i + \varepsilon_{ij}, \quad i = 1, \ldots, I, \ j = 1, \ldots, n_i \tag{9.34}$$

なるモデルが考えられる. ここで $\boldsymbol{\beta} = (\beta_0, \beta_1, \ldots, \beta_p)^\top$ は回帰係数ベクトルの母数であり, A_i は $\mathcal{N}(0, \sigma_A^2)$ に従う変量効果である. このモデルは固定効果と変量効果から構成されているので**混合効果モデル** (mixed effects model) と呼ばれる. 特にモデル (9.34) は**枝分かれ誤差回帰モデル** (nested error regression model) と呼ばれ, **小地域推定** (small area estimation) の分野で利用されている. この場合, I は地域の個数, n_i は各地域からとられるデータの個数を表す. 各地域の平均的な量 $\theta_i = \overline{\boldsymbol{x}}_i^\top \boldsymbol{\beta} + A_i$ を予測することに関心があり, 予測量 $\widehat{\theta}_i = \overline{\boldsymbol{x}}_i^\top \widehat{\boldsymbol{\beta}} + \widehat{A}_i$ の導出とその誤差評価が与えられている. このモデルを一般化したものが**線形混合モデル** (linear mixed model) で $\boldsymbol{\beta}$ の推定には一般化最小2乗推定量が使われ, 分散成分の推定には最尤推定量や**制限最尤推定量** (restricted maximum likelihood estimator) などが利用される. 小地域推定については Rao-Molina (2015), 分散成分モデルについては広津 (1992), Searle-Casella-McCulloch (1992) を参考文献としてあげておきたい.

第10章
リスク最適性の理論

統計的推測問題として，推定，検定，信頼区間などを扱ってきた．それぞれの問題において様々な統計的推測の手法が存在するが，その良さを測るために損失関数を導入し，リスク関数に基づいて推測手法の性質を論ずる学問を**統計的決定論** (statistical decision theory) という．

本章では，まず統計的決定論の考え方を説明し，次に点推定の場合にいくつかの最適性の規準について解説する．特に，最良不偏推定量および最良共変推定量の導出，不変事前分布に関する一般化ベイズ推定量とミニマックス性・許容性との関係について説明し，最後にスタイン問題を紹介する．なお，本章のより詳しい内容については Lehmann-Casella (1998)，鍋谷 (1978) を参照されたい．

10.1 リスク最適性の枠組み

統計的決定論の一般的な枠組みから説明し，点推定，仮説検定，区間推定において損失関数やリスク関数がどのように定義されるかを調べる．それ以降は点推定の決定論に絞り，凸な損失関数のもとでリスク関数を改善する方法としてラオ・ブラックウェルの定理を紹介する．

10.1.1 統計的決定論

まず，一般的な枠組みを説明しよう．n 個の確率変数の組 $(X_1, \ldots, X_n)$ を簡単に X で表し，標本空間を $\mathcal{X}$，確率関数もしくは確率密度関数を $f(x\,|\,\theta)$ で表す．θ のとり得る値の集合を Θ で表し**母数空間** (parameter space) という．θ は未知のパラメータであり，X に基づいて θ に関する何らかの決定を行うのが統計的決定問題である．この決定を d で表しその集合を $A = \{d\}$ と書いて**行動空間** (action space) という．標本空間から行動空間への関数 $\delta : \mathcal{X} \to A$ を**決定関数** (decision function) といい，その関数の全体を $\mathcal{D} = \{\delta\,|\,\delta : \mathcal{X} \to A\}$ で表す．$\delta(X)$ は X に基づいてどのような行動をとるかを決定する

関数であり，決定関数を何らかの意味で最適になるようにとりたい．

そこで，未知のパラメータが θ であるときに $d \in A$ という行動をとることから生ずるコストを**損失関数** (loss function) を用いて表すことにする．損失関数 $L(\cdot,\cdot)$ は，$\Theta \times A$ から非負の実数 $[0,\infty)$ への関数であり，推定，検定など推測問題に応じて定義される．決定関数 $\delta(\cdot)$ と X の実現値 x が与えられたときの損失は $L(\theta,\delta(x))$ となる．これは実現値 x に依存しているのでこのままでは決定関数 $\delta(\cdot)$ の良さを測れない．そこで，X の確率分布に関して $L(\theta,\delta(X))$ の期待値をとることが考えられる．

$$R(\theta,\delta) = E[L(\theta,\delta(X))]$$

を決定関数 δ の θ に対する**リスク（危険）関数** (risk function) という．決定関数の良さをリスク関数に基づいて評価し性質を論ずる学問が統計的決定論である．こうした一般的な枠組みが，点推定，検定，区間推定の問題において具体的にどのように対応しているのかを見てみよう．

[点推定] θ を点推定する問題においては，行動 d は θ を言い当てることであるから，$d \in \Theta$ であり，行動空間は Θ 全体，すなわち $A = \Theta$ となる．θ が 1 次元のときには，損失関数として

$$L(\theta,d) = (d-\theta)^2, \quad L(\theta,d) = |d-\theta|$$

をとるのが代表的である．前者を 2 乗損失，後者を絶対誤差損失という．点推定の場合，損失関数は $L(\theta,d) \geq 0$, $L(\theta,\theta) = 0$ を満している．推定量 $\delta(X)$ もしくは $\widehat{\theta}(X)$ が点推定における決定関数になる．そのとき，リスク関数は

$$R(\theta,\delta) = E[(\delta(X)-\theta)^2], \quad R(\theta,\delta) = E[|\delta(X)-\theta|]$$

となり，前者は平均 2 乗誤差 (MSE) と呼ばれる．

[検定] $H_0: \theta \in \Theta_0$ vs $H_1: \theta \in \Theta_0^c$ なる検定においては，行動 d は H_0 を棄却するか受容するかのどちらかであり，棄却する行動を $d=1$, 受容する行動を $d=0$ で表すと，行動空間は $A = \{0,1\}$ となる．また R を H_0 の棄却域とする検定方式を

$$\delta(X) = \begin{cases} 1 & (X \in R \text{ のとき}) \\ 0 & (X \notin R \text{ のとき}) \end{cases}$$

と書くとき，これを**検定関数** (test function) という．損失関数とリスク関数は表 10.1 で与えられる．

表 10.1 検定の行動の結果と損失関数

	$\theta \in \Theta_0$	$\theta \in \Theta_0^c$		$\theta \in \Theta_0$	$\theta \in \Theta_0^c$
$\delta(X) = 0$	正しい	第 2 種の誤り	$d = 0$	0	1
$\delta(X) = 1$	第 1 種の誤り	正しい	$d = 1$	1	0

検出力関数は，$\theta \in \Theta_0$ のとき $\beta(\theta) = R(\theta, \delta)$ であり，$\theta \in \Theta_0^c$ のとき $\beta(\theta) = 1 - R(\theta, \delta)$ である．仮説検定では，$\sup_{\theta \in \Theta_0} R(\theta, \delta) = \alpha$ のもとで，$\theta \in \Theta_0^c$ に対して $R(\theta, \delta)$ を最小にする $\delta(\cdot)$ が優れた検定関数と見なされる．最強力検定の定義はこの考え方に沿うものである．

[区間推定] θ の区間推定においては，行動 d は Θ の部分集合であり，行動空間は Θ の部分集合の全体となる．θ が 1 次元で d が区間 $d = [d_1, d_2]$ のときには，例えば損失関数として

$$L(\theta, d) = (d_2 - d_1) + c(\theta) I_{[\theta \notin [d_1, d_2]]}$$

が考えられる．ここで，$c(\theta)$ は θ の非負の関数とし，$I_{[C]}$ は C が成り立つとき 1，それ以外は 0 となる定義関数とする．決定関数は区間になるので，$\delta(X) = [L(X), U(X)]$ であり，リスク関数は

$$R(\theta, \delta) = E[U(X) - L(X)] + c(\theta) P_\theta(\theta \notin [L(X), U(X)])$$

と書ける．$P_\theta(\theta \in [L(X), U(X)]) = 1 - \alpha$ のもとで区間の平均的長さ $E[U(X) - L(X)]$ を最小にする区間 $\delta(\cdot)$ を最短信頼区間という．区間推定のための損失関数もいくつか提案され議論されているが，統一的なものは無いようである．例えば，区間推定のところで学んだ最精密信頼区間を定義する損失関数を考えようとすると，上で与えたものとは異なる損失関数を考えなければならない．

10.1.2 点推定量の最適性

これ以降は，点推定の最適性について焦点を絞って説明していく．前項と同じ設定のもとで θ の点推定の問題を考えていこう．すなわち，$X \sim f(x\,|\,\theta)$，$\theta \in \Theta$ であり，損失関数 $L(\theta, d)$ に対してリスク関数 $R(\theta, \delta) = E[L(\theta, \delta(X))]$ が定義されているとする．θ の推定量を $\widehat{\theta}(X)$ もしくは $\delta(X)$ で表す．

▷**定義 10.1** 2つの推定量 $\delta_1(X)$ と $\delta_2(X)$ に対して，$\delta_1(X)$ が $\delta_2(X)$ より**優れている**とは，すべての $\theta \in \Theta$ に対して

$$R(\theta, \delta_1) \leq R(\theta, \delta_2)$$

であり，しかも，ある $\theta_0 \in \Theta$ に対して，$R(\theta_0, \delta_1) < R(\theta_0, \delta_2)$ が成り立つことをいう．

▷**定義 10.2** θ の推定量 $\delta(X)$ について，それより優れている推定量が存在しないとき，$\delta(X)$ は**許容的** (admissible) であるという．$\delta(X)$ より優れている推定量が存在するとき，$\delta(X)$ は**非許容的** (inadmissible) であるという．

推定量が非許容的であれば改良される余地があるが，許容的ならば改善する余地はない．しかし，このことは許容的な推定量が優れていることを必ずしも意味するとは限らない．

▶**命題 10.3** $L(\theta, d) = 0$ となる点 d は $d = \theta$ のみであると仮定する．このとき，任意の $\theta_0 \in \Theta$ を固定して，$\delta_{\theta_0}(X) = \theta_0$ という，定数をとる推定量を考えると，これは許容的である．

[証明] $R(\theta_0, \delta) = E_{\theta_0}[L(\theta_0, \delta(X))] = 0$ とすると，$L(\theta_0, \delta(X))$ は非負であるから，$L(\theta_0, \delta(X)) = 0$ が成り立つ．仮定より，これが成り立つのは $\delta(X) = \theta_0$ のときのみであるから，$\delta_{\theta_0}(X) = \theta_0$ が $R(\theta_0, \delta) = 0$ の唯一の解となる．このことは，$\delta(X) = \theta_0$ が許容的であることを意味している． □

データを使わず定数で推定するという方法が許容的であるということは，許容性だけで推定量の良さを判断したのでは不十分であることを示唆している．

また，すべての点 $\theta_0 \in \Theta$ において推定量 $\delta_{\theta_0}(X)$ が許容的になっているということは，一様に最良となる推定量は存在しないことを意味する．こうした事実から，許容性以外の追加的な基準を導入し，その中で許容性や最適性の議論を行う方が望ましい．その1つが不偏性で，(6.4) で定義されている．不偏な推定量のクラスに制限すれば，ある条件のもとで最良な推定量が存在することを 10.2 節で示そう．また，10.3 節で扱う不変性という基準は，確率分布が平行移動やスケール変換に関して不変な構造をもっているときには，不変もしくは共変な推定量のクラスを考えるというもので，そのクラスの中で最良なものが存在する．最良不偏推定量や最良不変推定量は，推定量のクラスを制限しその中で最良なものを求めるアプローチである．ベイズ性は，事前分布 $\pi(\theta)$ に関して $\int R(\theta, \delta)\pi(\theta)\, d\theta$ を最小にする推定量を求めること，ミニマックス性は，$\sup_{\theta \in \Theta} R(\theta, \delta)$ を最小にする推定量を求めることである．これらの基準のもとで最適な推定量の導出などを説明していくことになる．

ここで，ラオ・ブラックウェルの定理を紹介する．これは，6.1.2 項でとりあげた十分統計量を用いると，考える推定量のクラスとして十分統計量の関数のみを考えれば十分であるという定理である．そのために凸関数に関するイェンセンの不等式を導入する．

▷**定義 10.4** 区間 I 上の関数 $\phi(x)$ が**凸関数** (convex function) であるとは，すべての $x, y \in I$ とすべての γ $(0 < \gamma < 1)$ に対して

$$\phi(\gamma x + (1-\gamma)y) \leq \gamma \phi(x) + (1-\gamma)\phi(y)$$

が成り立つことである．

$\phi(\cdot)$ が微分可能なときには，$x < y$ に対して $\phi'(x) \leq \phi'(y)$ であることが同値な条件となり，$\phi(\cdot)$ が 2 回微分可能のときには，$\phi''(x) \geq 0$ が同値な条件となる．$-\phi(x)$ が凸関数のとき，$\phi(x)$ は**凹関数** (concave function) という．次の不等式は**イェンセンの不等式** (Jensen's inequality) と呼ばれる．

▶**補題 10.5** $\phi(\cdot)$ を凸関数とし,$E[|X|] < \infty$ とする.このとき,
$$\phi(E[X]) \leq E[\phi(X)]$$
が成り立つ.

[証明] $\mu = E[X]$ とし,関数 $\phi(\cdot)$ の点 $(\mu, \phi(\mu))$ における接線は傾き b を適当にとることにより $y = \phi(\mu) + b(x - \mu)$ と表される.$\phi(x)$ が凸関数であるから,すべての x に対して
$$\phi(x) \geq \phi(\mu) + b(x - \mu)$$
なる不等式が成り立つことがわかる.したがって $\phi(X) \geq \phi(\mu) + b(X - \mu)$ の両辺に期待値をとると,$E[\phi(X)] \geq \phi(\mu)$ となり,イェンセンの不等式が示される. □

例えば,非負の確率変数 X に対して,イェンセンの不等式から,$E[1/X] \geq 1/E[X]$,$E[\log X] \leq \log(E[X])$ なる不等式が成り立つ.またイェンセンの不等式を用いると次の**ラオ・ブラックウェルの定理** (Rao-Blackwell's theorem) が得られる.

▶**定理 10.6** 損失関数 $L(\theta, d)$ が d に関して凸であるとし,推定量 $\delta(\cdot)$ が $R(\theta, \delta) < \infty$ を満たすとする.このとき,十分統計量 $T = T(X)$ を与えたときの $\delta(X)$ の条件付き期待値
$$\widehat{\theta}(t) = E[\delta(X) | T = t]$$
を考えると,これは θ に依存しない.さらに
$$R(\theta, \widehat{\theta}) \leq R(\theta, \delta)$$
がすべての θ に対して成り立つ.

[証明] 十分統計量の定義 6.1 より,$E[\delta(X) | T = t]$ が θ に依存しないことがわかる.またイェンセンの不等式より

$$R(\theta,\delta) = E^T[E[L(\theta,\delta(X))\,|\,T]]$$
$$\geq E^T[L(\theta, E[\delta(X)\,|\,T])] = R(\theta,\widehat{\theta})$$

が成り立つ. □

条件付き期待値 $\widehat{\theta}(T) = E[\delta(X)\,|\,T]$ が θ に依存しないことから,$\widehat{\theta}(T)$ は θ の推定量となり得る.ラオ・ブラックウェルの定理は,どんな推定量 $\delta(X)$ に対しても,それが T の関数でなければ,T を与えたときの条件付き期待値 $E[\delta(X)\,|\,T]$ により改良されることを示している.もちろん,もともと T の関数なら条件付き期待値をとっても変わらない.

10.2 最良不偏推定

本節では,不偏推定量のクラスに焦点を当て,その中で最良な推定量を求めてみる.

10.2.1 完備十分統計量と最良不偏推定

定義 6.14 で与えられたように,$\delta(X)$ が θ の不偏推定量であるとは,すべての $\theta \in \Theta$ に対して

$$E_\theta[\delta(X)] = \theta$$

が成り立つことをいう.θ の不偏推定量の全体を $\mathcal{U}_\theta$ で表す.不偏推定量の平均 2 乗誤差は分散になるので,不偏推定量 $\delta(X)$ の良さは $\mathrm{Var}(\delta(X))$ で測ることができる.T を θ に対する十分統計量とすると,ラオ・ブラックウェルの定理(定理 10.6)より,

$$\mathrm{Var}_\theta(\delta(X)) \geq \mathrm{Var}_\theta(\widehat{\theta}(T)), \quad \widehat{\theta}(T) = E[\delta(X)\,|\,T] \tag{10.1}$$

が成り立つ.$E[\widehat{\theta}(T)] = E[E[\delta(X)\,|\,T]] = E[\delta(X)] = \theta$ より,$\widehat{\theta}(T)$ は θ の不偏推定量になることがわかる.したがって,T に依存していない任意の不偏推定量 $\delta(X)$ は十分統計量を与えたときの条件付き期待値 $E[\delta(X)\,|\,T]$ により改良されることがわかる.実は,十分統計量 T が次で述べる完備性をもっていれば,$\widehat{\theta}(T) = E[\delta(X)\,|\,T]$ が最良不偏推定量になる.

▷**定義 10.7** 十分統計量 $T = T(X)$ が**完備** (complete) であるとは，任意の $\theta \in \Theta$ に対して $E_\theta[h(T)] = 0$ となる関数 $h(\cdot)$ は，確率 1 で $h(t) = 0$ となる．すなわち $P_\theta(h(T) = 0) = 1$ が成り立つ．

十分統計量が完備のとき，次の**レーマン・シェフェの定理** (Lehmann-Scheffé's theorem) が成り立つ．

▶**定理 10.8** 十分統計量 T が完備であるとする．$\delta(X)$ を θ の任意の不偏推定量とし分散は有限であるとする．このとき，$\widehat{\theta}(T) = E[\delta(X) \,|\, T]$ は θ の最良不偏推定量になる．すなわち，すべての $\theta \in \Theta$ に対して次が成り立つ．

$$\mathrm{Var}_\theta(\widehat{\theta}(T)) = \inf_{\delta \in \mathcal{U}_\theta} \mathrm{Var}_\theta(\delta(X))$$

[証明] (10.1) より，すべての $\delta_1(X), \delta_2(X) \in \mathcal{U}_\theta$ に対して，$\mathrm{Var}_\theta(\delta_1(X)) \geq \mathrm{Var}_\theta(\widehat{\theta}_1(T))$, $\widehat{\theta}_1(T) = E[\delta_1(X) \,|\, T]$，および $\mathrm{Var}_\theta(\delta_2(X)) \geq \mathrm{Var}_\theta(\widehat{\theta}_2(T))$, $\widehat{\theta}_2(T) = E[\delta_2(X) \,|\, T]$ が成り立つ．ここで，

$$E[\widehat{\theta}_1(T) - \widehat{\theta}_2(T)] = E[E[\delta_1(X) \,|\, T]] - E[E[\delta_2(X) \,|\, T]] = \theta - \theta = 0$$

となる．T は完備であるから，$P(\widehat{\theta}_1(T) = \widehat{\theta}_2(T)) = 1$ となる．このことは，$\widehat{\theta}(T) = E[\delta(X) \,|\, T]$ が確率 1 で一意的に定まることを意味する．したがって，$\widehat{\theta}(T)$ が最良不偏推定量になる． □

最良不偏推定量を**一様最小分散不偏推定量** (uniformly minimum variance unbiased estimator, UMVUE) ともいう．完備な十分統計量の代表的な例は指数型分布族である．(6.3) で与えられた指数型分布族からのランダム・サンプル $X_1, \ldots, X_n$ に対して，同時分布は

$$f(\boldsymbol{x} \,|\, \boldsymbol{\eta}) = H(\boldsymbol{x}) C(\boldsymbol{\eta}) \exp\left\{\sum_{i=1}^k \eta_i T_i(\boldsymbol{x})\right\}$$

と書ける．ただし，$\boldsymbol{\eta} = (\eta_1, \ldots, \eta_k)^\top$, $H(\boldsymbol{x}) = \prod_{i=1}^n h(x_i)$, $C(\boldsymbol{\eta}) = \{c^*(\boldsymbol{\eta})\}^n$, $T_i(\boldsymbol{x}) = \sum_{j=1}^n t_i(x_j)$ である．

▶**定理 10.9** k 次元指数型分布族において $\boldsymbol{\eta}$ の母数空間が k 次元の開集合を含んでいるならば，$\boldsymbol{T} = (T_1, \ldots, T_k)^\top$ は完備十分統計量になる．

[証明]　k 次元の開集合を含むので，母数空間は一般性を失うこと無しに k 次元立方体 $I = \{\boldsymbol{\eta} \mid -a \leq \eta_i \leq a, i = 1, \ldots, k\}$, $a > 0$, を含むとしてよい．いま任意の $\boldsymbol{\eta}$ に対して $E_{\boldsymbol{\eta}}[g(\boldsymbol{T})] = 0$ となると仮定する．このとき $P(g(\boldsymbol{T}) = 0) = 1$ を示せばよい．$g^+(\boldsymbol{x}) = \max(g(\boldsymbol{T}(\boldsymbol{x})), 0)$, $g^-(\boldsymbol{x}) = \max(-g(\boldsymbol{T}(\boldsymbol{x})), 0)$ とおくと $g(\boldsymbol{T}) = g^+(\boldsymbol{x}) - g^-(\boldsymbol{x})$ と表される．$0 = E_{\boldsymbol{\eta}}[g(\boldsymbol{T})] = E_{\boldsymbol{\eta}}[g^+(\boldsymbol{X})] - E_{\boldsymbol{\eta}}[g^-(\boldsymbol{X})]$ より，$E_{\boldsymbol{\eta}}[g^+(\boldsymbol{X})] = E_{\boldsymbol{\eta}}[g^-(\boldsymbol{X})]$ が成り立つ．この後は離散分布と連続分布とに分けて示すことにする．離散分布の場合には

$$\sum_{\boldsymbol{x} \in \mathcal{X}} g^+(\boldsymbol{x}) H(\boldsymbol{x}) C(\boldsymbol{\eta}) \exp\Big\{\sum_{i=1}^k \eta_i T_i(\boldsymbol{x})\Big\}$$
$$= \sum_{\boldsymbol{x} \in \mathcal{X}} g^-(\boldsymbol{x}) H(\boldsymbol{x}) C(\boldsymbol{\eta}) \exp\Big\{\sum_{i=1}^k \eta_i T_i(\boldsymbol{x})\Big\} \qquad (10.2)$$

と表すことができる．$\boldsymbol{\eta} = \boldsymbol{0}$ は k 次元立方体 I に含まれているので，式 (10.2) の両辺から $C(\boldsymbol{\eta})$ を省いてから $\boldsymbol{\eta} = \boldsymbol{0}$ を代入し

$$\sum_{\boldsymbol{x} \in \mathcal{X}} g^+(\boldsymbol{x}) H(\boldsymbol{x}) = \sum_{\boldsymbol{x} \in \mathcal{X}} g^-(\boldsymbol{x}) H(\boldsymbol{x}) \equiv \alpha$$

とおくことにする．$\alpha = 0$ のときには，$g^+(\boldsymbol{x}) \geq 0$, $\sum_{\boldsymbol{x} \in \mathcal{X}} g^+(\boldsymbol{x}) H(\boldsymbol{x}) = 0$ とから $g^+(\boldsymbol{x}) = 0$ が導かれる．同様にして $g^-(\boldsymbol{x}) = 0$ となり，したがって $g(\boldsymbol{T}) = 0$ が成り立つ．$\alpha > 0$ のときには，$P^+(\boldsymbol{x}) = g^+(\boldsymbol{x}) H(\boldsymbol{x})/\alpha$, $P^-(\boldsymbol{x}) = g^-(\boldsymbol{x}) H(\boldsymbol{x})/\alpha$ はそれぞれ確率関数になり，式 (10.2) は

$$\sum_{\boldsymbol{x} \in \mathcal{X}} \exp\Big\{\sum_{i=1}^k \eta_i T_i(\boldsymbol{x})\Big\} P^+(\boldsymbol{x}) = \sum_{\boldsymbol{x} \in \mathcal{X}} \exp\Big\{\sum_{i=1}^k \eta_i T_i(\boldsymbol{x})\Big\} P^-(\boldsymbol{x})$$

のように書き直すことができる．この等式の左辺と右辺はそれぞれ確率関数 $P^+(\boldsymbol{x})$ と $P^-(\boldsymbol{x})$ の積率母関数であり，2つの積率母関数が等しいので定理 2.16 より，$P^+(\boldsymbol{x}) = P^-(\boldsymbol{x})$ が成り立つことがわかる．したがって，$g(\boldsymbol{T}) = g^+(\boldsymbol{x}) - g^-(\boldsymbol{x}) = 0$ となり，完備性が示される．連続分布の場合には，等式 (10.2) は

$$\int_{\boldsymbol{x} \in \mathcal{X}} g^+(\boldsymbol{x}) H(\boldsymbol{x}) C(\boldsymbol{\eta}) \exp\Big\{\sum_{i=1}^k \eta_i T_i(\boldsymbol{x})\Big\} d\boldsymbol{x}$$
$$= \int_{\boldsymbol{x} \in \mathcal{X}} g^-(\boldsymbol{x}) H(\boldsymbol{x}) C(\boldsymbol{\eta}) \exp\Big\{\sum_{i=1}^k \eta_i T_i(\boldsymbol{x})\Big\} d\boldsymbol{x}$$

と表される．ここで $d\boldsymbol{x} = dx_1 \cdots dx_n$ とする．以下，離散分布の場合と同様にして完備性を示すことができる．　　□

【例 10.10】 $X_1, \ldots, X_n, i.i.d. \sim \mathcal{N}(\mu, \sigma^2)$ とし,$\theta = (\mu, \sigma^2)$ を未知母数とする.$\overline{X} = n^{-1} \sum_{i=1}^n X_i$, $V^2 = (n-1)^{-1} \sum_{i=1}^n (X_i - \overline{X})^2$ とおくと,定理 10.9 より $(\overline{X}, V^2)$ が完備十分統計量になる.したがって,定理 10.8 より $\overline{X}, V^2$ はそれぞれ μ, σ^2 の最良不偏推定量になる. □

【例 10.11】 $X_1, \ldots, X_n, i.i.d. \sim Ber(p)$ については,$\overline{X} = n^{-1} \sum_{i=1}^n X_i$ が p に対する完備十分統計量になる.したがって,定理 10.8 より $\overline{X}$ は p の最良不偏推定量になる.

いま,$X_1, \ldots, X_n, i.i.d. \sim F(\cdot)$ とする.ここで $F(\cdot)$ は関数系を特定しない分布関数とする.

$$\widehat{F}(x) = \frac{(X_i \leq x \text{ となる } i \text{ の個数})}{n} = \frac{1}{n} \sum_{i=1}^n I(X_i \leq x)$$

を**経験分布関数** (empirical distribution) という.$F(x) = E[I(X_i \leq x)]$ であり,これは上の問題の p に対応し $n\widehat{F}(x) \sim Bin(n, F(x))$ であるから,$\widehat{F}(x)$ は $F(x)$ の最良不偏推定量になる. □

【例 10.12】 確率変数 X が**巾級数分布** (power series distribution) に従うとは,X の確率関数が

$$f(x \mid \theta) = a(x) \theta^x / c(\theta), \quad x = 0, 1, 2, \ldots, \tag{10.3}$$

で与えられることをいう.ただし $\theta > 0$ とする.この分布は,2項分布,負の2項分布,ポアソン分布を含んでいる.いま,$X_1, \ldots, X_n, i.i.d. \sim f(x \mid \theta)$ とし,$T = \sum_{i=1}^n X_i$ とおくと,T は θ に対して完備十分統計量になる.T の確率関数は

$$P(T = t) = \Big(\sum_{\boldsymbol{x}: x_1 + \cdots + x_n = t} \prod_{i=1}^n a(x_i) \Big) \frac{\theta^t}{\{c(\theta)\}^n} = A(t, n) \frac{\theta^t}{\{c(\theta)\}^n}$$

と表されるので,θ の最良不偏推定量は

$$\delta(T) = \begin{cases} 0 & (T = 0 \text{ のとき}) \\ A(T-1, n)/A(T, n) & (\text{その他の場合}) \end{cases}$$

で与えられる.実際,

$$E[\delta(T)] = \sum_{t=1}^{\infty} \frac{A(t-1,n)}{A(t,n)} A(t,n) \frac{\theta^t}{\{c(\theta)\}^n}$$
$$= \theta \sum_{t=1}^{\infty} A(t-1,n) \frac{\theta^{t-1}}{\{c(\theta)\}^n} = \theta$$

となり，$\delta(T)$ が不偏になることがわかる． □

指数型分布族以外の分布についても完備十分統計量が存在する例を紹介する．

【例 10.13】 $X_1, \ldots, X_n, i.i.d. \sim U(0,\theta)$ $(\theta > 0)$ とする．このとき，例 6.4 より，$T = X_{(n)}$ が θ に対する十分統計量となる．また，(5.17) より，T の確率密度関数は

$$f_T(t\mid\theta) = n\frac{1}{\theta}\left(\frac{t}{\theta}\right)^{n-1}, \quad 0 < t < \theta,$$

と書ける．いま $E[g(T)] = 0$ とすると，$\int_0^\theta g(t)t^{n-1}\,dt = 0$ と書ける．両辺を θ で微分すると $g(\theta)\theta^{n-1} = 0$，すなわち $g(\theta) = 0$ となり，T の完備性が示される．$E[T] = (n/(n+1))\theta$ となるので，$\delta(T) = \{(n+1)/n\}T$ が θ の最良不偏推定量になる． □

【例 10.14】 $X_1, \ldots, X_n, i.i.d. \sim F(\cdot)$ とし，$F(\cdot)$ については関数系を特定しない場合を考える．このとき，順序統計量 $X_{(1)}, \ldots, X_{(n)}$ が F に対する完備十分統計量になることが知られている．十分性は容易に示せるが完備性の証明は簡単ではない．詳しくは鍋谷 (1978) を参照してほしい．平均 $\mu = E[X_i]$ の 1 つの不偏推定量は X_1 であるから，μ の最良不偏推定量は

$$E[X_1 \mid X_{(1)}, \ldots, X_{(n)}] = \frac{1}{n}\sum_{i=1}^n X_{(i)} = \overline{X}$$

となる．また分散 $\sigma^2 = E[(X_i - \mu)^2]$ の 1 つの不偏推定量は $(X_1 - X_2)^2/2$ であるから，σ^2 の最良不偏推定量は

$$E\left[\frac{(X_1 - X_2)^2}{2}\,\bigg|\, X_{(1)}, \ldots, X_{(n)}\right] = \frac{1}{{}_nC_2}\sum_{i<j}\frac{(X_i - X_j)^2}{2}$$
$$= \frac{1}{n-1}\sum_{i=1}^n (X_i - \overline{X})^2$$

となる．このような推定量の一般形は**U 統計量**と呼ばれ，その中心極限定理などが詳しく論じられている．　　□

10.2.2　完備十分統計量とバスーの定理

完備十分統計量と補助統計量とが独立になるという**バスーの定理** (Basu's theorem) を紹介する．

▷**定義 10.15**　統計量 $V(X)$ の分布が θ に依存しないとき，$V(X)$ を**補助統計量** (ancillary statistic) という．

▶**定理 10.16**　$T(X)$ を完備十分統計量とし，$V(X)$ を補助統計量とする．このとき，$T(X)$ と $V(X)$ は独立になる．

[証明]　A を任意の事象とする．$P_\theta(V \in A) = E_\theta^T[P_\theta(V \in A \mid T)] = E_\theta^T[P(V \in A \mid T)]$ となり，T は十分だから $P(V \in A \mid T)$ は θ に依存しないことに注意する．一方，V は補助統計量だから $P(V \in A)$ も θ に依存しない．したがって，$P(V \in A) = E_\theta^T[P(V \in A \mid T)]$ となるので，$E_\theta^T[P(V \in A) - P(V \in A \mid T)] = 0$ と書ける．ここで，$P(V \in A) - P(V \in A \mid T)$ は θ に依存しない T の関数であり，T は完備だから $P(V \in A) - P(V \in A \mid T) = 0$，すなわち $P(V \in A) = P(V \in A \mid T)$ が確率 1 で成り立つ．よって，任意の事象 B に対して

$$P_\theta(V \in A, T \in B) = E_\theta^T[P(V \in A \mid T) I_{[T \in B]}] = E_\theta^T[P(V \in A) I_{[T \in B]}]$$
$$= P(V \in A) E_\theta^T[I_{[T \in B]}] = P(V \in A) P_\theta(T \in B)$$

が成り立ち，T と V が独立になることがわかる．　　□

【**例 10.17**】　$X_1, \ldots, X_n, i.i.d. \sim \mathcal{N}(\mu, \sigma^2)$ とし，$\theta = (\mu, \sigma^2)$ が未知母数とすると，例 10.10 より，$(\overline{X}, V^2)$ が完備十分統計量になる．一方，$(X_i - \overline{X})/V$，$i = 1, \ldots, n$，は補助統計量だから，$(\overline{X}, V^2)$ と $((X_1 - \overline{X})/V, \ldots, (X_n - \overline{X})/V)$ は独立になる．　　□

【例 10.18】 $X_1, \ldots, X_n, i.i.d. \sim \mathcal{N}(\mu, \sigma^2)$ において，$\sigma^2 = 1$ とする．このとき分布関数 $P_\mu(X_1 \leq x) = \Phi(x - \mu)$ の最良不偏推定量を求めてみたい． $I_{[X_1 \leq x]}$ が $\Phi(x - \mu)$ の1つの不偏推定量であり，$\overline{X}$ が完備十分統計量だから，定理 10.8 より，$\Phi(x - \mu)$ の最良不偏推定量を求めるには

$$E[I_{[X_1 \leq x]} | \overline{X}] = P(X_1 \leq x | \overline{X}) = P(X_1 - \overline{X} \leq x - \overline{X} | \overline{X})$$

を計算すればよい．ここで，$X_1 - \overline{X}$ の分布は μ に依存しないので $X_1 - \overline{X}$ は補助統計量になる．よって，定理 10.16 より $X_1 - \overline{X}$ と $\overline{X}$ は独立になる．また，$X_1 - \overline{X} \sim \mathcal{N}(0, (n-1)/n)$ より，

$$P(X_1 - \overline{X} \leq x - \overline{X} | \overline{X}) = \Phi(\{n/(n-1)\}^{1/2}(x - \overline{X}))$$

が $\Phi(x - \mu)$ の最良不偏推定量になる．すなわち

$$\Phi(x - \mu) = E[\Phi(\{n/(n-1)\}^{1/2}(x - \overline{X}))]$$

が成り立つ．この両辺を x で微分すると

$$\phi(x - \mu) = E[\{n/(n-1)\}^{1/2}\phi(\{n/(n-1)\}^{1/2}(x - \overline{X}))]$$

と書けるので，確率密度関数 $\phi(x - \mu)$ の最良不偏推定量は $\{n/(n-1)\}^{1/2}\phi(\{n/(n-1)\}^{1/2}(x - \overline{X}))$ となる． □

不偏推定量は，必ずしも存在するとは限らないし，また不適当な推定を与えることもある．そこで，不適当な不偏推定量の例を与えよう．

【例 10.19】 $X \sim Po(\theta)$ とし，X に基づいて $g(\theta) = \exp\{-a\theta\}$ を推定する問題を考えよう．ここで a は既知の定数とする．$\delta(X)$ を $g(\theta)$ の不偏推定量とすると，$E[\delta(X)] = g(\theta)$ より，

$$\sum_{x=0}^{\infty} \frac{\delta(x)}{x!}\theta^x = e^{(1-a)\theta} = \sum_{x=0}^{\infty} \frac{(1-a)^x}{x!}\theta^x$$

となる．したがって，$\delta(X) = (1-a)^X$ が $g(\theta)$ の最良不偏推定量になる．$a = 3$ のとき，$\delta(X) = (-2)^X$ となり，X が奇数のとき負の値をとってしまう．これに対して最尤推定量は $\exp\{-aX\}$ となり，自然な推定量になっている．

いま，$X_1, \ldots, X_n, i.i.d. \sim Po(\theta)$ とすると，$T = \sum_{i=1}^{n} X_i$ は $T \sim Po(n\theta)$

より，上の議論と同様にして，$g(\theta)$ の不偏推定量 $\delta(T)$ は

$$\sum_{t=0}^{\infty} \frac{\delta(t)}{t!}(n\theta)^t = e^{(n-a)\theta} = \sum_{t=0}^{\infty} \frac{(n-a)^t}{t!}\theta^t$$

を満たすので，$\delta(T) = (1-a/n)^T$ が $g(\theta)$ の最良不偏推定量になる．これは $n > a$ である限り不合理ではない．また $n \to \infty$ とすると $(1-a/n)^T \to_p \exp\{-a\theta\}$ が成り立つことがわかる． □

10.3 最良共変（不変）推定

位置母数や尺度母数の入った確率分布は位置変換や尺度変換に関して不変になるので共変な推定量のクラスの中でリスクを最小にする推定量が存在する．これを最良共変推定量という．まず位置母数の入った確率分布の場合を扱い，その後で一般の変換群の場合を説明する．

10.3.1 位置母数の最良共変推定量

推定問題の不変性を理解するために，位置母数の入った分布族における位置母数の共変推定について説明する．確率変数の組 $\boldsymbol{X} = (X_1, \ldots, X_n)$ の確率密度関数が $f(x_1 - \xi, \ldots, x_n - \xi)$ で与えられるとき，ξ を**位置母数** (location parameter) といい，このような分布族を**位置分布族** (location family) という．記号の簡略化のために，$\boldsymbol{x} = (x_1, \ldots, x_n)$ に対して $(x_1 - \xi, \ldots, x_n - \xi) = \boldsymbol{x} - \xi$ と書くことにする．$X_i, i = 1, \ldots, n$, と ξ に関して a だけ平行移動する変換

$$X_i \to X_i + a, \quad i = 1, \ldots, n, \quad \xi \to \xi + a \tag{10.4}$$

のもとで確率密度関数の構造は変わらない．したがって位置分布族においては確率変数と位置母数の平行移動に関して確率分布は不変になる．これに伴って，推定量と損失関数にも同様な性質を仮定すると，ξ の推定問題を平行移動に関して不変にすることができる．ξ が平行移動により $\xi + a$ に移ることに伴い，ξ の推定量 $\delta(\boldsymbol{X})$ も $\delta(\boldsymbol{X}) + a$ に移る必要があるので，$\delta(\boldsymbol{X})$ の持つべき性質として

$$\delta(\boldsymbol{X} + a) = \delta(X_1 + a, \ldots, X_n + a) = \delta(\boldsymbol{X}) + a \tag{10.5}$$

を課す必要がある．この性質を満たす推定量を**共変推定量** (equivariant estimator) もしくは**不変推定量** (invariant estimator) という．

▶**命題 10.20** 任意の共変推定量を $\delta_0(\boldsymbol{X})$ とする．このとき，$\delta(\boldsymbol{X})$ が共変推定量である必要十分条件は

$$\delta(\boldsymbol{X}) = \delta_0(\boldsymbol{X}) - v(\boldsymbol{Y}) \tag{10.6}$$

と書けることである．ただし，$\boldsymbol{Y} = (Y_1, \ldots, Y_{n-1}) = (X_1 - X_n, \ldots, X_{n-1} - X_n)$ である．

[証明] (10.6) の形で表されていれば共変性 (10.5) を満たすことは明らかである．逆に，$\delta(\boldsymbol{X})$ が (10.5) を満たすとすると，$\delta_0(\boldsymbol{X})$ も (10.5) を満たすので，$\delta(\boldsymbol{X}) = \delta(X_1+a, \ldots, X_n+a) - a, \delta_0(\boldsymbol{X}) = \delta_0(X_1+a, \ldots, X_n+a) - a$ となり，したがって $\delta_0(\boldsymbol{X}) - \delta(\boldsymbol{X}) = \delta_0(X_1+a, \ldots, X_n+a) - \delta(X_1+a, \ldots, X_n+a)$ と書ける．ここで a は任意の実数であるから，特に $a = -X_n$ ととると

$$\delta_0(\boldsymbol{X}) - \delta(\boldsymbol{X}) = \delta_0(X_1 - X_n, \ldots, X_{n-1} - X_n, 0)$$
$$- \delta(X_1 - X_n, \ldots, X_{n-1} - X_n, 0)$$

となり，右辺は $\boldsymbol{Y}$ の関数になっていることがわかる．したがって，(10.6) の表現式が得られる． □

損失関数が平行移動に関して不変であるためには $L(\xi, d) = L(\xi + a, d + a)$ を満たす必要がある．$a = -\xi$ とおくと，$L(\xi, d) = L(0, d - \xi)$ となるので，不変な損失関数は

$$L(\xi, d) = \rho(d - \xi)$$

と書くことができる．このとき，共変推定量 $\delta(\boldsymbol{X})$ のバイアスとリスク関数は ξ に依存しないことがわかる．実際，

$$\text{Bias}_\xi(\delta) = E_\xi[\delta(\boldsymbol{X}) - \xi] = \int (\delta(\boldsymbol{x}) - \xi) f(\boldsymbol{x} - \xi) \, d\boldsymbol{x}$$
$$= \int \delta(\boldsymbol{x} - \xi) f(\boldsymbol{x} - \xi) \, d\boldsymbol{x} = \int \delta(\boldsymbol{z}) f(\boldsymbol{z}) \, d\boldsymbol{z}$$
$$= E_0[\delta(\boldsymbol{X})] = \text{Bias}_0(\delta)$$

となり，バイアスは ξ に依存しない．ただし，$\boldsymbol{z} = \boldsymbol{x} - \xi$，すなわち $z_i = x_i - \xi, i = 1, \ldots, n$，なる変数変換を用いた．同様にして，リスク関数は

$$R(\xi, \delta) = E_\xi[\rho(\delta(\boldsymbol{X}) - \xi)] = E_\xi[\rho(\delta(\boldsymbol{X} - \xi))] = E_0[\rho(\delta(\boldsymbol{X}))] = R(0, \delta)$$

となり，ξ に依存しないことがわかる．すると，$R(0, \delta)$ は実数直線上において大小の順番がつくので，リスクを最小にする共変推定量が存在することになる．

一般に，共変推定量のクラスの中で，リスクを最小にする推定量を**最良共変推定量** (best equivariant estimator) という．平行移動に関して共変な推定量は (10.6) の形をしているので，リスク関数は

$$R(0, \delta) = E_0[\rho(\delta_0(\boldsymbol{X}) - v(\boldsymbol{Y}))] = E_0^{\boldsymbol{Y}}[E_0^{\boldsymbol{X}|\boldsymbol{Y}}[\rho(\delta_0(\boldsymbol{X}) - v(\boldsymbol{y})) \mid \boldsymbol{Y} = \boldsymbol{y}]]$$

と書け，ξ の最良共変推定量は

$$E_0^{\boldsymbol{X}|\boldsymbol{Y}}[\rho(\delta_0(\boldsymbol{X}) - v(\boldsymbol{y})) \mid \boldsymbol{Y} = \boldsymbol{y}]$$

を最小にする $v(\boldsymbol{y})$ の解 $v^*(\boldsymbol{y})$ を用いて，$\delta_0(\boldsymbol{X}) - v^*(\boldsymbol{Y})$ で与えられる．特に，2乗損失の場合は，$(d/dv)E_0^{\boldsymbol{X}|\boldsymbol{Y}}[(\delta_0(\boldsymbol{X}) - v)^2 \mid \boldsymbol{Y} = \boldsymbol{y}] = 2E_0^{\boldsymbol{X}|\boldsymbol{Y}}[v - \delta_0(\boldsymbol{X}) \mid \boldsymbol{Y} = \boldsymbol{y}] = 0$ の解を求めると，$v^*(\boldsymbol{y}) = E_0^{\boldsymbol{X}|\boldsymbol{Y}}[\delta_0(\boldsymbol{X}) \mid \boldsymbol{Y} = \boldsymbol{y}]$ となる．また絶対誤差損失の場合は，$v^*(\boldsymbol{y})$ は $\delta_0(\boldsymbol{X}) \mid \boldsymbol{Y} = \boldsymbol{y}$ なる条件付き分布のメディアンとなる．

▶**命題 10.21** 2乗損失関数のもとで，位置母数 ξ の最良共変推定量は，

$$\delta(\boldsymbol{X}) = \frac{\int_{-\infty}^{\infty} \xi f(X_1 - \xi, \ldots, X_n - \xi) \, d\xi}{\int_{-\infty}^{\infty} f(X_1 - \xi, \ldots, X_n - \xi) \, d\xi} \tag{10.7}$$

と表される．これを**ピットマンの推定量** (Pitman's estimator) という．

[**証明**] $\delta_0(\boldsymbol{X}) = X_n$ として $E_0[X_n \mid \boldsymbol{Y} = \boldsymbol{y}]$ を求めれば，$X_n - E_0[X_n \mid \boldsymbol{Y}]$ が最良共変推定量になる．$(x_1, \ldots, x_n)$ を $(y_1, \ldots, y_{n-1}, t), y_i = x_i - x_n, i = 1, \ldots, n-1, t = x_n$ と変数変換すると，確率密度関数は $f_{\boldsymbol{Y}, X_n}(y_1, \ldots, y_{n-1}, t) = f(y_1 + t, \ldots, y_{n-1} + t, t)$ と書ける．$X_n \mid \boldsymbol{Y}$ の条件付き分布は

$$f_{X_n \mid \boldsymbol{Y}}(t \mid \boldsymbol{y}) = \frac{f(y_1 + t, \ldots, y_{n-1} + t, t)}{\int f(y_1 + t, \ldots, y_{n-1} + t, t)\, dt}$$

となるので，

$$E[X_n \mid \boldsymbol{Y} = \boldsymbol{y}] = \frac{\int t f(y_1 + t, \ldots, y_{n-1} + t, t)\, dt}{\int f(y_1 + t, \ldots, y_{n-1} + t, t)\, dt}$$

と書ける．$u = x_n - t$ なる変数変換を行うと，

$$\begin{aligned}E[X_n \mid \boldsymbol{Y} = \boldsymbol{y}] &= \frac{\int (x_n - u) f(x_1 - u, \ldots, x_{n-1} - u, x_n - u)\, du}{\int f(x_1 - u, \ldots, x_{n-1} - u, x_n - u)\, du} \\ &= x_n - \frac{\int u f(x_1 - u, \ldots, x_{n-1} - u, x_n - u)\, du}{\int f(x_1 - u, \ldots, x_{n-1} - u, x_n - u)\, du}\end{aligned}$$

となるので，(10.7) の表現式が得られる． □

(10.7) の表現式は，後ほど説明するように，$d\xi$ を事前分布のように考えたときの一般化ベイズ推定量になっている．この最良共変推定量の性質の 1 つとしてリスク不偏性がある．

▷ **定義 10.22** $g(\theta)$ の推定量 $\delta(X)$ が**リスク不偏** (risk-unbiased) であるとは，$\theta' \neq \theta$ なる θ', θ に対して

$$E_\theta[L(\theta', \delta(X))] \geq E_\theta[L(\theta, \delta(X))]$$

が成り立つことをいう．

特に，2 次損失関数のときにはリスク不偏性 $E_\theta[(\delta(X) - g(\theta'))^2] \geq E_\theta[(\delta(X) - g(\theta))^2]$ は通常の不偏性 $E_\theta[\delta(X)] = g(\theta)$ に対応し，絶対誤差損失のときにはリスク不偏性 $E_\theta[|\delta(X) - g(\theta')|] \geq E_\theta[|\delta(X) - g(\theta)|]$ は，$\delta(X)$ の分布のメディアンが $g(\theta)$ になることに対応する．

▶ **命題 10.23** 推定量 $\delta(X)$ が不変損失関数 $\rho(d - \theta)$ に関して最良共変推定量になっていれば，それはリスク不偏性をもつ．

[証明] $\xi' \neq \xi$ なる ξ', ξ に対して,

$$E_\xi[\rho(\delta(X)-\xi')] = E_\xi[\rho(\delta(X-\xi)+(\xi-\xi'))] = E_0[\rho(\delta(X)+(\xi-\xi'))]$$

と書くことができる. ここで $\delta(X)$ が最良共変推定量であるから, $E_0[\rho(\delta(X)+a)] \geq E_0[\rho(\delta(X))]$ が成り立つ. したがって,

$$E_0[\rho(\delta(X)+(\xi-\xi'))] \geq E_0[\rho(\delta(X))] = E_\xi[\rho(\delta(X)-\xi)]$$

となり, リスク不偏性が成り立つ. □

10.3.2 不変性の一般的な枠組み

位置母数の平行移動による変換について説明してきたが, 不変性の理論はかなり一般的な枠組みで議論される. ここでは概略を紹介することにし, 詳しい説明については鍋谷 (1978) を参照してほしい.

まず, $\mathcal{X}$ を標本空間, G を群とする. 群とは, 任意の $g_1, g_2 \in G$ に対して積 $g_1 g_2 \in G$ が定義できて, (1) 任意の $g_1, g_2, g_3 \in G$ に対して $g_1(g_2 g_3) = (g_1 g_2) g_3$, (2) 任意の $g \in G$ に対して $eg = ge = g$ となる $e \in G$ が存在する, (3) 任意の g に対して $gg^{-1} = g^{-1}g = e$ となる $g^{-1} \in G$ が存在すること, の3つの性質を満たす集合をいう. 群 G の $\mathcal{X}$ への作用 gx が任意の $x \in \mathcal{X}$ に対して (1) $ex = x$, (2) $(g_1 g_2)x = g_1(g_2 x)$ を満たすとき, G は $\mathcal{X}$ の変換群であるという.

いま, 次の (A1)-(A4) を仮定する.

(A1) G を $\mathcal{X}$ の変換群とする.
(A2) 確率変数 X の確率分布を $P_\theta(X \in A)$ とし, Θ を母数空間とする. $\overline{G}$ を Θ の変換群で, $G \to \overline{G}, g \to \overline{g}$ なる対応が準同型であり,

$$P_\theta(gX \in A) = P_{\overline{g}\theta}(X \in A), \quad g \in G, \overline{g} \in \overline{G}$$

が成り立つ.
(A3) 関数 $h(\theta)$ の推定問題を考える. $\mathcal{D} = \{h(\theta) | \theta \in \Theta\}$ とする. $\widetilde{G}$ を $\mathcal{D}$ の変換群で, $G \to \widetilde{G}, g \to \widetilde{g}$ なる対応が準同型であり, $h(\overline{g}\theta) = \widetilde{g}h(\theta)$ が成り立つ.
(A4) 損失関数 $L(\theta, d)$ は, $L(\overline{g}\theta, \widetilde{g}d) = L(\theta, d)$ を満たす.

これらの条件のもとで，推定量 $\delta(X)$ が**共変**であるとは

$$\delta(gX) = \tilde{g}\delta(X)$$

が成り立つことをいう．このとき，

$$\begin{aligned} R(\overline{g}\theta, \delta) &= E_{\overline{g}\theta}[L(\overline{g}\theta, \delta(X))] = E_{\overline{g}\theta}[L(\theta, \tilde{g}^{-1}\delta(X))] \\ &= E_{\overline{g}\theta}[L(\theta, \delta(g^{-1}X))] = E_\theta[L(\theta, \delta(X))] = R(\theta, \delta) \end{aligned} \quad (10.8)$$

となるので，共変推定量のリスク関数は θ の変換 $\overline{g}\theta$ に関して不変になる．$\overline{G}$ が Θ 上で**推移的** (transitive) であるとは，ある $\theta_0 \in \Theta$ があって，任意の θ に対して $\theta = \overline{g}\theta_0$ となる $\overline{g} \in \overline{G}$ が存在することをいう．$\overline{G}$ が Θ 上で推移的なら，(10.8) より $R(\theta, \delta) = R(\theta_0, \delta)$ が成り立ち，リスクは θ に依存しない定数であることがわかる．

確率変数 X と標本空間 $\mathcal{X}$ の分割を考える．$y, x \in \mathcal{X}$ の間に $y = gx$ となる $g \in G$ が存在するとき $x \sim y$ と書くと，これは同値関係になっており，この同値関係を用いて $\mathcal{X}$ を分割することができる．$x \in \mathcal{X}$ に対して $Gx = \{gx \mid g \in G\} = \{y \mid y \sim x\}$ は x を通る G による軌道 (orbit) を表しており，こうした軌道の代表元の集合を $\mathcal{Z}$ と書く．1つの軌道は G と同型でありこれを $\mathcal{Y}$ で表す．

$\mathcal{X}$ 上の関数 $f(\cdot)$ が変換群 G に関して**不変** (invariant) であるとは，任意の $g \in G, x \in \mathcal{X}$ に対して $f(gx) = f(x)$ を満たすことをいう．また $f(\cdot)$ が不変であり，$f(x) = f(y)$ なる $x, y \in \mathcal{X}$ に対して $y = gx$ となる $g \in G$ が存在するとき，$f(\cdot)$ は**最大不変** (maximal invariant) であるという．$Z \in \mathcal{Z}$ は最大不変な統計量（最大不変量）になっている．

さて最良共変推定量を求めよう．簡単のために $\mathcal{X}$ と $\mathcal{Y}, \mathcal{Z}$ との間に次の構造を仮定する．

(A5) $\mathcal{X}$ と $\mathcal{Y} \times \mathcal{Z}$ の間に全単射の写像が存在し，$X \in \mathcal{X}, Y \in \mathcal{Y}, Z \in \mathcal{Z}$ に対して $X = \pi(Y, Z)$ と表されるとする．また $g \in G$ の X への作用は Y にのみ作用し $gX = \pi(gY, Z)$ となることを仮定する．

このとき $\delta(X) = \delta(\pi(Y, Z))$ であり $\delta(gX) = \delta(\pi(gY, Z))$ となるので，共変推定量は $\delta(\pi(gY, Z)) = \tilde{g}\delta(\pi(Y, Z))$ を満たすことになる．$g = Y^{-1}, \tilde{g} =$

$\widetilde{Y}^{-1}$ とおくと $\delta(\pi(e,Z)) = \widetilde{Y}^{-1}\delta(\pi(Y,Z)) = \widetilde{Y}^{-1}\delta(X)$ となるので，共変推定量は Z の適当な関数 $\phi(Z)$ を用いて

$$\delta(X) = \widetilde{Y}\phi(Z)$$

と書けることがわかる．$\overline{G}$ が Θ 上推移的ならば，

$$R(\theta, \delta) = R(\theta_0, \delta) = E_{\theta_0}[L(\theta_0, \widetilde{Y}\phi(Z))] = E_{\theta_0}[E_{\theta_0}[L(\theta_0, \widetilde{Y}\phi(Z)) \mid Z]]$$

と書けるので，$E_{\theta_0}[L(\theta_0, \widetilde{Y}\phi(z)) \mid Z = z]$ を最小にする $\phi(z)$ を $\phi^*(z)$ とおくと，$\delta^*(Y, Z) = \widetilde{Y}\phi^*(Z)$ が $h(\theta)$ の最良共変推定量となる．

[1] 位置分布族 (location family) $\boldsymbol{X} \sim f(x_1 - \mu, \ldots, x_n - \mu)$ とすると，$\Theta = \{\mu \mid -\infty < \mu < \infty\} = \mathbb{R}$ である．$G = \mathbb{R}$ とし，群の積を実数の和 $g_1 + g_2$ で定義する加法群を考える．この場合 $\boldsymbol{X} = (X_1, \ldots, X_n)$ に対して $g\boldsymbol{X} = (X_1 + g, \ldots, X_n + g)$ とする．また

$$Y = X_n, \quad Z = (X_1 - X_n, \ldots, X_{n-1} - X_n)$$

に対応する．(Y, Z) の同時確率密度は $f_{Y,Z}(y - \mu, z)$ の形で表される．$h(\mu) = \mu$ の推定を考えると，$G = \overline{G} = \widetilde{G}$ であり，$\widetilde{Y} = Y = X_n$ より，共変推定量は $\widetilde{Y}\phi(Z) = X_n + \phi(Z)$ となる．不変な損失関数は $\rho(d - \mu)$ である．

[2] 尺度分布族 (scale family) $\boldsymbol{X} \sim \sigma^{-n} f(x_1/\sigma, \ldots, x_n/\sigma)$ とすると，$\Theta = \{\sigma \mid \sigma > 0\} = \mathbb{R}_+ = (0, \infty)$ である．$G = \mathbb{R}_+$ とし，群の積を実数の積 $g_1 g_2$ で定義する乗法群を考える．この場合 $\boldsymbol{X} = (X_1, \ldots, X_n)$ に対して $g\boldsymbol{X} = (gX_1, \ldots, gX_n)$ とする．また

$$Y = |X_n|, \quad Z = (X_1/|X_n|, \ldots, X_{n-1}/|X_n|, \mathrm{sgn}(X_n))$$

に対応する．ただし $\mathrm{sgn}(X_n) = X_n/|X_n|$ を表す．(Y, Z) の同時確率密度は $\sigma^{-1} f_{Y,Z}(y/\sigma, z)$ の形で表される．$h(\sigma) = \sigma$ の推定を考えると，$G = \overline{G} = \widetilde{G}$ であり，$\widetilde{Y} = |X_n|$ より，共変推定量は $\widetilde{Y}\phi(Z) = |X_n|\phi(Z)$ となる．不変な損失関数は $\rho(d/\sigma)$ である．2次損失関数 $\rho(d/\sigma) = (d/\sigma - 1)^2$ のもとで最良共変推定量を求めると

$$\delta(\boldsymbol{X}) = \frac{\int_0^\infty \sigma^{-n-2} f(X_1/\sigma, \ldots, X_n/\sigma) \, d\sigma}{\int_0^\infty \sigma^{-n-3} f(X_1/\sigma, \ldots, X_n/\sigma) \, d\sigma} \tag{10.9}$$

と表され，尺度母数のピットマン推定量と呼ばれる．

[3] 位置尺度分布族 (location-scale family) $\boldsymbol{X} \sim \sigma^{-n} f((x_1-\mu)/\sigma, \ldots, (x_n-\mu)/\sigma)$ とすると，$\Theta = \{(\sigma, \mu)\} = \mathbb{R}_+ \times \mathbb{R}$ である．$\boldsymbol{X} = (X_1, \ldots, X_n)$, $g = (a, b)$ に対して $g\boldsymbol{X} = (aX_1 + b, \ldots, aX_n + b)$ とする．$G = \mathbb{R}_+ \times \mathbb{R}$ とし，$g_1 = (a, b), g_2 = (c, d) \in G$ に対して，$g_1(g_2 x) = a(cx + d) + b = (ac)x + (ad + b)$ となることから，g_1 と g_2 の積を $g_1 g_2 = (ac, ad+b)$ で定義すると，G に群になっていることがわかる．この場合

$$Y = (|X_{n-1} - X_n|, X_n),$$
$$Z = \Big(\frac{X_1 - X_n}{|X_{n-1} - X_n|}, \ldots, \frac{X_{n-2} - X_n}{|X_{n-1} - X_n|}, \mathrm{sgn}(X_{n-1} - X_n)\Big)$$

に対応する．(Y, Z) の同時確率密度は，$y = (|x_{n-1} - x_n|, x_n)$ に対して $\sigma^{-1} f_{Y,Z}((\sigma, \mu)^{-1} y, z)$ の形で表される．$h(\theta) = \mu$ の推定を考えると，$G = \overline{G} = \widetilde{G}$ であり，$\widetilde{Y} = (|X_{n-1} - X_n|, X_n)$ より，μ の共変推定量は $\widetilde{Y}\phi(Z) = |X_{n-1} - X_n|\phi(Z) + X_n$ と表される．不変な損失関数は $\rho((d-\mu)/\sigma)$ である．2 次損失関数 $\rho((d-\mu)/\sigma) = (d-\mu)^2/\sigma^2$ のもとで μ の最良共変推定量を求めると

$$\delta(\boldsymbol{X}) = \frac{\int_0^\infty \int_{-\infty}^\infty \mu \sigma^{-n-3} f((X_1-\mu)/\sigma, \ldots, (X_n-\mu)/\sigma) \, d\mu d\sigma}{\int_0^\infty \int_{-\infty}^\infty \sigma^{-n-3} f((X_1-\mu)/\sigma, \ldots, (X_n-\mu)/\sigma) \, d\mu d\sigma} \tag{10.10}$$

と表されることが示される．

10.4 ベイズ推定

本節では，リスク最小化の視点に立ったベイズ推定をとりあげ，不変測度に対する一般化ベイズ推定量と最良共変推定量との関係について説明する．

10.4.1 リスク最適性の側面からのベイズ推定

ベイズ推定に関する考え方は 6.2.3 項でとりあげた．ここでは，もう一歩踏み込んでリスク最適性の観点からベイズ推定量の導出を考えてみよう．

10.1.2 項で扱った問題設定のもとで θ を点推定する問題を考える．すなわ

ち，$X \sim f(x \mid \theta), \theta \in \Theta$ であり，損失関数 $L(\theta, d)$ に対してリスク関数 $R(\theta, \delta) = E[L(\theta, \delta(X))]$ が定義されているとする．ベイズ統計においては θ を確率変数とみなして確率分布 $\pi(\theta)$ を想定する．これを**事前分布** (prior distribution) という．そこでリスク関数 $R(\theta, \delta)$ を $\pi(\theta)$ に関して平均化したもの

$$r(\pi, \delta) = E^{\theta}[E^{X \mid \theta}[L(\theta, \delta(X)) \mid \theta]]$$

を考える．これを**ベイズリスク** (Bayes risk) と呼ぶことにする．ここで $E^{\theta}[\cdot]$ は θ に関する期待値，$E^{X \mid \theta}[\cdot \mid \theta]$ は θ を与えたときの X の条件付き期待値を表す．連続分布のときには (X, θ) の同時確率密度関数 $f_{X, \theta}(x, \theta)$ は $f_{X, \theta}(x, \theta) = f(x \mid \theta) \pi(\theta)$ であり，X を与えたときの θ の条件付き確率密度関数を $\pi(\theta \mid X)$，X の周辺確率密度関数を $f_{\pi}(x)$ で表すと，

$$f(x \mid \theta) \pi(\theta) = \pi(\theta \mid x) f_{\pi}(x)$$

と表される．ここで X の周辺確率密度関数は

$$f_{\pi}(x) = \int f(x \mid \theta) \pi(\theta) \, d\theta$$

で与えられる．また X を与えたときの θ の条件付き確率密度関数は

$$\pi(\theta \mid x) = f(x \mid \theta) \pi(\theta) / f_{\pi}(x)$$

と書かれ，これを θ の**事後分布** (posterior distribution) という．したがって，ベイズリスクは

$$r(\pi, \delta) = E^{X}[E^{\theta \mid X}[L(\theta, \delta(x)) \mid X = x]]$$

なる形に書き直すことができる．ここで，$E^{X}[\cdot]$ は X の周辺分布に関する期待値，$E^{\theta \mid X}[\cdot \mid X = x]$ は $X = x$ を与えたときの θ の事後分布 $\theta \mid X$ に関する期待値である．$E^{\theta \mid X}[L(\theta, \delta(x)) \mid X = x]$ を**事後期待損失** (posterior expected loss) といい，事後期待損失を最小にする推定量を $\delta_{\pi}(X)$ と書く．$r(\pi, \delta_{\pi}) < \infty$ のとき，$\delta_{\pi}(X)$ を**ベイズ推定量** (Bayes estimator) という．$r(\pi, \delta_{\pi}) = \infty$ の場合でも，その事後期待損失が有限なら形式的に解を求めることができ，$\delta_{\pi}(X)$ を**一般化ベイズ推定量** (generalized Bayes estimator) という．（一般化）ベイズ推定量は損失関数に依存して決まる．代表的な例が次で与えられる．

- $L(\theta, d) = (d - g(\theta))^2$ のときには,$\delta_\pi(X) = E[g(\theta) \,|\, X]$
- $L(\theta, d) = w(\theta)(d - g(\theta))^2$ のときには,
  $\delta_\pi(X) = E[w(\theta)g(\theta) \,|\, X]/E[w(\theta) \,|\, X]$
- $L(\theta, d) = |d - g(\theta)|$ のときには,$\delta_\pi(X)$ は X を与えたときの $g(\theta)$ の条件付き分布のメディアン

10.4.2 不変な事前分布と最良共変推定

10.3.1項,10.3.2項で求めたように,位置母数 μ の最良共変推定量は $\pi(d\mu) = d\mu$ を非正則な事前分布とする一般化ベイズ推定量となっており,また尺度母数 σ については,$\pi(d\sigma) = d\sigma/\sigma$ を事前分布とする一般化ベイズ推定量 (10.9) が最良共変推定量になっている.$d\mu, d\sigma/\sigma$ はいずれも変換群に関して不変な測度である.不変測度を事前分布にとったときの一般化ベイズ推定量と最良共変性との関係について簡単に説明しよう.

一般に G を群とし,G 上可測集合の全体を $\mathcal{L}$,また測度 $\pi(\cdot)$ が構成できていると仮定する.任意の $B \in \mathcal{L}$ と任意の $h, g \in G$ に対して,$Bh = \{gh \,|\, g \in B\}$,$gB = \{gh \,|\, h \in B\}$ とする.このとき,$\pi(\cdot)$ が $(G, \mathcal{L})$ 上の**右不変測度** (right-invariant measure) とは,$\pi(Bh) = \pi(B)$ が成り立つことをいう.また**左不変測度** (left-invariant measure) とは,$\pi(gB) = \pi(B)$ が成り立つことをいう.群の作用が可換,すなわち群の演算として $gh = hg$ が成り立つとき,アーベル群という.$d\mu$ については,任意の実数 g に対して $B+g = g+B$ であることに注意すると,$\pi(B) = \int_B d\mu = \int_B d(\mu+g) = \int_{B+g} d\mu' = \pi(B+g) = \pi(g+B)$ となるので,$d\mu$ は右不変でも左不変でもある.$d\sigma/\sigma$ については,任意の正の実数 g に対して $gB = Bg$ であることに注意すると

$$\pi(B) = \int_B \frac{1}{\sigma} d\sigma = \int_B \frac{g}{g\sigma} d\sigma$$
$$= \int_B \frac{1}{g\sigma} d(g\sigma) = \int_{gB} \frac{1}{\sigma'} d\sigma' = \pi(gB) = \pi(Bg)$$

となり,右不変でも左不変でもある.

位置尺度母数 (σ, μ) の場合には左不変測度と右不変測度は異なる.$G = \mathbb{R}_+ \times \mathbb{R}$ とし,$g_1 = (a, b), g_2 = (\sigma, \mu) \in G$ に対して群の積は

$$(a,b)(\sigma,\mu) = (a\sigma, a\mu+b), \tag{10.11}$$

$$(\sigma,\mu)(a,b) = (a\sigma, \sigma b+\mu) \tag{10.12}$$

となり，可換でないことがわかる．

$$\pi^L(B) = \int_B \frac{1}{\sigma^2}\,d\sigma d\mu, \quad \pi^R(B) = \int_B \frac{1}{\sigma}\,d\sigma d\mu$$

とおくと，$\pi^L(B)$ は左不変測度，$\pi^R(B)$ は右不変測度になる．実際，(10.11) より，$\sigma' = a\sigma$, $\mu' = a\mu + b$ とおくとヤコビアンは $J((\sigma,\mu) \to (\sigma',\mu')) = a^2$ となるので，

$$\pi^L(B) = \int_B \frac{1}{\sigma^2}\,d\sigma d\mu = \int_{(a,b)B} \frac{1}{(\sigma'/a)^2}\,d\sigma'd\mu' \frac{1}{a^2}$$
$$= \int_{(a,b)B} \frac{1}{(\sigma')^2}\,d\sigma'd\mu = \pi^L((a,b)B)$$

となり，左不変となる．また，(10.12) より，$\sigma' = a\sigma$, $\mu' = \sigma b + \mu$ とおくとヤコビアンは $J((\sigma,\mu) \to (\sigma',\mu')) = a$ となるので，

$$\pi^R(B) = \int_B \frac{1}{\sigma}\,d\sigma d\mu = \int_{B(a,b)} \frac{1}{\sigma'/a}\,d\sigma'd\mu' \frac{1}{a}$$
$$= \int_{B(a,b)} \frac{1}{\sigma'}\,d\sigma'd\mu = \pi^R(B(a,b))$$

となり，右不変となる．位置尺度分布族において，2次損失関数 $\rho((d-\mu)/\sigma) = (d-\mu)^2/\sigma^2$ のもとで位置母数 μ の最良共変推定量は (10.10) で与えられる．これは，右不変測度 $\pi^R(d\sigma d\mu) = d\sigma d\mu/\sigma$ を事前分布にとったときの一般化ベイズ推定量になっている．一般に最良共変推定量は，右不変測度を事前分布にとるときの一般化ベイズ推定量として表されることが知られている．

10.5 ミニマックス性と許容性の理論

リスクの最適性の立場からすると，1つのゴールはミニマックスでしかも許容的な推定量を求めることになる．本節では，このような推定量の導出へ向けてミニマックス性と許容性について説明しよう．まず一般化ベイズ推定量がミニマックスになるための条件を与え，正規母集団の平均の推定について標本平均がミニマックスになることを示す．次に標本平均の線形な推定量が許容的

になるための条件を調べ，標本平均が許容的であることを示す．しかし，3個以上の平均を同時に推定する枠組みでは，標本平均は非許容的となり，ジェームス・スタイン推定量によって改良されてしまう．これはスタイン問題と呼ばれ，本節の最後で説明する．

10.5.1 ミニマックス推定

推定量のミニマックス性は次のように定義される．

▷**定義 10.24** θ の推定量 δ^m がミニマックスであるとは

$$\sup_\theta R(\theta, \delta^m) = \inf_\delta \sup_\theta R(\theta, \delta)$$

を満たすことをいう．すなわち，最大リスクを最小にする推定量がミニマックス推定量である．

事前分布 π に対するベイズ推定量 δ_π のベイズリスクを

$$r_\pi = r(\pi, \delta_\pi) = \int R(\theta, \delta_\pi) \, d\pi(\theta)$$

と書く．

▷**定義 10.25** すべての事前分布 π' に対して $r_\pi \geq r_{\pi'}$ となるとき，事前分布 π は**最も不利** (least favorable) であるという．

事前分布の列 $\{\pi_n\}$ と対応するベイズ推定量の列 $\{\delta_{\pi_n}\}$ に対して，$r = \lim_{n\to\infty} r(\pi_n, \delta_{\pi_n})$ が存在し，すべての事前分布 π に対して

$$r_\pi = r(\pi, \delta_\pi) \leq r$$

が成り立つとき，$\{\pi_n\}$ は**最も不利な列** (least favorable sequence) という．

▶**定理 10.26** 推定量 δ^m に対して，事前分布の列 $\{\pi_n\}$ が存在して

$$\lim_{n\to\infty} r(\pi_n, \delta_{\pi_n}) = r = \sup_\theta R(\theta, \delta^m)$$

を満たすとき，δ^m はミニマックスになる．また $\{\pi_n\}$ は最も不利な列になる．

[証明] δ' を他の任意の推定量とすると

$$\sup_\theta R(\theta, \delta') \geq \int R(\theta, \delta') \, d\pi_n(\theta) \geq r(\pi_n, \delta_{\pi_n})$$

が成り立つ．したがって

$$\sup_\theta R(\theta, \delta') \geq \lim_{n \to \infty} r(\pi_n, \delta_{\pi_n}) = \sup_\theta R(\theta, \delta^m)$$

となることから，δ^m がミニマックスになることがわかる．次に，π を任意の事前分布とすると，

$$r_\pi = \int R(\theta, \delta_\pi) \, d\pi(\theta) \leq \int R(\theta, \delta^m) \, d\pi(\theta)$$
$$\leq \sup_\theta R(\theta, \delta^m) = r = \lim_{n \to \infty} r_{\pi_n}$$

が成り立つので，$\{\pi_n\}$ は最も不利な列になる． □

【例 10.27】 $X_1, \ldots, X_n, i.i.d. \sim \mathcal{N}(\mu, \sigma_0^2)$ とし，$\pi_\tau(\mu) \sim \mathcal{N}(\xi_0, \tau^2)$ とする．ここで σ_0^2, ξ_0 は既知の値とする．このとき，事後分布は $\pi(\mu \mid \overline{X}) \sim \mathcal{N}(\delta_\tau(\overline{X}), (n/\sigma_0^2 + 1/\tau^2)^{-1})$ となる．ここで，$\tau \to \infty$ とすると，

$$\delta_\tau(\overline{X}) = \frac{(n/\sigma_0^2)\overline{X} + (1/\tau^2)\xi_0}{n/\sigma_0^2 + 1/\tau^2} \to \overline{X}$$

となる．また $r_{\pi_\tau} = r(\pi_\tau, \delta_\tau) = E[E[(\mu - \delta_\tau(\overline{X}))^2 \mid \overline{X}]] = (n/\sigma_0^2 + 1/\tau^2)^{-1}$ となるので，

$$r_{\pi_\tau} \to \sigma_0^2/n = R(\mu, \overline{X})$$

が成り立つ．定理 10.26 より，$\overline{X}$ はミニマックスであり，$\{\pi_\tau\}$ は最も不利な事前分布の列を与えることがわかる． □

正規分布の平均の推定において標本平均 $\overline{X}$ がミニマックス推定量となることを示したが，$\overline{X}$ は不変な事前分布 $d\mu$ に対する一般化ベイズ推定量であり，最良共変推定量であった．そこで，最良共変推定量はミニマックスになるのではないかと予想される．実は，変換群がある条件を満たせばこの予想が成り立つことが一般的に証明されており，位置分布族，尺度分布族，位置尺度分布族においてはそれぞれ (10.7), (10.9), (10.10) で与えられる最良共変推定量がミ

ニマックスになる．これはキーファーの定理と呼ばれ，鍋谷 (1978) で詳しく論じられている．

10.5.2 許容性

許容性に関する基本的な結果は，正則な事前分布に対するベイズ推定量の許容性である．

▶ **定理 10.28** ベイズ推定量が唯一存在するならば，それは許容的になる．

[証明] 推定量 δ が事前分布 π に対して唯一のベイズ推定量であり，しかも他の推定量 δ' の方が δ より優れていると仮定する．このとき，

$$\int R(\theta, \delta') \, d\pi(\theta) \leq \int R(\theta, \delta) \, d\pi(\theta)$$

となり，ベイズ推定量が唯一であることに反する．したがって，δ は許容的になる． □

この定理は，非正則な事前分布に対する一般化ベイズ推定量の許容性については保証していない．そこでまず $E[X] = \theta$, $\mathrm{Var}(X) = \sigma^2$ とするとき，2乗損失 $(\delta(X) - \theta)^2$ のもとで $aX + b$ の許容性の条件を調べよう．

▶ **命題 10.29** (a) $a > 1$, (b) $a < 0$, (c) $a = 1, b \neq 0$ のいずれの場合も，$aX + b$ は非許容的となる．

[証明] $\rho(a, b) = E[(aX + b - \theta)^2] = a^2 \sigma^2 + \{(a-1)\theta + b\}^2$ と書けることに注意する．(a) については $\rho(1, 0)$, (b) については $\rho(0, -b/(a-1))$, (c) については $\rho(1, 0)$ の方がリスクが小さくなる． □

【例 10.30】 例 10.27 の設定を仮定すると，2乗損失のもとで μ のベイズ推定量は

$$\delta_\tau(\overline{X}) = \frac{(n/\sigma_0^2)\overline{X} + (1/\tau^2)\xi_0}{n/\sigma_0^2 + 1/\tau^2}$$

と書けるので，定理 10.28 より，$a\overline{X} + b$ が許容的となる十分条件は

$$0 < a < 1$$

となることがわかる．一方，命題 10.29 より，(a) $a > 1$，(b) $a < 0$，(c) $a = 1$, $b \neq 0$ のいずれの場合も，$a\overline{X} + b$ は非許容的となる．すると，残された場合は，$a = 1$ で $b = 0$ の場合である．すなわち，$\overline{X}$ の許容性が問題となる．□

上の例において，実は $\overline{X}$ は許容的となることが示される．簡単のために $X \sim \mathcal{N}(\theta, 1)$ として，X の許容性を証明してみよう．

▶**定理 10.31** $X \sim \mathcal{N}(\theta, 1)$ とし，θ を 2 次損失関数のもとで推定する問題を考える．このとき，$\delta_0(X) = X$ は許容的である．

[証明] 証明には情報量不等式を用いる方法とブライス (Blyth) の方法があり，ここでは後者を用いる．$\delta_0(X) = X$ が非許容的であると仮定すると，ある推定量 $\delta^*(X)$ が存在して，すべての θ で $R(\theta, \delta^*) \leq R(\theta, \delta_0) = 1$ であり，ある θ_0 があって $R(\theta_0, \delta^*) < 1$ となる．これより矛盾を導いていく．ところで

$$R(\theta, \delta^*) = \int (\delta^*(x) - \theta)^2 \frac{1}{\sqrt{2\pi}} e^{-(x-\theta)^2/2} dx$$

は θ の連続関数であるから，ある $\theta_1, \theta_2, \varepsilon$ が存在して，$\theta_1 < \theta_0 < \theta_2$ であり，かつ $\theta_1 < \theta < \theta_2$ なるすべての θ に対して

$$R(\theta, \delta^*) < 1 - \varepsilon$$

となる．ここで θ の事前分布として $\pi_\tau(\theta) = (2\pi)^{-\frac{1}{2}} \exp\{-\theta^2/(2\tau^2)\}$ を考える．これは正規分布の密度関数に τ をかけたものである．この事前分布のもとで θ のベイズ推定量は $\delta_\tau = \{\tau^2/(1+\tau^2)\}X$ であり，そのベイズリスクは $\tau^3/(1+\tau^2)$ となる．したがって，

$$r(\pi_\tau, \delta^*) = \int R(\theta, \delta^*)(2\pi)^{-\frac{1}{2}} \exp\{-\theta^2/(2\tau^2)\} d\theta \geq \tau^3/(1+\tau^2)$$

と評価できる．一方，仮定より

$$\tau = r(\pi_\tau, \delta_0) \geq r(\pi_\tau, \delta^*) \geq \tau^3/(1+\tau^2)$$

となる．両方の差をとり，$\tau \to \infty$ とすると

$$r(\pi_\tau, \delta_0) - r(\pi_\tau, \delta^*) \leq \tau - \frac{\tau^3}{1+\tau^2} = \frac{\tau}{1+\tau^2} \to 0$$

となる．ところで，

$$r(\pi_\tau, \delta_0) - r(\pi_\tau, \delta^*) = \int_{-\infty}^{\infty} \{1 - R(\theta, \delta^*)\}(2\pi)^{-\frac{1}{2}} \exp\{-\theta^2/(2\tau^2)\}\, d\theta$$
$$\geq \int_{\theta_1}^{\theta_2} \varepsilon (2\pi)^{-\frac{1}{2}} \exp\{-\theta^2/(2\tau^2)\}\, d\theta \to \varepsilon(2\pi)^{-\frac{1}{2}}(\theta_2 - \theta_1)$$

となり，矛盾を生ずる．したがって，$\delta_0(X) = X$ は許容的となる． □

位置分布族における位置母数の最良共変推定量の許容性に関する一般的な結果は Brown (1966, 1971) などによって示された．次の結果は分散の最良共変推定量の非許容性についての Stein (1964) の結果である．

【例 10.32】 $X_1, \ldots, X_n, i.i.d. \sim \mathcal{N}(\mu, \sigma^2)$ とする．2 次損失関数 $(\hat{\sigma}^2/\sigma^2 - 1)^2$ に関して σ^2 を推定する問題を考える．μ が既知の場合と未知の場合に分けて考えてみる．

μ が既知で $\mu = \mu_0$ とする．このとき，$Q_0 = \sum_{i=1}^n (X_i - \mu_0)^2$ をおくと，$Q_0/\sigma^2 \sim \chi_n^2$ より，

$$E[(aQ_0/\sigma^2 - 1)^2] = a^2 E[(\chi_n^2)^2] - 2aE[\chi_n^2] + 1 = n(n+2)a^2 - 2na + 1$$

より，最適な a は $a = 1/(n+2)$ で与えられる．したがって，σ^2 の最良共変推定量は $\hat{\sigma}_0^2 = Q_0/(n+2)$ となる．これは許容的であることが示される．

次に μ が未知の場合を考えてみよう．$Q = \sum_{i=1}^n (X_i - \overline{X})^2$ とおくと，定理 5.1 より，$\overline{X}$ と Q とは独立に分布し，$\overline{X} \sim \mathcal{N}(\mu, \sigma^2/n)$，$Q/\sigma^2 \sim \chi_{n-1}^2$ に従うことがわかる．このことから，上と同様にして σ^2 の最良共変推定量は $\hat{\sigma}_0^2 = Q/(n+1)$ で与えられることがわかる．実は，$\hat{\sigma}_0^2$ は非許容的であり，このことを初めて示したのが Stein (1964) である．具体的には，

$$\widehat{\sigma}_{ST}^2 = \min\Bigl\{\frac{Q}{n+1},\ \frac{Q+n\overline{X}^2}{n+2}\Bigr\}$$
$$= \begin{cases} Q/(n+1) & (n\overline{X}^2/Q \geq 1/(n+1) \text{ のとき}) \\ \dfrac{Q+n\overline{X}^2}{n+2} & (n\overline{X}^2/Q < 1/(n+1) \text{ のとき}) \end{cases}$$

なる打ち切り推定量によって $\widehat{\sigma}_0^2$ は改良されることを証明した.詳しくは Stein (1964),鍋谷 (1978) を参照.$Q + n\overline{X}^2$ を変形すると $\sum_{i=1}^n X_i^2$ に等しいことが示せるので,$H_0: \mu = 0$ なる仮説検定において帰無仮説が受容されるときには σ^2 を $\sum_{i=1}^n X_i^2/(n+2)$ で推定し,帰無仮説が棄却されるときには σ^2 を $\sum_{i=1}^n (X_i - \overline{X})^2/(n+1)$ で推定する方法であると解釈できる.平均の情報 $\overline{X}$ が利用できるときにはそれを用いた方がよいことを示している. □

10.5.3 スタイン問題

数理統計学において最も興味深い現象の 1 つが Charles Stein によって 1956 年に示された現象である.$X_1, \ldots, X_p$ を独立な確率変数とし,$X_i \sim \mathcal{N}(\theta_i, 1)$,$i = 1, \ldots, p$,とする.$\boldsymbol{X} = (X_1, \ldots, X_p)^\top$,$\boldsymbol{\theta} = (\theta_1, \ldots, \theta_p)^\top$ とおくと,$\boldsymbol{X} \sim \mathcal{N}_p(\boldsymbol{\theta}, \boldsymbol{I})$ と表される.$\boldsymbol{\theta}$ を同時に推定する問題を考える.

推定量 $\widehat{\boldsymbol{\theta}} = (\widehat{\theta}_1, \ldots, \widehat{\theta}_p)^\top$ は 2 次損失関数 $L(\boldsymbol{\theta}, \widehat{\boldsymbol{\theta}}) = \|\widehat{\boldsymbol{\theta}} - \boldsymbol{\theta}\|^2 = (\widehat{\boldsymbol{\theta}} - \boldsymbol{\theta})^\top(\widehat{\boldsymbol{\theta}} - \boldsymbol{\theta}) = \sum_{i=1}^p (\widehat{\theta}_i - \theta_i)^2$ に基づいたリスク関数 $R(\boldsymbol{\theta}, \widehat{\boldsymbol{\theta}}) = E[\|\widehat{\boldsymbol{\theta}} - \boldsymbol{\theta}\|^2]$ によって評価されるとする.推定量のミニマックス性や許容性は前項と同様に定義される.$\boldsymbol{X}$ は位置変換に関して最良共変な推定量でありミニマックスになっている.そのリスクは $R(\boldsymbol{\theta}, \boldsymbol{X}) = E[\|\boldsymbol{X} - \boldsymbol{\theta}\|^2] = p$ であり定数リスクになる.したがって,$\boldsymbol{X}$ より優れている推定量はミニマックスであることを意味する.

▶**定理 10.33** $\boldsymbol{\theta}$ の同時推定問題において,$p = 1$ および $p = 2$ のときには $\boldsymbol{\delta}_0(\boldsymbol{X}) = \boldsymbol{X}$ は許容的であるが,$p \geq 3$ のときには $\boldsymbol{\delta}_0(\boldsymbol{X}) = \boldsymbol{X}$ は非許容的になる.

$\boldsymbol{X}$ は $\boldsymbol{\theta}$ の最尤推定量であり,最良不偏推定量ならびに最良共変推定量である.この推定量が次元 p が 3 以上になると非許容的になってしまうのである.これを**スタイン現象**,**スタイン問題** (Stein phenomenon, Stein problem) とい

う．X の許容性が空間の広がりと関係しており，2 次元空間と 3 次元空間の間に許容性に関して違いが生ずることになる．このような空間の広がり方により性質が異なる現象として思いつくのが，ランダム・ウォークの再帰性の問題である．1 次元，2 次元の空間においては原点から出発した対称なランダム・ウォークは確率 1 で原点に戻ってくるが，3 次元以上になると原点に戻る確率は 1 より小さくなってしまう．実は，このようなランダム・ウォークの再帰性の現象と X の許容性とは関連しており，1 次元，2 次元での許容性が再帰性を用いて証明できることが示されている．ランダム・ウォークの再帰性については 12.2 節で説明されているので参照されたい．

$p \geq 3$ のときに X を改良する具体的な推定量は

$$\widehat{\boldsymbol{\theta}}^{JS}(\boldsymbol{X}) = \left(1 - \frac{p-2}{\|\boldsymbol{X}\|^2}\right)\boldsymbol{X}$$

で与えられる．これは**ジェームス・スタイン推定量** (James-Stein estimator) と呼ばれ，X を原点の方向へ縮小しているので，一般にこのような推定量を**縮小推定量** (shrinkage estimator) という（図 10.1）．$p \geq 3$ のとき，$\widehat{\boldsymbol{\theta}}^{JS}(\boldsymbol{X})$ は $\boldsymbol{\delta}_0(\boldsymbol{X}) = \boldsymbol{X}$ より優れていることを示すために，次のような一般的な推定量のクラスをとりあげよう．

$$\widehat{\boldsymbol{\theta}}_\phi(\boldsymbol{X}) = \boldsymbol{X} - \frac{\phi(\|\boldsymbol{X}\|^2)}{\|\boldsymbol{X}\|^2}\boldsymbol{X} \tag{10.13}$$

ここで，$\phi(\cdot)$ は連続微分可能で可積分な関数とする．

▶**定理 10.34** $p \geq 3$ を仮定する．関数 $\phi(\cdot)$ が次の条件を満たすとき，$\widehat{\boldsymbol{\theta}}_\phi(\boldsymbol{X})$ は $\boldsymbol{X}$ より優れている．すなわち，$\widehat{\boldsymbol{\theta}}_\phi(\boldsymbol{X})$ はミニマックスになる．
(a) $\phi(w)$ は w の非減少関数である．

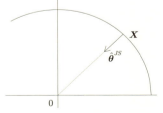
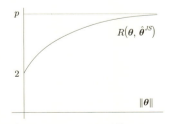

図 10.1 ジェームス・スタイン推定量とそのリスク関数

(b) $0 \leq \phi(w) \leq 2(p-2)$

[証明] まず $\widehat{\boldsymbol{\theta}}_\phi(\boldsymbol{X})$ のリスクを計算すると

$$R(\boldsymbol{\theta}, \widehat{\boldsymbol{\theta}}_\phi) = E\Big[\|\boldsymbol{X} - \boldsymbol{\theta}\|^2 + \frac{\phi(\|\boldsymbol{X}\|^2)^2}{\|\boldsymbol{X}\|^2} - 2(\boldsymbol{X} - \boldsymbol{\theta})^\top \boldsymbol{X} \frac{\phi(\|\boldsymbol{X}\|^2)}{\|\boldsymbol{X}\|^2}\Big]$$

となる.ここで命題 3.16 で与えられたスタインの等式

$$E[(X_i - \theta_i)h(X_i)] = E[h'(X_i)]$$

を用いると,

$$\begin{aligned}
E\Big[(\boldsymbol{X} - \boldsymbol{\theta})^\top \boldsymbol{X} \frac{\phi(\|\boldsymbol{X}\|^2)}{\|\boldsymbol{X}\|^2}\Big] &= \sum_{i=1}^p E\Big[(X_i - \theta_i)X_i \frac{\phi(\|\boldsymbol{X}\|^2)}{\|\boldsymbol{X}\|^2}\Big] \\
&= \sum_{i=1}^p E\Big[\frac{\partial}{\partial X_i}\Big(X_i \frac{\phi(\|\boldsymbol{X}\|^2)}{\|\boldsymbol{X}\|^2}\Big)\Big] \\
&= \sum_{i=1}^p E\Big[\Big(-\frac{\phi(\|\boldsymbol{X}\|^2)}{\|\boldsymbol{X}\|^4}2X_i + \frac{\phi'(\|\boldsymbol{X}\|^2)}{\|\boldsymbol{X}\|^2}2X_i\Big)X_i + \frac{\phi(\|\boldsymbol{X}\|^2)}{\|\boldsymbol{X}\|^2}\Big] \\
&= E\Big[\frac{p-2}{\|\boldsymbol{X}\|^2}\phi(\|\boldsymbol{X}\|^2) + 2\phi'(\|\boldsymbol{X}\|^2)\Big]
\end{aligned}$$

と表される.したがって,

$$R(\boldsymbol{\theta}, \widehat{\boldsymbol{\theta}}_\phi) = p + E\Big[\{\phi(\|\boldsymbol{X}\|^2) - 2(p-2)\}\frac{\phi(\|\boldsymbol{X}\|^2)}{\|\boldsymbol{X}\|^2} - 4\phi'(\|\boldsymbol{X}\|^2)\Big]$$

と書けるので,条件 (a), (b) のもとで $R(\boldsymbol{\theta}, \widehat{\boldsymbol{\theta}}_\phi) \leq p$ が示される. □

▶**命題 10.35** $p \geq 3$ のとき,$\widehat{\boldsymbol{\theta}}^{JS}(\boldsymbol{X})$ は $\boldsymbol{\delta}_0(\boldsymbol{X}) = \boldsymbol{X}$ より優れている.また,$\widehat{\boldsymbol{\theta}}^{JS}(\boldsymbol{X})$ は経験ベイズ推定量として導かれる.

[証明] $\phi(t) = p - 2$ であるので,$\phi(t)$ は定理 10.34 の条件 (a), (b) を満たすので $\widehat{\boldsymbol{\theta}}^{JS}(\boldsymbol{X})$ はミニマックスになる.$\widehat{\boldsymbol{\theta}}^{JS}$ が経験ベイズ推定量であることを示そう.$\boldsymbol{\theta}$ に事前分布 $\mathcal{N}_p(\boldsymbol{0}, \tau^2 \boldsymbol{I})$ を仮定すると,ベイズ推定量は

$$\widehat{\boldsymbol{\theta}}^B = \frac{\tau^2}{1+\tau^2}\boldsymbol{X} = \Big(1 - \frac{1}{1+\tau^2}\Big)\boldsymbol{X}$$

となる.$\boldsymbol{X}$ の周辺分布は $\boldsymbol{X} \sim \mathcal{N}_p(\boldsymbol{0}, (1+\tau^2)\boldsymbol{I})$ であるから,$\|\boldsymbol{X}\|^2 \sim (1+\tau^2)\chi_p^2$ に従う.

$$E\left[\frac{1}{\|\boldsymbol{X}\|^2}\right] = \frac{1}{(p-2)(1+\tau^2)}$$

となるので，$\Lambda = (1+\tau^2)^{-1}$ の不偏推定量は $(p-2)/\|\boldsymbol{X}\|^2$ で与えられる．これをベイズ推定量へ代入すると，経験ベイズ推定量

$$\widehat{\boldsymbol{\theta}}^{JS}(\boldsymbol{X}) = (1-\widehat{\Lambda})\boldsymbol{X} = \left(1-\frac{p-2}{\|\boldsymbol{X}\|^2}\right)\boldsymbol{X}$$

が得られる． □

ジェイムス・スタイン推定量 $\widehat{\boldsymbol{\theta}}^{JS}$ はミニマックスであるが，許容的でない．そこで定理 10.34 で与えられたミニマックス推定量のクラスの中から許容的な推定量を求めてみよう．そのために $\boldsymbol{\theta}$ に対して階層的な事前分布を想定する．τ を与えたときの $\boldsymbol{\theta}$ の条件付き分布および τ の密度関数をそれぞれ

$$\boldsymbol{\theta}\,|\,\tau \sim \mathcal{N}_p(\boldsymbol{0}, \tau\boldsymbol{I}), \quad \tau \sim (1+\tau)^{-a/2} I_{[\tau>0]} \tag{10.14}$$

とする．ここで a は適当な定数で，$a>2$ のとき事前分布は正則であり，$a \leq 2$ のとき非正則となる．このとき，$\boldsymbol{X}, \tau$ を与えたときの $\boldsymbol{\theta}$ の事後分布は

$$\boldsymbol{\theta}\,|\,\boldsymbol{X}, \tau \sim \mathcal{N}_p\left(\{1-(1+\tau)^{-1}\}\boldsymbol{X}, \tau(1+\tau)^{-1}\boldsymbol{I}\right)$$

となり，τ を与えたときの $\boldsymbol{X}$ の周辺分布は

$$\boldsymbol{X}\,|\,\tau \sim \mathcal{N}_p\left(\boldsymbol{0}, (1+\tau)\boldsymbol{I}\right)$$

となることがわかる．したがって，$\boldsymbol{\theta}$ の一般化ベイズ推定量は

$$\widehat{\boldsymbol{\theta}}_a^{GB}(\boldsymbol{X}) = \boldsymbol{X} - \frac{\int_0^\infty (1+\tau)^{-(a+p)/2-1} e^{-\|\boldsymbol{X}\|^2/\{2(1+\tau)\}}\,d\tau}{\int_0^\infty (1+\tau)^{-(a+p)/2} e^{-\|\boldsymbol{X}\|^2/\{2(1+\tau)\}}\,d\tau}\boldsymbol{X}$$

となる．$z = \|\boldsymbol{X}\|^2/(1+\tau)$ と変数変換すると

$$\phi_a^{GB}(w) = \int_0^w z^{(a+p)/2-1} e^{-z/2}\,dz \Big/ \int_0^w z^{(a+p)/2-2} e^{-z/2}\,dz$$

に対して

$$\widehat{\boldsymbol{\theta}}_a^{GB}(\boldsymbol{X}) = \left\{1 - \frac{\phi_a^{GB}(\|\boldsymbol{X}\|^2)}{\|\boldsymbol{X}\|^2}\right\}\boldsymbol{X}$$

と表される．

►**定理 10.36** $p \geq 3$ を仮定する.

(1) $-(m-2) < a \leq m-2$ のとき $\widehat{\boldsymbol{\theta}}_a^{GB}$ はミニマックスになる.
(2) $a \geq 0$ のとき $\widehat{\boldsymbol{\theta}}_a^{GB}$ は許容的になる.
(3) $0 \leq a \leq m-2$ のとき $\widehat{\boldsymbol{\theta}}_a^{GB}$ は許容的で, しかもミニマックスになる.

[証明] $\widehat{\boldsymbol{\theta}}_a^{GB}(\boldsymbol{X})$ のミニマックス性を示すには定理 10.34 の条件 (a), (b) を満たすことを確かめればよい. 条件 (a) については, $\phi_a^{GB}(w)$ を w に関して微分することによって容易に確かめられる. また $\phi_a^{GB}(w)$ の単調性より $\phi_a^{GB}(w) \leq \lim_{w \to \infty} \phi_a^{GB}(w) = 2\Gamma\{(a+p)/2\}/\Gamma\{(a+p)/2-1\} = a+p-2$ となり, $a+p-2 \leq 2(p-2)$ のとき条件 (b) が満たされる. すなわち $-(p-2) < a \leq p-2$ なる a に対して $\widehat{\boldsymbol{\theta}}_a^{GB}$ はミニマックスになる. $\widehat{\boldsymbol{\theta}}_a^{GB}$ の許容性については, $a > 2$ に対しては, 事前分布が正則だからベイズ推定量の許容性から $\widehat{\boldsymbol{\theta}}_a^{GB}$ が許容的であることがわかる. さらに Brown (1971) の定理を用いると, $a \geq 0$ のとき $\widehat{\boldsymbol{\theta}}_a^{GB}$ は許容的となる. □

例 10.32, 定理 10.34 に見られるように, 自然な推定量が非許容的であり改良する推定量が明示的に与えられることは驚くべき結果であり, 当然多くの統計家の興味を引きつけ活発な研究が展開されることになる. 特にスタインの等式 (命題 3.16) を道具として用いることによって改良する推定量を求めるための十分条件が平易になり, その結果, 分布, モデル, 損失関数など様々な拡張や一般化が可能となり, 実に多くの研究成果が生み出されてきた. 最近は, 点推定問題から予測分布の予測問題へ関心が広がりそこでのスタイン現象が示されている. 共分散行列の推定についても標本共分散行列による通常の推定量がミニマックスでなくジェームス・スタインのミニマックス推定量によって改良されること, またスタインの等式を共分散行列の推定の場合へ拡張したスタイン・ハフの等式の導出により様々な形のミニマックス推定量が求められている.

第 11 章
計算統計学の方法

近年の計算機の高速化と大衆化は統計学においても新たな世界を開いた．1つはマルコフ連鎖モンテカルロ法（MCMC 法）である．複数の母数の間に複雑な構造と分布を入れて高度で知的なベイズ的モデルを構築することができるが，その際の問題点は計算の実行可能性であった．それを解決する方途を提供してくれるのが MCMC 法であり，計算ベイズ学の分野を構成するまでに至っている．もう1つは Efron のブートストラップ法で，計算機上のシミュレーション実験を通してバイアス，分散，分位点などの高次の不偏推定値を与えることを可能にした．このような計算統計学のトピックを紹介する．

11.1 マルコフ連鎖モンテカルロ法

本節では，マルコフ連鎖モンテカルロ法の代表的な手法としてメトロポリス・ヘイスティング法とギブス・サンプリング法を紹介する．その前に，まず確率分布からの乱数の発生方法について説明しよう．

11.1.1 乱数の発生法
代表的な確率分布から乱数を発生させる簡単な方法を紹介しよう．

[1] **ベルヌーイ分布** $0 < p < 1$ なる p に対して $Ber(p)$ に従う乱数を発生させたい場合は，

Step 1. 一様乱数 $U \sim U(0,1)$ を発生させる．
Step 2. $0 \leq U \leq p$ なら $X = 1$ とし，$p < U \leq 1$ なら $X = 0$ とする．

このとき $X \sim Ber(p)$ に従う．$X_1, \ldots, X_n$ を $i.i.d.$ で $Ber(p)$ から発生させるとき，$\sum_{i=1}^{n} X_i$ が 2 項分布 $Bin(n, p)$ に従う．

[2] 正規乱数 正規乱数は多くの統計ソフトウェアに組み込まれているのでそれを用いるのがよいが，原理的には例 4.18 のボックス・ミュラー変換を用いて正規乱数を発生させることができる．

Step 1. U_1 と U_2 を独立に $U(0,1)$ から発生させる．
Step 2. $R = \sqrt{-2\log U_1}$, $\Theta = 2\pi U_2$ とおき，$X = R\cos\Theta, Y = R\sin\Theta$ とおく．

このとき，X と Y は独立に標準正規分布に従う．正規分布から派生する分布も正規乱数に基づいて作ることができる．

カイ 2 乗分布 χ_n^2 に従う乱数 V は，$X_1,\ldots,X_n, i.i.d. \sim \mathcal{N}(0,1)$ として $V = X_1^2 + \cdots + X_n^2$ とおけばよい．

対数正規分布 $f(x) = (\sqrt{2\pi}\,x)^{-1} e^{-(\log x)^2/2}$ については，$X \sim \mathcal{N}(0,1)$ に対して e^X とすればよい．

[3] 確率積分変換 連続型確率変数の場合に分布関数 $F(x) = P(X \le x)$ の形がわかっていれば，この逆関数 $F^{-1}(\cdot)$ を用いて分布 $F(\cdot)$ からの乱数を発生させることができる．

Step 1. 一様乱数 $U \sim U(0,1)$ を発生させる．
Step 2. $X = F^{-1}(U)$ とおく．

このとき $F'(x) = f(x)$ とおくと，$X \sim f(x)$ に従う．例えば，代表的な分布については次のようになる．

指数分布 $f(x) = e^{-x}$ からの乱数を発生させたい場合には，$F(x) = 1 - e^{-x}$ より $1 - e^{-X} = U$ を解いて，$X = -\log(1-U)$ とおけばよい．これを用いると次の分布の乱数を生成することができる．ここで m, n は正の整数であり，$U_1,\ldots,U_{m+n}, i.i.d. \sim U(0,1)$ である．

$$-2\sum_{i=1}^{m} \log U_i \sim \chi_{2m}^2, \quad -\beta\sum_{i=1}^{m} \log U_i \sim Ga(m,\beta),$$

$$\sum_{i=1}^{m} \log U_i \bigg/ \sum_{i=1}^{m+n} \log U_i \sim Beta(m,n)$$

ロジスティック分布 $f(x) = e^{-x}/(1+e^{-x})^2$ については，$F(x) = 1/(1+e^{-x})$ より $1/(1+e^{-X}) = U$ を解いて，$X = \log(U/(1-U))$ とおけばよい．

パレート分布 $f(x) = \beta/x^{\beta+1}, x > 1$, については，$F(x) = 1 - x^{-\beta}$ より $1 - X^{-\beta} = U$ を解いて，$X = (1-U)^{-1/\beta}$ とおく．

両側指数分布 $f(x) = 2^{-1}e^{-|x|}$ については，$F(x) = 2^{-1}e^x I(x \le 0) + (1 - 2^{-1}e^{-x})I(x > 0)$ より，$U \sim U(0,1)$ を発生させ，$U \le 1/2$ のときには $X = \log(2U)$ とし，$U > 1/2$ のときには $X = -\log\{2(1-U)\}$ とする．

確率変数 X が離散型で $x_1 < x_2 < \cdots < x_k$ に値をとる場合には，X の分布関数 $F(x)$ に対して $P(X = x_i) = F(x_i) - F(x_{i-1}) = P(F(x_{i-1}) < U \le F(x_i))$ と書けることに注意すると，次のようにして離散分布からの乱数を発生させることができる．

Step 1. $U \sim U(0,1)$ を発生させる．
Step 2. $F(x_{i-1}) < U \le F(x_i)$ ならば，$X = x_i$ とおく．

例えば $X \sim Bin(2, 1/2)$ の場合には，$U \sim U(0,1)$ に対して X は次のようになる．

$$X = \begin{cases} 0 & (0 < U \le 1/4 \text{ のとき}) \\ 1 & (1/4 < U \le 3/4 \text{ のとき}) \\ 2 & (3/4 < U \le 1 \text{ のとき}) \end{cases}$$

[4] 混合分布の利用 自由度 m の t-分布に従う確率変数 T の分布関数は，正規尺度混合分布 (4.12) の形として表される．$P(T \le t) = P(Z/\sqrt{V/m} \le t)$ であり，$Z/\sqrt{V/m}\,|\,V \sim \mathcal{N}(0, (V/m)^{-1})$ に注意すると，原理的には次のようにして T の乱数を発生させることができる．

Step 1. $Z \sim \mathcal{N}(0,1)$ と $V \sim \chi_m^2$ を発生させる．
Step 2. $X = Z/\sqrt{V/m}$ とおく．

このとき $X \sim t_m$ に従う．コーシー分布は t_1 のことであるから，$V \sim \chi_1^2$ として $Z/\sqrt{V}$ とすればよい．

[5] 受容・棄却法　これまで説明してきた方法は直接乱数を発生させる方法であるが，こうした方法が利用できる確率分布には限りがある．またソフトウェアに組み込まれていない確率分布からの乱数を利用したい場合もある．このような場合に，**受容・棄却法** (acceptance-rejection method, A-R) もしくは棄却サンプリング (rejection sampling) と呼ばれる間接的な方法が利用できる．

いま確率分布 $\pi(x)$ からの乱数を発生させたいとする．$\pi(x)$ のサポートを含む確率密度関数 $g(x)$ をとり，M を次のように定義する．

$$M = \sup_x \{\pi(x)/g(x)\} < \infty$$

Step 1. $g(x)$ から乱数 x^* を発生させる．また $U \sim U(0,1)$ を発生させる．
Step 2. $U \leq \pi(x^*)/\{Mg(x^*)\}$ ならば x^* を $\pi(x)$ からの標本として受容して $X = x^*$ とおき，そうでなければ棄却して Step 1 へ戻る．

このとき $X \sim \pi(x)$ となる．実際，

$$f\left(x \mid U \leq \frac{\pi(x)}{Mg(x)}\right) = \frac{P(U \leq \pi(x)/Mg(x) \mid x)g(x)}{\int P(U \leq \pi(x)/Mg(x) \mid x)g(x)\,dx}$$
$$= \frac{\{\pi(x)/Mg(x)\}g(x)}{\int \{\pi(x)/Mg(x)\}g(x)\,dx} = \frac{\pi(x)}{\int \pi(x)\,dx} = \pi(x)$$

となり，棄却サンプリングで得られる乱数 X は $\pi(x)$ に従うことがわかる．

$\pi(x)$ からの乱数発生方法がわからなくても $g(x)$ からの乱数発生法がわかっていれば $g(x)$ からの乱数に基づいて $\pi(x)$ からの乱数を作ることができる．ただし M の値が大きくなると棄却する割合が大きくなってしまい，非効率なサンプリング方法になってしまう．特に，$M < \infty$ という制約は重要であり，候補密度 (candidate density) $g(x)$ が目的密度 (target density) $\pi(x)$ より分布の裾が厚くなることが求められる．したがって，$\pi(x) \sim \mathcal{N}(0,1)$ の場合には $g(x)$ としてコーシー分布をとることができる．しかし，$\pi(x)$ がコーシー分布の場合には候補確率関数 $g(x)$ を与えることができない．この場合には，次の項で述べるメトロポリス・ヘイスティング法が使われる．

$a \geq 1, b \geq 1$ なるベータ分布 $Beta(a,b)$ から乱数を発生させたい場合は，$\pi(x)$ は $Beta(a,b)$ の確率関数であり，$g(x)$ として一様分布 $U(0,1)$ の確率関数をとると $g(x) = 1$ であるので，

$$M = \sup_{0<x<1} \pi(x) = \sup_{0<x<1} x^{a-1}(1-x)^{b-1}/B(a,b)$$

となり，受容・棄却法は次のようになる．

Step 1. $U \sim U(0,1), V \sim U(0,1)$ を独立に発生させる．
Step 2. $U \leq \pi(V)/M$ ならば V を $\pi(x)$ からの標本として受容して $X = V$ とおき，そうでなければ棄却して Step 1 へ戻る．

[6] 重点サンプリング ある関数 $h(x)$ の積分 $H = \int h(x)\,dx$ を計算する際に確率分布からの乱数が利用できる．$g(x)$ を乱数発生が可能な確率分布とし $h(x)$ のサポートを含むものとする．

$$H = \int h(x)\,dx = \int \frac{h(x)}{g(x)} g(x)\,dx = E_g\left[\frac{h(X)}{g(X)}\right]$$

と書けるので，$h(x)$ の積分は $h(x)/g(x)$ の確率密度関数 $g(x)$ に関する期待値として表されることになる．したがって次のようにして積分を計算できる．

Step 1. $g(x)$ から n 個の乱数 $X_1, \ldots, X_n$ を発生させる．
Step 2. $\widehat{H} = n^{-1} \sum_{i=1}^{n} h(X_i)/g(X_i)$ として積分 $\int h(x)\,dx$ を推定する．

このとき大数の法則から $\widehat{H} \to_p \int h(x)\,dx$ が成り立つ．

11.1.2 メトロポリス・ヘイスティングス (MH) 法

受容・棄却法は確率分布からの正確な乱数を発生させることができるが，$M < \infty$ なる条件が応用上厳しい制約になる．メトロポリス・ヘイスティングス法により得られる乱数は，確率分布からの正確な乱数ではないが，$M < \infty$ の制約を外すことができる．しかも漸近的には確率分布から発生する乱数とみなすことができる．具体的には次のようなアルゴリズムとして与えられる．

いま確率密度関数 $\pi(x)$ から乱数を発生させたい場合を考える．これを**目標分布** (target distribution) という．$\pi(x)$ から直接乱数を発生させることができないため，**提案分布** (proposal distribution) の密度 $q(x,y)$ を考えてこの密度から乱数を発生させることを考える．$q(x,y)$ は $\int q(x,y)\,dy = 1$ を満たしており，本来ならば条件付き密度 $q(y\,|\,x)$ の形で表すべきものであるがマルコフ

連鎖との関係から通常 $q(x,y)$ と表記する．このとき**メトロポリス・ヘイスティングス法** (Metropolis-Hastings method) は次のアルゴリズムで記述される．

Step 0. X_0 を初期値として与える．

Step 1. X_{k-1} が与えられたとき，$q(X_{k-1}, y)$ から Y_k を発生させ，
$$\alpha(X_{k-1}, Y_k) = \min\left\{1, \frac{\pi_u(Y_k)q(Y_k, X_{k-1})}{\pi_u(X_{k-1})q(X_{k-1}, Y_k)}\right\}$$
を計算する．ただし $\pi(X_{k-1})q(X_{k-1}, Y_k) = 0$ のときには $\alpha(X_{k-1}, Y_k) = 0$ とする．また $\pi_u(x)$ は $\pi(x)$ において正規化定数を省いたものである．

Step 2. $U_k \sim U(0,1)$ を発生させ，$U_k \leq \alpha(X_{k-1}, Y_k)$ なら Y_k を受容して $X_k = Y_k$ とし，$U_k > \alpha(X_{k-1}, Y_k)$ なら Y_k を棄却して $X_k = X_{k-1}$ とする．k を $k+1$ として Step 1 に戻る．

このとき乱数の系列 $\{X_k, k = 1, 2, \ldots\}$ が構成でき，この極限分布は $\pi(x)$ に収束すること，すなわち $X_k \to_d X$, $X \sim \pi(x)$ が成り立つ．乱数の最初の部分は初期値に依存する期間 (burn-in period) であるとして捨て，それ以降発生する乱数を使う．提案密度として代表的なものは，**酔歩連鎖** (random walk chain) と**独立連鎖** (independence chain) で，それぞれ $q(x,y) = f(y-x)$, $q(x,y) = f(y)$ なる形で表現できる．

【例 11.1】 確率密度関数 $\pi(x) = Ce^{-x^4}(1 + |x|^3)$ から乱数を発生させることを考える．ここで $C = \int_{-\infty}^{\infty} e^{-x^4}(1 + |x|^3)\, dx$ である．提案密度として $Y \mid X_{k-1} \sim \mathcal{N}(X_{k-1}, 1)$，すなわち $q(X_{k-1}, y) = (2\pi)^{-1}e^{-(y-X_{k-1})^2/2}$ なる酔歩連鎖を考えると，
$$\alpha(x,y) = \min\{1, e^{-y^4+x^4}(1+|y|^3)/(1+|x|^3)\}$$
となるので，メトロポリス・ヘイスティングス法は次のようになる．

Step 0. X_0 を決める．

以下 X_{k-1} が与えられているとする．

Step 1. $Y_k \sim \mathcal{N}(X_{k-1}, 1)$, $U \sim U(0,1)$ を発生させる.

Step 2. $U \leq \alpha(X_{k-1}, Y_k)$ なら $X_k = Y_k$ とし,$U > \alpha(X_{k-1}, Y_k)$ なら $X_k = X_{k-1}$ として,Step 1 に戻る.

このとき十分大きな N に対して X_k $(k \geq N)$ は $\pi(x)$ からの乱数とみなすことができる. □

メトロポリス・ヘイスティングス法は,
$$P_{MH}(x, dy) = p(x, y)\, dy + r(x)\, \delta_x(dy)$$
を**推移核** (transition kernel) とするマルコフ連鎖になっている.ただし,この場合,連続な状態空間を扱っている.離散な状態空間のマルコフ連鎖については 12.5 節で解説されているので参照されたい.ここで dy は微小な区間であり,$\delta_x(dy)$ は $x \in dy$ のとき 1, その他のとき 0 である関数である.また,$r(x) = 1 - \int q(x,y)\alpha(x,y)\, dy$ であり,

$$p(x, y) = \begin{cases} q(x,y)\alpha(x,y) & (x \neq y\text{ のとき}) \\ 0 & (x = y\text{ のとき}) \end{cases}$$

である.$p(x,y)\, dy$ が受容されて更新される確率であり,$r(x)\delta_x(dy)$ が棄却されて留まる確率を表している.$p(x,y)$, $\alpha(x,y)$ の定義から

$$\pi(x)p(x,y) = \min\{\pi(x)q(x,y), \pi(y)q(y,x)\} = \pi(y)p(y,x)$$
$$\pi(x)\delta_x(y)r(x) = \pi(y)\delta_y(x)r(y)$$

が成り立つことがわかる.これを**詳細釣合方程式** (detailed balance equation) もしくは**可逆性条件** (reversibility condition) という.$P_{MH}(x, dy)$ の密度関数を $p_{MH}(x, y)$ とすると,可逆性条件から

$$\begin{aligned}
\iint_A p_{MH}(x,y)\pi(x)\, dydx &= \iint_A \pi(x)p(x,y)\, dydx + \int r(x)\pi(x)\delta_x(A)\, dx \\
&= \iint_A \pi(y)p(y,x)\, dydx + \int_A r(x)\pi(x)\, dx \\
&= \int_A \pi(y)(1 - r(y))\, dy + \int_A r(y)\pi(y)\, dy \\
&= \int_A \pi(y)\, dy
\end{aligned}$$

が成り立つ．$\int\int_A p_{MH}(x,y)\pi(x)\,dydx = \int_A \pi(y)\,dy$ なる性質を π-不変もしくは π-定常という．もし $P_{MH}(x,dy)$ が π-既約 (irreducible) で非周期的 (aperidoic) であれば（ハリス）再帰的となり，推移核 $P_{MH}(x,dy)$ をもつマルコフ連鎖はエルゴード的 (ergodic) となり次の結果が成り立つことが知られている．詳しくは Robert-Casella (2004)，古澄 (2015) を参照してほしい．推移核 $P_{MH}(x,dy)$ のマルコフ連鎖から得られる系列を $\{X_k \,|\, k=0,1,2,\ldots\}$ とすると

$$\frac{1}{M}\sum_{k=1}^{M} g(X_k) \to_p \int g(x)\pi(x)\,dx \quad (M\to\infty)$$

$$P(X_k \in A \,|\, X_0=x) \to_p \int_A \pi(x)\,dx \quad (k\to\infty)$$

が成り立つ．

11.1.3 ギブス・サンプリング法

前項で説明したメトロポリス・ヘイスティング法は X_k が 1 次元でも多次元でも利用可能である．X_k が多次元の場合には本項で述べるギブス・サンプリング法を用いて乱数を発生させることもできる．

ベクトルで表記する必要性から，k 回目に発生する乱数を $\boldsymbol{X}^{(k)} = (X_1^{(k)},\ldots,X_m^{(k)})$ で表すことにする．また $\boldsymbol{X}^{(k)}$ から j 番目の元を除いたものを $\boldsymbol{X}_{-j}^{(k)} = (X_1^{(k)},\ldots,X_{j-1}^{(k)},X_{j+1}^{(k)},\ldots,X_m^{(k)})$ と書くことにする．また $\boldsymbol{X} = (X_1,\ldots,X_m)$ に対して $\boldsymbol{X}_{-j}$ を同様に定義する．確率密度関数 $\pi(\boldsymbol{x})$ から乱数を発生させるための**ギブス・サンプリング法** (Gibbs sampling) は次のようなアルゴリズムとして与えられる．まず，$\boldsymbol{X}_{-j} = \boldsymbol{x}_{-j}$ を与えたときの $X_j = x_j$ の条件付き確率密度関数 $\pi(x_j \,|\, \boldsymbol{x}_{-j})$ がすべての $j=1,\ldots,m$ について与えられているものとする．

Step 0. 初期値 $\boldsymbol{X}^{(0)}$ を与える．

以下 $\boldsymbol{X}^{(k-1)} = (X_1^{(k-1)},\ldots,X_m^{(k-1)})$ が与えられているとする．

Step 1. $X_1^{(k)} \sim \pi(x_1 \,|\, X_2^{(k-1)},\ldots,X_m^{(k-1)})$ を発生させる．
Step 2. $X_2^{(k)} \sim \pi(x_2 \,|\, X_1^{(k)}, X_3^{(k-1)},\ldots,X_m^{(k-1)})$ を発生させる．

Step 3. $X_3^{(k)} \sim \pi(x_3 \mid X_1^{(k)}, X_2^{(k)}, X_4^{(k-1)}, \ldots, X_m^{(k-1)})$ を発生させる.

以下同様にして

Step m. $X_m^{(k)} \sim \pi(x_m \mid X_1^{(k)}, \ldots, X_{m-1}^{(k)})$ を発生させる. 以上から $\boldsymbol{X}^{(k)} = (X_1^{(k)}, \ldots, X_m^{(k)})$ が得られるので, k を $k+1$ として Step 1 に戻る.

$\pi(X_j^{(k)} \mid \boldsymbol{X}_{-j}^{(k),(k-1)}) = \pi(X_j^{(k)} \mid X_1^{(k)}, \ldots, X_{j-1}^{(k)}, X_{j+1}^{(k-1)}, \ldots, X_m^{(k-1)})$ とおくと, 推移確率は

$$P_G(\boldsymbol{X}^{(k-1)}, \boldsymbol{X}^{(k)})$$
$$= \pi(X_1^{(k)} \mid \boldsymbol{X}_{-1}^{(k-1)}) \left\{ \prod_{j=2}^{m-1} \pi(X_j^{(k)} \mid \boldsymbol{X}_{-j}^{(k),(k-1)}) \right\} \pi(X_m^{(k)} \mid \boldsymbol{X}_{-m}^{(k)})$$

と表される. 例えば $m=3$ の場合には, $\boldsymbol{X} = (x,y,z)$, $\boldsymbol{X}' = (x',y',z')$ とすると, 推移確率は

$$P_G(\boldsymbol{X}, \boldsymbol{X}') = \pi(x' \mid y, z)\pi(y' \mid x', z)\pi(z' \mid x', y')$$

と書けているので, $\iint_A P_G(\boldsymbol{X}, \boldsymbol{X}') \pi(\boldsymbol{X}) \, d\boldsymbol{X} d\boldsymbol{X}'$ は

$$\iint_A \pi(x' \mid y, z)\pi(y' \mid x', z)\pi(z' \mid x', y')\pi(x,y,z) \, d\boldsymbol{X}' d\boldsymbol{X}$$
$$= \iint_A \pi(x', y, z)\pi(y' \mid x', z)\pi(z' \mid x', y') \, d\boldsymbol{X}' d(y, z)$$
$$= \iint_A \pi(x', y', z)\pi(z' \mid x', y') \, d\boldsymbol{X}' dz = \int_A \pi(x', y', z') \, d\boldsymbol{X}'$$

となる. これは $\pi(\boldsymbol{x})$ が定常分布になることを示している. したがって, $\boldsymbol{X}^{(k)}$ の分布は $\pi(\boldsymbol{x})$ に収束する.

ギブス・サンプリングを利用して, 次のようなベイズ階層モデルの事後分布からサンプリングを構成してみよう.

$$\begin{cases} X \mid \theta \sim f(x \mid \theta) \\ \theta \mid \gamma \sim \pi(\theta \mid \gamma) \\ \gamma \sim \psi(\gamma) \end{cases}$$

このとき (X, γ) を与えたときの θ の条件付き分布, (X, θ) を与えたときの γ

の条件付き分布は,

$$\pi(\theta \mid x, \gamma) = \frac{f(x \mid \theta)\pi(\theta \mid \gamma)}{\int f(x \mid \theta)\pi(\theta \mid \gamma)\, d\theta},$$

$$\pi(\gamma \mid x, \theta) = \frac{f(x \mid \theta)\pi(\theta \mid \gamma)\psi(\gamma)}{\int f(x \mid \theta)\pi(\theta \mid \gamma)\psi(\gamma)\, d\gamma} = \pi(\gamma \mid \theta),$$

で与えられる.いま,このような条件付き分布がわかっていてその分布に従う乱数を発生させることができる場合を考えよう.

Step 0. θ_0, γ_0 を決める.

$k = 1, 2, \ldots, M$ に対して,乱数を

Step 1. $\theta \mid x, \gamma_{k-1} \sim \pi(\theta \mid x, \gamma_{k-1})$ から乱数 θ_k を発生させる.

Step 2. $\gamma \mid x, \theta_k \sim \pi(\gamma \mid x, \theta_k)$ から乱数 γ_k を発生させる.k を $k+1$ にして Step 1 へ戻る.

このとき,$k \to \infty$ のとき

$$\theta_k \to_d \theta \sim \pi(\theta \mid x)$$

$$\gamma_k \to_d \gamma \sim \pi(\gamma \mid x)$$

となる分布に収束する.したがって,$M \to \infty$ とすると

$$\frac{1}{M}\sum_{k=1}^{M} h(\theta_k) \to_p E[h(\theta) \mid X]$$

となることがわかる.条件付き期待値 $E[h(\theta) \mid X, \gamma]$ が求まるときには

$$\frac{1}{M}\sum_{k=1}^{M} E[h(\theta) \mid X, \gamma_k] \to_p \int E[h(\theta) \mid X, \gamma]\pi(\gamma \mid X)\, d\gamma = E[h(\theta) \mid X]$$

となり,同じ値に収束することがわかる.ここで,$M^{-1}\sum_{k=1}^{M} E[h(\theta) \mid X, \gamma_k]$ は条件付き期待値なので,ラオ・ブラックウェルの定理(定理 10.6)より後者の方が分散が小さくなる.

【例 11.2】 ポアソン・ガンマ階層モデルを考える．$X\,|\,\lambda \sim Po(\lambda)$, $\lambda\,|\,b \sim Ga(a,b)$, $b^{-1} \sim Ga(k,\tau)$ とし，a, k, τ は既知の値とする．このとき，条件付き分布は $\lambda\,|\,X,b \sim \pi(\lambda\,|\,X,b) = Ga(a+X, b/(1+b))$, $b^{-1}\,|\,X,\lambda \sim \pi(b^{-1}\,|\,X,\lambda) = Ga(a+k, \tau/(1+\lambda\tau))$ と書けるので，ギブス・サンプリングは次のようになる．

Step 0. λ_0, b_0 を決める．

$k = 1, 2, \ldots, M$ に対して，乱数を次の要領で発生させる．

Step 1. $\lambda\,|\,X, b_{k-1} \sim Ga(a+X, b_{k-1}/(1+b_{k-1}))$ から乱数 λ_k を発生させる．
Step 2. $b^{-1}\,|\,X, \lambda_k \sim Ga(a+k, \tau/(1+\lambda_k\tau))$ から乱数 b_k^{-1} を発生させる．k を $k+1$ にして Step 1 へ戻る．

このとき $\lambda_k \to_d \pi(\lambda\,|\,X)$, $b_k^{-1} \to_d \pi(b^{-1}\,|\,X)$ となる．したがって，

$$M^{-1} \sum_{i=1}^{M} h(\lambda_i) \to_p \int h(\lambda)\pi(\lambda\,|\,X)\,d\lambda = E[h(\lambda)\,|\,X]$$

となり，$h(\lambda)$ の事後平均へ収束する．また

$$M^{-1} \sum_{i=1}^{M} \pi(\lambda\,|\,X, b_i) \to_p \int \pi(\lambda\,|\,X, b)\pi(b^{-1}\,|\,X)db = \pi(\lambda\,|\,X)$$

となるので，事後分布の確率密度関数へ収束することがわかる． □

11.2 ブートストラップ

本節では，まず汎関数母数を経験分布関数に基づいて推定する方法を解説し，その推定量のバイアスや分散をブートストラップで推定する方法を説明する．またパラメトリック・ブートストラップ法についても紹介する．

11.2.1 汎関数とノンパラメトリック推定

分布関数に基づいた母数を推定することを考えよう．確率変数 X の分布関

数が $F(x)$ で与えられるとき，X の平均と分散は $\mu(F) = \int_{-\infty}^{\infty} x\,dF(x)$，$\sigma^2(F) = \int_{-\infty}^{\infty} (x-\mu(F))^2\,dF(x)$ と書くことができる．ここで $dF(x)$ は $dF(x) = f(x)\,d\mu(x)$ を意味するものとする．一般に F の汎関数 $\theta(F)$ を**汎関数母数** (functional parameter) といい，この推定問題を考えてみる．$F(x)$ からランダム・サンプル $X_1, \ldots, X_n$ がとられているとき，F は**経験分布関数** (empirical distribution function)

$$\widehat{F}_n(x) = \frac{1}{n}\sum_{i=1}^{n} I(X_i \leq x)$$

で推定される．ただし $I(A)$ は A が正しいとき 1，そうでないとき 0 をとる指示関数である．このとき $\widehat{F}_n(x) \to_p F(x)$, $\sup_{-\infty < x < \infty} |\widehat{F}_n(x) - F(x)| \to_p 0$ が成り立ち，$\widehat{F}_n$ は F の一致推定量となる．そこで汎関数母数 $\theta(F)$ に $\widehat{F}_n$ を代入し，$\theta(F)$ を $\widehat{\theta} = \theta(\widehat{F}_n)$ で推定することが考えられる．このルールに従えば，平均と分散は

$$\mu(\widehat{F}_n) = \int_{-\infty}^{\infty} x\,d\widehat{F}_n(x) = \frac{1}{n}\sum_{i=1}^{n} X_i = \overline{X},$$

$$\sigma^2(\widehat{F}_n) = \int_{-\infty}^{\infty} (x - \mu(\widehat{F}_n))^2\,d\widehat{F}_n(x) = \frac{1}{n}\sum_{i=1}^{n}(X_i - \overline{X})^2$$

で推定される．$\sigma^2(\widehat{F}_n)$ は分散の不偏な推定量でないことに注意する．またメディアン $\mathrm{med}(F) = (\inf\{x\,|\,F(x) \geq 1/2\} + \sup\{x\,|\,F(x) \leq 1/2\})/2$ は

$$\mathrm{med}(\widehat{F}_n) = (\inf\{x\,|\,\widehat{F}_n(x) \geq 1/2\} + \sup\{x\,|\,\widehat{F}_n(x) \leq 1/2\})/2$$

$$= \begin{cases} X_{((n+1)/2)} & (n \text{ が奇数のとき}) \\ (X_{(n/2)} + X_{((n/2)+1)})/2 & (n \text{ が偶数のとき}) \end{cases}$$

で推定される．

一般に $\theta(F)$ がある関数 $g(x,v)$ に対して $\int_{-\infty}^{\infty} g(x, \theta(F))\,dF(x) = 0$ を満たすときには，$\theta(F)$ の推定量は

$$\int_{-\infty}^{\infty} g(x, \widehat{\theta})\,d\widehat{F}_n(x) = n^{-1}\sum_{i=1}^{n} g(X_i, \widehat{\theta}) = 0$$

の解によって与えられる．6.2 節で紹介したモーメント法もこの枠組みに入る．

【例 11.3】 第3章の演習問題でとりあげた不平等度を表すジニ係数は,

$$\gamma(F) = 1 - 2\int_0^1 (1-s)F^{-1}(s)\,ds/\mu(F)$$

と書くことができる。この推定量は

$$\gamma(\widehat{F}_n) = 1 - \frac{2}{\mu(\widehat{F}_n)}\int_0^1 (1-s)\widehat{F}_n^{-1}(s)\,ds = 1 - \frac{2}{\overline{X}}\sum_{i=1}^n \int_{(i-1)/n}^{i/n}(1-s)X_{(i)}\,ds$$

$$= 1 - \frac{2}{\overline{X}}\frac{1}{n}\sum_{i=1}^n\left(1 - \frac{2i-1}{2n}\right)X_{(i)} = \frac{1}{\sum_{i=1}^n X_i}\sum_{i=1}^n \left(\frac{2i-1}{n} - 1\right)X_{(i)}$$

と表されることがわかる。ここで,

$$\sum_{i=1}^n \sum_{j=1}^n |X_i - X_j| = 2\sum_{i=1}^n (2i-1-n)X_{(i)}$$

なる等式が成り立つので,

$$\gamma(\widehat{F}_n) = \frac{1}{2n^2\overline{X}}\sum_{i=1}^n\sum_{j=1}^n |X_i - X_j|$$

という,ジニ係数のよく知られた形に書き直すことができる。 □

11.2.2 ブートストラップ法

推定量のバイアスや分散,信頼区間の構成,推定量の分布の分位点の推定など,推定量の信頼性を評価するときにブートストラップ法が役立ち,実用上極めて有用で重要である。ここではノンパラメトリックな枠組みにおけるブートストラップ法について簡単に説明する。

$X_1, \ldots, X_n, i.i.d. \sim F(x)$ とし,これに基づいて経験分布関数 $\widehat{F}_n(x)$ を構成する。$\widehat{F}_n$ から大きさ n のランダム・サンプルを抽出する。これを $X_1^*, \ldots, X_n^*$ と書き,**ブートストラップ標本** (bootstrap sample) という。ブートストラップ標本に基づいた経験分布関数を $\widehat{F}_n^*(x)$ と書く。$\theta = \theta(F)$ が $X_1, \ldots, X_n$ に基づいて $\widehat{\theta} = \theta(\widehat{F}_n)$ で推定されるとき,$\widehat{\theta} = \theta(\widehat{F}_n)$ は $X_1^*, \ldots, X_n^*$ に基づいて $\widehat{\theta}^* = \theta(\widehat{F}_n^*)$ で推定される。

推定量 $\widehat{\theta}$ のバイアスと分散は,

$$\text{Bias}_{\widehat{\theta}}(F) = E_F[\theta(\widehat{F}_n)] - \theta(F), \quad \sigma_{\widehat{\theta}}^2(F) = E_F[\{\theta(\widehat{F}_n) - E_F[\theta(\widehat{F}_n)]\}^2]$$

と書けるが,これらの推定量はブートストラップ標本を用いると,

$$\widehat{\mathrm{Bias}_{\hat\theta}}(\widehat F_n) = E_*[\theta(\widehat F_n^*)] - \theta(\widehat F_n), \quad \widehat{\sigma_{\hat\theta}^2}(\widehat F_n) = E_*[\{\theta(\widehat F_n^*) - E_*[\theta(\widehat F_n^*)]\}^2]$$

で推定することができる．ただし $E_*[\cdot]$ は $X_1^*, \ldots, X_n^*$ に関する期待値を表している．すなわち，$(F, \widehat F_n)$ を $(\widehat F_n, \widehat F_n^*)$ で置き換えれば推定量が得られることになる．経験分布関数の一致性から，ブートストラップ標本の上では $\widehat F_n^*(x) \to_p \widehat F_n(x)$ が成り立ち，また $\widehat F_n(x) \to_p F(x)$ であるから，

$$\widehat{\mathrm{Bias}_{\hat\theta}}(\widehat F_n) \to_p \mathrm{Bias}_{\hat\theta}(F), \quad \widehat{\sigma_{\hat\theta}^2}(\widehat F_n) \to_p \sigma_{\hat\theta}^2(F)$$

が成り立つ．

ブートストラップ標本上の期待値 $E_*[g(\widehat F_n^*)]$ は $\widehat F_n$ からのランダム標本 $X_1^*, \ldots, X_n^*$ に関する期待値であるから，実際には $\widehat F_n$ から n 個の乱数を B 回発生させその平均値で近似する．具体的には次のように行う．いま $X_1, \ldots, X_n$ の実現値を $x_1, \ldots, x_n$ とする．経験分布 $\widehat F_n$ からサイズ n のランダム・サンプルをとるということは，$x_1, \ldots, x_n$ の中からサイズ n の標本を復元抽出することを意味している．したがって，同じデータが複数回抽出される場合もあるし，全く抽出されない場合もある．この復元抽出を B 回繰り返すと，

$$\{x_1^{*(b)}, \ldots, x_n^{*(b)}\}, \quad b = 1, \ldots, B$$

なるデータを計算機上に作ることができる．$E_*[g(\widehat F_n^*)]$ の近似値を与えたいときには，$g(\widehat F_n^*)$ に $x_1^{*(b)}, \ldots, x_n^{*(b)}$ を代入したものを $g^{*(b)}$ とおいて，$B^{-1} \times \sum_{b=1}^B g^{*(b)}$ で推定すればよい．大数の法則から $B \to \infty$ のとき $B^{-1} \sum_{b=1}^B g^{*(b)} \to_p E_*[g(\widehat F_n^*)]$ となることがわかる．バイアスと分散については，$\theta(\widehat F_n^*)$ に $x_1^{*(b)}, \ldots, x_n^{*(b)}$ を代入したものを $\widehat\theta^{*(b)}$ とおき，$\overline{\widehat\theta^*} = B^{-1} \sum_{b=1}^B \widehat\theta^{*(b)}$ とすると，$\widehat{\mathrm{Bias}_{\hat\theta}}(\widehat F_n), \widehat{\sigma_{\hat\theta}^2}(\widehat F_n)$ は

$$\frac{1}{B} \sum_{b=1}^B \{\widehat\theta^{*(b)} - \theta(\widehat F_n)\}, \quad \frac{1}{B} \sum_{b=1}^B \{\widehat\theta^{*(b)} - \overline{\widehat\theta^*}\}^2$$

で近似できることになる．

ここから少し話を変えて，母数 $\theta(F)$ の2次不偏推定量をブートストラップを用いて求めてみよう．すなわち，$\theta(F)$ の推定量 $\theta(\widehat F_n)$ に対して2次補正を行うことを考える．そこで**フォン・ミーゼス展開**が用いられる．H を分布関数とし $\theta(H)$ を $H = F$ の周りで展開すると

$$\theta(H) = \theta(F) + \int \theta^{(1)}(z_1; F)\, dH(z_1)$$
$$+ \frac{1}{2} \int \int \theta^{(2)}(z_1, z_2; F)\, dH(z_1) dH(z_2) + R_3$$

と書ける．ここで，$\theta^{(1)}(z; F)$ は**影響関数** (influence function) と呼ばれるもので，点 z 上に確率 1 をもつ分布関数 δ_z を用いて

$$\theta^{(1)}(z; F) = \lim_{\varepsilon \to 0} \frac{\theta((1-\varepsilon)F + \varepsilon \delta_z) - \theta(F)}{\varepsilon} = \frac{\partial}{\partial \varepsilon} \theta((1-\varepsilon)F + \varepsilon \delta_z)\Big|_{\varepsilon=0}$$

で定義される．これはロバスト推定の文脈で用いられる関数である．$\theta^{(2)}(z_1, z_2; F)$ は 2 階微分に対応する関数で

$$\theta^{(2)}(z_1, z_2; F) = \frac{\partial^2}{\partial \varepsilon_1 \partial \varepsilon_2} \theta((1-\varepsilon_1-\varepsilon_2)F + \varepsilon_1 \delta_{z_1} + \varepsilon_2 \delta_{z_2})\Big|_{\varepsilon_1=\varepsilon_2=0}$$

で定義される．例えば $\mu(F) = \int x\, dF(x)$ のときには $\mu^{(1)}(z; F) = z - \mu(F)$，$\mu^{(2)}(z_1, z_2; F) = 0$ となることがわかる．

いま $H = \widehat{F}_n$ とおくと

$$\theta(\widehat{F}_n) = \theta(F) + \frac{1}{n} \sum_{i=1}^{n} \theta^{(1)}(X_i; F)$$
$$+ \frac{1}{2n^2} \sum_{i=1}^{n} \sum_{j=1}^{n} \theta^{(2)}(X_i, X_j; F) + \widehat{R}_3$$

と書けることがわかる．例えば $\mu(F) = \int x\, dF(x)$ のときには $\mu(\widehat{F}_n) = \overline{X}$，$n^{-1} \sum_{i=1}^{n} \mu^{(1)}(X_i; F) = \overline{X} - \mu(F)$，$(2n^2)^{-1} \sum_{i=1}^{n} \sum_{j=1}^{n} \theta^{(2)}(X_i, X_j; F) = 0$ となっている．

上の展開式において $\theta(F) = O(1), \widehat{R}_3 = o_p(n^{-1})$ を仮定する．$\sqrt{n}\{\theta(\widehat{F}_n) - \theta(F)\} \approx n^{-1/2} \sum_{i=1}^{n} \theta^{(1)}(X_i; F)$ であり，一般に影響関数の期待値は 0 となることから漸近的に $\mathcal{N}(0, \int \{\theta^{(1)}(x; F)\}^2\, dF(x))$ に収束する．ここでは，さらに $E[\theta(\widehat{F}_n) - \theta(F)] = O(n^{-1})$ を仮定する．

$$A(F) = nE\left[\frac{1}{n} \sum_{i=1}^{n} \theta^{(1)}(X_i; F) + \frac{1}{2n^2} \sum_{i=1}^{n} \sum_{j=1}^{n} \theta^{(2)}(X_i, X_j; F)\right]$$

とおくと，$A(F) = O(1)$ となる．これより

$$E[\theta(\widehat{F}_n)] = \theta(F) + \frac{1}{n} A(F) + o(n^{-1})$$

と展開できる．ブートストラップ標本の上でも同様な展開ができるので

が成り立つ．したがって

$$E[2\theta(\widehat{F}_n) - E_*[\theta(\widehat{F}_n^*)]] = E\left[2\theta(\widehat{F}_n) - \left\{\theta(\widehat{F}_n) + \frac{1}{n}A(\widehat{F}_n)\right\}\right] + o(n^{-1})$$
$$= E[\theta(\widehat{F}_n)] - \frac{1}{n}A(F) + o(n^{-1})$$
$$= \theta(F) + \frac{1}{n}A(F) - \frac{1}{n}A(F) + o(n^{-1})$$
$$= \theta(F) + o(n^{-1})$$

となる．これは，$2\theta(\widehat{F}_n) - E_*[\theta(\widehat{F}_n^*)]$ が $\theta(F)$ の 2 次不偏推定量になっていることを示している．

2 次不偏推定量を求める他の方法として**ジャックナイフ法** (Jackknife method) が知られている．i 番目のデータ X_i を除いて作った経験分布関数を $\widehat{F}_{(i)}$ と書き，$\widehat{\theta}_{(i)} = \theta(\widehat{F}_{(i)})$ とおくとき，$\widehat{\theta}^{(J)} = n^{-1}\sum_{i=1}^n \widehat{\theta}_{(i)}$ をジャックナイフ推定量という．これを用いるとジャックナイフ・バイアス修正済み推定量は

$$\tilde{\theta} = n\theta(\widehat{F}_n) - (n-1)\widehat{\theta}^{(J)}$$

で与えられる．この推定量の性質についても広く研究されているので文献を参照してほしい．

11.2.3　パラメトリック・ブートストラップ法

パラメトリックモデルにおいても，推定量の分布やバイアス，分散などが明示的に求められない場合には，パラメトリックなブートストラップ法が利用可能である．

$X_1, \ldots, X_n, i.i.d. \sim f(x|\theta)$ とし，θ の推定量を $\widehat{\theta} = \widehat{\theta}(\boldsymbol{X})$ とする．ここで $\boldsymbol{X} = (X_1, \ldots, X_n)$ である．$f(x|\widehat{\theta})$ からのランダム・サンプル $X_1^*, \ldots, X_n^*$ を**パラメトリックなブートストラップ標本**という．$\boldsymbol{X}^* = (X_1^*, \ldots, X_n^*)$ とおくとき，$\boldsymbol{X}$ の代わりに $\boldsymbol{X}^*$ を用いて，$\widehat{\theta}(\boldsymbol{X})$ と同じ方法で作った推定量を $\widehat{\theta}^* = \widehat{\theta}(\boldsymbol{X}^*)$ とする．

ノンパラメトリック・ブートストラップのときと同様に，推定量 $\widehat{\theta}$ のバイアス $\text{Bias}_{\widehat{\theta}}(\theta) = E_\theta[\widehat{\theta}(\boldsymbol{X})] - \theta$ と分散 $\sigma_{\widehat{\theta}}^2(\theta) = E_\theta[\{\widehat{\theta}(\boldsymbol{X}) - E_\theta[\widehat{\theta}(\boldsymbol{X})]\}^2]$ は，

$$\widehat{\mathrm{Bias}}_{\widehat{\theta}}(\theta) = E_*[\widehat{\theta}(\boldsymbol{X}^*)] - \widehat{\theta}(\boldsymbol{X}), \quad \widehat{\sigma_{\widehat{\theta}}^2}(\theta) = E_*[\{\widehat{\theta}(\boldsymbol{X}^*) - E_*[\widehat{\theta}(\boldsymbol{X}^*)]\}^2]$$

で推定することができる.$E_*[g(\boldsymbol{X}^*)]$ は $\boldsymbol{X}^*$ に関する期待値を表しているが,実際には $f(x\,|\,\widehat{\theta}(\boldsymbol{X}))$ から n 個の乱数を B 回発生させて

$$x_1^{*(b)}, \ldots, x_n^{*(b)} \sim f(x\,|\,\widehat{\theta}(\boldsymbol{X})), \quad b=1,\ldots,B$$

とする.$\boldsymbol{x}^{(b)} = (x_1^{*(b)}, \ldots, x_n^{*(b)})$ に対して $B^{-1}\sum_{b=1}^{B} g(\boldsymbol{x}^{(b)})$ を計算することによって $E_*[g(\boldsymbol{X}^*)]$ を推定することができる.

$g(\theta)$ の 2 次不偏推定量を求めてみる.$\sqrt{n}(\widehat{\theta} - \theta) \to_d \mathcal{N}(0, \sigma^2)$ のときには $\widehat{\theta} - \theta = O_p(n^{-1/2})$ となることに注意する.$g(\theta) = O(1)$ で $g(\theta)$ は 2 回連続微分可能であるとする.$g(\widehat{\theta})$ を $\widehat{\theta} = \theta$ の周りでテーラー展開すると,

$$g(\widehat{\theta}) = g(\theta) + g'(\theta)(\widehat{\theta} - \theta) + \frac{g''(\theta)}{2}(\widehat{\theta} - \theta)^2 + O_p(n^{-3/2})$$

となる.$E[\widehat{\theta} - \theta] = O(n^{-1})$ を仮定する.これは通常成り立っている.

$$h(\theta) = n\Big\{g'(\theta)E[\widehat{\theta} - \theta] + \frac{g''(\theta)}{2}E[(\widehat{\theta} - \theta)^2]\Big\}$$

とおくと,$n^{-1}h(\theta) = O(n^{-1})$ となり

$$E[g(\widehat{\theta})] = g(\theta) + n^{-1}h(\theta) + O(n^{-3/2})$$

となる.これは 2 次の項に $n^{-1}h(\theta)$ というバイアスをもっていることがわかる.そこでパラメトリック・ブートストラップ標本を利用して 2 次不偏推定量を構成する.$\widehat{\theta}^* = \widehat{\theta}(\boldsymbol{X}^*)$ とおくと

$$E_*[g(\widehat{\theta}^*)] = g(\widehat{\theta}) + n^{-1}h(\widehat{\theta}) + O_p(n^{-3/2})$$

が成り立つ.したがって

$$\begin{aligned}
E[2g(\widehat{\theta}) - E_*[g(\widehat{\theta}^*)]] &= E[2g(\widehat{\theta}) - \{g(\widehat{\theta}) + n^{-1}h(\widehat{\theta})\}] + O(n^{-3/2}) \\
&= E[g(\widehat{\theta})] - n^{-1}h(\theta) + O(n^{-3/2}) \\
&= \{g(\theta) + n^{-1}h(\theta)\} - n^{-1}h(\theta) + O(n^{-3/2}) \\
&= g(\theta) + O(n^{-3/2})
\end{aligned}$$

となる.これは,$2g(\widehat{\theta}) - E_*[g(\widehat{\theta}^*)]$ が $g(\theta)$ の 2 次不偏推定量になっていることを

とを示している. $g(\theta)$ の 2 次不偏推定量を求めるには $2g(\widehat{\theta}) - E_*[g(\widehat{\theta}^*)]$ の形以外にも $\{g(\widehat{\theta})\}^2/E_*[g(\widehat{\theta}^*)]$ なども用いることができる.

11.3 最尤推定値の計算法

最後に，尤度方程式を解いて最尤推定値を求めるためのニュートン・ラフソン法と EM アルゴリズムについて紹介しよう．

11.3.1 ニュートン法

最尤推定値を求める標準的な手法であるニュートン・ラフソン法などについて簡単に説明する．

$X_1, \ldots, X_n, i.i.d. \sim f(x\,|\,\theta)$ とし，同時確率（密度）関数を $f_n(\boldsymbol{x}\,|\,\theta) = \prod_{i=1}^n f(x_i\,|\,\theta)$ と書くことにする．ここで $\boldsymbol{x} = (x_1, \ldots, x_n)$ であり，簡単のために θ は 1 次元とする．このとき対数尤度関数は $\ell(\theta, \boldsymbol{x}) = \log f_n(\boldsymbol{x}\,|\,\theta)$ であり，θ の最尤推定量 $\widehat{\theta}$ は

$$\ell'(\theta, \boldsymbol{x}) = \frac{d}{d\theta}\ell(\theta, \boldsymbol{x}) = 0$$

の解として与えられる．$\ell'(\widehat{\theta}, \boldsymbol{x})$ を $\widehat{\theta} = \theta$ の周りでテーラー展開すると

$$0 = \ell'(\widehat{\theta}, \boldsymbol{x}) = \ell'(\theta, \boldsymbol{x}) + \ell''(\theta, \boldsymbol{x})(\widehat{\theta} - \theta) + O_p(1)$$

となり，$\ell'(\widehat{\theta}, \boldsymbol{x}) = 0$ より，

$$\widehat{\theta} = \theta + \frac{\ell'(\theta, \boldsymbol{x})}{-\ell''(\theta, \boldsymbol{x})} + O_p(n^{-1})$$

と書ける．$\theta, \widehat{\theta}$ をそれぞれ θ_{k-1}, θ_k とおくと次のようなアルゴリズムを作ることができる．

Step 0. 初期値 θ_0 と $\varepsilon > 0$ の値を決める．
Step 1. k 回目において θ_k が得られたとし，θ_{k+1} を次で定める．

$$\theta_{k+1} = \theta_k + \frac{\ell'(\theta_k, \boldsymbol{x})}{-\ell''(\theta_k, \boldsymbol{x})}$$

k を $k+1$ として繰り返す．
Step 2. $|\theta_{k+1} - \theta_k| < \varepsilon$ を満たすとき終了し，θ_{k+1} を解とする．

これを**ニュートン・ラフソン法** (Newton-Raphson method) という．また，$-\ell''(\theta_k, \boldsymbol{x})$ をその期待値であるフィッシャー情報量 $I_n(\theta) = E[-\ell''(\theta, \boldsymbol{X})]$ で置き換えて

$$\theta_{k+1} = \theta_k + \frac{\ell'(\theta_k, \boldsymbol{x})}{I_n(\theta_k)}$$

としたものを**フィッシャーのスコア法** (Fisher's scoring method) という．さらに，2 階微分の部分を差分で置き換えたもの

$$\theta_{k+1} = \theta_k - \frac{\ell'(\theta_k, \boldsymbol{x})(\theta_k - \theta_{k-1})}{\ell'(\theta_k, \boldsymbol{x}) - \ell'(\theta_{k-1}, \boldsymbol{x})}$$

を**セカント法** (secant method) という．

$\ell'(\theta, \boldsymbol{x})$ の根が 1 つで，$a < b$ で $\ell'(a, \boldsymbol{x})\ell'(b, \boldsymbol{x}) < 0$ とする．このとき，次の **2 分法** (bisection method) により解を求めることができる．収束は遅いが確実に解に辿り着く．

Step 1. 区間 $[a, b]$ の中点を $c = (a+b)/2$ とする．
Step 2. $\ell'(c, \boldsymbol{x})\ell'(c, \boldsymbol{x}) < 0$ ならb $b = c$ とおく．そうでなければ $a = c$ とおく．
Step 3. $|b - a| < \varepsilon$ ならば終了し，そうでなければ Step 1 へ戻る．

11.3.2 EM アルゴリズム

データが欠損している場合には，不完全なデータに基づいて尤度方程式を解いて最尤推定値を求めることになる．しかし，完全なデータに基づいた尤度方程式は簡単に求められても，不完全なデータの尤度方程式は必ずしも簡単な形では求められない場合がある．こうした状況で最尤推定値を求めるのに役立つ方法が EM アルゴリズムである．

いま $\boldsymbol{x}$ を完全なデータとして $\boldsymbol{x} = (\boldsymbol{y}, \boldsymbol{z})$ と分割して書くとき，$\boldsymbol{y}$ のみ観測できる場合を考える．完全データの確率密度関数を $g(\boldsymbol{x} | \theta) = g(\boldsymbol{y}, \boldsymbol{z} | \theta)$ と書くと，不完全なデータの確率密度関数は

$$f(\boldsymbol{y} | \theta) = \int g(\boldsymbol{y}, \boldsymbol{z} | \theta) \, d\boldsymbol{z}$$

と表すことができる．直感的には，EM アルゴリズムの E ステップで $\boldsymbol{z}$ の推定値を求めて代入して擬似的な完全データの密度 $g(\boldsymbol{y}, \boldsymbol{z} | \theta)$ を作り，M ステップでその最尤推定値を与え，E ステップと M ステップを繰り返すというも

のである．より正確には次で与えられる．

Step 0. θ の初期値 θ_0 を決める．

k 回目の段階で θ_k が得られているとする．

Step E. θ_k に基づいて $\boldsymbol{Y}=\boldsymbol{y}$ が与えられたときの $\boldsymbol{X}=(\boldsymbol{Y},\boldsymbol{Z})$ の条件付き期待値

$$Q(\theta,\theta_k) = E_{\theta_k}[\log g(\boldsymbol{Y},\boldsymbol{Z}\,|\,\theta)\,|\,\boldsymbol{Y}=\boldsymbol{y}]$$
$$= \int \{\log g(\boldsymbol{y},\boldsymbol{z}\,|\,\theta)\} g(\boldsymbol{y},\boldsymbol{z}\,|\,\theta_k)\,d\boldsymbol{z} \bigg/ \int g(\boldsymbol{y},\boldsymbol{z}\,|\,\theta_k)\,d\boldsymbol{z}$$

を計算する．

Step M. $Q(\theta,\theta_k)$ を最大化する θ を求め，それを θ_{k+1} とする．$|\theta_{k+1}-\theta_k|<\varepsilon$ ならば終了し，そうでなければ k を $k+1$ として Step E へ戻る．

$Q(\theta,\theta_k)$ の右辺の分母は θ に無関係なので，右辺の分子のみ考えればよいことになる．データが実際欠損している場合に限らず，擬似的なデータ $\boldsymbol{z}$ を組み込むことによって尤度方程式の解が容易に求まる場合には EM アルゴリズムを利用することができる．有限混合分布の母数推定の問題はその代表例である．

【例 11.4】 $Y_1,\ldots,Y_n, i.i.d. \sim f(y\,|\,p,\lambda,\tau)$ とし，$f(y\,|\,p,\lambda,\tau)$ はポアソン混合分布

$$f(y\,|\,p,\lambda,\tau) = p\lambda^y e^{-\lambda}/y! + (1-p)\tau^y e^{-\tau}/y!$$

に従うとする．このとき対数尤度関数は

$$\ell(p,\lambda,\tau,\boldsymbol{y}) = \sum_{i=1}^n \log\left(p\lambda^{y_i}e^{-\lambda}/y_i! + (1-p)\tau^{y_i}e^{-\tau}/y_i!\right)$$

と表されるので，ニュートン・ラフソン法で最尤推定値を求めるのは簡単でない．そこで代わりに，EM アルゴリズムを構成してみることにしよう．$(Y_1,Z_1),\ldots,(Y_n,Z_n), i.i.d.$ を完全データとし，$P(Z_i=z)=p^z(1-p)^{1-z}$，$z=0,1$，$P(Y_i=y\,|\,Z_i=1)=\lambda^y e^{-\lambda}/y!$，$P(Y_i=y\,|\,Z_i=0)=\tau^y e^{-\tau}/y!$ とす

る．このとき，完全データに基づいた対数尤度関数は

$$\ell_c(p, \lambda, \tau, \boldsymbol{y}, \boldsymbol{z}) = \sum_{i=1}^{n} z_i [\log(p) + y_i \log(\lambda) - \lambda]$$
$$+ \sum_{i=1}^{n} (1 - z_i)[\log(1 - p) + y_i \log(\tau) - \tau] - \sum_{i=1}^{n} \log(y_i!)$$

と表される．したがって，E ステップでは条件付き期待値 $E[Z_i | Y_i = y, p, \lambda, \tau]$ を求めることになる．ここで，$Y_i = y$ を与えたときの Z_i の条件付き分布は

$$P(Z_i = 1 | Y_i = y) = p \frac{\lambda^y e^{-\lambda}/y!}{f(y | p, \lambda, \tau)},$$
$$P(Z_i = 0 | Y_i = y) = (1 - p) \frac{\tau^y e^{-\tau}/y!}{f(y | p, \lambda, \tau)}$$

と書けるので，

$$E[Z_i | Y_i = y_i, p, \lambda, \tau] = \frac{p \lambda^{y_i} e^{-\lambda}}{p \lambda^{y_i} e^{-\lambda} + (1 - p) \tau^{y_i} e^{-\tau}} \equiv \hat{z}_i(p, \lambda, \tau)$$

となる．

いま $\hat{p}^{(k)}, \hat{\lambda}^{(k)}, \hat{\tau}^{(k)}$ が得られているとき，次のステップを求める．

Step E. Z_i を $\hat{z}_i^{(k)} = \hat{z}_i(\hat{p}^{(k)}, \hat{\lambda}^{(k)}, \hat{\tau}^{(k)})$ で推定する．その結果，

$$E[\ell_c(p, \lambda, \tau, \boldsymbol{Y}, \boldsymbol{Z}) | \boldsymbol{Y}]$$
$$= \sum_{i=1}^{n} \hat{z}_i^{(k)} [\log(p) + y_i \log(\lambda) - \lambda]$$
$$+ \sum_{i=1}^{n} (1 - \hat{z}_i^{(k)})[\log(1 - p) + y_i \log(\tau) - \tau] - \sum_{i=1}^{n} \log(y_i!)$$

と表される．

Step M. この条件付き期待対数尤度関数を p, λ, τ に関して最大化すると，

$$\hat{p}^{(k+1)} = \frac{1}{n} \sum_{i=1}^{n} \hat{z}_i^{(k)}, \qquad \hat{\lambda}^{(k+1)} = \frac{\sum_{i=1}^{n} y_i \hat{z}_i^{(k)}}{\sum_{i=1}^{n} \hat{z}_i^{(k)}},$$
$$\hat{\tau}^{(k+1)} = \frac{\sum_{i=1}^{n} y_i(1 - \hat{z}_i^{(k)})}{\sum_{i=1}^{n} (1 - \hat{z}_i^{(k)})}$$

となる．k を $k + 1$ として Step E に戻る． □

第12章

発展的トピック：確率過程

　確率過程は時間とともに観測される確率変数の列で，独立同一分布に従うとするこれまでの内容とはかなり異なっている．確率過程を理解するには測度論的な確率論から積み重ねていく必要があるが，応用範囲は計量経済学，数理ファイナンス，オペレーションズ・リサーチなど幅広い．本章では，第11章までの統計的推測の内容とは異なるが，第8章までの知識で理解できる確率過程の内容を紹介し，ポアソン過程，ランダム・ウォーク，マルチンゲール，ブラウン運動，マルコフ連鎖の導入部分を説明する．それぞれどのような確率過程かを知る上で役立つと思う．興味をもつ読者は確率過程および応用確率過程の専門書を参照して深い理論を学んでほしい．

12.1 ベルヌーイ過程とポアソン過程

12.1.1 ベルヌーイ過程

　始めに，簡単な確率過程としてベルヌーイ過程を考えてみよう．これは，'成功' か '失敗' かの独立なベルヌーイ試行を繰り返し行い，'成功' の回数を数えていく過程である．$n = 1, 2, \ldots$ を時間と考え，時刻 n でのベルヌーイ試行の結果を X_n とすると，$P(X_n = 1) = p, P(X_n = 0) = q = 1 - p$ である．$S_n = \sum_{i=1}^{n} X_i$ とおくと，これは時刻 n までの '成功' の回数になる．また

$$T_k = \min\{n \mid S_n = k\}$$

とおくと，これは初めて k 回成功するまでに要したベルヌーイ試行の回数になる．S_n の分布は2項分布 $Bin(n, p)$，T_k の分布は負の2項分布 $NB(k, p)$ に従う．すなわち

$$P(S_n = k) = \binom{n}{k} p^k (1-p)^{n-k}$$

$$P(T_k = m) = \binom{m-1}{k-1} p^k (1-p)^{m-k}, \quad (m \geq k)$$

と書ける．

$S_{k+j} - S_k = \sum_{i=k+1}^{k+j} X_i$ と書けることから次の性質が成り立つ．

(1) 任意の $0 < n_1 < \cdots < n_k$ に対して，確率変数 $S_{n_1}, S_{n_2} - S_{n_1}, \ldots, S_{n_k} - S_{n_{k-1}}$ は互いに独立である．これを**独立増分** (independent increments) という．

(2) 任意の固定した j に対して，$S_{k+j} - S_k$ の分布はすべての k について同じである．これを**定常増分** (stationary increments) という．

このような性質から，ベルヌーイ過程は離散時間軸上をランダムに起こる現象を記述していることがわかる．$k-1$ 回目の'成功'から次に'成功'するまでに要した時間を

$$U_k = T_k - T_{k-1}$$

と書くことができる．

▶**命題 12.1** 確率変数 $U_1, U_2, \ldots$ は互いに独立に同一分布 $P(U_k = x) = q^{x-1} p$ に従う．

[証明] $m_1, m_2, \ldots$ を 1 以上の整数とし，各 j に対して $\ell_j = \sum_{i=1}^{j} m_i$ とおくと，

$$\begin{aligned}
P(U_1 = m_1, \ldots, U_j = m_j) &= P(S_{\ell_1 - 1} = 0, X_{\ell_1} = 1, S_{\ell_2 - 1} - S_{\ell_1} = 0, \\
&\qquad X_{\ell_2} = 1, \ldots, S_{\ell_j - 1} - S_{\ell_{j-1}} = 0, X_{\ell_j} = 1) \\
&= (q^{m_1 - 1} p)(q^{m_2 - 1} p) \cdots (q^{m_j - 1} p) \\
&= P(U_1 = m_1) \cdots P(U_j = m_j)
\end{aligned}$$

となり，命題が示される． □

12.1.2 ポアソン過程

応用確率過程の代表的な確率過程がポアソン過程である．ベルヌーイ過程が離散時間軸上をランダムに起こる現象を記述していたのに対して，ポアソン過程は連続時間軸上をランダムに起こる事象を扱っている．

時間区間 $(0, t]$ に起こったランダムな事象の回数を N_t とする．例えば，窓口に顧客がランダムにやってくるとき，時刻 t が経過したときにやってきた顧客の人数が N_t になる．このように時間とともに進む確率変数の過程を**確率過程** (stochastic process) という．いまの場合，$N_0 = 0$ であり，N_t は t に関して単調増加する確率過程である．$0 = t_0 < t_1 < \cdots < t_n$ に対して，n 個の確率変数

$$N_{t_1} - N_{t_0}, \ N_{t_2} - N_{t_1}, \ \ldots, \ N_{t_n} - N_{t_{n-1}}$$

が互いに独立，すなわち独立増分である．$(N_{t_1+h}, \ldots, N_{t_n+h})$ の同時分布が $(N_{t_1}, \ldots, N_{t_n})$ の同時分布に等しい，すなわち定常増分である．

▷**定義 12.2** $\{N_t, t \geq 0\}$ が定常独立増分をもち，$N_0 = 0$,

$$P(N_h = 1) = \lambda h + o(h), \quad P(N_h \geq 2) = o(h)$$

を満たすとき，パラメータ λ の**ポアソン過程** (Poisson process) という．

時間区間 $(0, t]$ において k 個の事象が起こる確率を $P_k(t) = P(N_t = k)$ とおく．

▶**命題 12.3** ポアソン過程 N_t に対して，N_t の分布は平均 λt のポアソン分布 $Po(\lambda t)$ に従う．すなわち，$P_k(t) = \{(\lambda t)^k/k!\} e^{-\lambda t}$ となる．

[証明] 区間を $(0, t]$ と $(t, t+h]$ に分けて考えると，$N_{t+h} - N_t$ と $N_t - N_0$ は独立に分布する．まず $k = 0$ のときには，

$$P_0(t+h) = P(N_{t+h} = 0) = P(N_{t+h} - N_t = 0, N_t = 0)$$
$$= P(N_{t+h} - N_t = 0) P(N_t = 0)$$

と書ける．ここで定常性とポアソン過程の定義より $P(N_{t+h} - N_t = 0) =$

$P(N_h - N_0 = 0) = P(N_h = 0) = 1 - \lambda h + o(h)$ となることがわかる．したがって

$$P_0(t+h) = (1 - \lambda h + o(h))P_0(t) \tag{12.1}$$

と書ける．次に $k \geq 1$ の場合，定常独立増分性から

$$P_k(t+h) = P(N_{t+h} = k) = \sum_{i=0}^{k} P(N_{t+h} - N_t = i, N_t = k - i)$$

$$= \sum_{i=0}^{k} P(N_{t+h} - N_t = i)P(N_t = k - i)$$

$$= \sum_{i=0}^{k} P(N_h = i)P_{k-i}(t)$$

と書ける．したがって，ポアソン過程の定義より，$k = 1, 2, \ldots$ に対して

$$P_k(t+h) = (1 - \lambda h + o(h))P_k(t) + (\lambda h + o(h))P_{k-1}(t)$$
$$+ o(h)\sum_{i=2}^{k} P_{k-i}(t) \tag{12.2}$$

となる．(12.1) と (12.2) の両辺を整理して h で割って $h \to 0$ とすると，

$$P_0'(t) = -\lambda P_0(t),$$
$$P_k'(t) = \lambda P_{k-1}(t) - \lambda P_k(t), \quad k = 1, 2, \ldots$$

なる微分方程式を導くことができる．ここで $P_k'(t) = (d/dt)P_k(t)$, $k \geq 0$, である．初期条件 $P_0(0) = 1$, $P_k(0) = 0$, $k \geq 1$, のもとでこの微分方程式を解くと，$P_0(t) = e^{-\lambda t}$, $P_1(t) = \lambda t e^{-\lambda t}$ となり，一般に $P_k(t) = \{(\lambda t)^k/k!\}e^{-\lambda t}$ が得られる． □

命題 12.3 とは逆に，時間区間 $(0, t]$ において N_t がポアソン分布 $Po(\lambda t)$ に従うと仮定する．このとき，$\{N_t, t \geq 0\}$ は定常独立増分で，任意の $s < t$ に対して $N_t - N_s \sim Po(\lambda(t-s))$ に従うことを示すことができる．

パラメータ λ のポアソン過程 $\{N_t, t \geq 0\}$ において，初めて事象が起こるまでに要した時間を R_1 とし，一般に $n-1$ 番目の事象が起こってから n 番目の事象が起こるまでに要した時間を R_n とする．

▶**命題 12.4** パラメータ λ のポアソン過程 $\{N_t, t \geq 0\}$ において次の性質が成り立つ.
(a) $\{R_n, n = 1, 2, \ldots\}$ は互いに独立に指数分布 $R_n \sim Ex(\lambda)$ に従う.
(b) $S_n = R_1 + \cdots + R_n$ とおくと, $S_n \sim Ga(n, 1/\lambda)$ に従う.
(c) $P(S_n \leq t) = P(N_t \geq n)$, もしくは $P(S_n > t) = P(N_t < n)$ が成り立つ.

[証明]　R_1 の分布は $P(R_1 \leq t) = 1 - P(R_1 > t) = 1 - P(N_t = 0) = 1 - e^{-\lambda t}$ となり, $R_1 \sim Ex(\lambda)$ であることがわかる. 次に $P(R_2 \leq t \,|\, R_1 = s)$ を考えると,

$$P(R_2 \leq t \,|\, R_1 = s) = 1 - P(R_2 > t \,|\, R_1 = s)$$
$$= 1 - P(N_{t+s} - N_s = 0 \,|\, N_s = 1)$$

となる. ここで定常独立増分性から

$$P(N_{t+s} - N_s = 0 \,|\, N_s = 1) = P(N_{t+s} - N_s = 0)$$
$$= P(N_t = 0) = e^{-\lambda t}$$

となるので, $P(R_2 \leq t \,|\, R_1 = s) = 1 - e^{-\lambda t}$ と書ける. このことは, R_2 と R_1 は独立で $R_2 \sim Ex(\lambda)$ を意味している. 以下同様にして命題の (a) が示される. (b), (c) は容易に確かめられる.　　□

以上のポアソン過程は定常独立増分をもつことを仮定した. 時刻 t とともに λ の値が変化するモデルを考えると, λ は λ_t に変わるので定常性の仮定が成り立たなくなる. このようなポアソン過程を**非同次ポアソン過程** (non-homogeneous Poisson process) という. これに対して定常なポアソン過程を特に**同次ポアソン過程** (homogeneous Poisson process) と呼ぶこともある. また到着時間間隔分布を指数分布から一般の分布に拡張したものを**再生過程** (renewal process) といい, 詳しい性質が調べられている.

12.2　ランダム・ウォーク

次のような簡単なランダム・ウォークを考えよう. $Z_1, Z_2, \ldots, i.i.d.$ とし, $P(Z_i = 1) = p$, $P(Z_i = -1) = 1 - p = q$ とする. $X_0 = a$ を正の整数とし,

$n \geq 1$ に対して

$$X_n = a + Z_1 + \cdots + Z_n$$

と定義する．n を時刻とすると X_n は離散時間軸上の確率過程であり，この確率過程を**単純ランダム・ウォーク** (simple random walk) という．これは，例えば，a 円の資金をもって確率 p で1円獲得し，確率 $1-p$ で1円損をする賭けをして，n 回賭けをした後の手持ちのお金が X_n 円であることを意味している．X_n の確率分布は次の命題で与えられる．

▶ **命題 12.5** k は $-n \leq k \leq n$ を満たす整数とする．$n+k$ が偶数ならば

$$P(X_n = a+k) = \binom{n}{(n+k)/2} p^{(n+k)/2} q^{(n-k)/2} \qquad (12.3)$$

であり，$n+k$ が奇数ならば $P(X_n = a+k) = 0$ である．また $E[X_n] = a + n(2p-1)$, $\mathrm{Var}(X_n) = n - n(2p-1)^2$ となる．特に $p = 1/2$ のときに $E[X_n] = a$, $\mathrm{Var}(X_n) = n$ となる．

[**証明**] $Z_i = 1$ となる i の個数を W_n，$Z_i = -1$ となる i の個数を L_n とすると，$X_n = a + W_n - L_n$, $n = W_n + L_n$ を満たすので，$X_n + n = a + 2W_n$ が成り立つ．したがって $X_n = a + k$ は $W_n = (n+k)/2$ と書ける．$W_n \sim Bin(n,p)$ であるから，$n+k$ が奇数なら $P(X_n = a+k) = 0$ であり，$n+k$ が偶数なら，$P(X_n = a+k)$ は (12.3) で与えられることがわかる．また $E[X_n] = a - n + 2E[W_n] = a + n(2p-1)$, $\mathrm{Var}(X_n) = 4\mathrm{Var}(W_n) = 4np(1-p) = n - n(2p-1)^2$ となる． □

命題 12.5 は，$p = 1/2$ のとき，X_n は平均的には a になるものの分散は n とともに大きくなることを示している．損しているときに平均的には a になると思って賭けを続けていても，バラツキも大きくなってしまうので，必ずしも近い将来 a に戻るとは限らない．それでは，a に戻ってくる確率はいくつになるであろうか．ここで再帰的と一時的という用語を定義する．

▷ **定義 12.6** 任意の点 a から出発して a に戻る確率が 1 のとき**再帰的** (recurrent) であるといい，その確率が 1 より小さいとき**一時的** (transient) である

という.

a から出発したランダム・ウォークが再び a に戻るのは n が偶数のときであるから，$n = 2m$ とおくことにする．いま，a から出発して $2m$ 回目で初めて a に戻る確率を $f_{(2m)}$ と書くと，再帰的であるとは $\sum_{m=1}^{\infty} f_{(2m)} = 1$，一時的であるとは $\sum_{m=1}^{\infty} f_{(2m)} < 1$ と表される．一方，$2m$ 回目で a に戻る確率 $p_{(2m)}$ は (12.3) より $p_{(2m)} = P(X_{2m} = a) = \{(2m)!/(m!)^2\} p^m q^m$ と書ける．

▶**命題 12.7** $\sum_{m=1}^{\infty} p_{(2m)} = \infty$ ならば再帰的であり，$\sum_{m=1}^{\infty} p_{(2m)} < \infty$ ならば一時的である．

[証明] $p_{(2m)}$ は

$$p_{(2m)} = f_{(2m)} + f_{(2m-2)}p_{(2)} + \cdots + f_{(2)}p_{(2m-2)} = \sum_{k=1}^{m} f_{(2k)} p_{(2m-2k)}$$

と表される．ただし $p_{(0)} = 1$ に注意する．このとき，大きな正の整数 N に対して

$$\sum_{m=1}^{N} p_{(2m)} = \sum_{m=1}^{N} \sum_{k=1}^{m} f_{(2k)} p_{(2m-2k)} = \sum_{k=1}^{N} \sum_{m=k}^{N} f_{(2k)} p_{(2m-2k)}$$
$$= \sum_{k=1}^{N} f_{(2k)} \sum_{m=k}^{N} p_{(2m-2k)} = \sum_{k=1}^{N} f_{(2k)} \Big(1 + \sum_{m=1}^{N-k} p_{(2m)}\Big)$$

と書ける．$\sum_{m=1}^{\infty} p_{(2m)} < \infty$ のときには，両辺において $N \to \infty$ とすると，

$$\sum_{k=1}^{\infty} f_{(2k)} = \sum_{m=1}^{\infty} p_{(2m)} \Big/ \Big(1 + \sum_{m=1}^{\infty} p_{(2m)}\Big)$$

より $\sum_{k=1}^{\infty} f_{(2k)} < 1$ となり一時的となる．一方 $\sum_{m=1}^{N-k} p_{(2m)} \leq \sum_{m=1}^{N} p_{(2m)}$ より，

$$\sum_{m=1}^{N} p_{(2m)} \Big/ \Big(1 + \sum_{m=1}^{N} p_{(2m)}\Big) \leq \sum_{k=1}^{\infty} f_{(2k)} \leq 1$$

となり，両辺において $N \to \infty$ ととると $\sum_{m=1}^{\infty} p_{(2m)} = \infty$ のときには $\sum_{k=1}^{\infty} f_{(2k)} = 1$ となり再帰的となる． □

▶**命題 12.8** $p = 1/2$ なら単純ランダム・ウォークは再帰的であり，$p \neq 1/2$ なら一時的である．

[証明] $p_{(2m)} = \{(2m)!/(m!)^2\}p^m q^m$ において，スターリングの公式 $k! \approx \sqrt{2\pi}\, k^{k+1/2} e^{-k}$ を用いると，m が大きいとき

$$p_{(2m)} \approx (1/\sqrt{\pi m})(4pq)^m$$

で近似できる．$p = 1/2$ のときには $4pq = 1$ より $\sum_{m=1}^{\infty} p_{(2m)} = \infty$ となることがわかる．また $p \neq 1/2$ のときには $4pq < 1$ より $\sum_{m=1}^{\infty} p_{(2m)} < \infty$ となるので命題 12.7 より結果が従う． □

命題 12.8 は 1 次元の対称ランダム・ウォークの再帰性を示しており，2 次元の対称ランダム・ウォークも再帰的であることが同様に示される．しかし，3 次元以上のときには一時的になってしまう．2 次元と 3 次元との間に空間的な広がりに違いがあることに起因しており，統計的決定論の章で紹介した許容性に関するスタイン現象と関係している．

さて，いわゆる**破産問題** (Gambler's ruin problem) を考えよう．c を $a < c$ を満たす正の整数とし，

$$\tau_0 = \min\{n \geq 0\,|\,X_n = 0\}, \quad \tau_c = \min\{n \geq 0\,|\,X_n = c\},$$

とする．$X_n = 0$ は破産することを意味するので τ_0 は初めて破産する時間を表す．また，τ_c は初めて c に到達する時間を表す．破産する前に c に到達する確率は $P(\tau_c < \tau_0)$ と表され，その確率は次の命題で与えられる．

▶**命題 12.9** $p = 1/2$ のときには $P(\tau_c < \tau_0) = a/c$ であり，$p \neq 1/2$ のときには $P(\tau_c < \tau_0) = \{1 - (q/p)^a\}/\{1 - (q/p)^c\}$ となる．

[証明] まず $0 \leq b \leq c$ に対して b からスタートして $\tau_c < \tau_0$ となる確率を $\lambda_b = P(\tau_c < \tau_0\,|\,b)$ と書くと，求めたい確率は λ_a と表される．定義から $\lambda_0 = 0, \lambda_c = 1$ である．ここで $1 \leq b \leq c-1$ に対して，b からスタートして 1 回賭を行うと

$$\lambda_b = P(\tau_c < \tau_0\,|\,b) = P(Z_1 = 1, \tau_c < \tau_0\,|\,b) + P(Z_1 = -1, \tau_c < \tau_0\,|\,b)$$
$$= pP(\tau_c < \tau_0\,|\,b+1) + qP(\tau_c < \tau_0\,|\,b-1) = p\lambda_{b+1} + q\lambda_{b-1}$$

なる漸化式が得られる．この漸化式は

$$\lambda_{b+1} - \lambda_b = \frac{q}{p}(\lambda_b - \lambda_{b-1})$$

と書き直すことができるので，$\lambda_b - \lambda_{b-1} = (q/p)^{b-1}\lambda_1$ と書ける．したがって，

$$\lambda_b = \sum_{j=1}^{b}(\lambda_j - \lambda_{j-1}) = \sum_{j=1}^{b}(q/p)^{j-1}\lambda_1$$

となる．$p = 1/2$ のときには $q/p = 1$ より $\lambda_b = b\lambda_1$ となる．$\lambda_c = 1$ より $1 = \lambda_c = c\lambda_1$ となるので，結局 $\lambda_b = b/c$ となり，$\lambda_a = a/c$ が得られる．

$p \neq 1/2$ のときには，等比数列の和であることから $\lambda_b = \lambda_1\{1-(q/p)^b\}/\{1-(q/p)\}$ と書けることがわかる．$\lambda_c = 1$ より $1 = \lambda_1\{1-(q/p)^c\}/\{1-(q/p)\}$ となるので，結局

$$\lambda_b = \{1-(q/p)^b\}/\{1-(q/p)^c\}$$

が得られ，命題 12.9 が成り立つ． □

命題 12.9 から，必ず倒産する確率 $P(\tau_0 < \infty)$ が計算できる．実際，

$$P(\tau_0 < \infty) = \lim_{c \to \infty} P(\tau_0 < \tau_c) = \lim_{c \to \infty} \{1 - P(\tau_0 > \tau_c)\}$$

と書けるので，$p < 1/2, p = 1/2, p > 1/2$ の場合に分けて命題 12.9 の結果を適用すると次の命題が得られる．

▶**命題 12.10** $p \leq 1/2$ のときには $P(\tau_0 < \infty) = 1$ であり，$p > 1/2$ のときには $P(\tau_0 < \infty) = (q/p)^a$ となる．

12.3 マルチンゲール

実は，単純ランダム・ウォークはマルチンゲールと呼ばれる確率過程の枠組みで捉えることができる．

▷**定義 12.11** 確率過程 $\{M_n, n = 0, 1, 2, \ldots\}$ が，すべての n と $B_n = (M_n, \ldots, M_1, M_0)$ に対して $E[M_{n+1} | B_n] = M_n$ が成り立つとき，**マルチンゲール** (Martingale) であるという．

例えば，次のような一般的なランダム・ウォークを考えてみよう．$Z_1, Z_2, \ldots, i.i.d.$ とし，$E[Z_i] = \mu$, $\text{Var}(Z_i) = \sigma^2$ とし，

$$X_n = Z_1 + \cdots + Z_n$$

とする．このとき $E[X_n] = n\mu$, $\text{Var}(X_n) = n\sigma^2$ であり，$m > n$ のとき $X_m - X_n$ は X_n に独立で $\text{Cov}(X_m, X_n) = n\sigma^2$ となる．$\mu = 0$ のときには $E[X_{n+1} | B_n] = E[Z_{n+1} + X_n | B_n] = E[Z_{n+1}] + X_n = X_n$ となるので，X_n はマルチンゲールになる．$\mu > 0$ のときには $E[X_{n+1} | B_n] = \mu + X_n \geq X_n$ となる．これを**劣マルチンゲール** (submartingale) という．逆に $\mu < 0$ のときには $E[X_{n+1} | B_n] \leq X_n$ となり**優マルチンゲール** (super-martingale) という．

【例 12.12】 X_n を 12.2 節で扱った単純ランダム・ウォークとすると，$X_n = a + Z_1 + \cdots + Z_n$, $P(Z_i = -1) = 1 - p = q$, $P(Z_i = 1) = p$ と表される．$B_n = (Z_1, \ldots, Z_n)$ であるので，$E[X_{n+1} - X_n | B_n] = E[Z_{n+1}] = p - q = 2p - 1$ となるので，X_n は $p = 1/2$ のときマルチンゲール，$1/2 < p < 1$ のとき劣マルチンゲール，$0 < p < 1/2$ のとき優マルチンゲールになる．$Y_n = (q/p)^{X_n}$ を考えてみると，

$$\begin{aligned} E[Y_{n+1} - Y_n | B_n] &= E[(q/p)^{Z_{n+1}} - 1]Y_n \\ &= [p\{(q/p) - 1\} + q\{(p/q) - 1\}]Y_n = 0 \end{aligned}$$

となり，p の値に関係なく Y_n はマルチンゲールになることがわかる． □

マルチンゲールの簡単な性質をあげてみると，まず $E[M_{n+m} | B_n] = M_n$ であることがわかる．これより $E[M_n | B_0] = M_0$ であるから $E[M_n] = E[M_0]$ が成り立つ．また $\{L_n\}$, $\{M_n\}$ がマルチンゲールであれば，実数 a, b に対して $\{aL_n + bM_n\}$ はマルチンゲールになる．$g(\cdot)$ を凸関数とし $\{M_n\}$ を $E[|g(M_n)|] < \infty$ を満たすマルチンゲールとするとき，$\{g(M_n)\}$ は劣マルチンゲールになる．$g(\cdot)$ が単調増加な凸関数とし $\{M_n\}$ を $E[|g(M_n)|] < \infty$ を満たす劣マルチンゲールとするとき，$\{g(M_n)\}$ は劣マルチンゲールになることがわかる．

さて，マルチンゲールに停止時刻を組み込むことを考えよう．停止時刻の性

質を用いると破産確率の計算を容易に行うことができる．

▷**定義 12.13** $\{M_n\}$ が確率過程で，T が $0, 1, 2, \ldots$ 上に値をとる確率変数とする．$m = 0, 1, 2, \ldots$ に対して，$\{T \leq m\}$ である事象が B_m にだけ基づいているとき，T を**停止時刻** (stopping time) という．

停止時刻を伴うマルチンゲールについては次の**任意抽出定理** (optional sampling theorem) が成り立つ．

▶**定理 12.14** $\{M_n\}$ をマルチンゲールとし，T を停止時刻とする．
(1) T が有界ならば，$E[M_T] = E[M_0]$ である．
(2) $P(T < \infty) = 1$, $E[|M_T|] < \infty$ とし $\lim_{n \to \infty} E[M_n I(T > n)] = 0$ であるならば，$E[M_T] = E[M_0]$ である．

[証明] (1) については，ある整数 n があって $P(T \leq n) = 1$ とできる．このとき，$E[M_T] = E[\sum_{k=0}^n M_k I(T = k)] = \sum_{k=0}^n E[E[M_n \mid B_k] I(T = k)]$ と書ける．これは $\sum_{k=0}^n E[M_n I(T = k)] = E[M_n] = E[M_0]$ に等しいことがわかる．

(2) については，各 n に対して $T \wedge n = \min\{T, n\}$ は有界なので，(1) より $E[M_0] = E[M_{T \wedge n}]$ が成り立つ．したがって

$$E[M_0] = \lim_{n \to \infty} E[M_{T \wedge n}]$$
$$= \lim_{n \to \infty} E[M_T I(T \leq n)] + \lim_{n \to \infty} E[M_n I(T > n)]$$

となる．仮定より第 2 項は 0 になる．第 1 項については $E[|M_T|] < \infty$ よりルベーグの優収束定理（巻末の付録 C1）より $\lim_{n \to \infty} E[M_T I(T \leq n)] = E[\lim_{n \to \infty} M_T I(T \leq n)] = E[M_T]$ となる． □

【例 12.15】 例 12.12 の続きを考えてみよう．マルチンゲールの停止時刻に関する定理 12.14 を用いると，命題 12.9 で導かれた破産確率の計算を簡単に行うことができる．X_n を 12.2 節で扱った単純ランダム・ウォークとし，$Y_n = (q/p)^{X_n}$ とする．$s < a < r$ とし，s, r へ初めて到達する時間を τ_s, τ_r とする．$T = \min\{\tau_s, \tau_r\}$ を停止時刻とする．s に到達する前に r に到達する確率

$P(\tau_r < \tau_s)$ を求めてみよう．これは $P(X_T = r)$ と表すことができる．以下では $0 < p < 1/2$ の場合を扱うが，$1/2 < p < 1$ の場合についても同様に議論することができる．$n \leq T$ に対して $s \leq X_n \leq r$ より $(q/p)^s \leq Y_n \leq (q/p)^r$ となる．X_n が a からスタートするので Y_n は $(q/p)^a$ からスタートすることになる．

ここで定理 12.14(2) の条件が満たされることを示す．まず，$X_n = a + \sum_{i=1}^{n} Z_i$ であり，$\mu = E[Z_i] = 2p - 1$，$\sigma^2 = 4p(1-p)$ に注意する．このとき

$$\limsup_{n \to \infty} \sum_{i=1}^{n} Z_i / \sqrt{2n \log \log n} = \sigma$$

が確率 1 で成り立つ．これは**重複対数の法則** (law of the iterated logarithm) として知られている．このことは $\limsup_{n \to \infty} X_n = \infty$ となることを意味しており，したがって $P(T < \infty) = 1$ が成り立つ．次に，$(q/p)^s \leq Y_T \leq (q/p)^r$ より $E[Y_T] \leq (q/p)^r < \infty$ である．また，$n < T$ なる n に対して $(q/p)^s < Y_n < (q/p)^r$ より，$E[Y_n I(T > n)] \leq (q/p)^r P(T > n)$ であり，$\lim_{n \to \infty} P(T > n) = 0$ より $\lim_{n \to \infty} E[Y_n I(T > n)] = 0$ となる．

したがって定理 12.14(2) より

$$E[Y_T] = E[Y_0] = (q/p)^a$$

が成り立つ．一方，$P(X_T = s) + P(X_T = r) = 1$ より

$$E[Y_T] = E[Y_T \mid X_T = s] P(X_T = s) + E[Y_T \mid X_T = r] P(X_T = r)$$
$$= (q/p)^s \{1 - P(X_T = r)\} + (q/p)^r P(X_T = r)$$

となる．上の 2 つの式を連立方程式として解くと

$$P(X_T = r) = \{(q/p)^a - (q/p)^s\} / \{(q/p)^r - (q/p)^s\}$$

となる．ここで $s = 0, r = c$ とおくと，命題 12.9 の結果が得られる． □

マルチンゲールに関するその他の主要な結果として**ワルドの等式** (Wald's identity) と**マルチンゲール中心極限定理** (Martingale central limit theorem) があげられる．結果のみを紹介しておく．

▶**定理 12.16** $Y_1, Y_2, \ldots, $ i.i.d. で $E[|Y_i|] < \infty$ とする. $S_n = Y_1 + \cdots + Y_n$ とおく. T が $E[T] < \infty$ を満たす停止時刻とするとき, $E[S_T] = E[T]E[Y_1]$ が成り立つ.

▶**定理 12.17** $\{M_n\}$ をマルチンゲールとする. $Z_{n+1} = M_{n+1} - M_n$ とおくと, $E[Z_{n+1} | B_n] = E[M_{n+1} | B_n] - M_n = 0$ となることに注意する. $n^{-1}\sum_{i=1}^{n} E[Z_i^2 | B_{i-1}] \to_p \sigma^2$ となる定数 $\sigma^2 > 0$ が存在し, 任意の $\varepsilon > 0$ に対して $n^{-1}\sum_{i=1}^{n} E[Z_i^2 I_{[|Z_i|>\varepsilon\sqrt{n}]} | B_{i-1}] \to_p 0$ が成り立つと仮定する. このとき, $\sqrt{n}\,\overline{Z} = n^{-1/2}\sum_{i=1}^{n} Z_i \to_d \mathcal{N}(0, \sigma^2)$ が成り立つ.

12.4 ブラウン運動

連続時間の確率過程 $\{W_t\}, t \geq 0,$ を考える.

▷**定義 12.18** 確率過程 $\{W_t\}$ が次の条件を満たすとき**ブラウン運動** (Brownian motion) という.

(a) $W_0 = 0$
(b) 独立増分をもつ.
(c) 任意の $s < t$ に対して, $W_t - W_s \sim \mathcal{N}(0, t-s)$ となる.

条件 (b) より, $0 < s < t$ に対して $W_t - W_s$ と W_s は独立に分布する. 条件 (c) は定常性も含めている. 明らかに $W_t \sim \mathcal{N}(0, t)$, $E[W_t] = 0$ である. また, $\mathrm{Cov}(W_s, W_t) = E[W_s W_t] = \min\{s, t\}$ が成り立つ. 実際, $0 < s < t$ のとき, $E[W_s W_t] = E[W_s(W_t - W_s)] + E[W_s^2] = E[W_s]E[W_t - W_s] + s = s$ となることからわかる.

ブラウン運動の特徴は, 確率 1 で連続であるが, 至る所で微分不可能になることである. したがって s を t に近づけていくと $(W_s - W_t)/(s - t)$ は激しく挙動して収束しない. また $\Delta = \{0 = t_0 < t_1 < \cdots < t_n = T\}$ を区間 $[0, T]$ の分割とし $|\Delta| = \max_k |t_{k+1} - t_k|$, $\Delta W_{t_k} = W_{t_{k+1}} - W_{t_k}$ とおく. $|\Delta| \to 0$ とするとき, ほとんど至るところで $\sum_{t_k} |\Delta W_{t_k}|$ は発散し有界変動ではないが,

$$\sum_{t_k} |\Delta W_{t_k}|^2 \to T \tag{12.4}$$

に収束し有限の 2 次変動量をもつことが知られている. この収束は平均 2 乗収束の意味で成り立つ.

12.4 ブラウン運動

ランダム・ウォークを用いてブラウン運動を近似的に構成することを紹介しよう．$Z_1, Z_2, \ldots, i.i.d.$ とし，$E[Z_i] = 0$, $E[Z_i^2] = \sigma^2$, $E[Z_i^4] = c\sigma^4$ とする．このとき中心極限定理より $\sum_{i=1}^n Z_i/(\sqrt{n}\sigma) \to_d \mathcal{N}(0,1)$ となる．さらに一歩深めて，$0 \leq t \leq 1$ に対して

$$W_n(t) = \frac{1}{\sqrt{n}\,\sigma} \Big(\sum_{i=1}^{[nt]} Z_i + (nt - [nt]) Z_{[nt]} \Big)$$

とおくと，$W_n(t)$ はブラウン運動 $W(t)$ に分布収束する，すなわち $W_n(t) \to_d W(t)$ となることが知られている．ここで，$[x]$ はガウス記号であり x を超えない最大整数を表す．

ブラウン運動に基づいて様々な**拡散過程** (diffusion process) を構成することができる．例えば，

$$X_t = a + \delta t + \sigma W_t$$

を考える．δ をドリフト (drift) 母数，σ をボラティリティ (volatility) 母数という．このときブラウン運動の性質から，$E[X_t] = a + \delta t$, $\text{Var}(X_t) = \sigma^2 t$, $X_t \sim \mathcal{N}(a + \delta t, \sigma^2 t)$ となることが容易に確かめられる．計量経済学では δ, σ が確率変数に基づいたもっと複雑な拡散過程が扱われる．

ブラウン運動は確率積分，伊藤の公式，確率微分方程式を通してファイナンス数理の分野へ応用される．最後に確率積分，伊藤の公式について簡単な紹介を与えて終えることにする．区間 $(0,T)$ 上の 2 乗可積分関数 $f(t)$ に対して，$|\Delta| \to 0$ とするとき，

$$\sum_{t_k} f(t_k) \Delta W_{t_k} \to \int_0^T f(t)\, dW_t$$

としてブラウン運動の積分を定める．収束は平均 2 乗収束の意味で成り立つ．例えば，$(\Delta W_{t_k})^2 + 2 W_{t_k} \Delta W_{t_k} = W_{t_{k+1}}^2 - W_{t_k}^2$ が成り立つので両辺を全範囲で和をとると

$$\sum_{t_k} (\Delta W_{t_k})^2 + 2 \sum_{t_k} W_{t_k} \Delta W_{t_k} = W_T^2$$

が得られる．$|\Delta| \to 0$ とすると，(12.4) より左辺の第 1 項は T に収束するので，$T + 2 \int_0^T W_t\, dW_t = W_T^2$ に収束し，よく知られた式

$$\int_0^T W_t\, dW_t = \frac{1}{2} W_T^2 - \frac{T}{2} \tag{12.5}$$

が得られる．こうした関係式を導いたり確率微分方程式を解く際に伊藤の公式が役立つ．

X_t をブラウン運動 W_t の確率積分に基づいた確率過程とし

$$X_t(\omega) = \int_0^t A_s\,ds + \int_0^t C_s\,dW_s \tag{12.6}$$

を考える．ここで A_t, C_t は確率過程である．このとき微分可能な関数 $F(\cdot)$ に対して

$$\begin{aligned}F(X_T) - F(X_0) &= \int_0^T F'(X_t)A_t\,dt + \int_0^T F'(X_t)C_t\,dW_t \\ &\quad + \frac{1}{2}\int_0^T F''(X_t)C_t^2\,dt\end{aligned} \tag{12.7}$$

という関係式が成り立つ．これを伊藤の公式という．これは合成関数の微分に対応するもので微分の形で表現すると

$$dX_t = A_t\,dt + C_t\,dW_t$$

に対して

$$dF(X_t) = F'(X_t)A_t\,dt + F'(X_t)C_t\,dW_t + \frac{1}{2}F''(X_t)C_t^2\,dt$$

と書くことができる．例えば (12.6) において $F(x) = x^2$, $A_t = 0$, $C_t = 1$ とおくと $X_t = W_t$ となるので (12.7) より

$$W_T^2 = 2\int_0^T W_t\,dW_t + T$$

となり，関係式 (12.5) が得られることがわかる．$F(x) = x^3$, $A_t = 0$, $C_t = 1$ とおくと

$$W_T^3 = 3\int_0^T W_t^2\,dW_t + 3\int_0^T W_t\,dt$$

なる関係式が得られる．また $X_t = tW_t$ とおくと $dX_t = d(tW_t) = W_t\,dt + t\,dW_t$ より

$$TW_T = \int_0^T W_t\,dt + \int_0^T t\,dW_t$$

なる関係式が成り立つことがわかる．

伊藤の公式は簡単な確率微分方程式を解く際にも役立つ．例えば

なる確率微分方程式を考える．伊藤の公式において $F(x) = \log x$, $A_t = a(t)X_t$, $C_t = b(t)X_t$ とおくと

$$d\log(X_t) = \frac{a(t)X_t}{X_t}\,dt + \frac{b(t)X_t}{X_t}\,dW_t - \frac{b(t)^2 X_t^2}{2X_t^2}\,dt$$

$$= [a(t) - (1/2)b(t)^2]\,dt + b(t)\,dW_t$$

となる．これを初期値 $X_0 = 1$ のもとで解くと

$$X_t = \exp\left\{\int_0^t [a(s) - \frac{1}{2}b(s)^2]\,ds + \int_0^t b(s)\,dW_s\right\}$$

となる．

12.5　マルコフ連鎖

本章の最後にマルコフ連鎖について説明しよう．これは，様々な分野に応用されており，例えば11.1節ではマルコフ連鎖に基づいたモンテカルロ法が扱われる．確率変数がとる値の集合 S を**状態空間** (state space) といい，その要素を**状態** (state) という．状態 $i, j \in S$ に対して確率 p_{ij} が $p_{ij} \geq 0$ で $\sum_{j \in S} p_{ij} = 1$ を満たすとする．初期値 X_0 の分布を $P(X_0 = i) = \pi_i^{(0)}$, $i \in S$, とすると，$\pi_i^{(0)} \geq 0$, $\sum_{i \in S} \pi_i^{(0)} = 1$ を満たす．これを**初期確率** (initial probability) という．ここで，$i, j, x_{n-1}, \ldots, x_0 \in S$ に対して

$$P(X_{n+1} = j \mid X_n = i) = p_{ij}, \tag{12.8}$$

$$P(X_{n+1} = j \mid X_n = i, X_{n-1} = x_{n-1}, \ldots, X_0 = x_0) = p_{ij} \tag{12.9}$$

を仮定する．最初の式 (12.8) は状態 i から状態 j へ移る確率が p_{ij} で与えられることを表しているので，p_{ij} を**推移確率** (transition probability) という．特に p_{ij} が時間 n に依存しないことから定常な推移確率という．次の式 (12.9) は推移確率が直前の状態にのみ依存し過去の履歴に依存しないことを意味しており，この性質を**マルコフ性** (Markov property) という．(12.8) と (12.9) を満たす確率過程を**離散時間マルコフ連鎖** (discrete-time Markov chain) もしくは単にマルコフ連鎖という．このとき，

$$P(X_1 = k) = \sum_{i \in S} P(X_0 = i, X_1 = k)$$
$$= \sum_{i \in S} P(X_0 = i) P(X_1 = k \mid X_0 = i) = \sum_{i \in S} \pi_i^{(0)} p_{ik}$$

と表される.

$$P(X_1 = k, X_2 = j \mid X_0 = i)$$
$$= P(X_1 = k \mid X_0 = i) P(X_2 = j \mid X_1 = k, X_0 = i) = p_{ik} p_{kj},$$
$$P(X_2 = j \mid X_0 = i) = \sum_{k \in S} P(X_1 = k, X_2 = j \mid X_0 = i) = \sum_{k \in S} p_{ik} p_{kj}$$

となる. (i,j) 成分が p_{ij} からなる行列を $\boldsymbol{P}$ とおき, **推移確率行列** (transition probability matrix) という. 第 i 成分が 1 で他は 0 からなるベクトルを $\boldsymbol{e}_i$ と書くと, $P(X_2 = j \mid X_0 = i) = \boldsymbol{e}_i^\top \boldsymbol{P}^2 \boldsymbol{e}_j$ と書けることがわかる. したがって,

$$P(X_n = j \mid X_0 = i) = \boldsymbol{e}_i^\top \boldsymbol{P}^n \boldsymbol{e}_j$$

と表される. 例えば, $S = \{0, 1, 2, \ldots\}$ とすると, $\boldsymbol{P}$ は

$$\boldsymbol{P} = \begin{bmatrix} p_{00} & p_{01} & p_{02} & \cdots \\ p_{10} & p_{11} & p_{12} & \cdots \\ p_{20} & p_{21} & p_{22} & \cdots \\ \vdots & \vdots & \vdots & \ddots \end{bmatrix}$$

と表される. $S = \{0, 1\}$ の 2 点からなる場合には, $0 \leq a, b \leq 1$ に対して

$$\boldsymbol{P}_{ab} = \begin{pmatrix} 1-a & a \\ b & 1-b \end{pmatrix}$$

と書ける. 12.2 節のランダム・ウォークにおいて, $S = \{0, 1, \ldots, b\}$ とし端の点に届いたらその点から離れないとすると, このランダム・ウォークはマルコフ連鎖を用いて

$$\boldsymbol{P}_{RW} = \begin{bmatrix} 1 & 0 & 0 & \cdots & 0 \\ 1-p & 0 & p & \ddots & \vdots \\ 0 & \ddots & \ddots & \ddots & 0 \\ \vdots & \ddots & 1-p & 0 & p \\ 0 & \cdots & 0 & 0 & 1 \end{bmatrix}$$

と表される．

▷**定義 12.19** 状態 $i, j \in S$ に対して $P(X_n = j \mid X_0 = i) > 0$ となる正の整数 n がとれるとき，i から j へ**到達可能**であるといい $i \to j$ と書く．$i \to j$ でしかも $j \to i$ のとき，i と j は**相互到達可能**であるといい $i \leftrightarrow j$ と書く．任意の状態 $i, j \in S$ が相互到達可能であるとき，マルコフ連鎖は**既約** (irreducible) であるという．

例えば，

$$\boldsymbol{P}_1 = \begin{pmatrix} 1/4 & 3/4 \\ 1/2 & 1/2 \end{pmatrix}, \quad \boldsymbol{P}_2 = \begin{pmatrix} \boldsymbol{P}_1 & 0 \\ 0 & 1 \end{pmatrix}, \quad \boldsymbol{P}_3 = \begin{pmatrix} 0 & 1 & 0 \\ 0 & 0 & 1 \\ 1 & 0 & 0 \end{pmatrix}$$

を考えると，$\boldsymbol{P}_1$ と $\boldsymbol{P}_3$ は既約であるが $\boldsymbol{P}_2$ は既約でない．

▷**定義 12.20** $P(X_n = i \mid X_0 = i) > 0$ となる n の最大公約数を状態 i の**周期** (period) といい $d(i)$ で表す．$d(i) = 1$ のとき状態 i は**非周期的** (aperiodic) であるといい，$d(i) > 1$ のとき状態 i は**周期的** (periodic) であるという．すべての状態が非周期的であるときマルコフ連鎖は非周期的であるという．

すべての状態 $i, j \in S$ に対して $p_{ij} > 0$ ならば，$P(X_1 = i \mid X_0 = i) > 0$ よりマルコフ連鎖は既約かつ非周期的であることがわかる．また $i \leftrightarrow j$ ならば $d(i) = d(j)$ である．上の例では $\boldsymbol{P}_1, \boldsymbol{P}_2$ は非周期的であるが $\boldsymbol{P}_3$ は周期的である．

ここで簡単のために次の記号を導入する．$p_{ij}^{(n)} = P(X_n = j \mid X_0 = i)$ と

する．これは状態 i から出発して n 回目に状態 j に到着している確率を表しており，途中で何回でも j に到着してもよいものとする．これに対して，状態 i から出発して n 回目で初めて j に到達する確率を $f_{ij}^{(n)}$ で表す．すなわち $f_{ij}^{(n)} = P(X_n = j, X_k \neq j, k = 1, 2, \ldots, n-1 \,|\, X_0 = i)$ である．

$$f_{ij} = \sum_{n=1}^{\infty} f_{ij}^{(n)}$$

とおくと，これは状態 i を出発していつかは状態 j に到着する確率を表す．したがって，f_{ii} は状態 i から出発していつか戻ってくる確率を意味する．そこで，マルコフ連鎖の再帰性もランダム・ウォークのときと同様にして定義される．

▷**定義 12.21** $f_{ii} = 1$ のとき状態 $i \in S$ は**再帰的**であるといい，$f_{ii} < 1$ のとき**一時的**であるという．

$p_{ij}^{(n)} = \sum_{k=1}^{n} f_{ij}^{(k)} p_{ii}^{(n-k)}$ と書けるので，命題 12.7 と同様にして次の命題が示される．

▶**命題 12.22** 状態 $i \in S$ が $\sum_{n=1}^{\infty} p_{ii}^{(n)} = \infty$ であるならば再帰的であり，$\sum_{n=1}^{\infty} p_{ii}^{(n)} < \infty$ であるならば一時的である．

$n = 1, 2, \ldots$ に対して $f_{ij}^{(n)}$ は状態 i を出発して n 回目で状態 j に初めて到着する確率であったから

$$\mu_{ij} = \sum_{n=1}^{\infty} n f_{ij}^{(n)}$$

は i から j への平均到達時間を意味することがわかる．状態 i が再帰的であるときには，$f_{ii} = \sum_{n=1}^{\infty} f_{ii}^{(n)} = 1$ であるから $\{f_{ii}^{(n)} \,|\, n = 1, 2, \ldots\}$ は状態 $i \in S$ についての**再帰時間分布** (recurrence time distribution) を表し，μ_{ii} は i を出発してから i に戻るまでの**平均再帰時間** (mean recurrence time) を意味する．$\mu_{ii} = \infty$ のときには有限の平均時間では元の状態に戻れないことを意味するので，再帰的状態は次のように分類される．

▷**定義 12.23** 状態 $i \in S$ が再帰的でありかつ $\mu_{ii} < \infty$ のとき**正再帰的** (positive recurrent), $\mu_{ii} = \infty$ のとき**零再帰的** (null recurrent) であるという.

以下ではマルコフ連鎖の極限に関する結果をまとめておく.

▶**定理 12.24** 状態 $i \in S$ が再帰的で非周期的ならば

$$\lim_{n \to \infty} p_{ii}^{(n)} = 1/\mu_{ii}$$

となる. また状態 $i \in S$ が再帰的で周期 $d(i)$ をもつときには,

$$\lim_{n \to \infty} p_{ii}^{(nd(i))} = d(i)/\mu_{ii}$$

となる. ただし $\mu_{ii} = \infty$ のときには $1/\mu_{ii} = 0$ とする. 一方, 状態 $i \in S$ が一時的ならば $\lim_{n \to \infty} p_{ii}^{(n)} = 0$ となる.

▶**定理 12.25** 状態 $j \in S$ が再帰的で非周期的ならば

$$\lim_{n \to \infty} p_{ij}^{(n)} = f_{ij}/\mu_{jj}$$

となる. ただし $\mu_{ii} = \infty$ のときには $1/\mu_{ii} = 0$ とする. さらにマルコフ連鎖が既約であれば $f_{ij} = 1$ なので

$$\lim_{n \to \infty} p_{ij}^{(n)} = 1/\mu_{jj}$$

となり, 初期状態 $i \in S$ に依存しない.

定理 12.25 より, 既約でしかも再帰的で非周期的なマルコフ連鎖の推移確率行列を $\boldsymbol{P}$ とし, $S = \{0, 1, 2, \ldots\}$ とすると

$$\lim_{n \to \infty} \boldsymbol{P}^n = \begin{bmatrix} 1/\mu_{00} & 1/\mu_{11} & 1/\mu_{22} & \cdots \\ 1/\mu_{00} & 1/\mu_{11} & 1/\mu_{22} & \cdots \\ 1/\mu_{00} & 1/\mu_{11} & 1/\mu_{22} & \cdots \\ \vdots & \vdots & \vdots & \end{bmatrix}$$

となることがわかる. $1/\mu_{ii}$ は極限確率であるから $\sum_{i=0}^{\infty} 1/\mu_{ii} = 1$ を満たしている. 実際に $1/\mu_{ii}$ を求めるには次の定常分布から求めた方が簡単である.

▷ **定義 12.26**　$\{\pi_i, i \in S\}$ を $\sum_{i \in S} \pi_i = 1$ なる確率分布とする．任意の $j \in S$ に対して $\sum_{i \in S} \pi_i p_{ij} = \pi_j$ が成り立つとき，$\{\pi_i, i \in S\}$ をマルコフ連鎖の **定常分布** (stationary distribution) という．

ある時点 n で定常分布 $\{\pi_i, i \in S\}$ に至ったと仮定する．すなわち任意の $j \in S$ に対して $P(X_n = j) = \pi_j$ となったとする．このとき

$$P(X_{n+1} = j) = \sum_{i \in S} P(X_n = i, X_{n+1} = j)$$
$$= \sum_{i \in S} P(X_n = i) P(X_{n+1} = j \mid X_n = i) = \sum_{i \in S} \pi_i p_{ij} = \pi_j$$

となり，n 時点以降の分布は定常分布になることがわかる．これを行列で表すと，$\boldsymbol{\pi} = (\pi_0, \pi_1, \ldots)$ に対して $\boldsymbol{\pi} = \boldsymbol{\pi P}$ が成り立つことを意味する．したがって，$\boldsymbol{\pi} = \boldsymbol{\pi P} = \boldsymbol{\pi P}^2 = \cdots = \boldsymbol{\pi P}^n$ となるので次の定理が成り立つ．

▶ **定理 12.27**　既約なマルコフ連鎖が正再帰的で非周期的ならば

$$\lim_{n \to \infty} p_{ij}^{(n)} = \pi_j$$

となる．ここで π_j は (a) $\pi_j = \sum_{i \in S} \pi_i p_{ij}$，(b) $\sum_{j \in S} \pi_j = 1$ を満たす解である．

▶ **定理 12.28**　既約なマルコフ連鎖が正再帰的ならば

$$\lim_{n \to \infty} (n+1)^{-1} \sum_{k=0}^{n} p_{ij}^{(k)} = \pi_j$$

となる．ここで π_j は定理 12.27 の (a), (b) を満たす解である．

上記の例について調べてみよう．$\boldsymbol{P}_3$ については，$\pi_0 = \pi_1 = \pi_2$ と $\pi_0 + \pi_1 + \pi_2 = 1$ とから定常分布は $\pi_0 = \pi_1 = \pi_2 = 1/3$ となり，定理 12.28 より $\lim_{n \to \infty}(n+1)^{-1} \sum_{k=0}^{n} p_{ij}^{(k)} = 1/3$ が成り立つ．$\boldsymbol{P}_{ab}$ については，$\pi_0 = (1-a)\pi_0 + b\pi_1$，$\pi_0 + \pi_1 = 1$ とから $\pi_0 = b/(a+b)$，$\pi_1 = a/(a+b)$ が得られる．したがって，定理 12.27 より $\lim_{n \to \infty} p_{i0}^{(n)} = b/(a+b)$, $\lim_{n \to \infty} p_{i1}^{(n)} = a/(a+b)$ となる．また定理 12.25 より平均再帰時間は $\mu_{00} = (a+b)/b$, $\mu_{11} = (a+b)/a$ となる．

定常性を調べる1つの方法としてマルコフ連鎖の可逆性があげられる.

▷**定義 12.29** ある確率分布 $\{\pi_i, i \in S\}$ に対してマルコフ連鎖 $\{p_{ij}\}$ が**可逆** (reversible) であるとは,すべての $i, j \in S$ に対して $\pi_i p_{ij} = \pi_j p_{ji}$ が成り立つことをいう.

可逆であるときには,$\sum_{i \in S} \pi_i p_{ij} = \sum_{i \in S} \pi_j p_{ji} = \pi_j$ となるので,$\{\pi_i, i \in S\}$ が定常になることがわかる.

▶**命題 12.30** マルコフ連鎖 $\{p_{ij}\}$ が確率分布 $\{\pi_i, i \in S\}$ に関して可逆であれば,この分布は定常である.

例えば,$\boldsymbol{P}_{ab}$ の例では可逆であるという条件は $\pi_0 a = \pi_1 b$ と書けるので,これと $\pi_0 + \pi_1 = 1$ とから $\pi_0 = b/(a+b), \pi_1 = a/(a+b)$ が得られる.

付　録

A.1　微積分と行列演算

記号の定義と基本事項

(A1) 定義関数もしくは指示関数 $I_{[A]}$ を次のように定義する.

$$I_{[A]} = \begin{cases} 1 & (A \text{ が満たされるとき}) \\ 0 & (A \text{ が満たされないとき}) \end{cases}$$

(A2) 自然対数の底 e を

$$e = \lim_{x \to \infty}(1 + x^{-1})^x = \lim_{x \to 0}(1 + x)^{1/x}$$

の極限で定義する. 実数 λ に対して $\lim_{x \to \infty}(1 + \lambda x^{-1})^x = e^\lambda$ が成り立つ.

(A3-i) 無限小 O, o：実数列 a_n, b_n が $n \to \infty$ のとき $a_n \to 0, b_n \to 0$ であるとき, a_n, b_n は無限小であるという. $\lim_{n \to \infty} a_n/b_n = 0$ のとき a_n は b_n より高位の無限小であるといい, $a_n = o(b_n)\ (n \to \infty)$ と書く. $\lim_{n \to \infty} |a_n/b_n| = \alpha, \alpha > 0,$ であるとき a_n は b_n と同位の無限小であるといい, $a_n \sim b_n$ と書く. また $n \to \infty$ のとき $|a_n/b_n| < K$ となる K が存在するならば a_n はたかだか b_n と同じ位数の無限小であるといい, $a_n = O(b_n)$ と書く. O, o をランダウの記号といい, それぞれラージオー, スモールオーと読む.

(A3-ii) O_p, o_p：確率変数の列 X_n, 実数列 c_n に対して $X_n/c_n \to_p 0$ のとき $X_n = o_p(c_n)$ と書く. また任意の $\varepsilon > 0$ に対して, ある N_ε が存在して, 任意の $n > N_\varepsilon$ に対して

$$P(|X_n/c_n| > M_\varepsilon) < \varepsilon$$

となる M_ε がとれるとき, $X_n = O_p(c_n)$ と書き, X_n/c_n は確率有界であるという.

(A4) 実数 a に対して $(a)_k = a(a-1)\cdots(a-k+1)$ とし, 2項係数を

$$\binom{a}{k} = \frac{(a)_k}{k!}$$

と書く. n が正の整数のときには $(n)_k = n!/(n-k)!$, $(n)_n = n!$ となる. $0! = 1$ と定義する. また

$$\binom{n+1}{k} = \binom{n}{k}\binom{n}{k-1}, \quad \binom{-n}{k} = (-1)^k \binom{n+k-1}{k}$$

が成り立つ. $(1+x)^a(1+x)^b = (1+x)^{a+b}$ において x^n の係数を比較することにより

$$\sum_{j=0}^{n} \binom{a}{j}\binom{b}{n-j} = \binom{a+b}{n}$$

なる関係式が得られる.

(A5) ガンマ関数 $\Gamma(a) = \int_0^\infty x^{a-1} e^{-x} dx$, $a > 0$, については, $\Gamma(a+1) = a\Gamma(a)$, $\Gamma(1/2) = \sqrt{\pi}$ が成り立つ. 正の整数 n に対して $\Gamma(n+1) = n!$,

$$\Gamma(n+1/2) = \frac{1 \cdot 3 \cdot 5 \cdots (2n-1)}{2^n}\sqrt{\pi} = \frac{(2n)!}{n!\, 2^{2n}}\sqrt{\pi}$$

が成り立つ. またベータ関数 $B(a,b) = \int_0^1 x^{a-1}(1-x)^{b-1} dx$, $a > 0$, $b > 0$, に対して

$$B(a,b) = \Gamma(a)\Gamma(b)/\Gamma(a+b)$$

となる.

(A6) スターリングの公式: $n! \approx \sqrt{2\pi}\, e^{-n} n^{n+1/2}$.
　一般にガンマ関数について $\Gamma(k+a) \approx \sqrt{2\pi}\, k^{k+a-1/2} e^{-k}$ もしくは

$$\log \Gamma(k+a) = 2^{-1}\log(2\pi) + (k+a-2^{-1})\log k - k + O(k^{-1})$$

(A7) 数学的帰納法により次の等式が示される．

$$\sum_{k=1}^{n} k = \frac{n(n+1)}{2}, \qquad \sum_{k=1}^{n} k^2 = \frac{n(n+1)(2n+1)}{6},$$

$$\sum_{k=1}^{n} k^3 = \left[\frac{n(n+1)}{2}\right]^2, \quad \sum_{k=1}^{n} k^4 = \frac{n(n+1)(2n+1)(3n^2+3n-1)}{30}$$

等式 $\sum_{k=0}^{n} ar^k = a(1-r^{n+1})/(1-r)$ は容易に確かめられる．

(A8) 実数列 a_n の上極限を $\limsup_{n\to\infty} a_n = \lim_{n\to\infty} \sup_{k\geq n} a_k$，下極限を $\liminf_{n\to\infty} a_n = \lim_{n\to\infty} \inf_{k\geq n} a_k$ で定義する．

微積分

(B1) ロピタルの定理：$\lim_{x\to a} f(x) = \lim_{x\to a} g(x) = 0$ となる連続微分可能な関数 $f(x)$, $g(x)$ に対して，$\lim_{x\to a} f'(x)/g'(x)$ が存在するとき次の等式が成り立つ．

$$\lim_{x\to a}\frac{f(x)}{g(x)} = \lim_{x\to a}\frac{f'(x)}{g'(x)}$$

(B2) 微分：関数 $f(x)$ の $x=x_0$ における微分係数を

$$f'(x_0) = \lim_{x\to x_0}\frac{f(x)-f(x_0)}{x-x_0}$$

で定義する．微分係数が存在するとき $f(x)$ は $x=x_0$ で微分可能であるという．区間 I の任意の点で微分可能であるとき $f(x)$ は I で微分可能であるという．$f'(x) = (d/dx)f(x)$ と書いて導関数という．$f'(x)$ が連続であるとき，$f(x)$ は連続微分可能であるという．例えば，$(e^x)' = e^x$, $(a^x)' = (\log a)a^x$, $a > 0$, $(\log x)' = 1/x$, $x > 0$, $(\sin x)' = \cos x$, $(\cos x)' = -\sin x$, $(\tan x)' = 1/\cos^2 x$ となる．

(B3) 逆関数の微分：$x = f(f^{-1}(x))$ の両辺を微分すると

$$1 = \frac{d}{dx}f(f^{-1}(x)) = f'(f^{-1}(x))\frac{d}{dx}f^{-1}(x)$$

より

$$\frac{d}{dx}f^{-1}(x) = \frac{1}{f'(f^{-1}(x))}$$

となる．例えば，$(\sin^{-1} x)' = 1/\sqrt{1-x^2}$, $(\cos^{-1} x)' = -1/\sqrt{1-x^2}$, $(\tan^{-1} x)' = 1/(1+x^2)$ となる．

(B4) テイラー展開：$x = a$ の周りで $n+1$ 回連続微分可能な関数 $f(x)$ に対して

$$f(x) = f(a) + f^{(1)}(a)(x-a) + \frac{f^{(2)}(a)}{2!}(x-a)^2 + \cdots + \frac{f^{(n)}(a)}{n!}(x-a)^n + R_n$$

で与えられる．ただし，

$$f^{(n)}(a) = \frac{d^n f(x)}{dx^n}\Big|_{x=a}$$

であり，剰余項は $0 < \theta < 1$ に対して

$$R_n = \frac{f^{(n+1)}(a + \theta(x-a))}{(n+1)!}(x-a)^{n+1}$$

で与えられる．$a = 0$ のときの展開をマクローリン展開ともいう．例えば，c を実数，n を正の整数とすると

$$e^x = \sum_{k=0}^{\infty} \frac{x^k}{k!}, \quad -\infty < x < \infty,$$

$$(1-x)^c = \sum_{k=0}^{\infty}(-1)^k \frac{(c)_k}{k!}x^k = \sum_{k=0}^{\infty}\binom{c}{k}(-x)^k, \ |x| < 1,$$

$$(1-x)^{-n} = \sum_{k=0}^{\infty}\binom{-n}{k}(-x)^k = \sum_{k=0}^{\infty}\binom{n+k-1}{k}x^k, \ |x| < 1,$$

$$\frac{1}{1-x} = \sum_{k=0}^{\infty} x^k, \ |x| < 1,$$

$$\frac{1}{(1-x)^2} = \sum_{k=0}^{\infty}(k+1)x^k, \ |x| < 1,$$

$$\log(1+x) = x - \frac{x^2}{2} + \frac{x^3}{3} - \frac{x^4}{4} + \cdots, \ -1 < x \leq 1$$

となる.

(B5) ライプニッツの公式：θ に関して微分可能で x に関して積分可能な関数 $f(x,\theta)$ に対して

$$\frac{d}{d\theta}\int_{g(\theta)}^{h(\theta)} f(x,\theta)\,dx = f(h(\theta),\theta)\frac{dh(\theta)}{d\theta} - f(g(\theta),\theta)\frac{dg(\theta)}{d\theta}$$
$$+ \int_{g(\theta)}^{h(\theta)} \frac{\partial}{\partial \theta}f(x,\theta)\,dx$$

となる.

(B6) 陰関数の定理：2 変数関数 $F(x,y)$ に対して，$y=f(x)$ が

$$F(x,f(x)) = 0$$

を満たすとき，$y=f(x)$ は $F(x,y)=0$ の陰関数という．

$$F_x(x,y) = \frac{\partial}{\partial x}F(x,y), \quad F_y(x,y) = \frac{\partial}{\partial y}F(x,y)$$

とおく．$F(x,y)$ は点 (a,b) の近傍で定義された連続微分可能な関数で $F(a,b)=0$, $F_y(a,b) \neq 0$ を満たすとする．このとき，点 a の近傍で定義された連続微分可能な関数 $y=f(x)$ で，$F(x,f(x))=0$, $f(a)=b$ を満たすものが唯一存在し，

$$f'(x) = -\frac{F_x(x,f(x))}{F_y(x,f(x))}$$

となる.

(B7) ラグランジュの未定乗数法：制約条件 $G(x,y)=0$ のもとで関数 $F(x,y)$ の極値を考える問題を条件付き極値問題という．

$$H(x,y,\lambda) = F(x,y) - \lambda G(x,y)$$

とおくとき，条件付き極値は連立方程式

$$\frac{\partial}{\partial x}H(x,y,\lambda) = 0, \quad \frac{\partial}{\partial y}H(x,y,\lambda) = 0, \quad \frac{\partial}{\partial \lambda}H(x,y,\lambda) = 0$$

を満たす．

(B8) 部分積分：閉区間 $[c,d]$ で定義された連続微分可能な関数 $f(x)$, $g(x)$ に対して
$$\int_c^d f'(x)g(x)\,dx = [f(x)g(x)]_c^d - \int_c^d f(x)g'(x)\,dx$$
が成り立つ．

(B9) 置換積分：閉区間 $[a,b]$ で定義された連続微分可能な関数 $g(t)$ と閉区間 $[g(a),g(b)]$ 上で定義された連続関数 $f(x)$ に対して
$$\int_{g(a)}^{g(b)} f(x)\,dx = \int_a^b f(g(y))g'(y)\,dy$$
が成り立つ．

極限操作の交換

(C1) ルベーグの優収束定理：関数列 $\{f_k(x)\}$, $k=1,2,\ldots$, が $f(x)$ に各点収束し，$|f_k(x)| \le g(x)$ なる k に依存しない関数 $g(x)$ がとれて $\int_{-\infty}^{\infty} g(x)\,dx < \infty$ となると仮定する．このとき
$$\lim_{k\to\infty} \int_{-\infty}^{\infty} f_k(x)\,dx = \int_{-\infty}^{\infty} f(x)\,dx$$
が成り立つ．

(C2) 関数 $f(x,\theta)$ について $\theta = \theta_0$ の近傍で $\partial f(x,\theta)/\partial \theta$ が存在し，$\theta = \theta_0$ の近傍の任意の θ に対して $|\partial f(x,\theta)/\partial \theta| \le g(x)$ となる θ に依存しない関数 $g(x)$ がとれて $\int_{-\infty}^{\infty} g(x)\,dx < \infty$ となると仮定する．このとき
$$\frac{\partial}{\partial \theta} \int_{-\infty}^{\infty} f(x,\theta)\,dx = \int_{-\infty}^{\infty} \frac{\partial}{\partial \theta} f(x,\theta)\,dx$$
が成り立つ．

(C3) ルベーグの単調収束定理：関数列 $\{f_k(x)\}$, $k=1,2,\ldots$, が任意の k と任意の x に対して $0 \le f_k(x) \le f_{k+1}(x)$ であり $f(x)$ に各点収束すると仮定する．このとき
$$\lim_{k\to\infty} \int_{-\infty}^{\infty} f_k(x)\,dx = \int_{-\infty}^{\infty} f(x)\,dx$$

が成り立つ.

(C4) ファツーの補題：関数列 $\{f_k(x)\}$, $k = 1, 2, \ldots,$ が任意の k と任意の x に対して $f_k(x) \geq 0$ とする．このとき

$$\liminf_{k \to \infty} \int_{-\infty}^{\infty} f_k(x)\, dx \geq \int_{-\infty}^{\infty} \liminf_{k \to \infty} f_k(x)\, dx$$

が成り立つ.

(C5) フビニの定理：2 変数関数 $f(x, y)$ について $\int_{-\infty}^{\infty} \int_{-\infty}^{\infty} |f(x,y)|\, dxdy < \infty$ と仮定する．このとき

$$\int_{-\infty}^{\infty} \left\{ \int_{-\infty}^{\infty} f(x, y)\, dx \right\} dy = \int_{-\infty}^{\infty} \left\{ \int_{-\infty}^{\infty} f(x, y)\, dy \right\} dx$$

が成り立つ.

行列演算

(D1) n 次元（縦）ベクトル $\boldsymbol{a}$ と $m \times n$ 行列 $\boldsymbol{A}$ を

$$\boldsymbol{a} = \begin{pmatrix} a_1 \\ a_2 \\ \vdots \\ a_n \end{pmatrix}, \quad \boldsymbol{A} = \begin{pmatrix} a_{11} & a_{12} & \cdots & a_{1n} \\ a_{21} & a_{22} & \cdots & a_{2n} \\ \vdots & \vdots & & \vdots \\ a_{m1} & a_{m2} & \cdots & a_{mn} \end{pmatrix}$$

とし, (i, j) 成分 a_{ij} を用いて $\boldsymbol{A} = (a_{ij})$ とも表す．$\boldsymbol{a}$ の転置ベクトルを $\boldsymbol{a}^\top = (a_1, \ldots, a_n)$, $\boldsymbol{A}$ の転置行列を

$$\boldsymbol{A}^\top = \begin{pmatrix} a_{11} & a_{21} & \cdots & a_{m1} \\ a_{12} & a_{22} & \cdots & a_{m2} \\ \vdots & \vdots & & \vdots \\ a_{1n} & a_{2n} & \cdots & a_{mn} \end{pmatrix}$$

と書く．$m = n$ のとき n 次正方行列といい，このとき a_{ii} を対角成分，a_{ij}, $i \neq j$, を非対角成分という．対角成分が 1 で非対角成分が 0 の行列を単位行列といい $\boldsymbol{I}_n$ と書く．また対角行列 $\mathrm{diag}(a_{11}, \ldots, a_{nn})$ は

$$\mathrm{diag}(a_{11},\ldots,a_{nn}) = \begin{pmatrix} a_{11} & 0 & \cdots & 0 \\ 0 & a_{22} & \cdots & 0 \\ \vdots & \vdots & & \vdots \\ 0 & 0 & \cdots & a_{nn} \end{pmatrix}$$

で定義される．すなわち，$\boldsymbol{I}_n = \mathrm{diag}(1,\ldots,1)$ と表される．

(D2) $\ell \times m$ 行列 $\boldsymbol{A}$ と $m \times n$ 行列 $\boldsymbol{B}$ の積 $\boldsymbol{AB} = \boldsymbol{C}$ は，$\ell \times n$ 行列で，$\boldsymbol{A} = (a_{ij})$, $\boldsymbol{B} = (b_{ij})$, $\boldsymbol{C} = (c_{ij})$ なる成分を用いると

$$c_{ij} = \sum_{k=1}^{m} a_{ik}b_{kj}$$

で定義される．n 次正方行列 $\boldsymbol{A} = (a_{ij})$ に対して

$$\boldsymbol{A}\boldsymbol{A}^{-1} = \boldsymbol{A}^{-1}\boldsymbol{A} = \boldsymbol{I}_n$$

となる $\boldsymbol{A}^{-1}$ を $\boldsymbol{A}$ の逆行列という．$n=2$ のときには

$$\begin{pmatrix} a_{11} & a_{12} \\ a_{21} & a_{22} \end{pmatrix}^{-1} = \frac{1}{a_{11}a_{22} - a_{12}a_{21}} \begin{pmatrix} a_{22} & -a_{21} \\ -a_{12} & a_{11} \end{pmatrix}$$

となる．$\boldsymbol{A}$ の逆行列が存在するとき $\boldsymbol{A}$ は正則であるという．$\boldsymbol{A}$ を構成する列ベクトルを $\boldsymbol{a}_1,\ldots,\boldsymbol{a}_n$ とする．すなわち $\boldsymbol{A} = (\boldsymbol{a}_1,\ldots,\boldsymbol{a}_n)$ と表されているとする．実数 $c_1,\ldots,c_n$ に対して $c_1\boldsymbol{a}_1 + c_2\boldsymbol{a}_2 + \cdots + c_n\boldsymbol{a}_n = \boldsymbol{0}$ ならば $c_1 = c_2 = \cdots = c_n = 0$ が成り立つとき，$\boldsymbol{a}_1,\ldots,\boldsymbol{a}_n$ は線形（一次）独立であるという．$\boldsymbol{a}_1,\ldots,\boldsymbol{a}_n$ が線形独立でないときには線形従属という．$\{\boldsymbol{a}_1,\ldots,\boldsymbol{a}_n\}$ の中で線形独立となるベクトルの最大個数を $\boldsymbol{A}$ のランクといい $\mathrm{rank}(\boldsymbol{A})$ で表す．$\boldsymbol{A}$ が正則であることは $\boldsymbol{A}$ のランクは n になる．

(D3) 行列式：まず $\{1, 2, \ldots, n\}$ の 1 つの並べ替えを置換といい

$$\sigma = \begin{pmatrix} 1 & 2 & \cdots & n \\ i_1 & i_2 & \cdots & i_n \end{pmatrix}$$

と書く．$\sigma(1) = i_1,\ldots,\sigma(n) = i_n$ とする．$(1,2)$ を $(2,1)$ に置き換えるなど 2 つのものを置き換えることを互換といい，互換を繰り返すことによって

$(i_1, \ldots, i_n)$ を $(1, \ldots, n)$ に置き換える際に用いた互換の個数が偶数のとき偶置換，奇数のときに奇置換という．置換 σ が偶置換のときその符号を $\mathrm{sgn}(\sigma) = 1$，奇置換のとき $\mathrm{sgn}(\sigma) = -1$ と定義する．置換の全体を S_n で表すと，n 次正方行列 $\boldsymbol{A} = (a_{ij})$ の行列式は

$$|\boldsymbol{A}| = \sum_{\sigma \in S_n} \mathrm{sgn}(\sigma) a_{1\sigma(1)} a_{2\sigma(2)} \times \cdots \times a_{n\sigma(n)}$$

で定義される．$n = 2$ のときには $|\boldsymbol{A}| = a_{11} a_{22} - a_{12} a_{21}$ となる．2つの n 次正方行列 $\boldsymbol{A}, \boldsymbol{B}$ について

$$|\boldsymbol{AB}| = |\boldsymbol{A}| |\boldsymbol{B}|$$

が成り立つ．n 次正方行列 $\boldsymbol{A} = (a_{ij})$ の第 i 行と第 j 行を除いてできる $(n-1)$ 次小行列を $\boldsymbol{A}_{ij}$ で表し，$\tilde{A}_{ij} = (-1)^{i+j} |\boldsymbol{A}_{ij}|$ を $\boldsymbol{A}$ の (i, j)-余因子という．$\boldsymbol{A}$ の余因子を成分としてもつ n 次行列 $\widetilde{\boldsymbol{A}} = (\tilde{A}_{ij})$ を $\boldsymbol{A}$ の余因子行列という．このとき

$$|\boldsymbol{A}| = a_{1j} \tilde{A}_{1j} + a_{2j} \tilde{A}_{2j} + \cdots + a_{nj} \tilde{A}_{nj},$$
$$|\boldsymbol{A}| = a_{i1} \tilde{A}_{i1} + a_{i2} \tilde{A}_{i2} + \cdots + a_{in} \tilde{A}_{in},$$
$$\boldsymbol{A}^{-1} = \frac{1}{|\boldsymbol{A}|} \widetilde{\boldsymbol{A}}^{\top}$$

が成り立つ．

(D4) 固有値：n 次正方行列 $\boldsymbol{A}$ と n 次ベクトル $\boldsymbol{x}$ に対して

$$\boldsymbol{A}\boldsymbol{x} = \lambda \boldsymbol{x}, \quad \boldsymbol{x} \neq \boldsymbol{0}$$

となる実数 λ が存在するとき，λ を行列 $\boldsymbol{A}$ の固有値，$\boldsymbol{x}$ を固有ベクトルという．$|\lambda \boldsymbol{I}_n - \boldsymbol{A}| = 0$ を $\boldsymbol{A}$ の固有方程式といい，この解が固有値を与える．

(D5) 行列の対角化：ある正則行列 $\boldsymbol{Q}$ が存在して

$$\boldsymbol{Q}^{-1} \boldsymbol{A} \boldsymbol{Q} = \mathrm{diag}(\lambda_1, \ldots, \lambda_n)$$

とできるとき，$\boldsymbol{A}$ は対角化可能であるという．$\boldsymbol{A}$ の n 個の固有値がすべて異なるときには $\boldsymbol{A}$ は対角化可能である．n 次正方行列 $\boldsymbol{A}, \boldsymbol{H}$ について，

$$A = A^\top$$

を満たすとき A を対称行列,

$$HH^\top = H^\top H = I_n$$

を満たすとき H を直交行列という．A が対称行列ならば，適当な直交行列をとって

$$H^\top AH = \mathrm{diag}(\lambda_1, \ldots, \lambda_n)$$

とでき，しかも固有値はすべて実数になる．

(D6) 2次形式：n 次対称行列 A と n 次ベクトル x に対して $x^\top Ax$ を2次形式という．0 でない任意の x に対して $x^\top Ax \geq 0$ であるとき A を半正定値（非負定値），$x^\top Ax > 0$ であるとき正定値であるという．$H^\top AH = \mathrm{diag}(\lambda_1, \ldots, \lambda_n)$ であるから，$y = (y_1, \ldots, y_n)^\top = Hx$ とおくと

$$x^\top Ax = y^\top \mathrm{diag}(\lambda_1, \ldots, \lambda_n)y = \sum_{i=1}^n \lambda_i y_i^2$$

と表される．

(D7) トレース：n 次正方行列 $A = (a_{ij})$ に対して A の対角成分を加えたもの $\mathrm{tr}[A] = a_{11} + a_{22} + \cdots + a_{nn}$ を A のトレースという．2つの正方行列 A, B に対して

$$\mathrm{tr}[AB] = \mathrm{tr}[BA]$$

が成り立つ．A が対称行列のときには直交行列 H を用いて $H^\top AH = \mathrm{diag}(\lambda_1, \ldots, \lambda_n)$ と表されるので

$$\mathrm{tr}[A] = \mathrm{tr}[\mathrm{diag}(\lambda_1, \ldots, \lambda_n)HH^\top] = \sum_{i=1}^n \lambda_i$$

と書ける．

(D8) 特異値分解：A をランク r の $m \times n$ 行列とする．このとき A は

$$A = P\Lambda O^\top$$

と分解できる．ここで，Λ は正の対角要素をもつ $r \times r$ の対角行列，P は $P^\top P = I_r$ であるような $m \times r$ 行列，O は $O^\top O = I_r$ であるような $n \times r$ 行列である．

[証明] $A^\top A \geq 0$ であるから，$n \times n$ 直交行列 $H = (h_1, \ldots, h_n)$ が存在して $A^\top A = H \operatorname{diag}(\lambda_1, \ldots, \lambda_r, 0) H^\top$, $\lambda_i > 0$, $i = 1, \ldots, r$，と書ける．$j > r$ に対して $(Ah_j)^\top Ah_j = h_j^\top A^\top Ah_j = 0$ より $Ah_j = 0$ が成り立つ．一方，$j \leq r$ に対して $\rho_j = \sqrt{\lambda_j}$ とおき $g_j = Ah_j/\rho_j$ とおくと，$g_i^\top g_j = h_i^\top A^\top Ah_j/\rho_i\rho_j = \delta_{ij}$ となる．ここで，δ_{ij} は $i = j$ のとき $\delta_{ij} = 1$, $i \neq j$ のとき $\delta_{ij} = 0$ と定義される．したがって $\{g_1, \ldots, g_r\}$ は正規直交していることがわかる．適当に m 次元ベクトル $g_{r+1}, \ldots, g_m$ をとって $G = (g_1, \ldots, g_r, g_{r+1}, \ldots, g_m)$ を $m \times m$ 直交行列とすることができる．したがって，

$$g_i^\top A h_j = \frac{1}{\rho_i} h_i^\top A^\top A h_j = \begin{cases} 0 & (j > r \text{ のとき}) \\ \rho_j \delta_{ij} & (j \leq r \text{ のとき}) \end{cases}$$

となるので，$D_\rho = \operatorname{diag}(\rho_1, \ldots, \rho_r)$ とおくと，

$$A = G \begin{pmatrix} D_\rho & 0 \\ 0 & 0 \end{pmatrix} H^\top$$

と書けることがわかる．最初の r 列と残りに分割して $G = (G_1, G_2)$, $H = (H_1, H_2)$ とするとき $P = G_1$, $O = H_1$ とおけばよい． □

(D9) 逆行列に関連する等式：A を $p \times p$ 正則行列，B を $q \times q$ 正則行列，C, D をそれぞれ $p \times q$, $q \times p$ 行列とする．このとき次の等式が成り立つ．

$$(A + CBD)^{-1} = A^{-1} - A^{-1}CB(B + BDA^{-1}CB)^{-1}BDA^{-1}$$
$$(A + CC^\top)^{-1} = A^{-1} - A^{-1}C(I + C^\top A^{-1}C)^{-1}C^\top A^{-1}$$

不等式

X, Y を確率変数とし平均 $E[|X|], E[|Y|]$ が存在すると仮定する.

(E1) コーシー・シュバルツの不等式：$E(X^2) < \infty, E(Y^2) < \infty$ のとき $(E[XY])^2 \leq E[X^2]E[Y^2]$ が成り立つ.

(E2) イェンセンの不等式：凸関数 $\phi(\cdot)$ に対して $\phi(E[X]) \leq E[\phi(X)]$ が成り立つ.

(E3) マルコフの不等式：非負の確率変数 Y と任意の $c > 0$ に対して $P(Y \geq c) \leq E[Y]/c$ が成り立つ.

(E4) チェビシェフの不等式：確率変数 X について $\mu = E[X]$, $\sigma^2 = \mathrm{Var}(X)$ が存在するとき $P(|X - \mu| \geq k) \leq \sigma^2/k^2$ が成り立つ.

(E5) 関数 $K(x)$ において, $x < x_0$ に対しては $K(x) < 0$, $x \geq x_0$ に対しては $K(x) \geq 0$ となる x_0 が存在すると仮定する. このとき, 非減少関数 $h(x)$ に対して

$$E[K(X)h(X)] \geq h(x_0)E[K(X)] \tag{A.1}$$

が成り立つ. このことから, 2つの関数 $f(x), g(x)$ がともに非増加もしくは非減少ならば,

$$E[f(X)g(X)] \geq E[f(X)]E[g(X)] \tag{A.2}$$

なる不等式が成り立ち, $f(x)$ が非増加で $g(x)$ が非減少, もしくはその逆が成り立つならば,

$$E[f(X)g(X)] \leq E[f(X)]E[g(X)] \tag{A.3}$$

なる不等式が成り立つ.

[証明] まず, $h(x)$ は非減少だから $\{h(x) - h(x_0)\}I_{[x<x_0]} \leq 0$, $\{h(x) - h(x_0)\}I_{[x \geq x_0]} \geq 0$ であり, $K(x)$ の符号に注意すると,

$$E[K(X)h(X)] - h(x_0)E[K(X)]$$
$$= E[K(X)\{h(X) - h(x_0)\}I_{[X<x_0]}] + E[K(X)\{h(X) - h(x_0)\}I_{[X\geq x_0]}]$$
$$\geq 0$$

となり，不等式 (A.1) が得られる．不等式 (A.2) は，$f(x), g(x)$ がともに非減少の場合，$h(x) = f(x)$, $K(x) = g(x) - E[g(X)]$ とおくと，$g(x)$ が非減少であるから，ある x_0 が存在して，$x < x_0$ に対して $K(x) < 0$, $x \geq x_0$ に対して $K(x) \geq 0$ とできる．したがって (A.1) より，

$$E[f(X)\{g(X) - E[g(X)]\}] \geq f(x_0)E[g(X) - E[g(X)]] = 0$$

となり，不等式 (A.2) が得られる．ともに非増加の場合は，この不等式において $-f(x), -g(x)$ を考えればよい．また $f(x)$ 非減少で $g(x)$ が非増加のときには，$f(x)$ と $-g(x)$ の組合せを考えれば不等式 (A.3) が得られる． □

A.2 主な確率分布と特性値

[1] 離散分布 $M_X(t)$ は積率母関数，$G_X(s)$ は確率母関数，$\varphi_X(t)$ は特性関数を表している．$\varphi_X(t) = M_X(it)$ との関係から $\varphi_X(t)$ を省略する．

離散一様分布

$$P(X = x \,|\, N) = 1/N, \quad x = 1, 2, \ldots, N,$$

$E[X] = (N+1)/2$, $\text{Var}(X) = (N^2 - 1)/12$

ベルヌーイ分布，$Ber(p)$, $Bin(1,p)$ $0 < p < 1$,

$$P(X = x \,|\, p) = p^x(1-p)^{1-x}, \quad x = 0, 1$$

$E[X] = p$, $\text{Var}(X) = p(1-p)$

2項分布，$Bin(n,p)$ $0 < p < 1$,

$$P(X = x \,|\, n, p) = \binom{n}{x} p^x (1-p)^{n-x}, \quad x = 0, 1, 2, \ldots, n,$$

$E[X] = np$, $\text{Var}(X) = np(1-p)$, $M_X(t) = (pe^t + 1 - p)^n$, $G_X(s) = (ps + 1 - p)^n$

ポアソン分布, $Po(\lambda)$ $\lambda > 0$,
$$P(X = x \mid \lambda) = (\lambda^x / x!)e^{-\lambda}, \quad x = 0, 1, 2, \ldots$$
$E[X] = \text{Var}(X) = \lambda$, $M_X(t) = \exp\{(e^t - 1)\lambda\}$, $G_X(s) = e^{(s-1)\lambda}$

幾何分布, $Geo(p)$ $0 < p < 1$,
$$P(X = x \mid p) = pq^x, \quad q = 1 - p, \ x = 0, 1, 2, \ldots$$
$E[X] = q/p$, $\text{Var}(X) = q/p^2$, $G_X(s) = p/(1 - qs)$

負の2項分布, $NB(r, p)$ $0 < p < 1$,
$$P(X = x \mid r, p) = \binom{r + x - 1}{x} p^r q^x, \quad k = 0, 1, 2, \ldots,$$
$E[X] = rq/p$, $\text{Var}(X) = rq/p^2$, $G_X(s) = p^r/(1 - sq)^r$ $(s < 1/q)$

超幾何分布, $HGeo(N, M, K)$
$$P(X = x \mid N, M, K) = \frac{\binom{M}{x}\binom{N - M}{K - x}}{\binom{N}{K}}, \quad x = 0, 1, \ldots, K$$
$E[X] = Kp$, $\text{Var}(X) = (N - K)(N - 1)^{-1}Kp(1 - p)$, $p = M/N$

ベータ・2項分布, $Beta\text{-}Bin(n, \alpha, \beta)$ $\alpha > 0$, $\beta > 0$,
$$P(X = x \mid n, \alpha, \beta) = \binom{n}{x} \frac{B(x + \alpha, n - x + \beta)}{B(\alpha, \beta)}, \quad x = 0, \ldots, n$$
$E[X] = n\alpha/(\alpha + \beta)$, $\text{Var}(X) = n\alpha\beta(\alpha + \beta + n)[(\alpha + \beta)^2(\alpha + \beta + 1)]^{-1}$

ガンマ・ポアソン分布，$Ga\text{-}Po(\alpha,\beta)$　$\alpha>0,\beta>0$,

$$P(X=x\mid\alpha,\beta)=\frac{\Gamma(x+\alpha)}{\Gamma(\alpha)x!}\frac{\beta^x}{(1+\beta)^{x+\alpha}}$$

$E[X]=\alpha\beta$, $\mathrm{Var}(X)=\alpha\beta(1+\beta)$, $NB(\alpha,1/(1+\beta))$ に対応する．

[2] 連続分布

一様分布，$U(a,b)$

$$f_X(x\mid a,b)=(b-a)^{-1}I_{[a\leq x\leq b]}$$

$E[X]=(a+b)/2$, $\mathrm{Var}(X)=(b-a)^2/12$

正規分布，$\mathcal{N}(\mu,\sigma^2)$

$$f_X(x\mid\mu,\sigma^2)=\frac{1}{\sqrt{2\pi}\,\sigma}\exp\Big\{-\frac{(x-\mu)^2}{2\sigma^2}\Big\},\quad -\infty<x<\infty$$

$E[X]=\mu$, $\mathrm{Var}(X)=\sigma^2$, $M_X(t)=\exp\{\mu t+\sigma^2 t^2/2\}$, $\varphi_X(t)=\exp\{\mu it-\sigma^2 t^2/2\}$

ガンマ分布，$Ga(\alpha,\beta)$

$$f_X(x\mid\alpha,\beta)=\frac{1}{\Gamma(\alpha)}\frac{1}{\beta}\left(\frac{x}{\beta}\right)^{\alpha-1}e^{-x/\beta},\quad x>0$$

$E[X]=\alpha\beta$, $\mathrm{Var}(X)=\alpha\beta^2$, $M_X(t)=(1-\beta t)^{-\alpha}$, $|t|<1/\beta$, $\varphi_X(t)=(1-\beta it)^{-\alpha}$

自由度 n のカイ 2 乗分布，χ_n^2, $Ga(n/2,2)$

$$f_X(x)=\frac{1}{\Gamma(n/2)}\left(\frac{1}{2}\right)^{n/2}x^{n/2-1}\exp\{-x/2\},\quad x>0$$

$E[X]=n$, $\mathrm{Var}(X)=2n$, $M_X(t)=(1-2t)^{-n/2}$, $|t|<1/2$, $\varphi_X(t)=(1-2it)^{-n/2}$

指数分布，$Ex(\lambda)$, $Ga(1,1/\lambda)$

$$f_X(x\mid\lambda)=\lambda e^{-\lambda x},\quad x>0$$

$E[X] = 1/\lambda$, $\text{Var}(X) = 1/\lambda^2$, $M_X(t) = \lambda/(\lambda - t)$, $t < \lambda$, $\varphi_X(t) = \lambda/(\lambda - it)$

ワイブル分布，$Weibull(\gamma, \beta)$ $\gamma > 0, \beta > 0$,

$$f(x\,|\,\gamma, \beta) = (\gamma/\beta) x^{\gamma-1} \exp\{-x^\gamma/\beta\}, \quad x > 0$$

$E[X] = \beta^{1/\gamma} \Gamma(1 + 1/\gamma)$, $\text{Var}(X) = \beta^{2/\gamma} \{\Gamma(1 + 2/\gamma) - (\Gamma(1 + 1/\gamma))^2\}$

パレート分布，$Pareto(\alpha, \beta)$ $\alpha > 0, \beta > 0$,

$$f(x\,|\,\alpha, \beta) = \beta \alpha^\beta / x^{\beta+1}, \quad \alpha < x$$

$E[X] = \beta\alpha/(\beta - 1)$, $\beta > 1$, $\text{Var}(X) = \beta\alpha^2/[(\beta - 1)^2(\beta - 2)]$, $\beta > 2$

ベータ分布，$Beta(a, b)$ $a > 0, b > 0$,

$$f_X(x\,|\,a, b) = \{B(a,b)\}^{-1} x^{a-1}(1 - x)^{b-1}, \quad 0 < x < 1$$

$E[X] = a(a + b)^{-1}$, $\text{Var}(X) = ab(a + b)^{-2}(a + b + 1)^{-1}$

対数正規分布，$Log\mathcal{N}(\mu, \sigma^2)$

$$f(x\,|\,\mu, \sigma^2) = (2\pi\sigma^2)^{-1/2} x^{-1} \exp\{-(\log x - \mu)^2/(2\sigma^2)\}, \quad x > 0$$

$E[X] = e^{\mu+\sigma^2/2}$, $\text{Var}(X) = e^{2(\mu+\sigma^2)} - e^{2\mu+\sigma^2}$

逆ガウス分布，$IGauss(\mu, \lambda)$ $\mu > 0, \lambda > 0$,

$$f_X(x\,|\,\mu, \lambda) = \left(\frac{\lambda}{2\pi x^3}\right)^{1/2} \exp\left\{-\frac{\lambda(x - \mu)^2}{2\mu^2 x}\right\}, \quad x > 0$$

$E[X] = \mu$, $\text{Var}(X) = \mu^3/\lambda$

自由度 n の t-分布，t_n

$$f_X(x\,|\,n) = \Gamma((n+1)/2))/[\sqrt{n\pi}\,\Gamma(n/2)](1 + x^2/n)^{-(n+1)/2}$$

$E[X] = 0$, $\mathrm{Var}(X) = n/(n-2)$, $n \geq 3$

コーシー分布．$Cauchy(\mu, \sigma)$ $-\infty < \mu < \infty$, $\sigma > 0$,

$$f(x \,|\, \mu, \sigma) = (\pi\sigma)^{-1}[1 + \{(x-\mu)/\sigma\}^2]^{-1}$$

平均，分散は存在しない．$Cauchy(0,1)$ は t_1 に等しい．$\varphi_X(t) = \exp\{\mu i t - \sigma|t|\}$

自由度 m, n の F-分布．$F_{m,n}$

$f_X(x \,|\, m, n)$
$= \{B(m/2, n/2)\}^{-1}(m/n)^{m/2}x^{m/2-1}[1+(m/n)x]^{-(m+n)/2}, \quad x > 0$

$E[X] = n/(n-2)$, $\mathrm{Var}(X) = \{2n^2(m+n-2)\}/\{m(n-2)^2(n-4)\}$, $n \geq 5$

ロジスティック分布．$Logist(\mu, \sigma)$ $-\infty < \mu < \infty$, $\sigma > 0$,

$$f(x \,|\, \mu, \sigma) = \sigma^{-1}e^{-(x-\mu)/\sigma}(1+e^{-(x-\mu)/\sigma})^{-2}, \quad -\infty < x < \infty$$

$E[X] = \mu$, $\mathrm{Var}(X) = \pi^2\sigma^2/3$

両側指数分布（ラプラス分布）．$DEx(\mu, \sigma)$ $-\infty < \mu < \infty$, $\sigma > 0$,

$$f(x \,|\, \mu, \sigma) = (2\sigma)^{-1}e^{-|x-\mu|/\sigma}, \quad -\infty < x < \infty$$

$E[X] = \mu$, $\mathrm{Var}(X) = 2\sigma^2$

自由度 n，非心度 λ の非心カイ 2 乗分布．$\chi_n^2(\lambda)$ $\lambda > 0$,

$$f_X(x \,|\, \lambda) = \sum_{j=0}^{\infty} \{(\lambda/2)^j/j!\}e^{-\lambda/2}f_{n+2j}(x), \quad x > 0$$

ただし，$f_{n+2j}(x)$ は χ_{n+2j}^2 の確率密度関数である．$E[X] = n + \lambda$, $\mathrm{Var}(X) = 2(n+2\lambda)$

[3] 多次元分布

多項分布．$Multin_k(n, p_1, \ldots, p_k)$　$p_i > 0$, $\sum_{i=1}^k p_i = 1$, $\sum_{i=1}^k x_i = n$,

$$f_{X_1,\ldots,X_k}(x_1, \ldots, x_k \mid n, p_1, \ldots, p_{k-1}) = \frac{n!}{x_1! \cdots x_k!} p_1^{x_1} \cdots p_k^{x_k},$$

$E[X_i] = p_i$, $\mathrm{Var}(X_i) = np_i(1-p_i)$, $\mathrm{Cov}(X_i, X_j) = -np_i p_j$ $(i \neq j)$

多変量正規分布．$\mathcal{N}_k(\boldsymbol{\mu}, \boldsymbol{\Sigma})$

$$f_{\boldsymbol{X}}(\boldsymbol{x} \mid \boldsymbol{\mu}, \boldsymbol{\Sigma}) = \frac{1}{(2\pi)^{k/2}} \frac{1}{|\boldsymbol{\Sigma}|^{1/2}} \exp\left\{-\frac{1}{2}(\boldsymbol{x}-\boldsymbol{\mu})^\top \boldsymbol{\Sigma}^{-1}(\boldsymbol{x}-\boldsymbol{\mu})\right\}$$

$E[\boldsymbol{X}] = \boldsymbol{\mu}$, $\mathrm{Cov}(\boldsymbol{X}) = \boldsymbol{\Sigma}$, $M_{\boldsymbol{X}}(\boldsymbol{t}) = \exp\{\boldsymbol{\mu}^\top \boldsymbol{t} + \boldsymbol{t}^\top \boldsymbol{\Sigma} \boldsymbol{t}/2\}$, $\varphi_{\boldsymbol{X}}(\boldsymbol{t}) = \exp\{\boldsymbol{\mu}^\top i\boldsymbol{t} - \boldsymbol{t}^\top \boldsymbol{\Sigma} \boldsymbol{t}/2\}$

ディリクレ分布．$Dir(a_1, \ldots, a_k)$　$a_i > 0$,

$$f(x_1, \ldots, x_k \mid a_1, \ldots, a_k) = \frac{\Gamma(\sum_{i=1}^k a_i)}{\prod_{i=1}^k \Gamma(a_i)} \prod_{i=1}^k x_i^{a_i - 1},$$

$$0 < x_1, \ldots, x_k < 1, \ \sum_{i=1}^k x_i = 1$$

参考文献

以下に参考文献を挙げておく.

(1) 本書より易しくて記述統計も含めた統計学の教科書で，データ解析の醍醐味，統計手法の有用性，動機付けなどを多くの例を通してわかりやすく解説しているもの
- 久保川達也・国友直人 (2016). 『統計学』. 東京大学出版会.
- 倉田博史・星野崇宏 (2009). 『入門統計解析』. 新世社.
- 森棟公夫・照井伸彦・中川満・西埜晴久・黒住英司 (2015). 『統計学』(第二版). 有斐閣.

(2) 数理統計学に関連する教科書と参考文献
- 赤平昌文 (2003). 『統計解析入門』. 森北出版.
- 稲垣宣生 (1990). 『数理統計学』. 裳華房.
- 国友直人 (2015). 『応用をめざす数理統計学』. 朝倉書店.
- 竹内啓 (1963). 『数理統計学』. 東洋経済新報社.
- 竹村彰通 (1991). 『現代数理統計学』. 創文社.
- 竹村彰通 (2008). 「数理統計への誘い」『21世紀の統計科学 Vol. III』. 東京大学出版会.
- 野田一雄・宮岡悦良 (1992). 『数理統計学の基礎』. 共立出版.
- 吉田朋広 (2006). 『数理統計学』. 朝倉書店.
- Casella, G., and Berger R. L. (2002). *Statistical Inference*. 2nd ed. Wadsworth.
- Evans, M. J., and Rosenthal, J. S. (2004). *Probability and Statistics — The Science of Uncertainty*. W. H. Freeman and Company.
- Knight, K. (2000). *Mathematical Statistics*. Chapman and Hall.
- Lehmann, E. L., and Casella, G. (1998). *Theory of Point Estimation*. 2nd ed. Springer.
- Lehmann, E. L., and Romano, J. P. (2005). *Testing Statistical Hypotheses*. 3rd ed. Springer.
- Rao, C. R. (1973). *Linear Statistical Inference and Its Applications*. 2nd ed. Wiley.
- Shao, J. (1999). *Mathematical Statistics*. Springer.

(3) 多変量解析，線形回帰モデルに関連する教科書
- 佐和隆光 (1979). 『回帰分析』. 朝倉書店.

- 竹村彰通 (1991)．『多変量推測統計の基礎』．共立出版．
- 早川毅 (1986)．『回帰分析の基礎』．朝倉書店．
- 広津千尋 (1992)．『実験データの解析—分散分析を超えて—』．共立出版．
- Anderson, T. W. (1984). *An Introduction to Multivariate Analysis*. 2nd ed. Wiley.
- Bilodeau, M., and Brenner, D. (1999). *Theory of Multivariate Statistics*. Springer.
- Muirhead, R. J. (1982). *Aspects of Multivariate Statistical Theory*. Wiley.
- Rao, J. N. K., and Molina, I. (2015). *Small Area Estimation*. (2nd ed.) Wiley.
- Searle, S. R., Casella, G., and McCulloch, C. E. (1992). *Variance Components*. New York, Wiley.
- Siotani, M., Hayakawa, T., and Fujikoshi, Y. (1985). *Modern Multivariate Statistical Analysis*. American Sciences Press.
- Srivastava, M. S. (2002). *Methods of Multivariate Statistics*. Wiley.
- Srivastava, M. S. and Khatri, C. G. (1979). *An Introduction to Multivariate Statistics*. North-Holland.

(4) ベイズ推測，計算統計関係の教科書
- 伊庭幸人・種村正美・大森裕浩・和合肇・佐藤整尚・高橋明彦 (2005)．『計算統計 II』．統計科学のフロンティア 12．岩波書店．
- 古澄英男 (2015)．『ベイズ計算統計学』．朝倉書店．
- 小西貞則・越智義道・大森裕浩 (2008)．『計算機統計学の方法—ブートストラップ・EM アルゴリズム・MCMC』．朝倉書店．
- 繁桝算男 (1985)．『ベイズ統計学入門』．東京大学出版会．
- 汪金芳・田栗正章・手塚集・樺島祥介・上田修功 (2003)．『計算統計 I』．統計科学のフロンティア 11．岩波書店．
- Berger, J. O.(1985). *Statistical Decision Theory and Bayesian Analysis*. 2nd Ed. Springer.
- Efron, B., and Tibshirani, R. J. (1993). *An Introduction to the Bootstrap*. Chapman and Hall.
- Robert, C. P. (2001). *The Bayesian Choice: A Decision-Theoretic Motivation*. 2nd ed. Springer.
- Robert, C. P., and Casella, G. (2004). *Monte Carlo Statistical Methods*. 2nd ed. Springer.

(5) 確率論，確率過程，時系列解析，ノンパラメトリック関係の教科書
- 伊藤清 (1991)．『確率論』．岩波書店．
- 刈屋武昭・矢島美寛・田中勝人・竹内啓 (2003)．『経済時系列の統計』．統計科学のフロンティア 8．岩波書店．
- 楠岡成雄 (2007)．『確率と確率過程』．岩波書店．
- 高橋倫也・志村隆彰 (2016)．『極値統計量』．近代科学社．
- 竹村彰通・谷口正信 (2003)．『統計学の基礎 I』．統計科学のフロンティア 1．岩波書店．
- 西尾眞喜子・樋口保成 (2006)．『確率過程入門』．培風館．

- 山本拓 (1988). 『経済の時系列分析』. 創文社.
- 柳川堯 (1982). 『ノンパラメトリック法』. 培風館.
- Brockwell, P. J., and Davis, R. A. (1991). *Time Series: Theory and Methods.* 2nd ed., Springer.
- Durrett, R. (1996). *Probability: Theory and Examples.* 2nd ed. Duxbury Press.
- Feller, W. (1957). *An Introduction to Probability Theory and Its Applications.* Vol. I & II. 2nd ed. John Wiley and Sons.
- Karr, A. F. (1993). *Probability.* Springer.
- Rosenthal, J. S. (2000). *A First Look at Rigorous Probability Theory.* World Scientific Publishing.
- Serfling, R. S. (1980). *Approximation Theorems of Mathematical Statistics.* John Wiley and Sons.

(6) 情報量規準の教科書と参考文献
- 小西貞則・北川源四郎 (2004). 『情報量規準』. 朝倉書店.
- 下平英寿・伊藤秀一・久保川達也・竹内啓 (2004). 『モデル選択』. 統計科学のフロンティア 3. 岩波書店.
- Akaike, H. (1973). Information theory and an extension of the maximum likelihood principle. In *2nd International Symposium on Information Theory*, (B. N. Petrov and Csaki, F., eds.), 267-281, Akademia Kiado, Budapest.
- Sugiura, N. (1978). Further analysis of the data by Akaike's information criterion and finite corrections. *Commun. Statist. — Theory Method*, A, **7**, 13-26.

(7) 決定論, 許容性に関する文献
- 鍋谷清治 (1978). 『数理統計学』. 共立出版.
- Brown, L. D. (1966). On the admissibility of invariant estimators of one or more location parameters. *Ann. Math. Statist.*, **37**, 1087-1136.
- Brown, L. D. (1971). Admissible estimators, recurrent diffusions, and insolvable boundary value problems. *Ann. Math. Statist.*, **42**, 855-904.
- Stein, C. (1964). Inadmissibility of the usual estimator for the variance of a normal distribution with unknown mean. *Ann. Inst. Statist. Math.*, **16**, 155-160.
- Stein, C. (1981). Estimation of the mean of a multivariate normal distribution. *Ann. Statist.*, **9**, 1135-1151.

索 引

■ あ行

赤池情報量規準　197
EM アルゴリズム　263
イェンセンの不等式　215, 299
一時的　271
位置尺度分布族　25, 231
位置分布族　224, 230
位置母数　224
一様最強力検定　162
一様最小分散不偏推定量　218
一様分布　39, 302
一致性　132, 133
一般化線形モデル　204
一般化ベイズ推定量　138, 232
伊藤の公式　280
因子分解定理　118

打ち切り分布　26

影響関数　259
枝分かれ誤差回帰モデル　210
F-検定　149, 206
F-分布　92, 304

凹関数　215

■ か行

回帰係数　179
概収束　108
階乗モーメント　19
階層ベイズ　138, 243
階層モデル　64
階段関数　13
カイ2乗分布　45, 73, 302
ガウス・マルコフの定理　190

可逆性　287
可逆性条件　251
下極限集合　9
確率　3
確率関数　14
確率空間　3
確率収束　94
確率積分　280
確率積分変換　24
確率の連続性　7, 9
確率微分方程式　280
確率変数の標準化　18
確率母関数　20
確率密度関数　15
仮説検定　144
可測集合　3
片側検定　147
カルバック・ライブラー情報量　195
完備　218
ガンベル分布　105, 106
ガンマ関数　43
ガンマ分布　42, 302
ガンマ・ポアソン分布　67, 302

幾何分布　35, 301
記述統計　85
期待値　17
期待値母数　119
ギブス・サンプリング法　252
帰無仮説　144
既約　283
キュムラント母関数　21
強度　33
共分散　63

共変推定量　225
共役事前分布　125
極座標変換　69
極値分布　105
許容性　214, 237

クラメール・ラオの不等式　130
クロス・バリデーション　198
クロス表　158
群間成分　209
群間平方和　206
群内成分　209
群内平方和　206

経験分布関数　220, 256
経験ベイズ　138, 243
形状母数　43
決定係数　185
検出力　160
検定関数　161
検定のサイズ　160

交互作用効果　207
コーシー・シュバルツの不等式　63, 299
コーシー分布　91, 304
故障率関数　47
固定効果モデル　208
混合効果モデル　210
混合分布　65, 264

■ さ行

再帰的　271
最強力検定　160
最小2乗推定量　180, 189
最精密信頼区間　176
最大統計量　104
最大不変量　229
最短信頼区間　174
最尤推定量　121
最良共変推定量　226
最良不偏推定量　218
差集合　2
残差　181

ジェームス・スタイン推定量　241
識別可能　134
試行　1

事後期待損失　232
事後分布　124, 232
事象　1
指数型分布族　119
指数分布　45, 302
事前分布　124, 232
自然母数　119
実験計画　205
ジニ係数　54, 257
尺度分布族　230
尺度母数　43, 231
ジャックナイフ推定量　260
重回帰モデル　187
周期　283
従属変数　179
重点サンプリング　249
自由度調整済み決定係数　194
十分統計量　117
周辺確率関数　56
周辺確率密度関数　58
周辺分布　56
主観ベイズ　137
縮小推定量　241
受容・棄却法　248
順序統計量　101
上極限集合　9
条件付き確率　4
条件付き確率関数　59
条件付き確率密度関数　60
条件付き分散　59
条件付き平均　59
詳細釣合方程式　251
小地域推定　210
処理　205
信用確率　173
信頼区間　168
信頼係数　168

推移核　251
推移確率　281
推移的　229
推測統計　85
推定値　120
推定量　120
酔歩連鎖　250
枢軸量　172

スコア関数　129
スコア検定　154
スターリングの公式　50, 289
スタインの等式　48
スタイン問題　240
スラッキーの定理　98

正規化定数　16
正規尺度混合分布　65
正規分布　40, 302
正規母集団　87
正規乱数　246
制限最尤推定量　210
生存時間　46
積事象　1
積率　19
積率母関数　20
全確率の公式　5
漸近正規性　135
漸近有効　133
漸近有効性　135
線形混合モデル　210
全数調査　84
尖度　19

相関係数　63
相乗効果　207
測度　3
損失関数　212

■ た行
第1種の誤り　159
対称差　2
対数オッズ　202
対数正規分布　51, 303
大数の強法則　108
大数の弱法則　95
第2種の誤り　160
対立仮説　144
多項分布　77, 305
多次元分布　74, 305
多重比較検定　207
畳み込み　72
多変量正規分布　78, 305
単回帰モデル　179
単調減少列　7, 9

単調増大列　7, 9
単調尤度比　162
チェビシェフの不等式　95, 299
中心極限定理　96
超幾何分布　38, 301
重複対数の法則　277
超母数　124

t-分布　89, 303
t-検定　148
停止時刻　276
定常増分　267, 268
ディリクレ分布　83, 305
適合度検定　155
デルタ法　99
点推定　120

統計的決定論　211
統計的推測　116
統計量　85
同時確率関数　56
同時確率密度関数　57
同時分布　56
特異値分解　191, 297
特性関数　21
独立性　6, 62, 75
独立性検定　158
独立増分　267, 268
独立同一分布　85
独立変数　179
独立連鎖　250
凸関数　215

■ な行
2項定理　32
2項分布　31, 300
ニュートン・ラフソン法　263
任意抽出定理　276

ネイマン・ピアソンの補題　161

■ は行
排反　2
ハザード関数　47
破産問題　273
バスーの定理　222

パスカルの三角形　33
パラメトリック・ブートストラップ　260
パレート分布　51, 303
汎関数　256
反転公式　22

P 値　164
非心カイ 2 乗分布　83, 304
非正則な事前分布　138
ピットマン推定量　226, 231
標準正規分布　40
標準偏差　17
標本　84
標本空間　1, 12
標本抽出　84
標本の大きさ　85
標本分散　85
標本分布　85
標本平均　85

フィッシャー情報量　129
フィッシャー情報量行列　139
ブートストラップ　257
フーリエ変換　22
フォン・ミーゼス展開　258
負の 2 項分布　37, 301
不平等度　54
不偏検定　163
不偏推定量　126, 217
不変性　122, 228
不変測度　233
不偏分散　86
ブラウン運動　278
フレシェ分布　106
プロビット・モデル　202
分位点　27, 41
分割表　158
分散　17
分散安定化変換　100
分散成分　209
分散分析表　206
分散分析モデル　205
分布収束　96
分布の再生性　73

平均　17
平均 2 乗収束　96

平均平方　206
平均余寿命関数　53
ベイズ因子　198
ベイズ情報量規準　200
ベイズ信用区間　173
ベイズ推定量　124, 232
ベイズの定理　5
ベイズリスク　232
ベータ関数　48, 71
ベータ・2 項分布　67, 301
ベータ分布　48, 303
巾級数分布　220
ベルヌーイ分布　30, 300
ヘルマート行列　87
偏回帰係数　187
変数選択　193
変数変換　69, 76
変数変換の公式　24
変量効果モデル　209

ポアソン過程　268
ポアソン分布　33, 301
法則収束　96
補集合　2
母集団　84
母集団分散　85
母集団平均　85
補助統計量　222
母数　85, 116
母数モデル　116
ボックス・ミュラー変換　71, 246
ボレル・カンテリの補題　10
ボンフェロニの不等式　9

■ま行

マルコフの不等式　94, 299
マルコフ連鎖　281
マルコフ連鎖モンテカルロ法　245
マルチンゲール　274
マルチンゲール中心極限定理　277
マローズの C_p 基準　195

ミニマックス推定　235

無記憶性　36
無作為標本　84
無相関　63

索引　313

メディアン　101
メトロポリス・ヘイスティングス法　250

モーメント　19
モーメント推定量　120
最も不利な分布　235
モデル選択　193

■ や行

ヤコビアン　68

有意確率　164
有意水準　146
U 統計量　222
尤度関数　121
尤度比検定　150
尤度方程式　121
優マルチンゲール　275

■ ら行

ラオ・ブラックウェルの定理　216
ラプラス近似　200
ラプラス分布　52, 304
ランダム・ウォーク　271
ランダム・サンプル　84

離散一様分布　29, 300
離散型確率変数　14

リスク関数　212
リスク不偏性　227
リヤプノフの定理　109
両側検定　147
両側指数分布　52, 304
リンデベング・フェラーの定理　109

累積分布関数　12

レーマン・シェフェの定理　218
劣マルチンゲール　275
連続　14
連続型確率変数　14
連続写像定理　98
連続性定理　22

ローレンツ曲線　54
ロジスティック回帰モデル　202
ロジスティック分布　52, 304
ロジット　202

■ わ行

歪度　19
ワイブル分布　47, 106, 303
和事象　1
ワルド検定　154
ワルドの等式　277

Memorandum

Memorandum

Memorandum

Memorandum

Memorandum

〈著者紹介〉

久保川達也（くぼかわ　たつや）
1987 年　筑波大学大学院博士課程数学研究科修了
現　　在　東京大学名誉教授
　　　　　創価大学大学院経済学研究科教授
　　　　　理学博士
専　　攻　統計学
著　　書　『統計学』（共著，東京大学出版会，2016）
　　　　　『モデル選択——予測・検定・推定の交差点』（共著，岩波書店，2004）

共立講座　数学の魅力 11 現代数理統計学の基礎 Foundation of Modern Mathematical Statistics 2017 年 4 月 15 日　初版 1 刷発行 2025 年 5 月 20 日　初版 19 刷発行	著　者　久保川達也　ⓒ 2017 発行者　南條光章 発行所　共立出版株式会社 〒112-0006 東京都文京区小日向 4-6-19 電話番号　03-3947-2511（代表） 振替口座　00110-2-57035 共立出版ホームページ www.kyoritsu-pub.co.jp 印　刷　大日本法令印刷 製　本　ブロケード
検印廃止 NDC 417, 350.1 ISBN 978-4-320-11166-0	一般社団法人 　　　　　　自然科学書協会 　　　　　　会員 Printed in Japan

JCOPY 〈出版者著作権管理機構委託出版物〉
本書の無断複製は著作権法上での例外を除き禁じられています．複製される場合は，そのつど事前に，出版者著作権管理機構（TEL：03-5244-5088，FAX：03-5244-5089，e-mail：info@jcopy.or.jp）の許諾を得てください．

「数学探検」「数学の魅力」「数学の輝き」の三部からなる数学講座

共立講座 数学の魅力 全14巻 別巻1

新井仁之・小林俊行・斎藤 毅・吉田朋広 編

大学の数学科で学ぶ本格的な数学はどのようなものなのでしょうか？数学科の学部3年生から4年生、修士1年で学ぶ水準の数学を独習できる本を揃えました。代数、幾何、解析、確率・統計といった数学科での講義の各定番科目について、必修の内容をしっかりと学んでください。さらに大学院レベルの数学をめざしたいという人にも、その先へと進む確かな準備ができるはずです。　　　　　＜各巻A5判・税込価格＞

❶ 代数の基礎　清水勇二 著／定価4180円
群・環・体の基礎に加え、環上の加群と有限群の表現の初歩を概説した入門書。
目次：集合・写像／群／環／環上の加群／有限群の表現／体とガロワ群

❹ 確率論　高信 敏 著／定価3520円
測度論を基にした確率論を、計算や証明を丁寧に与えて解説。
目次：確率論の基礎概念／ユークリッド空間上の確率測度／大数の強法則／他

❺ 層とホモロジー代数　志甫 淳 著／定価4400円
抽象的なホモロジー代数の理論、圏の一般論、層の理論などを明快かつ簡潔に説明。
目次：環と加群／圏／ホモロジー代数／層

⓫ 現代数理統計学の基礎　久保川達也 著／定価3520円
統計検定®1級のバイブル。初学者から意欲的な読者まで対象の内容豊富なテキスト。
確率／確率分布と期待値／代表的な確率分布／多次元確率変数の分布／他

◆ 続刊テーマ ◆

② **多様体入門**………………森田茂之 著

③ **現代解析学の基礎**……杉本 充 著

⑥ **リーマン幾何入門**……塚田和美 著

⑦ **位相幾何**………………逆井卓也 著

⑧ **リー群とさまざまな幾何**
　………………………宮岡礼子 著

⑨ **関数解析とその応用**‥新井仁之 著

⑩ **マルチンゲール**……高岡浩一郎 著

⑫ **線形代数による多変量解析**
　…柳原宏和・山村麻理子・藤越康祝 著

⑬ **数理論理学と計算可能性理論**
　………………………田中一之 著

⑭ **中等教育の数学**………岡本和夫 著

別巻 **「激動の20世紀数学」を語る**
猪狩 惺・小野 孝・河合隆裕・高橋礼司・服部晶夫・藤田 宏 著

※定価、続刊テーマは変更する場合がございます